5판

21세기 영양학 원리

5판

21세기

영양학 원리

ESSENTIALS OF NUTRITION

fifth edition

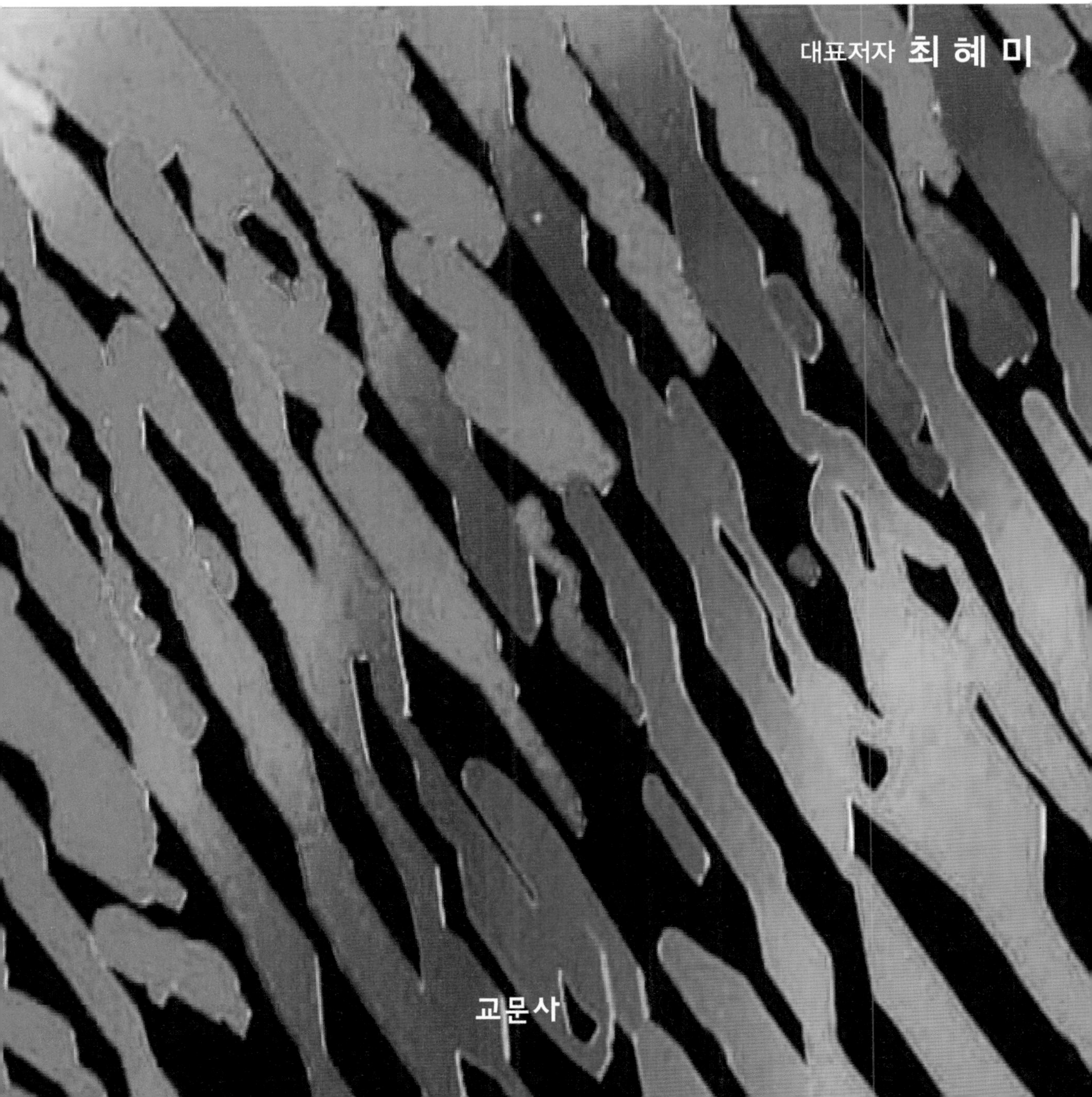

대표저자 최 혜 미

교문사

5판을 내면서

이 책 '21세기 영양학 원리'는 1999년 2월에 식품영양학과 강의 교재용으로 처음 출간되었고, 그 후 2006년 8월에는 강의 노트 형식의 구성을 통해 더욱더 교재로 쓰기 편하고 학생들이 이해하기 쉽도록 개정된 바 있습니다.

식품 성분이 인체 내에서 소화·흡수되고 대사되는 과정이나 작용하고 배설되는 기전, 즉 영양학이라는 학문 자체에 있어서는 그리 크게 변화된 것은 없습니다. 그러나 최근 우리 사회의 식품 환경과 질병구조가 끊임없이 변화하고 있기 때문에, 영양학 학문을 실제 생활에서 실천하는 기준을 세우기 위해서는 영양학 교재의 지속적인 개정이 불가피합니다. 따라서 네 차례 개정을 통해 5판을 내면서 가장 많이 바뀐 부분은 2020년에 개정된 한국인을 위한 영양소 섭취기준(Dietary Reference Intakes for Koreans, KDRI)에 따른 변화이고, 2016년에 발표되었던 국민공통생활지침을 개정하여 2021년 4월에 발표한 '한국인을 위한 식생활지침'이 반영되었습니다. 최근까지 보고된 국민건강통계를 토대로 하여 우리 국민의 만성질환 및 생활습관 자료의 최근 추이를 추가하여 관련된 각 영양소를 섭취함에 있어서 알아야 될 사항을 설명하였습니다.

끝으로 아낌없는 정성과 노력으로 개정작업을 도와주신 교문사 편집부 여러분께 감사드리며, 영양학을 가르치시고 공부하시는 독자들로부터의 아낌없는 충고와 조언을 부탁드립니다.

2021년 8월

대표저자 씀

초판 머리말

현대사회에서는 과학과 의학의 발달로 인하여 전염성질환이 감소하고 평균수명이 길어진 한편, 고혈압, 뇌졸중, 심장병 등의 심혈관계 질환과 암, 당뇨병 등 영양섭취의 불균형과 관련된 질환이 급증하고 있어, 영양학의 중요성이 더 강조되고 있습니다. 또한 영양학은 해당지역의 환경과 문화에 의해 영향을 받는 식생활에 바탕을 두고 연구되어야 하므로, 외국의 정보를 그대로 수용하기보다는 국내 자료의 분석과 영양문제를 중심으로 공부할 필요가 있습니다.

이에 최신 영양학 정보를 이해하기 쉽고, 우리나라 식생활 실태에 근거하여 실천할 수 있도록 체계적으로 편집한 '21세기 영양학' 교재를 출간한 바 있습니다. 그러나 각 대학의 여러 교수님들께서 한 학기에 가르치고 모두 이해하기에는 이 책의 내용이 방대하다는 의견을 보내주셨습니다. 이를 수렴하여 각 영양소를 중심으로 내용을 이해하기 쉽도록 정리하고 시각적 자료를 더욱 첨가하여, 한 학기 강의에 사용하기 적합한 교재를 이번에 새로 마련하였습니다. 이 교재에도 영양학 용어들을 우리말로 바꾸었으나 원어도 익힐 수 있도록 지면의 한 쪽에 따로 편집하였습니다. 또한 식품영양학 전공자 이외에도 조리학, 의학, 간호학, 보건학, 체육학 전공자 등 관련 학문 분야에서 영양학에 쉽게 접근할 수 있도록 구성하였습니다.

끝으로 편집과 교정을 도와준 서울대학교 영양학 연구실 대학원생들과 교문사 여러분께 감사드립니다. 영양학을 공부하시는 분들께 작으나마 도움이 되기를 바라며 아낌없는 조언 부탁드립니다.

1999년 2월

대표저자 최혜미(서울대학교 식품영양학과 명예교수)

차 례

CHAPTER 4 단백질

CHAPTER 5 에너지와 영양

CHAPTER 9 미량 무기질

부 록

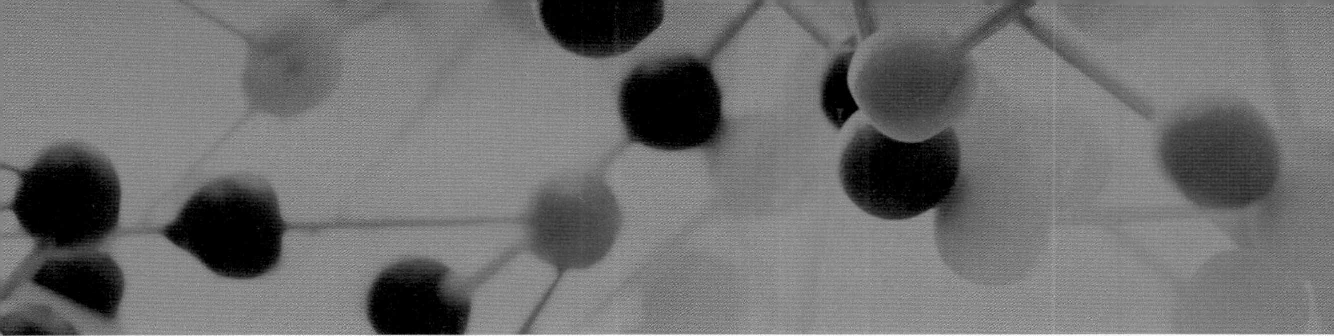

CHAPTER

1

건강한 식생활

건강한 식생활

식생활의 기초

식이와 건강

만성질환과 영양

CHAPTER

1

건강한 식생활

모든 사람이 아프지 않고 건강하게 오래 살면서 하고 싶은 것들을 즐기며 살고 싶어하지만 건강을 유지하기 위한 생활습관을 잘 실천하며 사는 사람은 많지 않다. 영양도 건강을 유지하기 위한 기본 요소 중에 하나로, 먹는 양이 부족하거나 많을 때, 균형이 적절하지 않을 때 단기적으로는 일상생활에 불편을 느끼고 장기적으로는 질환이 발생하기도 한다. 그렇다면 건강을 유지하기 위해서, 아프지 않고 오래 살기 위해서는 어떻게 먹어야 하는 것일까? 건강하게 영양을 섭취하기 위해서는 어떻게 해야 하는 것일까? 어떻게 먹는 것이 건강에 도움이 된다는 것을 알고 있는 사람들은 잘 실천을 하고 있는가? 건강하고자 하는 사람들은 모두 영양학을 공부해야 하는 것일까? 영양학을 배워 가는 과정 중에 이러한 의문들에 답을 찾아갈 수 있길 바란다.

영양학이란 건강과 질병에 대한 식품, 영양소, 그리고 그 속에 포함된 물질들의 작용 · 상호작용과 균형에 대한 과학이며, 사람이 영양소를 섭취하고 소화시키고, 흡수 · 운반 · 이용 · 배설하는 과정에 대한 학문이다. 즉, 영양학이란 사람의 건강을 지키기 위해 질병을 예방하고 다스리는 학문이다.

이러한 영양학을 공부하기 위해 영양학의 근본인 영양소에 대한 지식이 필요하다.

그림 1-1. 6군 식품

건강한 식생활

영양소의 종류

인간은 생명유지를 위해 여러 요소를 환경으로부터 제공받아야 하며 대표적으로 물, 산소, 영양소 등이 이에 속한다. 영양소는 에너지를 공급하거나 생체를 구성, 조절하는 여러 물질을 통칭하는 것으로, 종류에 따라 체내에서 합성되기도 하지만 대개는 식품을 섭취함으로써 얻게된다.

영양소
식품에 포함된 물질로서 에너지, 체구성 물질, 생체반응을 조절하는 인자들을 공급함으로써, 사람의 건강을 유지시키는 역할을 한다.

영양학 —연구대상→ 영양소 —급원→ **식품**

필수 영양소란 체내에서 수행하는 고유의 역할을 가지고 있으며 인체는 충분한 양을 합성할 수 없기 때문에 식품을 통해서 공급을 받아야 하는 영양물질을 뜻한다. 식사로 충분한 양을 섭취하지 못하였을 때는 성장부진, 질병유발 등 각종 부작용이 일어날 수 있으며 적절한 조치가 일어나지 않을 경우 이러한 부작용은 영구적인 손상으로 남기도 한다.

식품에 함유되어 있는 영양소는 여섯 종류로 나눌 수 있다(표 1-1). 에너지 생성 영양소인 탄수화물, 지질, 단백질은 물처럼 식품의 주된 구성성분인 반면에, 에너지를 내지는 않지만 체내 대사 조절에 필요한 비타민과 무기질은 식품에 소량 함유되어 있다.

표 1-1. 필수 영양소의 종류

에너지영양소	탄수화물	포도당	
에너지영양소	지방(지질)	리놀레산, 리놀렌산	
에너지영양소	단백질 (아미노산)	히스티딘, 이소류신, 류신, 메티오닌, 라이신, 페닐알라닌, 트레오닌, 트립토판, 발린	
조절영양소	비타민	지용성 비타민	비타민 A, D, E, K
조절영양소	비타민	수용성 비타민	티아민, 리보플라빈, 나이아신 판토텐산, 비오틴, 비타민 B_6 엽산, 비타민 B_{12}, 비타민 C
조절영양소	무기질	다량 무기질	칼슘, 인, 마그네슘, 나트륨, 칼륨, 염소, 황
조절영양소	무기질	미량 무기질	철, 아연, 구리, 요오드, 불소, 셀레늄, 망간, 크롬, 몰리브덴
조절영양소	물	물	

탄수화물
(carbohydrate)

탄수화물

탄수화물은 주로 탄소, 수소, 그리고 산소로 구성되어 있다. 탄수화물은 식이에서 단맛을 낼 뿐만 아니라 체세포에 에너지를 공급하는 중요한 역할을 한다. 체내 에너지 공급의 주된 형태는 대부분의 탄수화물에서 쉽게 얻어지는 포도당이다. 그러나 충분한 탄수화물을 섭취하지 않았을 경우에는 포도당의 공급이 불충분해져서 체단백질의 분해로부터 얻을 수밖에 없다. 우리나라의 정상적인 균형식사에서는 이러한 부작용을 충분히 방지할 수 있다.

식이섬유
(dietary fiber)

일부 복합탄수화물 중에는 인간의 소화효소로 분해가 되지 않는 분자결합들이 있으며, 이러한 탄수화물들이 식이섬유의 일부를 이룬다. 식이섬유는 소화되지 않은 채로 소장을 통과하여, 대장에서 만들어지는 변에 부피를 주게 된다.

지 질

지질(lipids)

지질은 주로 탄소와 수소로 이루어져 있으며, 탄수화물보다 산소분자를 적게 함유하고 있기 때문에 동일한 양으로도 더 많은 에너지를 생산해낼 수 있다. 지질은 대부분 글리세롤 1분자와 지방산 3분자로 구성된 중성지질이 기본구조이다. 바로 이 형태가 신체의 주된 에너지 급원 및 저장형태이며, 식품의 지방성분도 주로 중성지질이다.

지방(fat)
기름(oil)

지질이라는 용어보다는 지방과 기름이 더 익숙하게 사용되며, 일반적으로 지방은 상온에서 고체형태이고 기름은 액체상태이다. 동물성 지방은 포화지방산이 풍부하므로 고체인 경우가 많고 식물성 기름은 불포화지방산을 많이 포함하기 때문에 액체인 경우가 대부분이다. 많은 식품들은 이 두 가지를 다 가지고 있다.

필수지방산
(essential fatty acid)

어떤 종류의 불포화지방산은 체내에서 합성되지 못하기 때문에 필수지방산이라고 불린다. 이들은 혈압을 조절하고, 중요한 세포의 합성 및 복구를 돕는 등 중요한 역할을 수행한다. 필수지방산은 하루 한 큰술 정도의 식물성 기름을 섭취하면 필요한 양을 충족시킬 수 있다. 지방은 꼭 섭취해야 하는 영양소지만 질병을 예방하기 위해서는 섭취량과 종류가 모두 중요하다.

단백질

단백질(protein)

단백질은 탄수화물, 지질과는 달리 탄소, 수소, 산소 이 외에도 질소를 포함하고 있다. 단백질의 기본단위는 아미노산이며, 식품의 단백질에는 20가지 정도의 아미노산이 존재하고, 이 중 성인에게 필요한 필수 아미노산은 9가지이다. 단백질은 신체 구성의 주된 기본단위로서 뼈와 근육의 대부분을 구성하고 있고, 혈액, 세포막, 면역체계의 중요한 요소를 이루고 있다. 뿐만 아니라 단백질은 효소, 호르몬의 구성요소이며 수분 평형, 산·염기 평형 등에 관여하는 대표적인 조절 영양소이다. 단백질도 에너지를 공급할 수 있으며 분해 과정에서 질소노폐물이 발생한다.

에너지 생산 영양소
- 탄수화물
- 단백질
- 지질

신체 구성 영양소
- 단백질
- 지질
- 무기질
- 물

생체 반응 조절 영양소
- 단백질
- 지질
- 비타민
- 무기질
- 물

비타민

비타민은 여러 다양한 구성원소와 화학구조를 가지며, 주로 체내의 여러 생체반응이 쉽게 일어나도록 돕는 역할을 한다. 예를 들어 비타민은 탄수화물, 지질, 단백질 식품으로부터 에너지를 생산하도록 에너지 대사과정에 조효소로서 작용한다. 그러나 비타민 자체는 에너지를 생산하지 않는다.

비타민은 크게 지용성과 수용성 두 가지로 나눌 수 있고, 이들은 서로 다르게 작용한다. 예를 들면 수용성 비타민은 조리 시 쉽게 손실되는 대신 체내로부터 쉽게 배설되는 반면, 지용성 비타민은 체내에 과잉 축적되어 질병을 유발할 수도 있다.

무기질

앞서 소개한 유기화합물 영양소들은 복잡한 구조를 가진데 반해, 무기질은 매우 간단한 무기 원소들로 이루어져 있다. 무기질은 간단한 구조 때문에 조리 시 파괴되지 않으나, 흡수율이 상대적으로 낮다. 무기질 자체는 에너지를 생산하지는 않으나 신경계의 기능, 대사과정, 수분평형 및 골격구조에 매우 중요한 역할을 한다. 건강 유지를 위해 필요한 무기질은 약 20가지 정도이며, 이들은 크게 다량무기질과 미량무기질로 나눌 수 있다.

물

신체의 60%를 구성하고 있는 물은 가끔은 영양소로서의 중요성을 인정받지 못하나 체내에서 생명에 필수적인 역할을 수행한다. 예를 들면 용매와 윤활제로서 역할을 하고, 영양소와 노폐물의 운반 및 체온조절에 매개체로서 작용한다. 이런 이유로 물의 충분한 섭취가 중요하며, 체중의 60%가 물로 이루어졌음을 감안한다면 인체는 하루에 2,000mL의 물을 필요로 한다.

영양소의 에너지 함량

신체는 정상적인 기능을 위하여 탄수화물, 단백질, 지질로부터 필요한 에너지를 얻는다. 대부분의 식품은 여러 종류의 영양소를 함유하고 있으나 100% 지질로 구성된 식물성 기름과 같은 예외도 있다.

식품의 에너지는 칼로리 단위로 표시하며, 1칼로리는 1g의 물을 섭씨 1도 올리는데 필요한 열량이다. 그러나 이 단위는 매우 작기 때문에 식품 에너지는 칼로리의 1,000배인 킬로

■ 칼로리 계산의 예

탄수화물	1g × 4kcal =	4kcal
단 백 질	6g × 4kcal =	24kcal
지 질	5g × 9kcal =	45kcal
합 계		73kcal

칼로리 단위로 표시하는 경우가 많다. 이 킬로칼로리는 kcal로 약하여 표시하고, 일상생활에서는 칼로리가 킬로칼로리의 의미로 통용된다.

소화율을 고려하여 식품 내의 탄수화물은 4 kcal/g, 단백질은 4 kcal/g, 지질은 9 kcal/g의 에너지를 내는 것으로 계산한다. 예를 들어, 삶은 달걀(50g) 하나를 먹었을 때, 탄수화물 1g, 단백질 6g, 지질 5g이 함유되어 있으므로 에너지는 73 kcal를 섭취하게 된다.

또한 하루에 탄수화물이 300g, 단백질이 70g, 지질이 55g 포함된 식사를 하면, 1,975 kcal의 에너지를 섭취하게 된다. 이 경우 전체 에너지의 60.8%를 탄수화물로부터, 14.2%를 단백질로부터, 25.0%를 지질로부터 공급받게 되는 것이다.

■ 탄수화물, 단백질, 지질의 섭취비율

탄수화물	$(300g \times 4) \div 1,975 \times 100 = 60.8\%$
단백질	$(70g \times 4) \div 1,975 \times 100 = 14.2\%$
지질	$(55g \times 9) \div 1,975 \times 100 = 25.0\%$

영양상태

영양상태는 체내에 필요한 영양소의 체내 기능 및 저장 정도에 따라 세 가지로 구분할 수 있다.

바람직한 영양

영양소들이 체조직에 충분히 공급되어 정상적인 대사과정을 수행하고, 필요량이 증가할 때를 대비하여 약간은 저장되어 있는 상태이다.

영양부족 (undernutrition)

영양부족

영양소 섭취가 필요량을 충족시키지 못하면 체내 저장량이 고갈되거나 결핍으로 인한 기능적 장애가 나타날 수 있다. 이를 영양부족 상태라 하며, 세포 분화가 활발한 소장 상피세포(2~5일)나 적혈구(120일) 등의 세포에서는 이러한 영양부족 상태가 비교적 빠르게 나타난다. 특히, 장기간에 걸친 영양부족 상태는 영구적인 손상을 유도할 수 있다.

준임상적 (subclinical)

- **준임상적 영양결핍증** : 체내 영양소 저장량이 감소되거나 생화학적 대사 과정이 느려지는 단계로, 이 상태가 지속되면 임상적 증세가 나타날 수 있다. 이 과정의 영양결핍증은 외관으로 쉽게 드러나지 않으나 특정 효소의 활성도 저하, 저장 영양물질 함량의 저하 등의 생화학적인 검사를 통해서 관찰할 수 있다.
- **임상적 영양결핍증** : 영양부족 상태가 지속될 경우 전체적인 외형이나 머리카락, 피부, 손톱, 입술 등에도 결핍 증상이 나타나며, 질환으로 발전할 수도 있다. 예를 들어, 철 결핍 시에는 안면이 창백해지고 약간의 운동에도 심장박동이 빨라지는 등의 증상이 나타나며 빈혈로 판정받을 수 있다.

영양과잉

영양과잉
(overnutrition)

오랫동안 영양소를 과잉섭취하면 영양과잉이 되어 해로운 상태가 된다. 예를 들어, 철의 과잉섭취는 간 손상을 초래하며, 비타민 A의 과잉섭취도 기형아 출산 등에 영향을 미친다. 그러나 가장 흔한 영양과잉 증상은 에너지 생산영양소의 과다섭취로 인한 비만증이다. 20세기 초에는 영양부족이 문제였으나, 21세기로 진입한 지금은 영양부족과 과잉이 공존하고 있다. 특히 구미 선진국에서는 에너지, 포화지방, 총지방, 소금 등의 과잉섭취로 인해 여러 영양문제가 발생하고 있으며, 우리나라도 그 뒤를 따르고 있다. 뿐만 아니라 비타민과 무기질 보충제 복용도 일반화되어가는 추세여서 영양과잉으로 인한 독성문제의 우려가 높아지고 있다. 특히, 비타민 A와 D, 칼슘, 철을 포함한 몇몇 무기질 등은 정상과 과잉섭취 범위가 매우 좁기 때문에 권장수준 이상의 보충제 섭취로 독성이 나타날 위험성이 크다.

비만증(obesity)

영양상태 평가

바른 식생활을 하고 있는가를 판단하기 위해 여러 가지 영양상태 평가방법들이 이용된다. 영양 상태의 평가 이전에 가족력, 질환유무 및 과거력, 치료 경력 등의 병력과 사회 · 경제적 환경에 대한 조사가 필요하다.

가족력
(family history)
병력
(medical history)
사회경제적 여건
(socioeconomic history

영양상태 평가의 기본원리(ABCD)

영양상태 평가는 기본적으로

- 신체계측에 의한 판정(anthropometric assessment : A)
- 생화학적 상태판정(biochemical assessment : B)
- 임상적 상태판정(clinical assessment : C)
- 영양조사에 의한 판정(dietary assessment : D)으로 크게 나눌 수 있다.

신체계측에 의한 판정

체위 측정

- 신체의 발달은 연령이나 영양상태에 따라 다르며,
- 신체계측치는 영양상태를 판정하는 자료가 된다.
- 특히 체격은 영유아, 어린이, 사춘기, 청소년, 임신부의 성장을 나타내는 좋은 척도이다.
- 신체계측 항목은 연령에 따라 권장되는 항목이 있지만, 공통적으로는 신장, 체중, 삼두근 피부두께 등이 있다(표 1-2).
- 체위 측정치를 표준치와 비교하여 영양상태를 진단한다(그림 1-2).

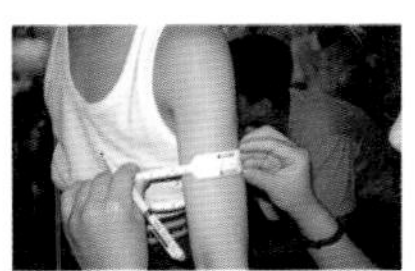

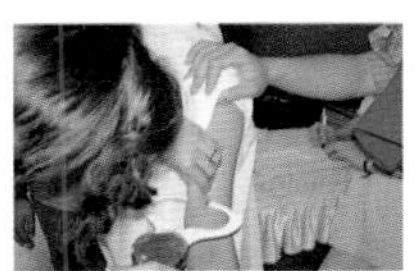

그림 1-2. 신체계측
(위 : 상완위 둘레,
아래 : 삼두근 피부두께)

표 1-2. 성장 단계에 따라 권장되는 신체계측 항목

성장 단계	신체계측 항목
영유아(0~1세)	신장(누워서 잰 것), 체중, 두위, 흉위, 삼두근 피부두께
어린이(1~5세)	신장, 체중, 두위, 흉위, 상완위 둘레, 삼두근 피부두께
학동기, 청소년기(6~20세)	신장 체중, 상완위 둘레, 삼두근 피부두께
성인, 노년기	신장, 체중, 상완위 둘레, 삼두근 피부두께, 견갑골 피부두께

체격지수 판정

각 연령에 맞는 체격지수를 바탕으로 비만 혹은 수척 정도를 판단하여 영양상태를 평가할 수 있다(부록 4-1).

생화학적 상태 판정

혈액, 소변, 대변, 머리카락, 손톱 등의 생체 시료를 취해 성분을 분석하거나 특정 효소의 활성 등을 측정하는 방법으로 영양 상태를 파악 할 수 있다(부록 4-2).

임상적 상태 판정

영양 결핍상태가 심각할 경우에는 신체에 징후가 나타나므로 임상적 증세에 대한 소견으로 상태를 파악할 수 있다(부록 4-3).

영양조사에 의한 판정

영양섭취상태 평가

영양소 섭취상태를 평가하기 위해서는 먼저 개인의 음식 섭취량을 조사한다. 섭취량 조사 방법으로 24시간 회상법, 식이 기록법, 식품 빈도 조사법 등이 있으며, 식품 섭취량을 조사한 후 이를 근거로 영양소 섭취량을 분석한다.

24시간 회상법 (24-hour recall)

■ 24시간 회상법

- 대상자가 지난 24시간 또는 조사 전일에 섭취한 모든 식품 및 음료의 종류와 섭취량, 조리방법, 가공식품인 경우는 상품명, 비타민 및 무기질 영양제의 복용 등을 조사한다.
- 조사방법은 면접을 통한 회상법을 이용하며, 조사 도구로는 가사용 계량 기구, 식품 모델, 식품 사진 등을 이용한다.
- 이러한 방법은 집단의 평균 식품 및 영양소 섭취량을 조사하는데 적합하며, 대상자의 부담이 적어 쉽게 협조를 얻을 수 있고, 경비가 적게 드는 장점이 있다.
- 그러나 개인의 일상적인 영양 조사에는 적합하지 않으며, 개인의 영양 조사를 위해서는 장기간 동안의 계속적인 조사가 필요하다.

표 1-3. 24시간 회상법을 위한 설문지

대상자 No.		성명		일시	
식사	음식명	식품명	섭취량(목측량)	중량(g)	Code
아침					
점심					
저녁					
간식					
건강식품(종류, 섭취량)					
영양보충제(종류, 섭취량)					

■ 식이 기록법

식이기록법 (food diary, food record)

- 기록법은 식품 섭취를 실측하거나 눈대중량 추정치를 일기식으로 적어나가는 방법으로, 주로 3, 5, 7일 동안 조사한다.
- 조사진은 조사 첫날에 응답자에게 조사방법을 훈련시켜 나머지 조사는 응답자 스스로 할 수 있도록 하며, 조사 마지막일에는 기록한 내용을 응답자에게 점검하여 확인하는 것이 바람직하다.
- 기록법에는 먹은 것을 일일이 저울로 실측하여 기록하는 실측량 기록법과 섭취한 것을 추정하여 기록하는 추정량 기록법이 있다.
- 실측량 기록법은 식이 조사방법 중 가장 정확한 방법이지만, 조사대상자의 부담이 커 조사일이 길어지면 섭취량이 감소하는 경향을 보인다.

■ 식품 섭취 빈도 조사법

식품 섭취 빈도 조사법 (food frequency questionnaire)

- 식품의 섭취 빈도수를 조사하는 방법인데, 조사 목적에 따라 식품별 섭취 빈도만을 사용하거나 영양소 섭취량으로 환산할 수 있는 반정량적 방법을 사용할 수 있다.
- 조사지의 기본 구성요소는 식품 목록, 섭취 빈도 응답, 섭취 분량 등으로 이루어진다.
- 특히 식품 섭취 빈도 조사의 경우 결과는 조사지에 따라 차이가 크므로, 연구 목적과 대상에 맞게 개발하고, 개발 후 반드시 검증을 해야 한다.

따라서 위에서 언급한 여러 조사법으로 섭취한 식품의 양을 조사하고 이를 토대로 분석한 영양소 섭취량을 영양소 섭취기준과 비교하여 영양 섭취상태를 평가한다.

식습관 및 식생활 평가

구체적으로 섭취한 식품이나 영양소를 조사하는 방법은 아니지만 평소의 식습관이나 섭취한 식품군의 종류를 물어, 영양위험도를 평가하는 방법이다. 대부분 조사하는데 걸리는 시간과 부담이 적어 간이 진단에 많이 이용된다.

■ **식사 균형도**

식사 균형도는 주로 식품군 간의 균형을 고려하여 식사를 하고 있는지를 알아보는, 설문을 통한 평가 방법이다.

식사 균형도 (meal balance)

일본 영양사회가 제시하였던 식사 균형도를 일부 보완한 표를 이용하여 간단하게 식생활 평가를 할 수도 있다. 각 끼니에 먹은 식품을 부록 4-4와 같이 점수화하여 총합을 구하면 각 끼니당 식사 균형도 점수를 알 수 있다.

식사 다양성 (food diversity)

■ **식사 다양성**

식품군을 녹황색 채소군, 기타 야채군, 과실군, 어육류군, 난류군, 두류군, 곡류군, 감자류군, 우유류군, 유지류군등 총 10가지로 나누고, 각 끼니당 섭취한 식품군의 수를 세는 방법이다. 한끼에 10점 만점으로 하여 평가한다.

■ **식생활 자가진단표를 이용한 평가**

대한영양사협의회에서 제시하였던 식생활 자가진단표를 일부 보완 작성한 부록 4-5를 이용하여 평소 식생활 습관을 간편하게 진단할 수 있다.

국민영양 실태조사

우리나라 보건복지부의 국민영양조사는 1969년 이래 매년 실시하여 우리나라 국민의 식품섭취량 및 영양섭취량의 실태를 보고해왔으며 1998년부터는 국민건강영양조사로 확대되면서 3년마다 실시되었다. 제4기(2007-2009)부터는 3년 단위로 기획하고 매년 실시하는 연중조사 체계로 개편되었으며 연 단위의 국가 통계가 생산되고 있다.

2019년 국민건강영양조사에서 조사된 우리 국민의 영양소 섭취량을 권장섭취량 대비 섭취 비율로 나타낸 결과를 보면(그림 1-3), 칼슘, 비타민 A, 비타민 C 섭취량은 권장섭취량보다 상당히 낮은 것을 확인할 수 있다. 물론 권장섭취량이 부족하지 않을 충분한 양으로 설정된다는 점은 감안해야 하지만 권장섭취량보다 섭취량이 낮은 것은 부족할 위험이 있지 않은지 살펴볼 필요가 있다는 것을 시사하며, 특히 개개인의 섭취량을 확인하면 평균필요량보다 섭취량이 낮은, 즉 부족 위험이 높은 사람들의 분율도 꽤 높은 편이다. 따라서 평균치만을 가지고 전체 국민의 영양 섭취 수준을 판단할 수 없으며, 분포를 반드시

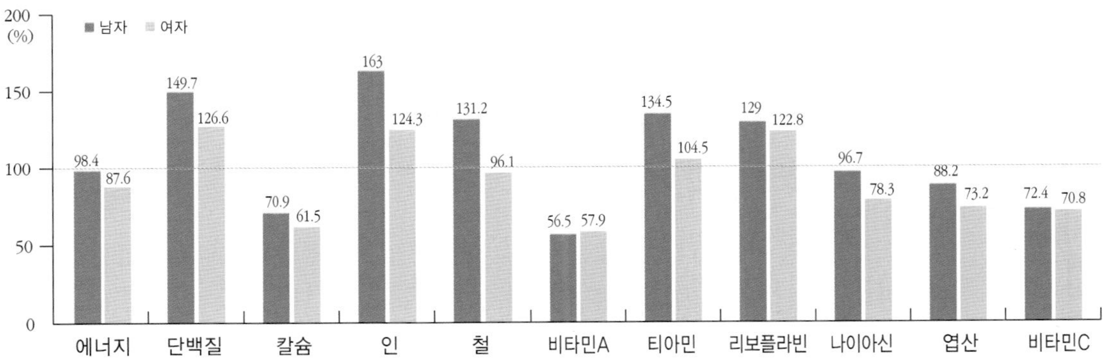

* 섭취비율 : 에너지 및 영양소별 영양소 섭취량의 영양소 섭취기준에 대한 비율
** 영양소 섭취기준 : 2015 한국인 영양소 섭취기준(보건복지부, 2015), 에너지필요추정량 및 영양소별 권장섭취량
자료 : 2019 국민건강통계

그림 1-3. 영양소 섭취기준에 대한 에너지 및 영양소별 섭취비율

고려해야 한다.

미국에서는 1959년부터 건강조사(National Health Examination Survey)가 시작되었으며, 일부 주, 인종, 연령 등에 대해서 선택적으로 시행해오다가 1999년부터 연중상시조사 체계로 개편하면서 건강영양조사(NHANES)라는 이름으로 미국인의 건강과 영양 상태를 대표할 수 있는 조사로서의 면모를 갖추게 되었다. 해당 조사는 미국의 질병통제센터에서 주관하여 시행하고 있으며 미국인의 비만, 고혈압 등 만성질환 증가, 트랜스지방 섭취 감소, 여자 청소년 인유두종 바이러스 감염증 분율 감소 등 미국인의 건강 및 영양 문제를 제기하고 정책 효과를 평가하는 성과를 거두었다. 미국 건강영양조사는 연 5천명씩 조사하고 통상 2년의 자료를 한꺼번에 분석하여 발표해왔으며, 최근 결과는 2017-2018년에 조사된 자료로부터 산출된 통계이다. 식품(음식 또는 음료)을 통해 섭취한 에너지 양은 2세 이상 전 연령 평균 2,093kcal로, 우리나라의 평균섭취량(2017년 1,992kcal, 2018년 1,968kcal)과 유사하였다. 미국인의 경우 에너지 중 1/3을 지질로 섭취하는 것으로 조사되었다. 연령과 관계 없이 단백질로부터 섭취하는 에너지 양은 15% 내외였고, 탄수화물이 45~53%, 지질은 33~39% 정도였다. 비타민 A 섭취량은 633 RAE, 칼슘은 968mg으로 우리나라 국민들의 평균섭취량보다 높았으나 식이섬유는 16.2g으로 낮은 편이었다. 총 당류 섭취량은 108g으로 우리 국민 섭취량 61g에 비해서 2배 가까운 수준이었다. 과거에는 우리나라 나트륨 섭취량이 4,000mg을 크게 상회하여 미국보다 높았지만 2019년 우리나라 나트륨 섭취량은 3,289mg으로, 미국인 섭취량 3,389mg과 유사한 수준이라고 할 수 있다.

건강영양조사(National Health and Nutrition Examination Survey, NHANES)

식생활의 기초

건강한 식생활을 위한 기본지침

식생활의 기본원리
- 다양성(variety)
- 적절한 양(moderation)
- 균형(balance)

건강한 식생활의 기본원리는 다양한 식품을 적당한 양으로 섭취하여 영양의 균형을 맞추는 것이다. 그 각각을 살펴보면 다음과 같다.

다양성

한 가지 식품의 섭취로 모든 영양소의 필요량을 충족시킬 수는 없다. 예를 들면, 완전 식품으로 알려져 있는 달걀은 비타민 C가 전혀 없고 칼슘도 거의 공급하지 못하며, 우유 역시 철과 비타민 D의 양이 매우 적다. 따라서 다양한 식품의 섭취를 통해 필요한 영양소를 골고루 공급받는 것은 매우 중요하다.

적절한 양

식품을 섭취하는 데 있어서 적당한 양의 개념은 매우 중요하다. 따라서 모든 영양소를 필요한 만큼 골고루 섭취할 수 있도록 식품 섭취를 조절하는 것을 말하며, 너무 많거나 적게 섭취하지 않는 것을 뜻한다. 예를 들면, 어느 날 한끼 식사에 상대적으로 지질, 당분, 염분 등이 많은 식품을 섭취했다면, 그날의 남은 식사에서는 이런 것의 함량이 적은 것을 섭취해 하루의 필요량이 적절히 유지될 수 있도록 하는 것을 말한다.

균형식

균형 잡힌 식사란 모든 영양소가 적당한 양으로 포함되어 있는 식사를 말하며, 균형 잡힌 식사를 위한 가장 좋은 방법은 매일의 식사에서 6가지 식품군을 골고루 섭취하는 것이다.

우리나라 식사구성안

식사구성안은 여러 가지 식품이 적절히 함유된 균형 잡힌 식사에 도움을 주기 위해 고안된 것으로 다음과 같이 구성되었다.

쉬어가기 건강한 식생활을 위한 ABCDE

A : Adequacy of diet	충분한 식사
B : Balance in diet	식사 균형
C : Calorie control	에너지 조절
D : Diversity in food choice	다양한 음식 선택
E : Exercise	규칙적 운동

식품의 분류

식품은 식품영양가표의 분류체계와 한국인의 대표적인 식사패턴, 식품들의 영양소 함량, 국민건강영양조사에서 특정 식품이 총영양소 섭취에 기여하는 정도 등을 고려하여 다음과 같이 분류하였다.

- 곡류
- 고기 · 생선 · 달걀 · 콩류

표 1-4. 식품군별 대표식품의 1인 1회 분량

식품군	1인 1회 분량					
곡류 (300kal)						
	쌀밥 (210g)	보리밥 (210g)	백미 (90g)	현미 (90g)	수수 (90g)	팥 (90g)
	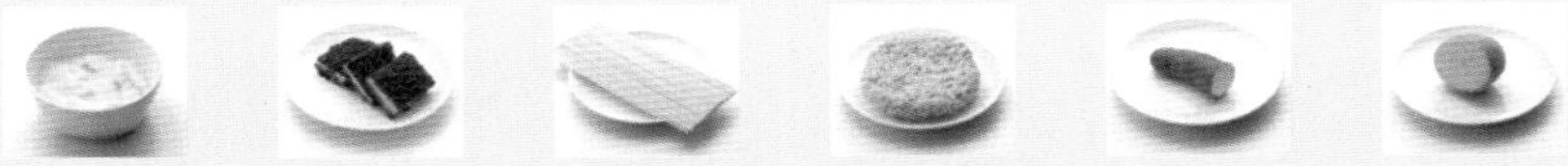					
	가래떡 (150g)	시루떡 (150g)	국수 말린 것 (90g)	라면사리 (120g)	고구마 (70g)*	감자 (140g)*

	옥수수 (140g)*	밤 (60g)*	묵 (200g)*	시리얼 (30g)*	당면 (30g)*	식빵 (35g)*

	과자 (30g)*	밀가루 (30g)*				
고기 · 생선 · 달걀 · 콩류 (100kcal)						
	돼지고기 (60g)	돼지고기 삼겹살(60g)	소고기 (60g)	닭고기 (60g)	소시지 (30g)	햄 (30g)

	고등어 (60g)	명태 (60g)	참치통조림 (60g)	오징어 (80g)	바지락 (80g)	새우 (80g)
	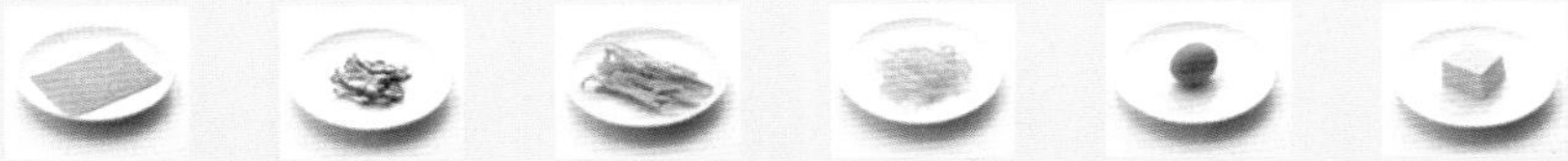					
	어묵 (30g)	멸치 말린 것 (15g)	명태 말린 것 (15g)	오징어 말린 것(15g)	달걀 (60g)	두부 (80g)

	대두 (20g)	잣 (10g)*	땅콩 (10g)*			

(계속)

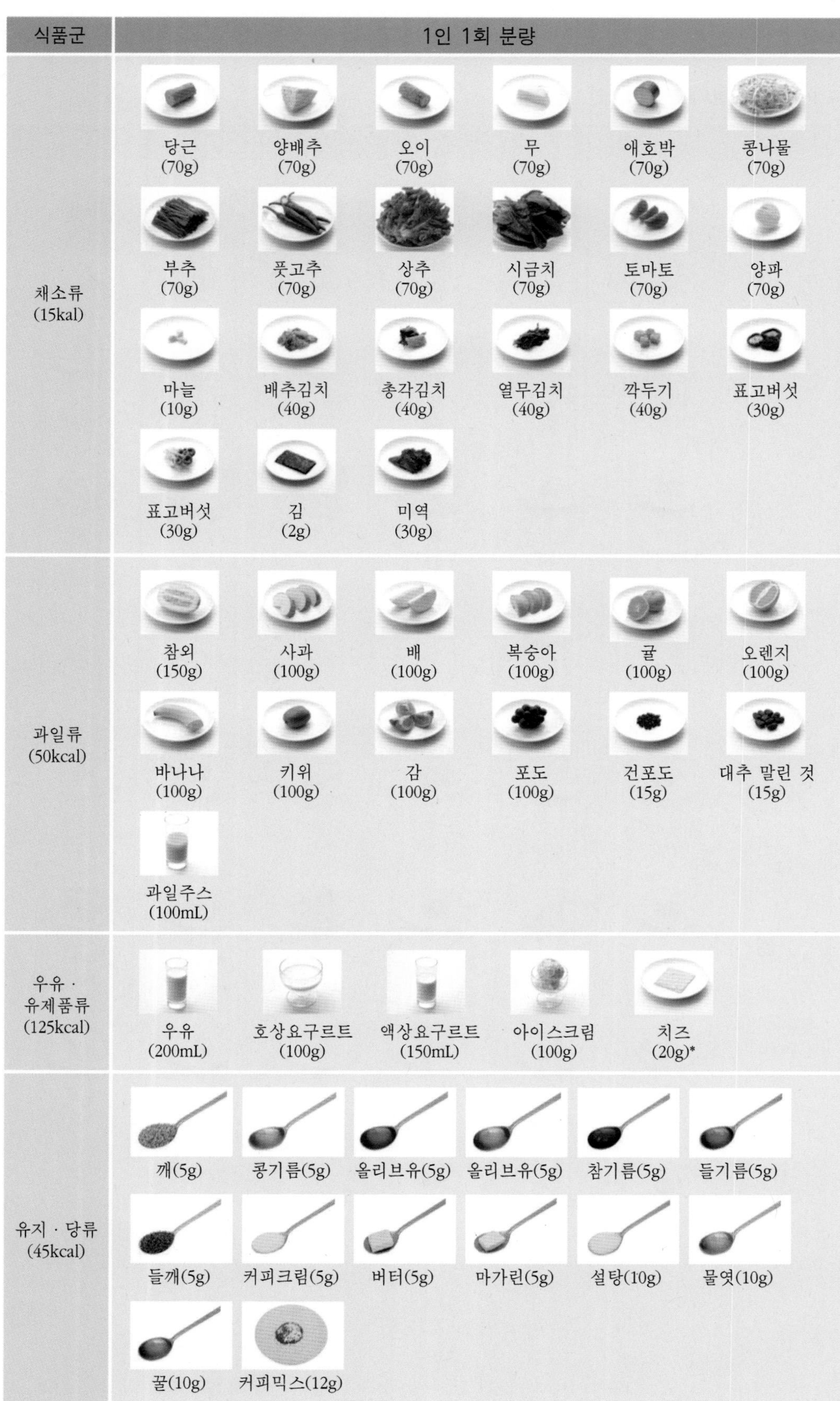

식품군	1인 1회 분량
채소류 (15kal)	당근 (70g), 양배추 (70g), 오이 (70g), 무 (70g), 애호박 (70g), 콩나물 (70g), 부추 (70g), 풋고추 (70g), 상추 (70g), 시금치 (70g), 토마토 (70g), 양파 (70g), 마늘 (10g), 배추김치 (40g), 총각김치 (40g), 열무김치 (40g), 깍두기 (40g), 표고버섯 (30g), 표고버섯 (30g), 김 (2g), 미역 (30g)
과일류 (50kcal)	참외 (150g), 사과 (100g), 배 (100g), 복숭아 (100g), 귤 (100g), 오렌지 (100g), 바나나 (100g), 키위 (100g), 감 (100g), 포도 (100g), 건포도 (15g), 대추 말린 것 (15g), 과일주스 (100mL)
우유 · 유제품류 (125kcal)	우유 (200mL), 호상요구르트 (100g), 액상요구르트 (150mL), 아이스크림 (100g), 치즈 (20g)*
유지 · 당류 (45kcal)	깨(5g), 콩기름(5g), 올리브유(5g), 올리브유(5g), 참기름(5g), 들기름(5g), 들깨(5g), 커피크림(5g), 버터(5g), 마가린(5g), 설탕(10g), 물엿(10g), 꿀(10g), 커피믹스(12g)

* 표시는 0.3회

- 채소류
- 과일류
- 우유 · 유제품류
- 유지 · 당류

식사구성안을 위한 1인 1단위 설정

각 식품군에 속하는 식품 중 한국 사람들이 많이 섭취하는 식품을 중심으로, 국민건강영양조사 보고와 다른 나라 1단위 자료 및 단체급식업소의 1인분량 등을 참고로 하여 한 번에 섭취하는 1인 1단위를 설정하였다(표 1-4).

식사구성안의 1인 1단위는 보기에 편하도록 가정용 단위를 많이 사용하고, 우리나라 사람들의 식생활 습관을 고려하여 제정하였는데, 섭취해야 하는 양이 아니라 사람들이 섭취한다고 생각되는 양으로부터 산출한 것이므로, 정확하게 에너지 영양소를 조절해야 하는 환자의 식사요법을 위한 교환 단위와는 다르다는 것에 주의해야 한다.

권장식사패턴

일반인이 복잡한 영양가 계산을 하지 않고서도 자신의 성, 연령을 기준으로 영양소 섭취기준에 적합하게 식사구성안을 작성할 수 있도록 제시한 식사형태를 의미한다. 대표 에너지를 제시하고 각 열량별로 식품군별 섭취 횟수를 제시하여 대상별로 적절한 식품을 선택하여 식단을 작성할 수 있도록 하기 위해 마련되었다. 하루에 필요한 식품군별 섭취 횟수에 따라 식단을 구성하면 하루에 필요한 영양소 섭취량을 충족할 수 있다. 성장기 어린이 및 청소년의 특징을 반영하여 하루에 우유 2컵을 섭취하는 A타입과 우유 1컵을 섭취하는 B타입으로 구분하여 제시하고 있다.

식품군별 대표영양가

식품을 선택할 때 식품의 영양소 함량을 대략적으로 계산할 수 있도록 각 식품군별로 대표 영양가를 정한 것으로, 대표영양가표는 각 대표식품의 영양소 함량을 바탕으로 1인이 하루 섭취하는 해당 식품 섭취량의 평균값을 고려한 가중치를 이용하여 산출된 것이다.

표 1-5. 만 19~64세 성인 남 · 녀의 식품군별 1일 권장섭취 횟수(1회 분량 수)

식품군 \ 성별	남자(2,400kcal)	여자(1,900kcal)
곡류	4	3
고기 · 생선 · 달걀 · 콩류	5	4
채소류	8	8
과일류	3	2
우유 · 유제품류	1	1
유지 · 당류	6	4

표 1-6. 생애주기에 따른 1일 권장섭취 횟수(1회 분량 수)

식품군 \ 성별(kcal)	남자			여자		
	청소년 (2,600A)	성인 (2,400B)	노인 (2,000B)	청소년 (2,000A)	성인 (1,900B)	노인 (1,600B)
곡류	3.5	4	3.5	3	3	3
고기 · 생선 · 달걀 · 콩류	5.5	5	4	3.5	4	2.5
채소류	8	8	8	7	8	6
과일류	4	3	2	2	2	1
우유 · 유제품류	2	1	1	2	1	1
유지 · 당류	8	6	4	6	4	4

	아침	점심	저녁	간식
메뉴/분량	쌀밥, 닭곰탕, 돼지고기브로콜리볶음, 미역줄기나물, 깍두기	열무비빔국수, 삶은달걀, 채소튀김, 동치미, 오렌지	잡곡밥, 대구탕, 두부조림, 숙주나물, 배추김치	방울토마토, 키위, 우유
곡류/3회	쌀밥 210g (1)	소면 90g (1)	잡곡밥 210g (1)	
고기 · 생선 달걀 · 콩류/4회	닭고기 60g (1) 돼지고기 30g (0.5)	달걀 60g (1)	대구 70g (1) 두부 40g (0.5)	
채소류/8회	파 35g (0.5) 브로콜리 35g (0.5) 미역줄기 35g (0.5) 깍두기 40g (1)	열무김치 20g (0.5) 당근 35g (0.5) 양파 35g (0.5) 동치미 40g (1)	무 35g (0.5) 숙주나물 35g (0.5) 배추김치 40g (1)	방울토마토 70g (1)
과일류/2회		오렌지 100g (1)		키위 100g (1)
우유 · 유제품류/1회				우유 200mL (1)
유지 · 당류/4회	유지 및 당류는 조리 시 가급적 적게 사용 할 것을 권장함			

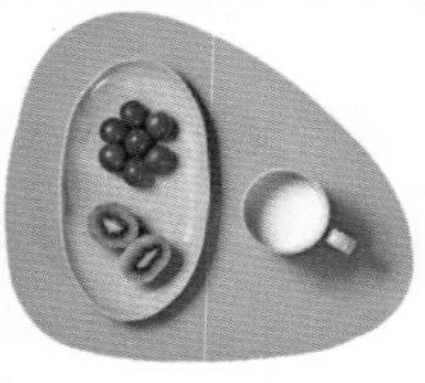

* 총 열량(kcal): 1882.3 kcal; 탄수화물, 단백질, 지방 섭취비율(%): 탄수화물(55.3%), 단백질(19.2%), 지방(25.5%)

그림 1-4. 1,900 kcal 하루 상차림(성인 여성)

1일 식사의 식품 구성

대표적인 연령군에 대하여 주요 영양소 권장량을 고려하여 각 식품군에서 하루에 섭취해야 할 횟수를 1인 단위 수로 제시하였다. 만 19~64세 성인 남녀의 1일 식사 식품군 구성의 예는 표 1-5에 제시되었다.

한 개인에게 필요한 에너지와 영양소의 양은 연령 · 성별 등에 따라 차이가 있으므로 식사도 이에 따라 다르게 구성되어야 하며, 특히 생애주기에 따라 변하는 주요 영양소 권장량을 잘 충족시킬 수 있도록 식사 구성을 변형하는 것이 중요하다. 성인의 권장수준에 비하여 에너지와 주요 영양소의 권장수준 차이가 큰 대상자군을 선정하여 식사 구성을 한 예는 표 1-6에 제시되었다. 또한 같은 식품군에 속하는 식품들도 그 종류에 따라 실제 영양소 함량에 차이가 있으므로 식사구성안을 실생활에 적용시킬 때에는 식사구성뿐만 아니라 각 군별로 여러 가지 식품을 섭취할 수 있도록 다양성을 강조하는 것도 중요하다.

식품구성자전거

식사구성안에 제시된 식품의 분류와 각각의 식품군이 식생활에서 차지하는 중요성과 양을 일반인들이 쉽게 이해할 수 있도록 그림으로 표시한 것이 식품구성자전거이다(그림 1-5).

식품구성자전거는 6개의 식품군에 권장식사패턴의 섭취횟수와 분량에 맞추어 바퀴 면적을 배분한 형태로, 기존의 식품구성탑보다 다양한 식품 섭취를 통한 균형 잡힌 식사와 수분 섭취의 중요성 그리고 적절한 운동을 통한 비만 예방이라는 기본 개념을 나타내었다. 식품군별 대표식품의 1인 1회 분량을 기준으로 섭취 횟수를 활용하여 개인별 권장섭취패턴을 계획하거나 평가할 수 있다.

자료 : 보건복지부, 2020 한국인 영양소 섭취기준 활용

그림 1-5. 식품구성자전거

미국의 식사구성안

20세기에 들어오면서 전문가가 아닌 사람들도 일상생활에서 영양소의 필요량에 따른 식사를 할 수 있도록 여러 가지 자료들이 만들어졌다. 최초의 자료로는 미국인들의 전통적인 식사에 기초를 둔 7가지 식품군이 있었고, 5가지 식품군으로 단순화되었다가, 1950년대 중반에 우유 및 유제품군, 육류군, 과일과 채소군, 곡류군을 내용으로 하는 4가지 식품군이 나왔다. 2005년에는 5가지 식품군과 유지류를 나타내는 6가지 색의 식품 피라미드가 고안되어 www.mypyramid.gov에 공개되었으며, 나이와 성별, 하루 운동시간에 따라 각기 다른 식단 정보를 제안하였다. 한편 Dietary guidelines for Americans는 2010년에 개정되었는데 마이피라미드 대신 플레이트 형태의 food guides를 제안하였다(www.choosemyplate.gov)(그림 1-6). 이는 곡류군, 단백질 식품군, 채소군, 과일군, 우유군 등 건강을 위한 식사, 즉 균형식을 위해 섭취할 식품을 5군으로 구분하고 그 상대적인 양을 식탁 매트 위에 놓인 접시(plate) 형태의 그림으로 제시하여 실제 식사와 연관지어 생각할 수 있게 하였다. 'Myplate'의 'My'는 마이피라미드에서 처럼 개별화된 접근법을 의미한 것이다.

마이플레이트에서 전달하는 메시지는 다음과 같다.

- 칼로리 균형 맞추기: 식사를 즐기되 약간 적게 먹기, 1인 1회 분량 이상(oversized portion) 먹지 않기
- 충분히 먹기: 플레이트의 절반은 채소와 과일로 채우기, 곡류의 반 정도는 전곡류로 먹기, 우유는 무지방 또는 저지방(1%)으로 선택하기
- 좀 줄여 먹기: 나트륨 함량(수프, 빵, 냉동식사 등에서)을 비교하고 저나트륨 식사를 선택하기, 당이 함유된 음료 대신 물 마시기

마이플레이트 구성요소의 양은 연령, 성별, 신체활동량에 따라 다르다. 하루에 30분 이하로 중등도 운동을 하는 19~30세 남녀의 식품군별 권장 단위 수는 표 1-7과 같다.

채소군의 경우 하위단위로 짙은 녹색 채소류, 황색 채소류, 콩류, 전분질 채소류, 기타 채소류로 나뉘어 주당 권장량이 따로 주어진다. 그리고 적정 체중을 유지하기 위해 열량

그림 1-6. 미국의 마이피라미드(2005)와 마이플레이트(2010)

을 필요량 이내로 섭취하도록 하며, 거의 매일 30분 이상의 운동을 권장한다. 보통 활동 정도의 19~30세 성인의 권장량과 1회 분량은 표 1-8과 같다.

표 1-7. 식품군에 따른 권장 단위 수

식품군	남 성	여 성
곡류군	8 온스	6 온스
단백질 식품군	6 1/2 온스	5 1/2 온스
채소군	3 컵	2 1/2 컵
과일군	2 컵	2 컵
우유군	3 컵	3 컵

* 1온스는 28.35g이며, 미국의 1컵 단위는 240mL이다.

표 1-8. 19~30세 성인의 권장량 및 1회 분량

식품군	권장량	식품명	1회 분량	
곡류군 반 정도는 전곡류로 섭취한다.	8 온스(남) 6 온스(여)	빵 시리얼 밥 파스타	1 조각 1 컵 1/2 컵 1/2 컵	곡류군 1 온스
단백질 식품군 육류는 저지방이나 살코기로 고른다. 단백질 급원을 어류, 콩류 등으로 다양하게 섭취한다.	6 1/2 온스(남) 5 1/2 온스(여)	육류, 가금류, 어류 콩류 달걀 땅콩버터 견과류	1 온스 1/4 컵 1 개 1 큰술 1/2 온스	단백질 식품군 1 온스
채소군 플레이트의 절반은 채소와 과일로 구성한다.	3컵(남) 2 1/2 컵(여)	채소(생채, 숙채) 야채 주스 잎채소(생채)	1 컵 1 컵 2 컵	채소군 1 컵
과일군 플레이트의 절반은 채소와 과일로 구성한다.	2 컵	과일 과일주스 말린 과일	1 컵 1 컵 1/2 컵	과일군 1 컵
우유군 저지방이나 무지방 제품으로 선택한다.	3 컵	우유, 두유 요구르트 자연치즈 가공치즈	1 컵 1 컵 1 1/2 온스 2 온스	우유군 1 컵
유지류 버터, 마가린 등 고체지방, 포화지방을 멀리 한다.	7 작은술(남) 6 작은술(여)	식물성유 마가린, 마요네즈	1 작은술 1 작은술	유지 1작은술

일본의 식사구성안

'매일의 식품 선택을 어떻게 할 것인가'에 대한 일본 가가와 영양대학에서 개발한 점수방법으로, 식품을 4가지 군으로 나누었다. 연령, 직업, 운동량에 따라 식품의 양을 결정하는데, 아래의 예는 성인 여자를 위한 기본량을 표시한 것이다. 각 식품의 양을 1점으로 하여 하루에 20점을 만들어야 한다(표 1-9).

1군의 ♠는 가장 중요하다는 뜻이고, 2군의 ♥는 심장에 좋다는 뜻이고, 3군의 ♣는 신선하다는 뜻이고, 4군의 ◆는 부귀를 뜻하나 많이 섭취하면 뚱뚱해진다고 설명하고 있다(그림 1-7). 체중을 감소시키려면 4군에서 2~5점을 줄이도록 하고 다른 군에서는 절대 줄이지 말아야 한다.

표 1-9. 일본의 기초식품군 점수제

군	식품군	점수	식품의 예	총점수
♠ 1군	우유 및 유제품 달걀	2 1	우유(280g) 우유(140g)와 치즈(24g) 달걀 1개(50g)	3
♥ 2군	생선과 갑각류 육류 두류, 콩류	1 1 1	고등어(150g) 닭(살코기, 80g) 두부1/3 모(105g)	3
♣ 3군	채소 감자, 녹말 과일	1 1 1	녹황색 채소(105g) 담색 채소(200g) 감자(100g)	3
◆ 4군	곡류 설탕 유지류	8 1 2	밥 2공기(220g) 빵 2쪽 (120g) 설탕 $2\frac{1}{3}$ 큰술(21g) 채종유, 버터(20g)	4 4 1 2
				총계 20점

그림 1-7. 일본의 기초식품군(가가와 영양대학)

일본은 영양섭취기준을 제정하면서 일반인들에게 하루에 섭취할 음식의 양과 종류를 알리기 위해 식사밸런스가이드를 만들었다. 또한 식생활지침을 구체적인 행동에 연결시키기 위하여 식사의 바람직한 조합이나 대강의 양을 알기 쉽게 팽이 모양의 식생활 모형(Japanese Food Guide Spinning Top)을 개발하여 일반 국민들이 쉽게 이용할 수 있게 하였다. 식사밸런스가이드 팽이의 구성 내용을 보면 매일의 식사량을 주식, 부채, 주채, 우유 · 유제품, 과일로 구분하고 각각 개(SV)라는 단위를 이용하여 표시하였다. 이 외에도 물 · 차, 과자 · 기호음료, 운동의 중요성에 대해서도 표현되어 있다(그림 1-8).

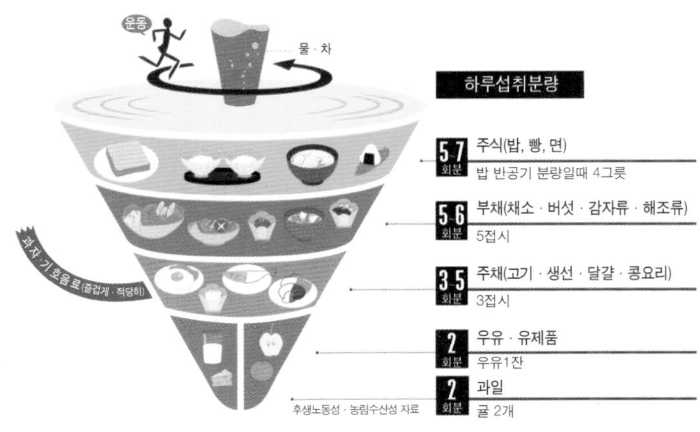

그림 1-8. 일본의 식사밸런스가이드 팽이

식생활지침

식생활지침 (dietary guidelines)

2016년 보건복지부는 농림축산식품부, 식품의약품안전처와 공동으로 국민의 건강하고 균형 잡힌 식생활 가이드라인을 제시하는 '국민 공통 식생활지침'을 제정 · 발표했다. '국민 공통 식생활지침'은 정부부처의 분산되어 있는 지침을 종합하여, 바람직한 식생활을 위한 기본적인 수칙을 제시한 것으로, 균형 있는 영양소 섭취, 올바른 식습관 및 한국형 식생활, 식생활 안전 등을 종합적으로 고려하였다. 2021년에는 기존의 지침을 보완하여 한국인을 위한 식생활지침으로 보완한 바 있으며, 그 내용은 다음과 같다.

한국인을 위한 식생활지침

1. 매일 신선한 채소, 과일과 함께 곡류, 고기×생선×달걀×콩류, 우유×유제품을 균형 있게 먹자.
2. 덜 짜게, 덜 달게, 덜 기름지게 먹자.
3. 물을 충분히 마시자.

4. 과식을 피하고, 활동량을 늘려서 건강 체중을 유지하자.
5. 아침 식사를 꼭 하자.
6. 음식은 위생적으로, 필요한 만큼만 마련하자.
7. 음식을 먹을 땐 각자 덜어 먹기를 실천하자.
8. 술은 절제하자.
9. 우리 지역 식재료와 환경을 생각하는 식생활을 즐기자.

한국인 영양소 섭취기준

영양소 섭취기준 (Dietary Reference Intakes : DRIs)

국민보건과 체위 향상, 식생활 개선에 도움을 주고자 1962년 한국인 영양권장량이 처음으로 발표된 이후 연구자들의 자발적인 노력을 통해 5년여의 주기로 개정 작업이 이루어져 왔으며, 2005년에는 권장량뿐만 아니라 평균필요량, 목표섭취량 등 영양소 특성에 따라 다양하게 활용될 수 있도록 한국인 영양섭취기준으로 개편된 바 있다. 2015년부터는 영양소 섭취기준이 우리 국민의 건강증진에 직접적으로 영향을 미칠 수 있는 가이드라인이라는 점을 고려하여 국민영양관리법을 근거로 정부에서 직접 제·개정을 주도하여 '한국인 영양소 섭취기준'을 제정하였으며 2020년 한차례 개정되었다. 영양소 섭취기준은 최근의 과학적 근거를 기반으로 우리나라 국민들의 체위, 생리적 특성, 활동 수준 등을 고려하여 제정하는 것이기 때문에 일정 주기로 개정하는 것이 불가피하며, 5년마다 개정하고 있다.

영양소 섭취기준은 개인의 영양소 필요량을 의미하기보다 대다수 사람들의 영양요구량을 만족시키기 위한 개인차를 감안한 개괄적 수치이므로 지역사회 집단 혹은 개인의 영양상태를 판정하고자 할 때는 이를 고려해야 하며, 식품·영양 정책 수립 및 영양교육 프로그램 개발 등에 다양하게 이용된다.

2020년 한국인 영양소 섭취기준은 표 1-10~16에 나누어 제시하였으며, 자세한 내용은 살펴보기에서 다루고자 한다.

표 1-10. 2020 한국인 영양소 섭취기준 - 에너지적정비율

성별	연령	에너지적정비율(%)				
		탄수화물	단백질	지질[1]		
				지방	포화지방산	트랜스지방산
영아	0~5(개월)	-	-	-	-	-
	6~11	-	-	-	-	-
유아	1~2(세)	55~65	7~20	20~35	-	-
	3~5	55~65	7~20	15~30	8 미만	1 미만
남자	6~8(세)	55~65	7~20	15~30	8 미만	1 미만
	9~11	55~65	7~20	15~30	8 미만	1 미만
	12~14	55~65	7~20	15~30	8 미만	1 미만
	15~18	55~65	7~20	15~30	8 미만	1 미만
	19~29	55~65	7~20	15~30	7 미만	1 미만
	30~49	55~65	7~20	15~30	7 미만	1 미만
	50~64	55~65	7~20	15~30	7 미만	1 미만
	65~74	55~65	7~20	15~30	7 미만	1 미만
	75 이상	55~65	7~20	15~30	7 미만	1 미만
여자	6~8(세)	55~65	7~20	15~30	8 미만	1 미만
	9~11	55~65	7~20	15~30	8 미만	1 미만
	12~14	55~65	7~20	15~30	8 미만	1 미만
	15~18	55~65	7~20	15~30	8 미만	1 미만
	19~29	55~65	7~20	15~30	7 미만	1 미만
	30~49	55~65	7~20	15~30	7 미만	1 미만
	50~64	55~65	7~20	15~30	7 미만	1 미만
	65~74	55~65	7~20	15~30	7 미만	1 미만
	75 이상	55~65	7~20	15~30	7 미만	1 미만
임신부		55~65	7~20	15~30		
수유부		55~65	7~20	15~30		

1) 콜레스테롤: 19세 이상 300mg/일 미만 권고

자료 : 보건복지부, 2020 한국인 영양소 섭취기준, 2020

표 1-11. 2020 한국인 영양소 섭취기준 - 당류

총당류 섭취량을 총 에너지섭취량의 10~20%로 제한하고, 특히 식품의 조리 및 가공 시 첨가되는 첨가당은 총 에너지 섭취량의 10% 이내로 섭취하도록 한다. 첨가당의 주요 급원으로는 설탕, 액상과당, 물엿, 당밀, 꿀, 시럽, 농축과일주스 등이 있다.

자료 : 보건복지부, 2020 한국인 영양소 섭취기준, 2020

표 1-12. 2020 한국인 영양소 섭취기준 - 에너지와 다량영양소

성별	연령	에너지(kcal/일)				탄수화물(g/일)				식이섬유(g/일)			
		필요 추정량	권장 섭취량	충분 섭취량	상한 섭취량	평균 필요량	권장 섭취량	충분 섭취량	상한 섭취량	평균 필요량	권장 섭취량	충분 섭취량	상한 섭취량
영아	0~5(개월)	500						60					
	6~11	600						90					
유아	1~2(세)	900				100	130					15	
	3~5	1,400				100	130					20	
남자	6~8(세)	1,700				100	130					25	
	9~11	2,000				100	130					25	
	12~14	2,500				100	130					30	
	15~18	2,700				100	130					30	
	19~29	2,600				100	130					30	
	30~49	2,500				100	130					30	
	50~64	2,200				100	130					30	
	65~74	2,000				100	130					25	
	75 이상	1,900				100	130					25	
여자	6~8(세)	1,500				100	130					20	
	9~11	1,800				100	130					25	
	12~14	2,000				100	130					25	
	15~18	2,000				100	130					25	
	19~29	2,000				100	130					20	
	30~49	1,900				100	130					20	
	50~64	1,700				100	130					20	
	65~74	1,600				100	130					20	
	75 이상	1,500				100	130					20	
임신부[1]		+0 +340 +450				+35	+45					+5	
수유부		+340				+60	+80					+5	

성별	연령	지방(g/일)				리놀레산(g/일)				알파-리놀렌산(g/일)				EPA+DHA(mg/일)			
		평균 필요량	권장 섭취량	충분 섭취량	상한 섭취량	평균 필요량	권장 섭취량	충분 섭취량	상한 섭취량	평균 필요량	권장 섭취량	충분 섭취량	상한 섭취량	평균 필요량	권장 섭취량	충분 섭취량	상한 섭취량
영아	0~5(개월)			25				5.0				0.6				200[2]	
	6~11			25				7.0				0.8				300[2]	
유아	1~2(세)							4.5				0.6					
	3~5							7.0				0.9					
남자	6~8(세)							9.0				1.1				200	
	9~11							9.5				1.3				220	
	12~14							12.0				1.5				230	
	15~18							14.0				1.7				230	
	19~29							13.0				1.6				210	
	30~49							11.5				1.4				400	
	50~64							9.0				1.4				500	
	65~74							7.0				1.2				310	
	75 이상							5.0				0.9				280	
여자	6~8(세)							7.0				0.8				200	
	9~11							9.0				1.1				150	
	12~14							9.0				1.2				210	
	15~18							10.0				1.1				100	
	19~29							10.0				1.2				150	
	30~49							8.5				1.2				260	
	50~64							7.0				1.2				240	
	65~74							4.5				1.0				150	
	75 이상							3.0				0.4				140	
임신부								+0				+0				+0	
수유부								+0				+0				+0	

1) 1, 2, 3 분기별 부가량
2) DHA

(계속)

성별	연령	단백질(g/일)				메티오닌+시스테인(g/일)				류신(g/일)			
		평균 필요량	권장 섭취량	충분 섭취량	상한 섭취량	평균 필요량	권장 섭취량	충분 섭취량	상한 섭취량	평균 필요량	권장 섭취량	충분 섭취량	상한 섭취량
영아	0~5(개월)			10				0.4				1.0	
	6~11	12	15			0.3	0.4			0.6	0.8		
유아	1~2(세)	15	20			0.3	0.4			0.6	0.8		
	3~5	20	25			0.3	0.4			0.7	1.0		
남자	6~8(세)	30	35			0.5	0.6			1.1	1.3		
	9~11	40	50			0.7	0.8			1.5	1.9		
	12~14	50	60			1.0	1.2			2.2	2.7		
	15~18	55	65			1.2	1.4			2.6	3.2		
	19~29	50	65			1.0	1.4			2.4	3.1		
	30~49	50	65			1.1	1.4			2.4	3.1		
	50~64	50	60			1.1	1.3			2.3	2.8		
	65~74	50	60			1.0	1.3			2.2	2.8		
	75 이상	50	60			0.9	1.1			2.1	2.7		
여자	6~8(세)	30	35			0.5	0.6			1.0	1.3		
	9~11	40	45			0.6	0.7			1.5	1.8		
	12~14	45	55			0.8	1.0			1.9	2.4		
	15~18	45	55			0.8	1.1			2.0	2.4		
	19~29	45	55			0.8	1.0			2.0	2.5		
	30~49	40	50			0.8	1.0			1.9	2.4		
	50~64	40	50			0.8	1.1			1.9	2.3		
	65~74	40	50			0.7	0.9			1.8	2.2		
	75 이상	40	50			0.7	0.9			1.7	2.1		
임신부[1)]		+12	+15										
		+25	+30			1.1	1.4			2.5	3.1		
수유부		+20	+25			1.1	1.5			2.8	3.5		

성별	연령	이소류신(g/일)				발린(g/일)				라이신(g/일)			
		평균 필요량	권장 섭취량	충분 섭취량	상한 섭취량	평균 필요량	권장 섭취량	충분 섭취량	상한 섭취량	평균 필요량	권장 섭취량	충분 섭취량	상한 섭취량
영아	0~5(개월)			0.6				0.6	0.6			0.7	
	6~11	0.3	0.4			0.3	0.5		0.8	0.6	0.8		
유아	1~2(세)	0.3	0.4			0.4	0.5		0.6	0.6	0.7		
	3~5	0.3	0.4			0.4	0.5		0.9	0.6	0.8		
남자	6~8(세)	0.5	0.6			0.6	0.7		1.1	1.0	1.2		
	9~11	0.7	0.8			0.9	1.1		1.3	1.4	1.8		
	12~14	1.0	1.2			1.2	1.6		1.5	2.1	2.5		
	15~18	1.2	1.4			1.5	1.8		1.7	2.3	2.9		
	19~29	1.0	1.4			1.4	1.7		1.6	2.5	3.1		
	30~49	1.1	1.4			1.4	1.7		1.4	2.4	3.1		
	50~64	1.1	1.3			1.3	1.6		1.4	2.3	2.9		
	65~74	1.0	1.3			1.3	1.6		1.2	2.2	2.9		
	75 이상	0.9	1.1			1.1	1.5		0.9	2.2	2.7		
여자	6~8(세)	0.5	0.6			0.6	0.7		0.8	0.9	1.3		
	9~11	0.6	0.7			0.9	1.1		1.1	1.3	1.6		
	12~14	0.8	1.0			1.2	1.4		1.2	1.8	2.2		
	15~18	0.8	1.1			1.2	1.4		1.1	1.8	2.2		
	19~29	0.8	1.1			1.1	1.3		1.2	2.1	2.6		
	30~49	0.8	1.0			1.0	1.4		1.2	2.0	2.5		
	50~64	0.8	1.1			1.1	1.3		1.2	1.9	2.4		
	65~74	0.7	0.9			0.9	1.3		1.0	1.8	2.3		
	75 이상	0.7	0.9			0.9	1.1		0.4	1.7	2.1		
임신부		1.1	1.4			1.4	1.7		+0	2.3	2.9		
수유부		1.3	1.7			1.6	1.9		+0	2.5	3.1		

1) 단백질: 임신부 - 2, 3분기별 부가량
아미노산: 임신부, 수유부 - 부가량 아닌 절대 필요량임.

(계속)

성별	연령	페닐알라닌+티로신(g/일)				트레오닌(g/일)				트립토판(g/일)			
		평균 필요량	권장 섭취량	충분 섭취량	상한 섭취량	평균 필요량	권장 섭취량	충분 섭취량	상한 섭취량	평균 필요량	권장 섭취량	충분 섭취량	상한 섭취량
영아	0~5(개월)			0.9				0.5				0.2	
	6~11	0.5	0.7			0.3	0.4			0.1	0.1		
유아	1~2(세)	0.5	0.7			0.3	0.4			0.1	0.1		
	3~5	0.6	0.7			0.3	0.4			0.1	0.1		
남자	6~8(세)	0.9	1.0			0.5	0.6			0.1	0.2		
	9~11	1.3	1.6			0.7	0.9			0.2	0.2		
	12~14	1.8	2.3			1.0	1.3			0.3	0.3		
	15~18	2.1	2.6			1.2	1.5			0.3	0.4		
	19~29	2.8	3.6			1.1	1.5			0.3	0.3		
	30~49	2.9	3.5			1.2	1.5			0.3	0.3		
	50~64	2.7	3.4			1.1	1.4			0.3	0.3		
	65~74	2.5	3.3			1.1	1.3			0.2	0.3		
	75 이상	2.5	3.1			1.0	1.3			0.2	0.3		
여자	6~8(세)	0.8	1.0			0.5	0.6			0.1	0.2		
	9~11	1.2	1.5			0.6	0.9			0.2	0.2		
	12~14	1.6	1.9			0.9	1.2			0.2	0.3		
	15~18	1.6	2.0			0.9	1.2			0.2	0.3		
	19~29	2.3	2.9			0.9	1.1			0.2	0.3		
	30~49	2.3	2.8			0.9	1.2			0.2	0.3		
	50~64	2.2	2.7			0.8	1.1			0.2	0.3		
	65~74	2.1	2.6			0.8	1.0			0.2	0.2		
	75 이상	2.0	2.4			0.7	0.9			0.2	0.2		
임신부[1]		3.0	3.8			1.2	1.5			0.3	0.4		
수유부		3.7	4.7			1.3	1.7			0.4	0.5		

성별	연령	히스티딘(g/일)				수분(mL/일)					
		평균 필요량	권장 섭취량	충분 섭취량	상한 섭취량	음식	물	음료	충분섭취량		상한 섭취량
									액체	총수분	
영아	0~5(개월)			0.1					700	700	
	6~11	0.2	0.3			300			500	800	
유아	1~2(세)	0.2	0.3			300	362	0	700	1,000	
	3~5	0.2	0.3			400	491	0	1,100	1,500	
남자	6~8(세)	0.3	0.4			900	589	0	800	1,700	
	9~11	0.5	0.6			1,100	686	1.2	900	2,000	
	12~14	0.7	0.9			1,300	911	1.9	1,100	2,400	
	15~18	0.9	1.0			1,400	920	6.4	1,200	2,600	
	19~29	0.8	1.0			1,400	981	262	1,200	2,600	
	30~49	0.7	1.0			1,300	957	289	1,200	2,500	
	50~64	0.7	0.9			1,200	940	75	1,000	2,200	
	65~74	0.7	1.0			1,100	904	20	1,000	2,100	
	75 이상	0.7	0.8			1,000	662	12	1,100	2,100	
여자	6~8(세)	0.3	0.4			800	514	0	800	1,600	
	9~11	0.4	0.5			1,000	643	0	900	1,900	
	12~14	0.6	0.7			1,100	610	0	900	2,000	
	15~18	0.6	0.7			1,100	659	7.3	900	2,000	
	19~29	0.6	0.8			1,100	709	126	1,000	2,100	
	30~49	0.6	0.8			1,000	772	124	1,000	2,000	
	50~64	0.6	0.7			900	784	27	1,000	1,900	
	65~74	0.5	0.7			900	624	9	900	1,800	
	75 이상	0.5	0.7			800	552	5	1,000	1,800	
임신부		0.8	1.0							+200	
수유부		0.8	1.1						+500	+700	

1) 아미노산: 부가량 아닌 절대 필요량임.

자료 : 보건복지부, 2020 한국인 영양소 섭취기준, 2020

표 1-13. 2020 한국인 영양소 섭취기준 – 지용성 비타민

성별	연령	비타민 A(μg RAE/일)[1]				비타민 D(μg/일)			
		평균 필요량	권장 섭취량	충분 섭취량	상한 섭취량	평균 필요량	권장 섭취량	충분 섭취량	상한 섭취량
영아	0~5(개월)			350	600			5	5
	6~11			450	600			5	5
유아	1~2(세)	190	250		600			5	5
	3~5	230	300		750			5	5
남자	6~8(세)	310	450		1,100			5	5
	9~11	410	600		1,600			5	5
	12~14	530	750		2,300			10	10
	15~18	620	850		2,800			10	10
	19~29	570	800		3,000			10	10
	30~49	560	800		3,000			10	10
	50~64	530	750		3,000			10	10
	65~74	510	700		3,000			15	15
	75 이상	500	700		3,000			15	15
여자	6~8(세)	290	400		1,100			5	5
	9~11	390	550		1,600			5	5
	12~14	480	650		2,300			10	10
	15~18	450	650		2,800			10	10
	19~29	460	650		3,000			10	10
	30~49	450	650		3,000			10	10
	50~64	430	600		3,000			10	10
	65~74	410	600		3,000			15	15
	75 이상	410	600		3,000			15	15
임신부		+50	+70		3,000			+0	+0
수유부		+350	+490		3,000			+0	+0

성별	연령	비타민 E(mg α-TE/일)				비타민 K(μg/일)			
		평균 필요량	권장 섭취량	충분 섭취량	상한 섭취량	평균 필요량	권장 섭취량	충분 섭취량	상한 섭취량
영아	0~5(개월)			3				4	
	6~11			4				6	
유아	1~2(세)			5	100			25	
	3~5			6	150			30	
남자	6~8(세)			7	200			40	
	9~11			9	300			55	
	12~14			11	400			70	
	15~18			12	500			80	
	19~29			12	540			75	
	30~49			12	540			75	
	50~64			12	540			75	
	65~74			12	540			75	
	75 이상			12	540			75	
여자	6~8(세)			7	200			40	
	9~11			9	300			55	
	12~14			11	400			65	
	15~18			12	500			65	
	19~29			12	540			65	
	30~49			12	540			65	
	50~64			12	540			65	
	65~74			12	540			65	
	75 이상			12	540			65	
임신부				+0	540			+0	
수유부				+3	540			+0	

1) 1μg RAE(레티놀 활성당량) = 1μg retinol = 1/12μg β - carotene

자료 : 보건복지부, 2020 한국인 영양소 섭취기준, 2020

표 1-14. 2020 한국인 영양소 섭취기준 - 수용성 비타민

성별	연령	비타민 C(mg/일)				티아민(mg/일)			
		평균 필요량	권장 섭취량	충분 섭취량	상한 섭취량	평균 필요량	권장 섭취량	충분 섭취량	상한 섭취량
영아	0~5(개월)			40				0.2	
	6~11			55				0.3	
유아	1~2(세)	30	40		340	0.4	0.4		
	3~5	35	45		510	0.4	0.5		
남자	6~8(세)	40	50		750	0.5	0.7		
	9~11	55	70		1,100	0.7	0.9		
	12~14	70	90		1,400	0.9	1.1		
	15~18	80	100		1,600	1.1	1.3		
	19~29	75	100		2,000	1.0	1.2		
	30~49	75	100		2,000	1.0	1.2		
	50~64	75	100		2,000	1.0	1.2		
	65~74	75	100		2,000	0.9	1.1		
	75 이상	75	100		2,000	0.9	1.1		
여자	6~8(세)	40	50		750	0.6	0.7		
	9~11	55	70		1,100	0.8	0.9		
	12~14	70	90		1,400	0.9	1.1		
	15~18	80	100		1,600	0.9	1.1		
	19~29	75	100		2,000	0.9	1.1		
	30~49	75	100		2,000	0.9	1.1		
	50~64	75	100		2,000	0.9	1.1		
	65~74	75	100		2,000	0.8	1.0		
	75 이상	75	100		2,000	0.7	0.8		
임신부		+10	+10		2,000	+0.4	+0.4		
수유부		+35	+40		2,000	+0.3	+0.4		

성별	연령	리보플라빈(mg/일)				나이아신(mg NE/일)[1]			
		평균 필요량	권장 섭취량	충분 섭취량	상한 섭취량	평균 필요량	권장 섭취량	충분 섭취량	상한섭취량 니코틴산/니코티아미드
영아	0~5(개월)			0.3				2	
	6~11			0.4				3	
유아	1~2(세)	0.4	0.5			4	6		10/180
	3~5	0.5	0.6			5	7		10/250
남자	6~8(세)	0.7	0.9			7	9		15/350
	9~11	0.9	1.1			9	11		20/500
	12~14	1.2	1.5			11	15		25/700
	15~18	1.4	1.7			13	17		30/800
	19~29	1.3	1.5			12	16		35/1,000
	30~49	1.3	1.5			12	16		35/1,000
	50~64	1.3	1.5			12	16		35/1,000
	65~74	1.2	1.4			11	14		35/1,000
	75 이상	1.1	1.3			10	13		35/1,000
여자	6~8(세)	0.6	0.8			7	9		15/350
	9~11	0.8	1.0			9	12		20/500
	12~14	1.0	1.2			11	15		25/700
	15~18	1.0	1.2			11	14		30/800
	19~29	1.0	1.2			11	14		35/1,000
	30~49	1.0	1.2			11	14		35/1,000
	50~64	1.0	1.2			11	14		35/1,000
	65~74	0.9	1.1			10	13		35/1,000
	75 이상	0.8	1.0			9	12		35/1,000
임신부		+0.3	+0.4			+3	+4		35/1,000
수유부		+0.4	+0.5			+2	+3		35/1,000

1) 1mg NE(나이아신 당량) = 1mg 나이아신 = 60mg 트립토판

(계속)

성별	연령	비타민 B_6(mg/일)				엽산(㎍ DFE/일)[1]			
		평균 필요량	권장 섭취량	충분 섭취량	상한 섭취량	평균 필요량	권장 섭취량	충분 섭취량	상한 섭취량[2]
영아	0~5(개월)			0.1				65	
	6~11			0.3				90	
유아	1~2(세)	0.5	0.6		20	120	150		300
	3~5	0.6	0.7		30	150	180		400
남자	6~8(세)	0.7	0.9		45	180	220		500
	9~11	0.9	1.1		60	250	300		600
	12~14	1.3	1.5		80	300	360		800
	15~18	1.3	1.5		95	330	400		900
	19~29	1.3	1.5		100	320	400		1,000
	30~49	1.3	1.5		100	320	400		1,000
	50~64	1.3	1.5		100	320	400		1,000
	65~74	1.3	1.5		100	320	400		1,000
	75 이상	1.3	1.5		100	320	400		1,000
여자	6~8(세)	0.7	0.9		45	180	220		500
	9~11	0.9	1.1		60	250	300		600
	12~14	1.2	1.4		80	300	360		800
	15~18	1.2	1.4		95	330	400		900
	19~29	1.2	1.4		100	320	400		1,000
	30~49	1.2	1.4		100	320	400		1,000
	50~64	1.2	1.4		100	320	400		1,000
	65~74	1.2	1.4		100	320	400		1,000
	75 이상	1.2	1.4		100	320	400		1,000
임신부		+0.7	+0.8		100	+200	+220		1,000
수유부		+0.7	+0.8		100	+130	+150		1,000

성별	연령	비타민 B_{12}(㎍/일)				판토텐산(mg/일)				비오틴(㎍/일)			
		평균 필요량	권장 섭취량	충분 섭취량	상한 섭취량	평균 필요량	권장 섭취량	충분 섭취량	상한 섭취량	평균 필요량	권장 섭취량	충분 섭취량	상한 섭취량
영아	0~5(개월)			0.3				1.7				5	
	6~11			0.5				1.9				7	
유아	1~2(세)	0.8	0.9					2				9	
	3~5	0.9	1.1					2				12	
남자	6~8(세)	1.1	1.3					3				15	
	9~11	1.5	1.7					4				20	
	12~14	1.9	2.3					5				25	
	15~18	2.0	2.4					5				30	
	19~29	2.0	2.4					5				30	
	30~49	2.0	2.4					5				30	
	50~64	2.0	2.4					5				30	
	65~74	2.0	2.4					5				30	
	75 이상	2.0	2.4					5				30	
여자	6~8(세)	1.1	1.3					3				15	
	9~11	1.5	1.7					4				20	
	12~14	1.9	2.3					5				25	
	15~18	2.0	2.4					5				30	
	19~29	2.0	2.4					5				30	
	30~49	2.0	2.4					5				30	
	50~64	2.0	2.4					5				30	
	65~74	2.0	2.4					5				30	
	75 이상	2.0	2.4					5				30	
임신부		+0.2	+0.2					+1.0				+0	
수유부		+0.3	+0.4					+2.0				+5	

1) Dietary Folate Equivalents, 가임기 여성의 경우 400㎍/일의 엽산보충제 섭취를 권장함. (계속)

2) 엽산의 상한섭취량은 보충제 또는 강화식품의 형태로 섭취한 ㎍/일에 해당됨.

자료 : 보건복지부, 2020 한국인 영양소 섭취기준, 2020

표 1-15. 2020 한국인 영양소 섭취기준 – 다량 무기질

성별	연령	칼슘(mg/일)				인(mg/일)				나트륨(mg/일)			
		평균 필요량	권장 섭취량	충분 섭취량	상한 섭취량	평균 필요량	권장 섭취량	충분 섭취량	상한 섭취량	평균 필요량	권장 섭취량	충분 섭취량	만성질환위험 감소섭취량
영아	0~5(개월)			250	1,000			100				110	
	6~11			300	1,500			300				370	
유아	1~2(세)	400	500		2,500	380	450		3,000			810	1,200
	3~5	500	600		2,500	480	550		3,000			1,000	1,600
남자	6~8(세)	600	700		2,500	500	600		3,000			1,200	1,900
	9~11	650	800		3,000	1,000	1,200		3,500			1,500	2,300
	12~14	800	1,000		3,000	1,000	1,200		3,500			1,500	2,300
	15~18	750	900		3,000	1,000	1,200		3,500			1,500	2,300
	19~29	650	800		2,500	580	700		3,500			1,500	2,300
	30~49	650	800		2,500	580	700		3,500			1,500	2,300
	50~64	600	750		2,000	580	700		3,500			1,500	2,300
	65~74	600	700		2,000	580	700		3,500			1,300	2,100
	75 이상	600	700		2,000	580	700		3,000			1,100	1,700
여자	6~8(세)	600	700		2,500	480	550		3,000			1,200	1,900
	9~11	650	800		3,000	1,000	1,200		3,500			1,500	2,300
	12~14	750	900		3,000	1,000	1,200		3,500			1,500	2,300
	15~18	700	800		3,000	1,000	1,200		3,500			1,500	2,300
	19~29	550	700		2,500	580	700		3,500			1,500	2,300
	30~49	550	700		2,500	580	700		3,500			1,500	2,300
	50~64	600	800		2,000	580	700		3,500			1,500	2,300
	65~74	600	800		2,000	580	700		3,500			1,300	2,100
	75 이상	600	800		2,000	580	700		3,000			1,100	1,700
임신부		+0	+0		2,500	+0	+0		3,000			1,500	2,300
수유부		+0	+0		2,500	+0	+0		3,500			1,500	2,300

성별	연령	염소(mg/일)				칼륨(mg/일)				마그네슘(mg/일)			
		평균 필요량	권장 섭취량	충분 섭취량	상한 섭취량	평균 필요량	권장 섭취량	충분 섭취량	상한 섭취량	평균 필요량	권장 섭취량	충분 섭취량	상한 섭취량[1)]
영아	0~5(개월)			170				400				25	
	6~11			560				700				55	
유아	1~2(세)			1,200				1,900		60	70		60
	3~5			1,600				2,400		90	110		90
남자	6~8(세)			1,900				2,900		130	150		130
	9~11			2,300				3,400		190	220		190
	12~14			2,300				3,500		260	320		270
	15~18			2,300				3,500		340	410		350
	19~29			2,300				3,500		300	360		350
	30~49			2,300				3,500		310	370		350
	50~64			2,300				3,500		310	370		350
	65~74			2,100				3,500		310	370		350
	75 이상			1,700				3,500		310	370		350
여자	6~8(세)			1,900				2,900		130	150		130
	9~11			2,300				3,400		180	220		190
	12~14			2,300				3,500		240	290		270
	15~18			2,300				3,500		290	340		350
	19~29			2,300				3,500		230	280		350
	30~49			2,300				3,500		240	280		350
	50~64			2,300				3,500		240	280		350
	65~74			2,100				3,500		240	280		350
	75 이상			1,700				3,500		240	280		350
임신부				2,300				+0		+30	+40		350
수유부				2,300				+400		+0	+0		350

1) 식품외 급원의 마그네슘에만 해당

자료 : 보건복지부, 2020 한국인 영양소 섭취기준, 2020

표 1-16. 2020 한국인 영양소 섭취기준 – 미량 무기질

성별	연령	철(mg/일)				아연(mg/일)				구리(μg/일)				불소(mg/일)			
		평균 필요량	권장 섭취량	충분 섭취량	상한 섭취량	평균 필요량	권장 섭취량	충분 섭취량	상한 섭취량	평균 필요량	권장 섭취량	충분 섭취량	상한 섭취량	평균 필요량	권장 섭취량	충분 섭취량	상한 섭취량
영아	0~5(개월)			0.3	40			2				240				0.01	0.6
	6~11	4	6		40	2	3					330				0.4	0.8
유아	1~2(세)	4.5	6		40	2	3		6	220	290		1,700			0.6	1.2
	3~5	5	7		40	3	4		9	270	350		2,600			0.9	1.8
남자	6~8(세)	7	9		40	5	5		13	360	470		3,700			1.3	2.6
	9~11	8	11		40	7	8		19	470	600		5,500			1.9	10.0
	12~14	11	14		40	7	8		27	600	800		7,500			2.6	10.0
	15~18	11	14		45	8	10		33	700	900		9,500			3.2	10.0
	19~29	8	10		45	9	10		35	650	850		10,000			3.4	10.0
	30~49	8	10		45	8	10		35	650	850		10,000			3.4	10.0
	50~64	8	10		45	8	10		35	650	850		10,000			3.2	10.0
	65~74	7	9		45	8	9		35	600	800		10,000			3.1	10.0
	75 이상	7	9		45	7	9		35	600	800		10,000			3.0	10.0
여자	6~8(세)	7	9		40	4	5		13	310	400		3,700			1.3	2.5
	9~11	8	10		40	7	8		19	420	550		5,500			1.8	10.0
	12~14	12	16		40	6	8		27	500	650		7,500			2.4	10.0
	15~18	11	14		45	7	9		33	550	700		9,500			2.7	10.0
	19~29	11	14		45	7	8		35	500	650		10,000			2.8	10.0
	30~49	11	14		45	7	8		35	500	650		10,000			2.7	10.0
	50~64	6	8		45	6	8		35	500	650		10,000			2.6	10.0
	65~74	6	8		45	6	7		35	460	600		10,000			2.5	10.0
	75 이상	5	7		45	6	7		35	460	600		10,000			2.3	10.0
임신부		+8	+10		45	+2.0	+2.5		35	+100	+130		10,000			+0	10.0
수유부		+0	+0		45	+4.0	+5.0		35	+370	+480		10,000			+0	10.0

성별	연령	망간(mg/일)				요오드(μg/일)				셀레늄(μg/일)				몰리브덴(μg/일)				크롬(μg/일)			
		평균 필요량	권장 섭취량	충분 섭취량	상한 섭취량	평균 필요량	권장 섭취량	충분 섭취량	상한 섭취량	평균 필요량	권장 섭취량	충분 섭취량	상한 섭취량	평균 필요량	권장 섭취량	충분 섭취량	상한 섭취량	평균 필요량	권장 섭취량	충분 섭취량	상한 섭취량
영아	0~5(개월)			0.01				130	250			9	40							0.2	
	6~11			0.8				180	250			12	65							4.0	
유아	1~2(세)			1.5	2.0	55	80		300	19	23		70	8	10		100			10	
	3~5			2.0	3.0	65	90		300	22	25		100	10	12		150			10	
남자	6~8(세)			2.5	4.0	75	100		500	30	35		150	15	18		200			15	
	9~11			3.0	6.0	85	110		500	40	45		200	15	18		300			20	
	12~14			4.0	8.0	90	130		1,900	50	60		300	25	30		450			30	
	15~18			4.0	10.0	95	130		2,200	55	65		300	25	30		550			35	
	19~29			4.0	11.0	95	150		2,400	50	60		400	25	30		600			30	
	30~49			4.0	11.0	95	150		2,400	50	60		400	25	30		600			30	
	50~64			4.0	11.0	95	150		2,400	50	60		400	25	30		550			30	
	65~74			4.0	11.0	95	150		2,400	50	60		400	23	28		550			25	
	75 이상			4.0	11.0	95	150		2,400	50	60		400	23	28		550			25	
여자	6~8(세)			2.5	4.0	75	100		500	30	35		150	15	18		200			15	
	9~11			3.0	6.0	80	110		500	40	45		200	15	18		300			20	
	12~14			3.5	8.0	90	130		1,900	50	60		300	20	25		400			20	
	15~18			3.5	10.0	95	130		2,200	55	65		300	20	25		500			20	
	19~29			3.5	11.0	95	150		2,400	50	60		400	20	25		500			20	
	30~49			3.5	11.0	95	150		2,400	50	60		400	20	25		500			20	
	50~64			3.5	11.0	95	150		2,400	50	60		400	20	25		450			20	
	65~74			3.5	11.0	95	150		2,400	50	60		400	18	22		450			20	
	75 이상			3.5	11.0	95	150		2,400	50	60		400	18	22		450			20	
임신부				+0	11.0	+65	+90			+3	+4		400	+0	+0		500			+5	
수유부				+0	11.0	+130	+190			+9	+10		400	+3	+3		500			+20	

자료 : 보건복지부, 2020 한국인 영양소 섭취기준, 2020

영양표시제
(nutrition labeling)

영양표시제

오늘날 건강과 영양에 대한 관심이 높아지면서 소비자들은 어느 때보다 영양에 관한 지식과 정보를 많이 접하게 되었고, 보다 영양적이고 가치있는 식품을 선택하고자 한다. 따라서 모든 식품에 어떤 영양소가 얼마나 포함되어 있는지를 표시하는 식품표시를 의무화하고 있는 추세이다. 식품표시는 소비자들에게 영양가 있는 식품을 선택할 수 있도록 그 기준을 제시할 뿐 아니라, 여러 가지 식사지침과 영양에 관한 정보를 제공함으로써 영양 교육의 도구로도 쓰일 수 있다.

미국의 경우, 신선한 과일, 채소, 육류, 어류를 제외한 대부분의 식품에 식품표시가 의무화되어 있으며, 식품표시 규칙도 매우 엄격하다. 식품표시는 식품의 1회 분량에 어떤 영양소가 얼마나 포함되어 있는지를 1일 기준치(2,000 kcal 기준)의 퍼센트로 표시한다(그림 1-10). 필수로 표시해야 하는 영양소는 총열량, 지방으로부터 얻는 열량, 총지방, 포화지방, 콜레스테롤, 나트륨, 총탄수화물, 식이섬유, 설탕류, 단백질, 비타민 A, 비타민 C, 칼슘, 철 등이다. 이 밖의 영양소는 선택적으로 기재하되 강화된 영양소가 있으면 반드시 표시해야 한다.

최근 우리나라에서도 열량, 탄수화물(당류), 단백질, 지방(포화지방, 트랜스지방), 콜레스테롤, 나트륨 함량, 강조하고자 하는 성분 등을 표시해야 한다. 식사지침이나 식품의 영양학적 특징을 의미하는 저지방, 고칼슘, 무설탕 등의 건강 정보를 쓸 때에도 함부로 쓰지 못하며, 엄격한 기준을 만족시켜야만 한다. 영양소 외의 다른 첨가물들도 반드시 명기해야 하는데, 첨가량이 많은 것부터 차례로 나열한다.

최근에는 FDA가 음식점에서 포스터나 메뉴에 건강 정보 및 영양소를 표시할 때에도 이와 같은 식품표시법을 따르도록 제안하고 있다.

그러나 이러한 식품표시에서는 식품의 특징적인 면만을 강조하기 때문에 과잉 혹은 부족하게 섭취했을 때 발생할 수 있는 문제를 함께 제시할 수 없다는 단점이 있다. 예를 들어, 식이섬유의 장점을 강조한 식품의 경우, 과잉섭취했을 때 발생할 수 있는 무기질 흡수의 감소, 장내 소화불량 등에 대해서는 식품표시만으로는 효과적으로 대치할 수 없다는 것이다. 따라서 소비자가 영양에 관한 올바른 기본지식을 갖고 식품표시를 이용하여 식품을 선택할 때, 식생활 개선 방향으로 식품표시가 이용될 수 있을 것이다.

영양정보	총 내용량 00g 000kcal
총 내용량당	1일 영양성분 기준치에 대한 비율
나트륨 00mg	00%
탄수화물 00g	00%
당류 00g	
지방 00g	00%
트랜스지방 00g	
포화지방 00g	00%
콜레스테롤 00mg	00%
단백질 00g	00%
1일 영양성분 기준치에 대한 비율(%)은 2,000kcal 기준이므로 개인의 필요 열량에 따라 다를 수 있습니다.	

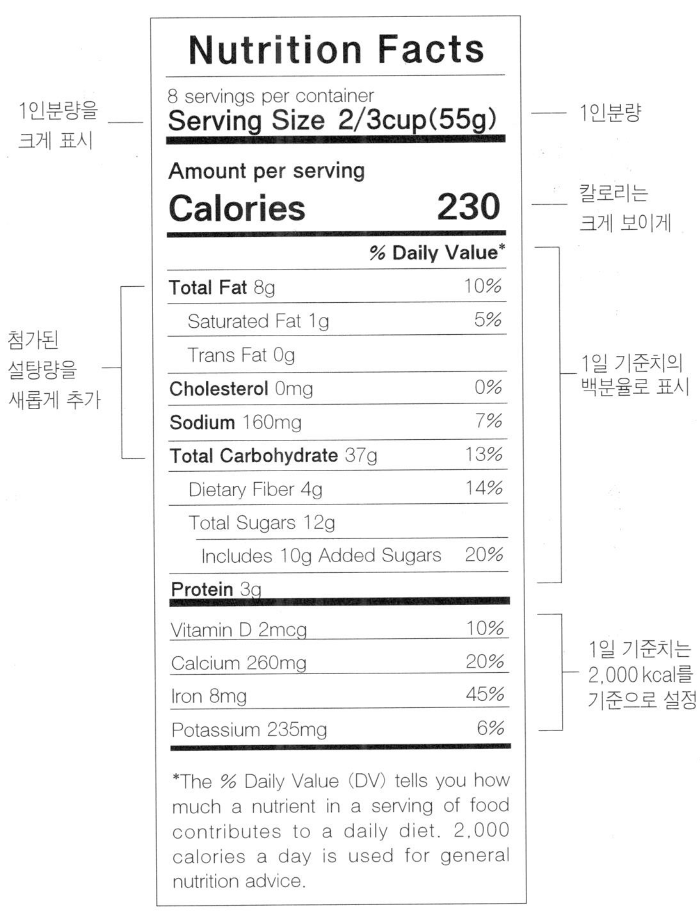

Nutrition Facts

8 servings per container
Serving Size 2/3cup(55g)

Amount per serving
Calories 230

	% Daily Value*
Total Fat 8g	10%
Saturated Fat 1g	5%
Trans Fat 0g	
Cholesterol 0mg	0%
Sodium 160mg	7%
Total Carbohydrate 37g	13%
Dietary Fiber 4g	14%
Total Sugars 12g	
Includes 10g Added Sugars	20%
Protein 3g	
Vitamin D 2mcg	10%
Calcium 260mg	20%
Iron 8mg	45%
Potassium 235mg	6%

*The % Daily Value (DV) tells you how much a nutrient in a serving of food contributes to a daily diet. 2,000 calories a day is used for general nutrition advice.

그림 1-10. 영양표시제의 예

영양소 밀도

영양소 밀도는 각 식품의 공급 에너지에 대한 영양소 함량을 권장섭취량(영양섭취기준) 비율로 나타낸 것으로서, 식품의 영양적 가치를 비교 평가할 때 유용하다. 식품의 선택이 다양하지 못할 때에는 상대적으로 영양소 밀도가 높은 식품을 선택하면 영양소 필요량을 보다 효과적으로 충족시킬 수 있다(그림 1-11).

영양소 밀도
(nutrient density)

식품교환표

식품교환표는 식사계획을 위한 수단의 하나로 식품을 탄수화물, 단백질, 지질, 에너지의 조성이 비슷한 식품끼리 몇 가지 군으로 묶고, 각 군의 특징적인 주요 영양소인 탄수화물, 단백질, 지질이 비슷한 양이 되도록 하는 1회 분량을 식품별로 제시해 놓은 것으로, 처음에는 당뇨병 학회에서 당뇨병 환자를 위해 고안했으나 일상생활에서도 손쉽게 이용할 수 있는 자료이다.

식품교환표
(exchange system)

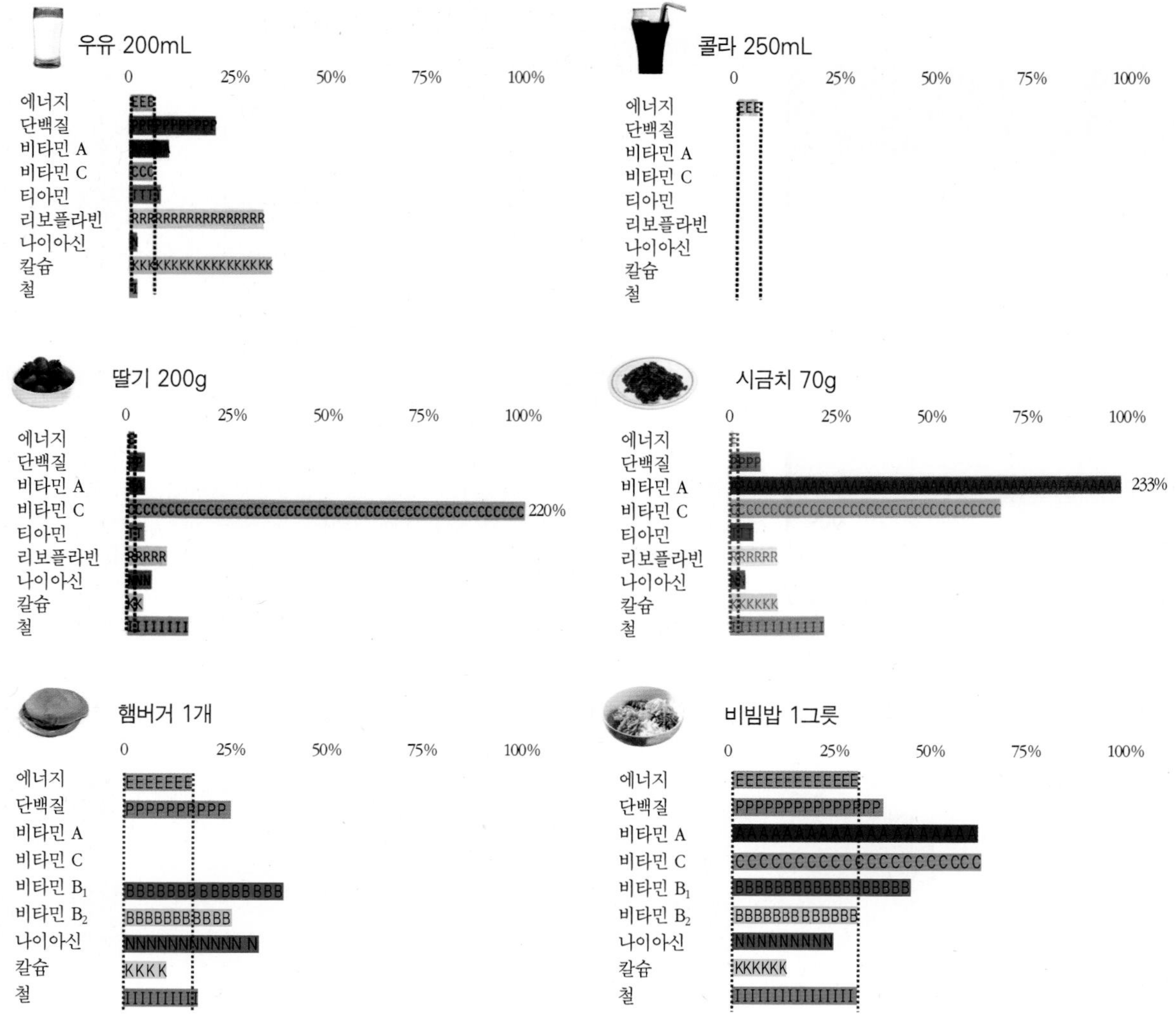

그림 1-11. 영양소 밀도의 예

각 군의 식품은 종류에 관계없이 1단위당 해당 주요 영양소를 거의 비슷하게 포함하므로 영양소 함량에 대한 별도의 계산 없이 식품을 다양하게 교환하여 선택할 수 있는 장점이 있다. 이때 제시된 1단위를 1교환단위이라고 하며, 각 군으로부터 일정한 교환량을 매일 섭취하면 균형 잡힌 식사를 할 수 있다. 각 식품군별 1교환단위와 그에 따른 영양소 함량은 부록에 있다.

식품교환표에서는 식품이 식물성인지 동물성인지에 따라 구분하지 않고 그 식품의 주요 영양소에 따라 구분하므로 주요 영양소 외의 다른 영양소의 함량에는 차이가 있다.

식품교환표의 장점은 전체 에너지와 탄수화물, 단백질, 지질의 비율을 일정하게 유지하면서 다양한 식품을 선택할 수 있다는 것이다. 에너지별로 탄수화물, 단백질, 지질의 비율을 60 : 20 : 20으로 계획하는데 참고치로 삼을 수 있는 식품군별 교환수도 부록을 참조하기 바란다.

식이와 건강

식사로 질병을 치료할 수 있을까? 물론 대답은 '아니오'이다. 그럼에도 불구하고 영양은 의심의 여지없이 건강 유지와 질병 관리에 매우 중요한 역할을 담당하고 있다.

약 반세기 전까지만 해도 감염성 질환이 주요 사망원인을 차지했으나, 오늘날 대부분의 질환은 만성퇴행성 질환으로, 유전, 연령, 성별, 생활양식, 환경 인자가 오랜 시간에 걸쳐 인체의 대사적 이상을 유도하기 때문에 생기는 질환이다. 더구나 초기 관리가 적절하지 않으면 대사 이상이 심화되어 일상생활이 어려울 정도로 질환이 위중해지거나 합병증 발생, 심지어 사망에 이르는 원인이 된다.

만성퇴행성 질환을 유도하는 여러 인자 중 한 가지가 식이 요인이며, 앞에서 제시된 다른 요인에 비해 인간의 힘으로 조절할 수 있다는 점에서 주목할 만하다. 식이 요인은 치료를 위해서도 중요하지만 예방을 위해서 더 중요하다. 일반적으로 만성퇴행성 질환의 예방을 위해서 다양성과 균형을 고려한 에너지, 혹은 영양소 섭취, 미량 영양소와 식이섬유의 충분한 섭취, 안전한 식품의 선택 등 지혜로운 식생활 유지가 중요하다.

2019년 한국인의 주요사망원인을 보면 암이 남, 녀 모두 1위의 원인이었으며, 심장질환, 폐렴, 뇌혈관질환 등 4위까지 동일했다. 10위까지의 순위 내에 고의적 자해(자살), 운수사고가 포함되어 있기는 하지만, 대체로 만성질환이 주요 원인으로 꼽혔다. 암에 의한 사망은 매년 증가하고 있고, 심장질환, 폐렴, 알츠하이머병 역시 증가 경향을 보이는 데 비해 당뇨병, 만성하기도질환에 의한 사망은 감소하는 것으로 보인다. 가장 빠른 속도로

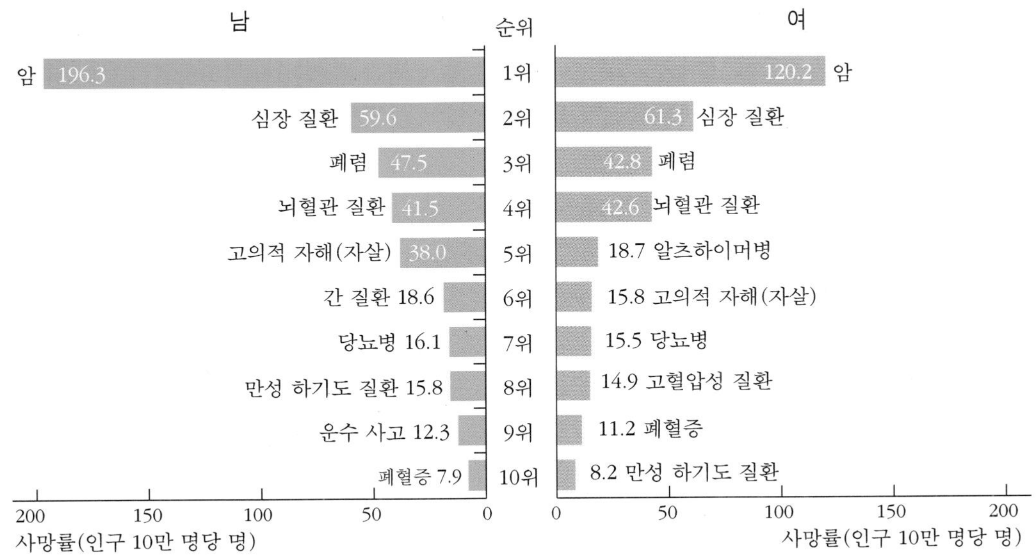

그림 1-12. 한국인의 10대 사망원인

증가하고 있는 것은 알츠하이머병으로 2019년에 처음으로 10위 안에 진입했으며, 남녀를 합해 7위, 여자에서는 5위를 차지할 정도로 위협적이다(그림 1-12). 사망 원인의 변화는 인구의 노령화, 흡연, 스트레스, 공해, 운동부족, 잘못된 식생활, 생활환경 등과 밀접한 관련이 있다. 따라서 질병예방을 위해 식생활 습관을 비롯한 생활습관을 바로 잡는 것이 꼭 필요한 일이라 하겠다. 또한 그림 1-13과 표 1-17에서 보여주고 있는 것처럼 식사는 만성 질환과 깊은 상관성을 가지고 있으므로 건강 유지와 질환 예방을 위한 식생활지침을 연구하고 홍보해야 하겠다.

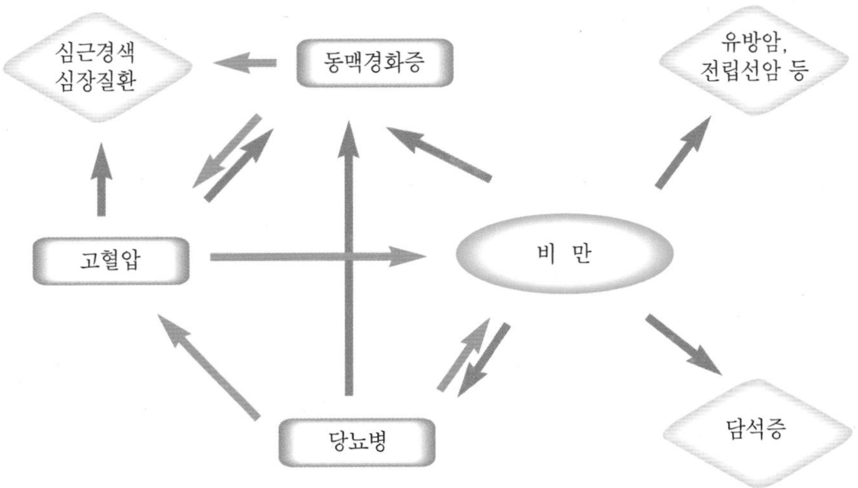

그림 1-13. 식사와 관련된 만성질환의 위험요인

표 1-17. 식이 및 생활양식의 위험인자

퇴행성 질환 / 식이 및 생활양식의 위험인자	암	고혈압	당뇨병	골다공증	동맥경화	비만	심근경색
과량의 지질섭취	✓	✓	✓		✓	✓	✓
탄수화물과 식이섬유의 낮은 섭취	✓		✓		✓	✓	✓
낮은 칼슘 섭취	✓	✓		✓			
비타민과 무기질 섭취의 저하	✓	✓		✓	✓		
짠 음식과 염장식품 섭취의 증가	✓	✓		✓			
과량의 알코올 섭취	✓	✓			✓	✓	✓
흡 연	✓	✓		✓	✓		✓
유전자	✓	✓	✓	✓	✓	✓	✓
나 이	✓	✓	✓	✓	✓		✓
습관적인 생활양식	✓	✓	✓	✓	✓	✓	✓
스트레스	✓	✓		✓	✓		✓

만성질환과 영양

만성질환은 단기간에 치료되는 질환이 아니며 비교적 장기간 혹은 죽을 때까지 앓게 되는 질환으로, 최근에는 감염성질환의 반대되는 용어로서 'Non-Communicable Diseases (NCDs)' 라고 표현되고 있다. 하지만 모든 만성질환이 비감염성질환은 아니다. 예컨대, B형 간염바이러스에 의해 발생하는 간염은 감염에 따른 결과로 발생한 것이지만 단기간의 치료가 불가하고 오랜 기간의 질병관리를 필요로 한다.

만성질환은 급작스러운 증상 없이 서서히 발생하는 경우가 많아 환자들 중의 상당수는 본인의 질병을 모르기도 한다. 고혈압은 우리나라의 대표적인 만성질환으로 「2019 국민건강통계」에 따르면, 30세 이상 성인 중 32.9%가 고혈압을 앓고 있을 만큼 흔한 질병이지만 아직도 환자 중 2/3만이 고혈압으로 진단 받은 적이 있다고 보고하고 있다.

만성질환은 초기에는 증상이 심하지 않기 때문에 간과하기 쉽지만, 잘 관리하지 않으면 중증의 질환(뇌졸중, 관상동맥계질환, 만성콩팥병 등)으로 이행하기 쉽기 때문에 증상이 가벼운 단계에서부터 집중하여 관리할 필요가 있다. 또한 오랫동안 투병해야 하는 질환이므로 환자와 환자 가족의 삶의 질을 저하시키고 장기간의 투병 중 장애가 유발될 수 있어 경제적, 정신적 부담이 크다. 노인인구 수가 증가하여 만성질환의 유병률도 빠르게 증가하고 있으며, 이에 따른 사회적 의료비, 요양관리비의 지출도 증가하고 있는 실정이다.

수명의 증가는 반가운 일이나, 실제로 유병기간도 길어져 사망 전 20년은 앓고 간다는 얘기를 할 수 있는 실정이다. 따라서 만성질환 관리의 목표는 질환이 발병하는 시점을 최대 늦춰 이환 기간을 단축시키는 것으로 예방의 중요성이 강조된다 할 수 있겠다.

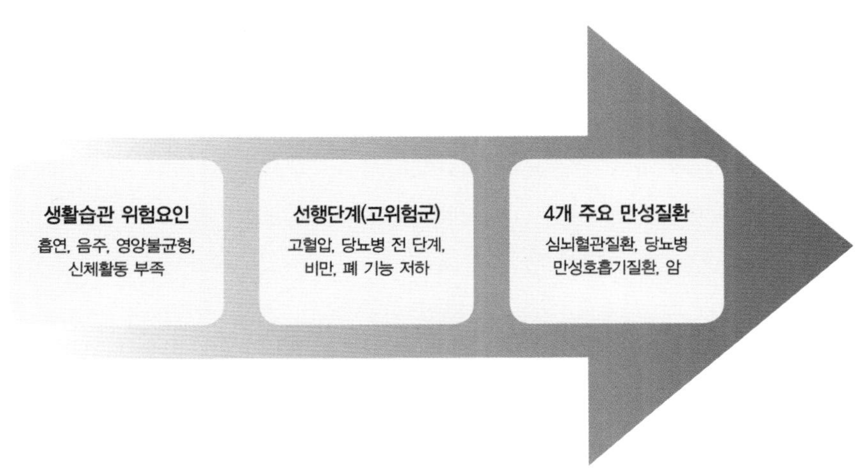

그림 1-14. 만성질환 예방 · 관리 전략

만성질환을 예방하고 적절히 관리하고자 하는 것은 세계적인 관심사항이기도 하다. 유엔총회 고위급회의를 통해 만성질환의 예방 · 관리에 대한 선언이 채택된 이후 최근까지도 유엔총회 및 세계보건기구 각 지역총회 등에서 지속적으로 만성질환에 대한 논의가 이루어지고 있으며, 2013년 보건총회에서는 만성질환의 예방과 관리를 위한 9가지 행동계획 목표를 수립한 바 있다. 이 안에는 심혈관질환, 암, 당뇨병, 만성호흡기질환으로 인한 사망률을 25% 감소시킨다는 목표만이 들어 있는 것이 아니라, 흡연, 음주, 영양, 신체활동, 질환 예방을 위한 상담 및 약 처방과 의료 자원에 대한 접근성까지 구체적인 목표가 담겨 있다. 그나마 다행한 것은 대부분의 만성질환은 위험요인이 되는 생활습관과 선행단계의 질환을 공유하기 때문에 공통의 전략으로 대응이 가능하다는 것이다. 적절한 식사 섭취는 여러 질환을 한꺼번에 예방할 뿐 아니라 병이 생겨도 빨리 건강을 회복할 수 있게 한다(그림 1-14, 표 1-17).

한국인 영양소 섭취기준 (Dietary Reference Intakes for Korean)

영양소 섭취기준은 최적의 건강상태 유지 및 질환 예방을 위한 영양소별 섭취 수준을 제시한 것으로 식생활 관련 정책, 개인과 집단의 식사 계획 수립과 평가에 활용된다.

- 그간 한국인 영양소 섭취기준은 학회 등 민간차원(한국영양학회 등)에서 추진해왔으나, '국민영양관리법' 제정(2010년) 이후 법률에 근거하여 2015년 국가 차원의 첫 제정이 이루어졌다.
- 영양소 섭취기준은 식생활과 건강과의 관련성 및 영양소 필요량에 대한 새로운 연구결과, 체위 변화 등의 반영을 위해 주기적인 개정이 필요하다.
- 2015 한국인 영양소 섭취기준에 반영된 대상 영양소는 총 36종으로, 에너지 및 다량영양소 8종, 비타민 13종, 무기질 15종에 대해 제정되었으며,
- 이들 수치는 개인차를 고려하여 충분한 안전 범위를 고려한 것이므로 내가 섭취한 분량이 이보다 적다고 해서 반드시 영양 부족을 의미하는 것은 아니다.
- 다만, 평균필요량 이하로 섭취하거나 권장섭취량의 75% 만큼도 못 먹고 있을 때는 결핍 가능성이 높으므로 식생활을 변화시켜야 한다.
- 특정 영양소를 과잉 섭취하면 이에 따른 독성이 나타날 수 있으므로 상한섭취량을 넘지 않도록 한다.

영양소 섭취기준은 동일한 영양소라도 연령과 성별에 따라 값이 다르고, 용도에 따라 권장섭취량, 평균섭취량 등 여러 개념들이 있어 일반인들이 적절한 기준을 이용하여 본인의 식생활 계획수립 및 평가에 이용하기 어렵기 때문에 영양소 섭취기준 재개정 시마다 복잡한 영양소 함량을 각각 계산하지 않아도 한국인 영양소 섭취기준을 대체로 충족할 수 있도록 식사구성안이라는 1일 식단 작성법을 개발하여 함께 제시하고 있다. 식사구성안은 에너지, 비타민, 무기질, 식이섬유 양은 자신에게 필요한 양의100%를 대체로 만족하고, 탄수화물, 단백질, 지질 비율의 균형을 맞출 수 있도록 구성한 식단의 예로, 각 식품군의 대표식품과 1회 분량을 설정하고, 그 식품군 구성 단위수를 제안해서 이에 맞추도록 한 것이다.

또한, 식품구성자전거와 같이 각 식품군을 균형 있게 섭취하도록 권장하는 내용의 의미를 전달할 수 있는 가이드를 만들어 교육, 홍보에 활용하고 있다.

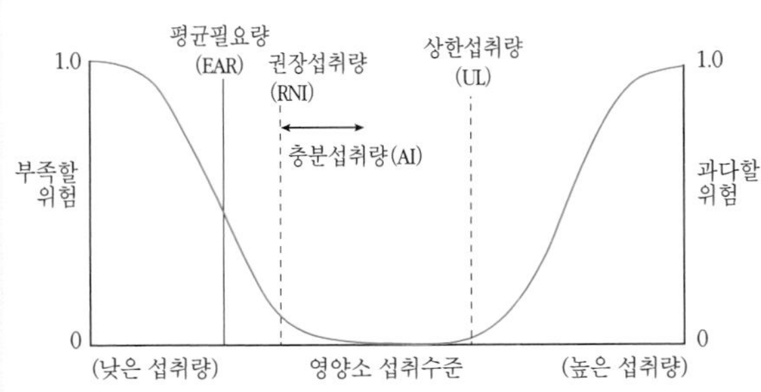

- 평균필요량 : 건강한 사람들의 일일 필요량의 중앙값으로부터 산출한 수치이며 인체필요량에 대한 과학적 근거가 충분한 경우 제정
- 권장섭취량 : 약 97~98%에 해당하는 사람들의 영양소 필요량을 충족시키는 섭취수준으로, 평균필요량에 표준편차 또는 변이계수의 2배를 더하여 산출
- 충분섭취량 : 영양소의 필요량을 추정하기 위한 과학적 근거가 부족할 경우, 대상 인구집단의 건강을 유지하는데 충분한 양을 설정
- 상한섭취량 : 인체에 유해한 영향이 나타나지 않는 최대 영양소 섭취기준으로, 과량을 섭취할 때 유해영향이 나타날 수 있다는 과학적 근거가 있을 때 설정

그림 1-15. 영양소 섭취기준의 구성

연령과 체위 구분

연령은 생리적 성장발달단계를 고려하여 영아기, 소아기, 학령기, 성인 및 노인으로 분류하였으며 생리적 특성이 상이한 임신기, 수유기는 별도로 구분하였다.

체위기준치는 산업자원부 기술표준원 자료를 활용하였다. 신장은 모든 연령군에 대해 산업자원부 기술표준원 자료로부터 중위수를 산출하였다. 체중은 19세 이전의 연령군에 대해서는 기술표준원 자료의 중위수를 사용하였다. 그러나 20세 이후 성인의 경우에는 연령별로 신장 중위수에 대해 체질량지수(BMI)를 바람직하게 22로 유지하기 위한 체중값을 제시하였다.

살 펴 보 기

생애주기별 영양소 섭취기준 설정방법

영아기

이 시기의 영양소 섭취기준은 일반적으로 모유 중의 영양소 농도와 건강한 유아의 모유섭취량을 곱하여 산정하며 영아 후기에는 모유 섭취량과 더불어 이유 보충식의 섭취량도 함께 고려한다.

임신 · 수유기

임신기와 수유기에는 임신과 수유로 인해 추가로 요구되는 양을 영양소 섭취기준으로 정하였다. 모체조직과 태아성장 및 모체의 에너지 이용증가분을 가산하여 임신기의 추가필요량을 추정하였다. 한편 모유에 함유된 영양소 함량을 모유 분비량에 곱하고 모유생산에 사용되는 에너지 이용 증가분, 이용효율 등을 고려하여 수유부의 평균필요량 추가분을 정하였다.

성장기

어린이와 청소년의 평균필요량은 체중과 성장률을 고려하여 성인의 자료에서 외삽하였다.

표 I. 한국 성인의 영양섭취기준

영양소		영양소 섭취기준					
		평균 필요량	권장 섭취량	충분 섭취량	상한 섭취량	만성질환 위험감소를 고려한 섭취량: 에너지 적정 비율	만성질환 위험감소를 고려한 섭취량: 만성질환 위험감소 섭취량
에너지	에너지	○1)					
다량 영양소	탄수화물	○	○			○	
	당류						○3)
	식이섬유			○			
	단백질	○	○			○	
	아미노산	○	○				
	지방			○		○	
	리놀레산			○			
	알파-리놀레산			○			
	EPA+DHA			○2)			
	콜레스테롤						○3)
	수분			○			
지용성 비타민	비타민 A	○	○		○		
	비타민 D			○	○		
	비타민 E			○	○		
	비타민 K			○			
수용성 비타민	비타민 C	○	○		○		
	티아민	○	○				
	리보플라빈	○	○				
	나이아신	○	○		○		
	비타민 B_6	○	○		○		
	엽산	○	○		○		
	비타민 B_{12}	○	○				
	판토텐산			○			
	비오틴			○			
다량 무기질	칼슘	○	○		○		
	인	○	○		○		
	나트륨			○			○
	염소			○			
	칼륨			○			
	마그네슘	○	○		○		
미량 무기질	철	○	○		○		
	아연	○	○		○		
	구리	○	○		○		
	불소			○	○		
	망간			○	○		
	요오드	○	○		○		
	셀레늄	○	○		○		
	몰리브덴	○	○		○		
	크롬			○			

1) 에너지 필요추정량
2) 0~5개월과 6~11개월 영아의 경우 DHA 단일성분으로 충분섭취량 설정
3) 권고치

요약

1. 영양학은 인간의 건강을 지키기 위해 질병을 예방하고 다스리는 학문이다. 식품에 들어 있는 영양소들의 작용 및 상호 작용과 균형에 대한 학문이며, 인간이 영양소를 섭취하고 소화 · 흡수 · 운반 · 이용 · 배설하는 과정에 대한 학문이다.
2. 영양소는 탄수화물, 지질, 단백질, 비타민, 무기질과 물, 6가지로 분류한다. 앞의 3대 영양소와 알코올이 체내에 필요한 열량을 제공한다.
3. 영양 공급상태가 나빠지면 체내에 영양소 저장형태가 고갈되고, 더 심해지면 생화학적 반응이 느려져서 결국에는 임상적 증상으로 나타나게 된다.
4. 영양계획의 초점은 영양소를 골고루 공급할 수 있는 식품 선택에 있다.
5. 한국인 영양소 섭취기준은 사람들의 건강 유지에 필요한 영양소의 양을 설정하여 성별, 연령별로 제시한 것이다. 기존의 영양권장량 개념을 진보시켜 영양소 섭취기준으로 새로이 하였다.
6. 식사지침은 만성질병을 예방하기 위하여 만들어졌으며, 다양한 식품을 균형있게 섭취하고, 정상 체중을 유지하고, 지방 · 콜레스테롤 · 포화지방 · 설탕 · 소금 · 알코올 섭취를 줄이고, 곡류 · 야채 · 과일 섭취를 늘리도록 강조한다.
7. 많은 만성질병들이 유전적 위험요소를 지니고 있으나 식이로 조절할 수 있는 충분한 증거가 있다.
8. 기초식품군, 식품교환표를 이용하여 식사의 균형도를 맞추어 식사구성을 한다.

참고문헌

1. 대한영양사협회(2010) 식사계획을 위한 식품교환표 개정판
2. 보건복지부(2009) 성인의 식생활지침
3. 보건복지부(2020) 2020 한국인 영양소 섭취기준
4. 보건복지부(2020) 2020 한국인 영양소 섭취기준 활용
5. 질병관리청(2020) 2019 국민건강통계
6. 통계청(2020) 2019년 사망원인통계
7. Beaton G.H.(1994) "Criteria of an adequate diet", Shils M.E. et al. ed., *Modern Nutrition in Health and Disease,* Lea and Febiger, Philadelphia
8. "Diet, nutrition, and prevention of chronic disease – a report of the WHO study group on diet(1991) nutrition, and prevention of non-communicable disease", *Nutrition Review* 49, p 291
9. Flegal KM, Carroll MD, Ogden CL, Curtin LR(2010). *Prevalence and trends in obesity among United States adults,* 1999~2008. JAMA 303: 235~41
10. Food and Nutrition Board · National Academy of Sciences-National Research Council(1989) *Recommended Dietary Allowances,* 10th ed., Washington D.C.
11. Gunn JP, Kuklina EV, Keenan NL, Labarthe DR (2010). Sodium Intake Among Adults-United States, 2005~2006. Morbidity and Mortality Weekly Report(MMWR), 59(24): 746~749
12. National Research Council-National Academy of Sciences(1989) *Diet and health,* National Academy Press, Washington D.C.
13. Peterkin B.B.(1990) "Dietary Guidelines for Americans", *J. American Dietetic Assoc* 90, p 1725
14. Saltos E. et al.(1994) "The new food label as a tool for healthy eating", *Nutrition Today,* May/June, p 18

15. US Department of Agriculture, US Department of Health and Human Services (2010). *Dietary guidelines for Americans* 2010.
16. Wright JD, Wang CY (2010). Trends in intake of energy and macronutrients in adults from 1999~2000 through 2007~2008. NCHS Data Brief. 2010 Nov;(49): 1~8
17. The American Diabetes Association and American Dietetic Association(1995) *Exchange lists for meal planning*
18. Welsh S. et al.(1992) "Development of the Food Guide Pyramid", *Nutrition Today*, Nov/Dec., p 12
19. Wardlaw G.M.(2005) Perspectves in Nutrition, 6th ed. McGraw-Hill
20. Wright et al.(1991) "The 1987~88 nationwide food consumption survey", *Nutrition Today*, May/June, p 21

탐구과제

1. 식품의 에너지 함량은 어떻게 계산되나?
2. 영양과 관련되는 질병들은 무엇이며 이들 만성질병의 위험요소들은 무엇인가?
3. 영양상태(바람직한 영양, 영양과잉, 영양부족)를 설명하라.
4. 영양상태 판정은 어떻게 하는가?
5. 다음을 설명하시오.
   가. 영양평가의 ABCD원리
   나. 기초식품군
   다. 식사지침
   라. 식품교환표
   마. 영양표시제

관련 웹사이트

1. http://www.kostat.go.kr (통계청)
2. http://www.mfds.go.kr (식품의약품안전처)
3. http://www.khidi.or.kr(한국보건산업진흥원)
4. http://www.arpc.re.kr (농림기술관리센터)
5. http://www.mohw.go.kr (보건복지부)
6. http://knhanes.kdca.go.k (국민건강영양조사)
7. http://www.kdca.go.kr (질병관리청)
8. http://www.dhhs.gov (U.S Department of Health & Human Services)
9. http://www.nalusda.gov/fnic/dga/(Food and Nutrition Information Center)
10. http://www.cfsan.fda.gov (Center for Food Safety & Applied Nutrition, FDA)
11. http://www.cdc.gov (Centers for Disease Control and Prerention)
12. http://www.cdc.gov/nchs/data/nhanes/databriefs/calories.pdf
13. http://www.mypyramid.gov

CHAPTER

2

탄수화물

CHAPTER

2

탄수화물

탄수화물은 탄소 : 수소 : 산소가 1 : 2 : 1의 비율로 조성된 물질로서 지방, 단백질과 함께 3대 영양소를 구성한다. 탄수화물은 자연계에 가장 많이 있는 유기물질이며, 식물에는 뿌리, 열매, 줄기, 잎 등에 녹말과 식이섬유의 형태로 존재하고, 동물에는 당과 글리코겐의 형태로 들어 있다. 탄수화물은 에너지 공급원으로 매우 중요하며 소화도 쉽고 체내에서 독성물질을 만드는 일도 드물다. 단순 탄수화물은 주로 당류라고 하며, 단당류와 이당류가 있다. 복합 탄수화물은 단당류가 여러 개 모인 다당류이며, 녹말, 글리코겐, 식이섬유가 있다.

그림 2-1. 탄수화물 급원 식품

탄수화물의 분류 및 구조

단당류

- 단당류는 탄수화물의 성질을 가진 가장 작은 단위체로서, 포도당, 과당, 갈락토오스, 리보오스 등이 있다.
- 자연계에서 사슬형태 또는 고리형태로, 생체내에서는 주로 고리형태로 존재한다.
- 광학 활성도에 따라 D-형과 L-형의 당으로 분류하며, 생체계는 D-형 이성질체만을 대사한다.
- L-형 이성질체는 생체내에서 에너지를 내지 않으므로 대체감미료로 쓰인다.

단당류 (monosaccharides)
-mono : 하나의
-saccharide : 당

포도당은

- 체내 당 대사의 중심 물질로서 생체계의 가장 기본적인 에너지 급원이다.
- 분자식이 $C_6H_{12}O_6$이며, 화학적으로는 알데히드기를 가지는 알도오스 형태이다.

알데히드기(aldehyde)
$-\underset{\|}{C}-H$, O
알도오스(aldose)

케톤기(ketone)
$-\underset{\|}{C}-$, O
케토오스(ketose)

과당은 케톤기가 있는 케토오스 형태의 육탄당이며, 갈락토오스는 자연계에서 유당의 구성원으로 있는 알도오스 형태의 육탄당이다. 그 외 핵산 등에 들어 있는 리보오스와 디옥시리보오스는 알도오스 형태의 오탄당이다(그림 2-2, 표 2-1).

D — 포도당 **D — 과당** **D — 갈락토오스** **D — 리보오스**

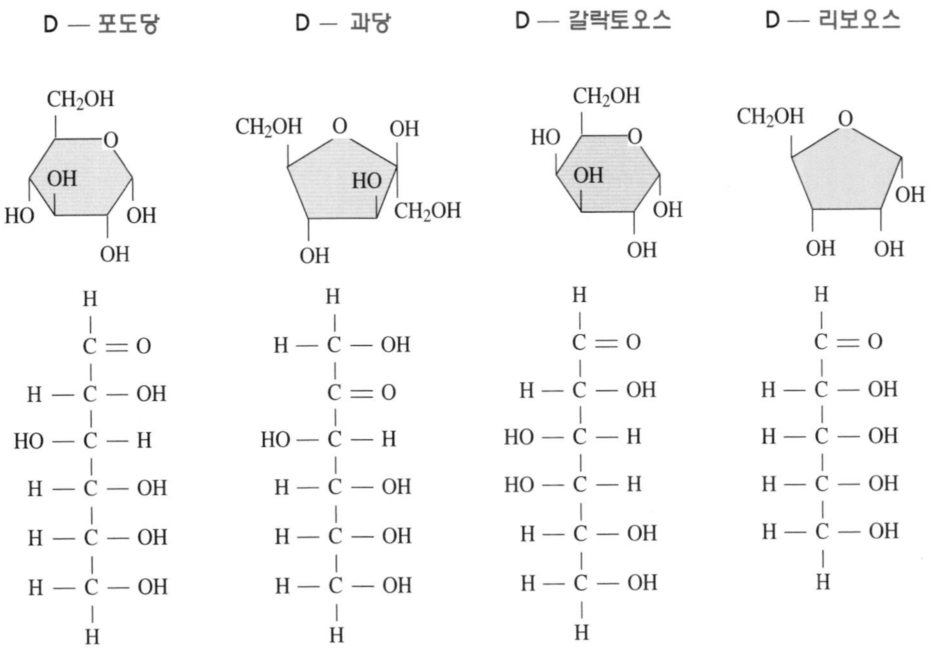

그림 2-2. 단당류

포도당(glucose)
과당(fructose)
갈락토오스(galactose)
리보오스(ribose)
디옥시리보오스(deoxyribose)

표 2-1. 단당류

헥소오스(hexose) 육탄당

펜토오스(pentose) 오탄당

분 류	형 태	급 원
육탄당	D-포도당	과일즙, 녹말, 사탕수수, 엿당 등의 가수분해산물
	D-과당	과일즙, 벌꿀, 고과당 옥수수 시럽
	D-갈락토오스	유즙
오탄당	D-리보오스	핵산(RNA 구성물질)
	D-디옥시리보오스	핵산(DNA 구성물질)

■ **탄수화물 식품이 중요한 이유**

1. 전 세계적으로 많이 생산되어 쉽게 구할 수 있다.
2. 생산비가 적게 들어 가격이 싸다.
3. 오랜 기간 저장이 간편하다.

이당류

이당류 (disaccharide)
글리코시드 결합 (glycosidic bond)

자연계에서 흔히 볼 수 있는 이당류는 서당, 맥아당, 유당이다.

- 서당은 포도당과 과당이 각각 한 분자씩 글리코시드 결합을 통해 만들어진 비환원당이다.
- 맥아당은 주로 녹말의 가수분해 산물로 생성되며, 두 개의 포도당이 α-1,4 결합을 통해 만들어지는 환원당이다.

표 2-2. 이당류

서당(sucrose)
맥아당(maltose)
유당(lactose)

이당류	구 성	형 태	급 원
서당	포도당+과당(α-1,2 결합)	비환원당	과즙, 설탕
맥아당	포도당+포도당(α-1,4 결합)	환원당	식혜
유당	포도당+갈락토오스(β-1,4 결합)	환원당	유즙

맥아당(maltose)

녹말의 분해와 소화 과정의 중간산물이지만 자연식품에 별로 들어 있지 않다. 맥주나 양조공업의 알코올 제조과정 중 곡류에 있는 다당류(주로 녹말)가 아밀로오스 분해효소에 의해 분해되면서 중간산물로 맥아당을 생성한다. 그러나 이스트의 발효작용(fermentation)으로 대부분의 당이 알코올과 이산화탄소로 분해되므로, 최종적으로 생산되는 술에는 맥아당이 거의 남지 않는다.

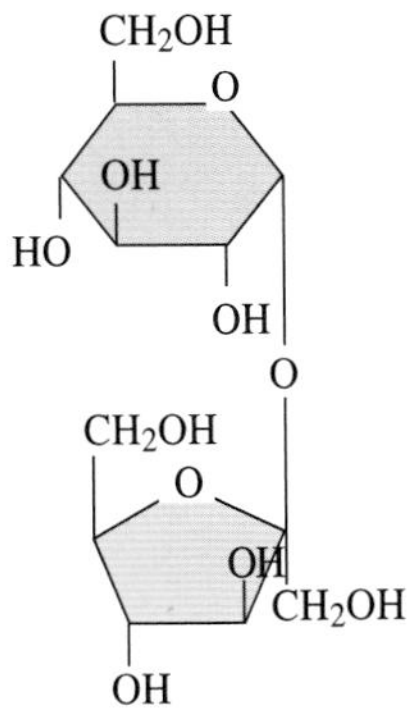

CH_2OH O OH HO OH O CH_2OH O OH CH_2OH OH

α-1,2 글리코시드 결합

서당 (포도당 + 과당)

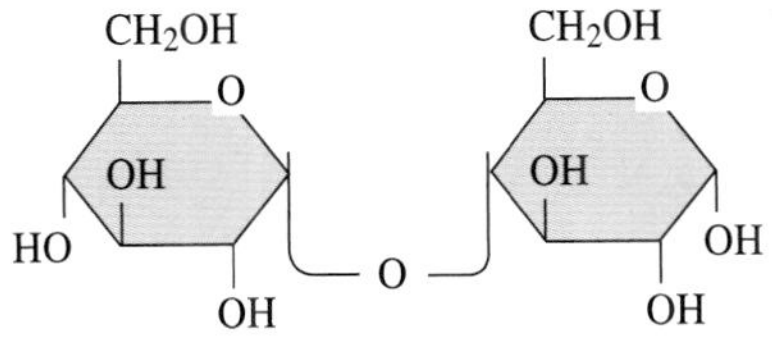

CH_2OH O OH HO OH CH_2OH O OH OH O OH

α-1,4 글리코시드 결합

맥아당 (포도당 + 포도당)

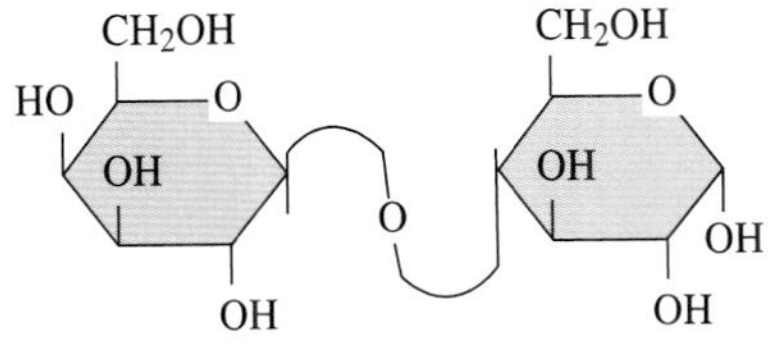

CH_2OH HO O OH OH O CH_2OH O OH OH OH

β-1,4 글리코시드 결합

유당 (갈락토오스 + 포도당)

그림 2-3. 이당류의 구조

- 유당은 포도당과 갈락토오스가 β-1,4 결합을 함으로써 만들어지며, 다른 이당류와는 달리 β결합으로 되어 있으므로 과량을 섭취하거나 유당 분해효소가 부족하면 소화되기가 어렵다(표 2-2, 그림 2-3).

유당 분해효소(lactase) 유당을 포도당과 갈락토오스로 분해하는 효소로, 소장점막세포에서 분비된다.

올리고당

올리고당은 3~10개의 단당류로 구성되며,

- 당단백질이나 당지질의 구성성분으로서 세포내에서는 주로 생체막에 부착되어 있고, 소포체와 골지체 등의 분비형 단백질과 결합되어 있다.
- 콩류에 있는 올리고당인 라피노오스와 스타키오스는 사람의 소화효소로는 소화가 되지 않으며, 대장에 있는 박테리아에 의해 분해되어 가스와 그 부산물이 생성된다.

올리고당(oligosaccharides)

소포체(endoplasmic reticulum)

골지체(Golgi complex)

라피노오스(raffinose) 갈락토오스-포도당-과당

스타키오스(stachyose) 갈락토오스-갈락토오스-포도당-과당

쉬어가기 **프락토올리고당(fructooligosaccharides)**

장내 세균 중 유익한 균총인 비피도박테리아(bifidobacteria)를 선택적으로 활성화해 장의 건강을 유지시키는 기능이 있으며, 유제품과 유아식품에 이용된다. 이 외에도 기능성 올리고당류로는 이소말토올리고당(isomaltooligosaccharides)과 갈락토올리고당(galactooligosaccharides)등이 있다.

다당류

다당류 (polysaccharide) 보통 3,000개 이상의 단당류로 구성

다당류는

- 에너지의 저장 형태이거나, 식물의 구조를 형성하는 물질이다.
- 복합탄수화물로도 불리는데, 소화성 다당류(녹말, 글리코겐 등)와 난소화성 다당류(식이섬유)로 구분된다.

녹말과 글리코겐

녹말(starch)

아밀로오스(amylose) 포도당이 α-1,4 결합에 의해 긴 사슬형태로 중합된 녹말

아밀로펙틴(amylopectin) 포도당이 α-1,4 결합과 α-1,6 결합에 의해 중간중간 가지를 친 형태로 중합된 녹말

녹말은 식물에 있는 저장 다당류로서, 식물이 성장하면서 포도당이 중합하여 형성되며, 결합형태에 따라 아밀로오스와 아밀로펙틴의 두 종류로 나누어진다. 포도당 중합은 α-글리코시드 결합으로 이루어지며, 소장에서 녹말 소화효소에 의해 분해된다.

- 아밀로오스는 긴 사슬형태의 중합체로서 α-1,4 결합으로 구성되며, 아밀로펙틴은 중간에 가지를 가진 구조로서 가지 부분은 α-1,6 결합으로 구성된다. 이런 구조의 차이에도 불구하고 아밀로오스 분해효소는 두 녹말을 모두 소화시킨다. 조리과정에서 녹말은 소화하기 쉬운 형태로 호화되어 소화효소의 작용을 쉽게 받는다.
- 녹말은 곡류, 감자류, 콩류 등에 많이 있으며, 아밀로오스와 아밀로펙틴은 보통 1 : 4의 비율로 들어 있다(그림 2-4).

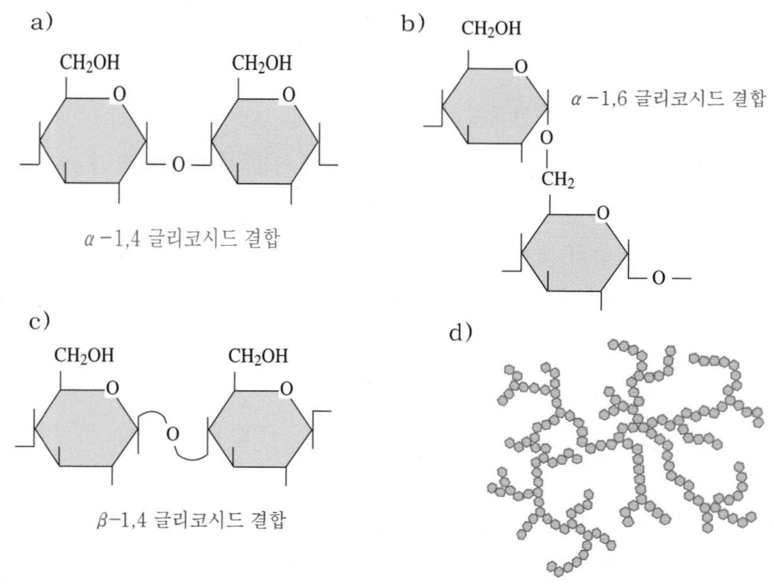

a) 아밀로오스의 구조(α-1, 4 글리코시드 결합)
b) 아밀로펙틴과 글리코겐의 구조(α-1, 6 글리코시드 결합)
c) 식이섬유의 구조(β-1, 4 글리코시드 결합), d) 글리코겐

그림 2-4. 다당류의 구조

글리코겐은 동물체의 저장 다당류로서 포도당이 α결합으로 중합된 다당류이며, 아밀로펙틴과 구조는 유사하나 가지가 훨씬 더 많다.

글리코겐(glycogen)

식이섬유

식이섬유는 사람의 체내 소화효소로는 분해되지 않는 고분자화합물로서 수용성과 불용성 식이섬유의 두 종류가 있으며, 대부분 식물성 식품으로부터 섭취한다.

식이섬유(dietary fiber)

수용성 식이섬유에는 아라비아검, 구아검, 로커스트빈검, 펙틴, 뮤실리지 등이 있다.

- 수용성 식이섬유는 세포가 서로 붙어 있도록 접착제 역할을 하며 샐러드 드레싱, 아이스크림, 잼, 젤리 등에 첨가된다.
- 물과 친화력이 커서 쉽게 용해되거나 팽윤되어 겔을 형성한다.
- 당, 콜레스테롤, 무기질과 같은 여러 영양성분들의 흡수를 지연시키거나 방해하는 효과가 있다.
- 대장 미생물에 의해 발효되어 초산, 프로피온산, 부티르산 등의 단쇄지방산을 합성한다. 부티르산은 대장의 세포 속으로 들어가 에너지원으로 사용된다. 따라서 수용성 식이섬유는 평균 3 kcal/g의 열량을 내는 것으로 알려져 있다.
- 식이섬유의 섭취가 많으면 박테리아에 의한 분해로 메탄과 수소 등의 가스가 생성되어 호흡으로 방출되나 건강에는 해가 없다.
- 수용성 식이섬유는 과일과 채소에 주로 들어 있으며, 콩류, 쌀겨, 질경이종자 등에도 들어 있다(표 2-3).

수용성 식이섬유(soluble dietary fiber)
물에 녹거나 팽윤되며, 대장에서 박테리아에 의해 발효되는 식이섬유. 펙틴(pectin), 검(gum), 뮤실리지(mucilage) 등

아라비아검(arabic gum)

구아검(guar gum)

로커스트빈검(locust bean gum)

사일리엄(psyllium)
질경이 종자에 있는 수용성 식이섬유로서 상용 변비치료제에 쓰인다.

불용성 식이섬유는

- 물과 친화력이 적어 겔 형성력이 낮다.
- 장내 미생물에 의해서도 분해되지 않고 배설되므로 배변량과 배변속도를 증가시키는 생리작용이 있다.

불용성 식이섬유(insoluble dietary fiber)
물에 녹지 않으며, 대장에서 박테리아에 의해 대사되지 않는 식이섬유. 셀룰로오스(cellulose), 일부 헤미셀룰로오스(hemicellulose), 리그닌(lignin) 등

표 2-3. 식이섬유의 분류와 생리적 기능

분 류	종 류	주요 급원식품	생리적 기능
수용성 식이섬유	펙틴, 검, 뮤실리지, 헤미셀룰로오스 일부	감귤류, 사과, 바나나, 보리, 귀리, 두류, 씨앗	위장통과 지연(포만감) 소장에서 당 흡수속도 지연, 혈청 콜레스테롤 감소
불용성 식이섬유	셀룰로오스, 헤미셀룰로오스, 리그닌, 저항전분	통밀, 현미, 호밀, 채소 등 식물의 줄기	분변량 증가 장 통과속도 가속

저항전분
건강한 사람의 소장에서 흡수되지 않는 전분과 전분 분해물. 생전분, 노화전분, 화학적으로 변성된 전분 등에 있다.

리그닌(lignin)

식물의 나이는 식이섬유 구성을 변화시킨다. 예를 들면 어린 당근은 리그닌이 거의 없는 반면, 오래 묵은 당근은 리그닌을 10~20% 함유한다.

- 불용성 식이섬유의 대표적인 물질인 셀룰로오스는 아밀로오스와 비슷한 긴 사슬형태의 다당류로서 포도당이 β결합으로 결합되어 있다(그림 2-4).
- 사람은 셀룰로오스 분해효소가 없으므로 셀룰로오스를 소화시키기 어려우나, 분해효소가 분비되는 초식동물은 소화할 수 있다.
- 긴 사슬의 셀룰로오스는 서로 겹쳐져 매우 강한 망상 구조를 만든다.
- 밀겨의 식이섬유에는 헤미셀룰로오스가 많고, 곡류 대부분은 바깥층에 이러한 섬유질이 많은 겨층을 가지므로, 전곡류에는 식이섬유가 다량 들어 있다.
- 나무줄기, 당근심, 억센 고사리줄기, 브로콜리 등의 단단한 줄기에는 물에 녹지 않는 난용성의 리그닌이 일부 있다.

기능성 식이섬유

합성 또는 분해 방법으로 제조된 식이섬유로서, 사람의 생리기능에 유익한 영향을 미친다. 식이섬유 음료 제품에 들어 있다.

탄수화물의 소화와 흡수

탄수화물 소화

탄수화물의 소화는

- 구강내에서 타액과 섞이면서 시작된다.
- 타액에는 아밀로오스 분해효소가 함유되어 있으며, 이 효소는 탄수화물을 분해하여 덱스트린이나 맥아당으로 분해한다.
- 타액 아밀로오스 분해효소의 작용은 입안에서 충분한 저작작용이 있어야 가능하다.
- 음식물이 식도를 따라 산성의 위장에 도달하면, 타액 아밀로오스 분해효소의 활성이 저하되면서 탄수화물 소화는 중지된다.
- 음식물이 위액과 완전히 혼합되는데 약 15~20분이 걸리므로 그동안은 어느 정도 타

타액 아밀로오스 분해효소(salivary amylase)

덱스트린(dextrin)

액 아밀로오스 분해효소가 작용할 수 있다.

- 탄수화물이 소장의 첫 부분인 십이지장으로 이동하면 췌장은 탄수화물을 맥아당으로 소화시키기 위해 췌장 아밀로오스 분해효소를 분비한다.
- 이 효소에 의해 탄수화물은 단당류나 이당류로 분해된다.

췌장 아밀로오스 분해효소 (pancreatic amylase)

이당류는 소장점막세포에서 분비되는 맥아당 분해효소, 유당 분해효소, 서당 분해효소에 의해 단당류로 분해되어 흡수된다.

- 이당류인 맥아당은 두 분자의 포도당으로, 유당은 포도당과 갈락토오스로, 서당은 포도당과 과당으로 분해된다.
- 유당불내증은 영유아기 이후에 소장의 유당 분해효소의 활성이 부족하여 유당의 소화 · 흡수가 이루어지지 않아 발생하는 것으로 아시아, 아프리카 민족의 성인 계층에서 많이 관찰된다.

맥아당 분해효소 (maltase)

유당 분해효소(lactase)

서당 분해효소(sucrase)

대부분의 포유동물은 셀룰로오스 분해효소가 없어 셀룰로오스의 β-1,4결합을 분해하지 못하므로 이를 소화시켜 영양소로서 이용할 수 없다. 다만 반추동물만이 소화시켜 흡수할 수 있다. 그렇지만 소화되지 않는 셀룰로오스 찌꺼기는 장이 적당한 배변운동을 하는 데에 필요하다.

셀룰로오스 분해효소 (cellulase)

대장에서는 탄수화물의 특별한 소화작용이 없다. 단지 소장에서 분해되지 않은 식이섬유가 대장 내에서 세균에 의해 부분적으로 분해되거나 발효된다.

탄수화물 흡수

- 탄수화물은 단당류의 형태로 소장에서 흡수된다.
- 흡수속도는 당의 종류에 따라 다르며, 포도당 등 육탄당이 리보오스 등의 오탄당보다 빠르다.
- 포도당의 흡수속도를 100으로 해서 비교해보면, 갈락토오스는 110, 과당 43, 만노오스 19, 자일로오스 15 등이다.
- 포도당과 갈락토오스는 나트륨(Na^+)과 함께 소장 융모의 흡수세포에서 능동 흡수된다.
- 과당은 흡수세포들에 의해 촉진 흡수된다.
- 포도당, 갈락토오스, 과당은 융모에 들어간 후 간문맥을 지나 간으로 가서 에너지로 사용되거나, 혈액으로 직접 방출되며, 일부는 글리코겐 생성과 지방 합성에 쓰인다.

탄수화물의 체내 기능

대부분의 탄수화물은 포도당으로 전환되어 대사에 이용되므로, 탄수화물의 체내 기능은 대부분 포도당의 체내 기능을 뜻한다.

에너지 공급

탄수화물은 생체에 1g당 4 kcal의 에너지를 제공한다. 특히 적혈구와 뇌세포, 신경세포는 포도당을 주요 에너지원으로 사용한다. 그 외 근육 등 다른 세포도 식후에는 포도당을 에너지원으로 사용한다.

소화로 흡수된 당은

- 혈당을 일정 수준으로 유지하며,
- 여분의 당은 간과 근육에 글리코겐의 형태로 저장되고,
- 나머지는 지방으로 전환되어 지방조직에 저장된다.
- 글리코겐은 매우 많은 가지로 구성되어 빠른 속도로 분해될 수 있으므로, 탄수화물 저장의 이상적인 형태이다.

글리코겐 분해효소 (glycogen phosphorylase)

- 글리코겐 분해효소는 글리코겐의 말단 부분부터 하나씩 포도당을 분해해내기 때문에 글리코겐처럼 가지가 많을수록 여러 말단에서 한꺼번에 포도당이 많이 떨어져 나와 혈당조절에 유리하다.
- 글리코겐은 간과 근육에 저장된다.

글루코오스 6-인산분해효소 (glucose 6-phosphatase)

- 간은 글리코겐으로부터 글루코오스 6-인산분해효소를 이용해 포도당을 만들어 혈액으로 내보내 혈당을 조절한다.
- 근육은 이 효소가 없어 혈당 조절기능은 못하고, 단지 자체적인 에너지원을 공급할 때 포도당을 쓴다.

단백질 절약작용

포도당 신생합성과정 (gluconeogenesis)

적혈구, 뇌, 신경세포 등은 포도당을 주요 에너지원으로 사용하며, 이에 따라 신체는 일정 수준의 혈당을 항상 유지하려고 한다. 그러나 탄수화물 섭취가 부족한 경우 단백질 등으로부터 포도당을 새롭게 합성할 수 있다. 이를 포도당 신생합성과정이라고 하며, 주로 간과 콩팥에서 진행된다. 따라서 탄수화물을 충분히 섭취하는 경우에는 체내 단백질이 포도당 합성에 쓰이지 않으므로 단백질을 절약할 수 있다.

포도당 신생합성과정의 급원으로는

- 주로 단백질 분해산물이 사용되며 지방산은 이용되지 못한다.
- 근육, 간, 신장, 심장 등 여러 기관에서 단백질이 분해되어 사용된다.
- 저열량식이나 기아상태에서 포도당 신생합성과정이 여러 주일 지속되면 이 기관들은 단백질이 급격히 손실돼 쇠약해진다.

케톤증 예방

적절한 탄수화물 섭취는 지방 산화에 필수적이다. 저탄수화물 식사를 하면 인슐린 분비가 감소하면서 지방분해와 포도당 신생합성이 촉진된다. 지방분해 과정에서 생성된 아세틸 CoA는 완전히 연소되기 위해서 옥살로아세트산을 필요로 하나, 옥살로아세트산은 포도당 신생합성 기질이기도 하다.

따라서, 아세틸 CoA가 대사되지 못하고 누적되어 아세토 아세트산, β-히드록시부티르산, 아세톤 등의 케톤체로 전환되는데, 혈액과 조직에 이 케톤체가 축적되는 것을 케톤증이라 한다(그림 2-5).

아세틸 CoA (acetyl CoA)

옥살로아세트산 (oxaloacetate)

케톤체(ketone body) 지방의 산화가 불완전하여 생성된다. 3~4개의 탄소로 구성된 케톤기 물질, 아세토아세트산, β-히드록시부티르산, 아세톤 등

케톤증(ketosis) 혈액과 조직에 케톤체가 다량 축적된 임상증세

히드록시메틸글루타릴 CoA (hydroxymethyl glutaryl CoA, HMG CoA)

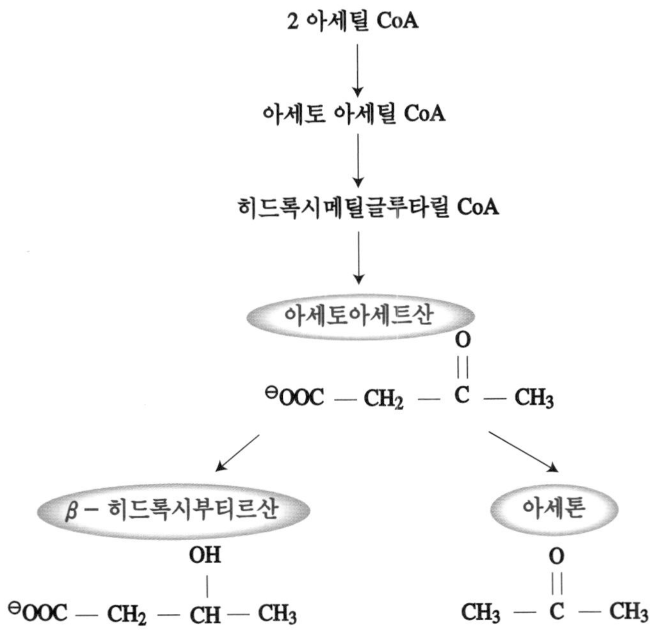

2 아세틸 CoA

↓

아세토 아세틸 CoA

↓

히드록시메틸글루타릴 CoA

↓

아세토아세트산

$$^{\ominus}OOC-CH_2-\overset{\overset{\displaystyle O}{\|}}{C}-CH_3$$

↙ ↘

β-히드록시부티르산

$$^{\ominus}OOC-CH_2-\overset{\overset{\displaystyle OH}{|}}{CH}-CH_3$$

아세톤

$$CH_3-\overset{\overset{\displaystyle O}{\|}}{C}-CH_3$$

그림 2-5. 케톤체 생성과정(ketogenesis)

케톤증을 방지하기 위해서는

- 하루에 **50~100g**의 탄수화물 섭취가 필요하다.
- 밥 한 공기에 65.5g의 탄수화물이 있으므로 비교적 쉽게 섭취할 수 있다.
- 기아상태에서는, 탄수화물의 섭취가 부족해 혈액에 케톤체가 나타난다(그림 2-6). 이는 체내 에너지원이 부족한 경우의 정상적인 대사 반응이다.
- 케톤체는 유리지방산보다 조직에서 이용하기 쉬운 에너지 형태이며, 뇌와 심장 등 일부 조직은 기아상태와 같은 비상시에는 케톤체를 에너지원으로 사용하여 생체단백질 손실을 1/3가량 줄여준다.
- 뇌조직이 케톤체를 사용하지 못한다면, 뇌에 에너지를 공급하기 위해 생체 단백질을 분해해 포도당을 합성해야하기 때문이다.

표 2-4. 당뇨병성 케톤증의 케톤체 축적

상 태	소변 배설량(mg/24hr)	혈중 농도(mg/100mL)
정 상	≤125	<3
케톤증 환자(치료받지 않는 당뇨환자)	5,000	90

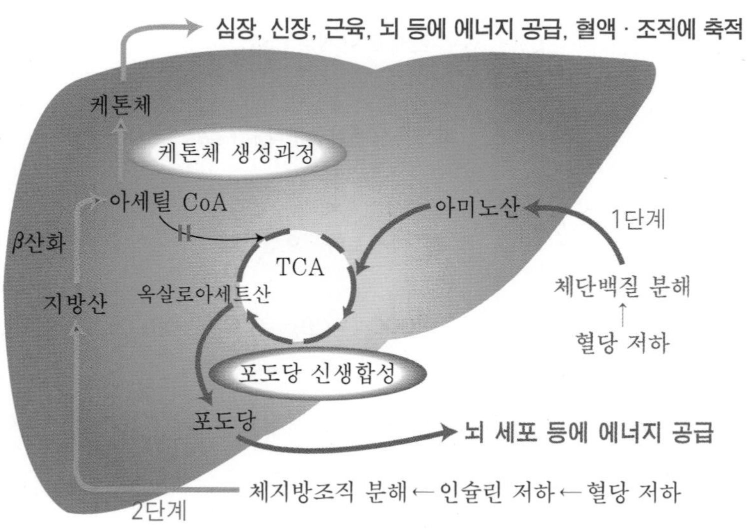

당뇨병과 단식 등으로 혈액내 포도당 농도가 저하하면, 체조직의 단백질이 분해되면서(1단계) 간에서 포도당 신생합성이 증가한다. 이때 생성된 포도당은 뇌 등의 조직에서 에너지원으로 쓰이나, 이 과정이 지속될 경우에는 체내 단백질의 손실이 있다. 다행히 생체계는 혈당이 떨어지면 인슐린의 분비가 저하되면서 체지방의 분해를 증가시킨다(2단계). 옥살로아세트산이 급격히 감소하여 TCA회로를 통한 대사가 줄어들면 지방분해에 의해 생성된 아세틸 CoA는 케톤체를 합성한다. 이때 생성된 케톤체는 심장 · 신장 · 근육 · 뇌 등에서 에너지원으로 쓰여 체단백조직을 보호하며, 아세틸 CoA에서 탈락된 CoA는 지방산의 β산화를 유지시켜 지속적으로 에너지가 공급되도록 한다.

그림 2-6. 케톤체의 대사

- 제1형 당뇨병 환자가 적절한 치료를 받지 못하면, 인슐린의 부족으로 혈액에 케톤체가 증가되어 여러 합병증이 발생할 수 있다(표 2-4, 그림 2-6).

인슐린(insulin)
췌장의 랑게르한스 섬의 β세포에서 생성되고, 간에서 글리코겐을 합성하며, 혈액에서 근육과 피하조직으로 포도당을 이동시키는 호르몬

식품에 단맛과 향미 제공

당은 독특한 단맛과 향미를 지니고 있어, 식품에 대한 수용도를 높인다. 감미도는 당의 종류에 따라 다르다. 당뇨병과 같은 임상질환의 식이요법 개선책으로 여러 대체감미료가 개발되어 이용되고 있다.

최근 식품 제조에서는 단맛뿐만 아니라 물성의 향상을 위해 당을 사용한다. 예를 들면 콘시럽은 옥수수 녹말을 산과 효소로 처리해 만든 감미료로, 과당이 40~90%이며 설탕보다 저렴하면서 결정을 형성하지 않아 동결해도 물성이 좋으므로, 음료수, 사탕, 잼, 젤리, 후식 등의 제조에 널리 사용된다.

벌꿀(honey)

고대부터 사용되어 온 감미료인 벌꿀은 음식에 독특한 단맛과 향미를 제공한다. 그러나 벌꿀에는 클로스트리듐 보툴리누스균(*Clostridium botulinus*) 포자가 존재할 수 있으며 이 미생물은 소화장애나 말초신경 장애를 일으킨다. 어른은 위산이 강해 이 미생물이 번식하지 못하나, 어린이는 위산이 약해 위협적이므로, 어린이에게는 바람직한 감미료가 아니다.

탄수화물의 대사

단당류 대사

탄수화물은 주로 포도당의 형태로 세포내로 이동한다.

- 포도당은 해당과정과 TCA회로를 거쳐 조직에 필요한 에너지를 즉시 공급한다.
- 과량의 당은 글리코겐을 합성하여 간이나 근육에 저장되거나, 지방산으로 전환되어 피하조직에서 중성지방을 합성한다.
- 일부 포도당은 핵산의 구성원인 리보오스, 디옥시리보오스, 과당, 글루코사민 등으로 전환되거나 또는 불필수 아미노산 합성에 쓰인다.

글루코사민
(glucosamine)

과당은 간에서 포도당으로 전환된다.

- 과당이 세포내로 이동하는 것은 인슐린 의존성이 아니다.
- 과당도 포도당으로 전환되므로 과량을 섭취할 경우 혈당을 높일 수 있다.

디히드록시아세톤 인산(dihydroxyacetone phosphate)

- 과당은 해당과정에서 속도조절 단계를 거치지 않고 중간 단계인 디히드록시아세톤 인산의 형태로 들어가므로 아세틸 CoA 전환속도가 증가되어 지방산 합성속도가 증가한다.
- 따라서 혈중 중성지질의 농도를 높일 수 있으므로 특히 제2형 당뇨병 환자들은 주의해야 한다.

갈락토오스는 글루코오스 1-인산으로 전환되어 간에서 글리코겐을 합성하거나, 포도당과 같은 경로를 통해 대사된다(그림 2-7).

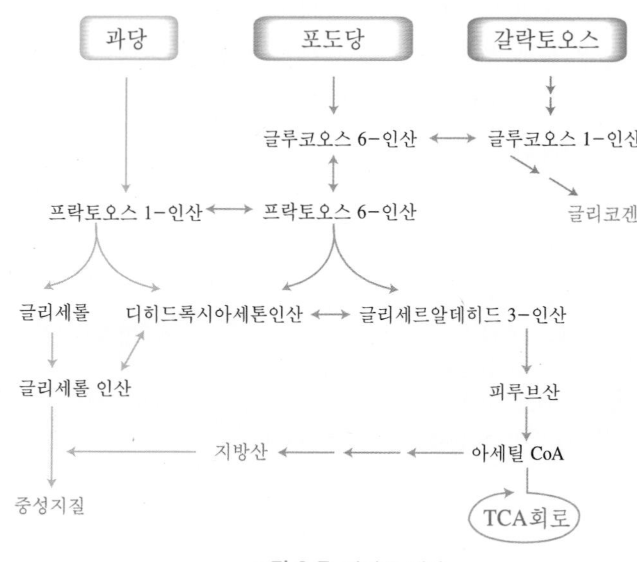

그림 2-7. 단당류 대사

포도당 대사

포도당 대사과정에는 해당과정, TCA회로, 펜토오스 인산 경로, 글루쿠론산 회로 등이 있다.

해당과정(glycolysis)

세포질(cytosol)

피루브산(pyruvic acid)

해당과정은

- 생물체에 공통된 포도당 대사의 중심 경로로서 세포내 세포질에서 일어나며,
- 포도당은 10단계의 반응 경로를 통해 피루브산으로 된다.
- 해당과정 동안 포도당 1분자당 2분자의 ATP가 쓰이고 4분자의 ATP가 생성되어, 결국 **ATP 2**분자와 **NADH 2**분자가 생성된다.

$$\text{포도당} + 2NAD^+ + 2ADP + 2Pi \longrightarrow 2\text{피루브산} + 2NADH + 2H^+ + 2ATP + 2H_2O$$

미토콘트리아(mitochondria)

- 생성된 피루브산은 산소가 충분한 호기적 상태에서는 미토콘드리아 막을 거쳐 아세틸

CoA로 되어 TCA회로에서 대사되며,

- 산소가 부족한 혐기적 조건에서는 젖산으로 환원된다.
- 이스트 등의 미생물에서는 혐기적 조건에서 알코올 발효가 일어난다.

젖산(lactic acid)

TCA회로는 미토콘드리아 내막 안 기질에서 이루어진다.

- 아세틸 CoA는 옥살로아세트산과 함께 시트르산을 생성하며, TCA회로를 통해 NADH 3분자, $FADH_2$ 1분자, GTP 1분자를 생성한다.
- 생성된 NADH와 $FADH_2$는 최종 에너지 생성단계인 전자전달계에서 각각 2.5, 1.5 ATP를 생성한다.
- 결국 포도당 1분자는 세포질 내의 해당과정과 미토콘드리아의 TCA회로 및 전자전달계를 거치면서 30여개의 ATP를 생성한다.

TCA회로 (tricarboxylic acid cycle ; citric acid cycle)

한편 포도당은 해당과정 이외에 오탄당 인산 경로와 글루쿠론산 회로를 통해 대사되기도 한다.

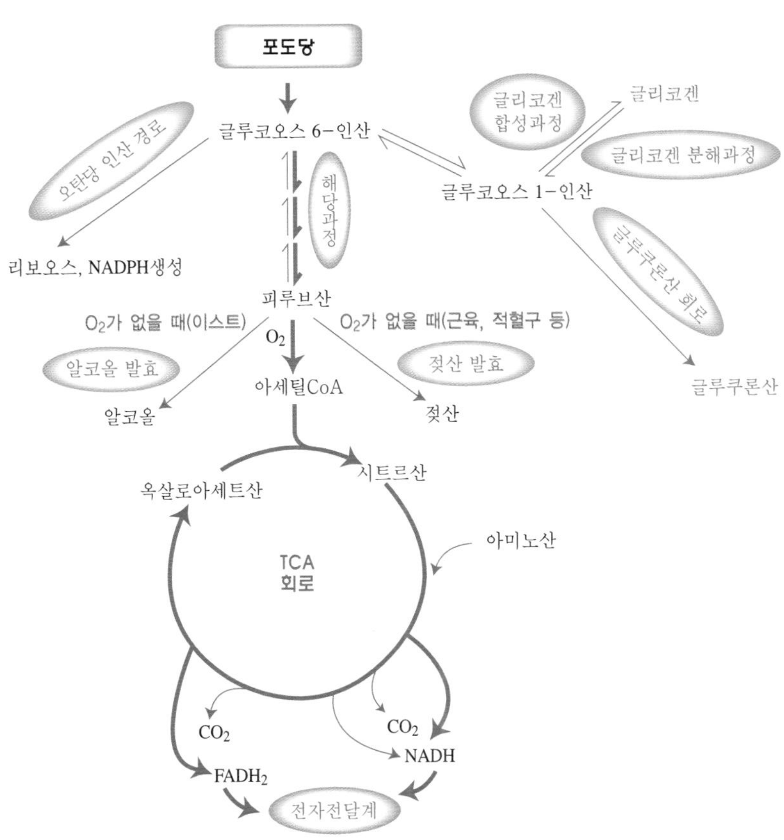

그림 2-8. 포도당 대사 경로

오탄당 인산 경로 (pentose phosphate pathway)

- 오탄당 인산 경로는 주로 피하조직처럼 지방합성이 활발히 일어나는 곳에서 중요한 역할을 하며, 간, 부신피질, 적혈구, 고환, 유선조직 등에서 활발하다.
- 이 경로를 통해 포도당은 지방산과 스테로이드 호르몬의 합성에 필요한 NADPH를 생성하며, 핵산합성에 필요한 리보오스를 생성한다.

글루쿠론산 회로 (glucuronic acid cycle)

- 글루쿠론산 회로를 통해 포도당으로부터 생성된 글루쿠론산은 간에서 여러 독성물질의 해독과정에 관여한다(그림 2-8).

포도당 신생합성과정

혈당은 뇌, 적혈구, 부신수질, 수정체 등의 에너지급원으로서 매우 중요하므로, 혈당이 저하되면 호르몬의 작용으로 당의 절약작용과 당의 신생합성이 증가하여 혈당이 올라간다. 이때 간이나 신장에서 당 이외의 물질, 즉 아미노산이나 글리세롤, 피루브산, 젖산, 프로피온산 등을 이용하여 포도당이 합성되는 것을 포도당 신생합성이라고 한다.

포도당 신생합성은

- 세포질 내에서 해당과정과는 별도의 경로를 통해 이루어진다(그림 2-9).
- 말초조직에서 완전히 산화되지 못한 대사물질은 간으로 이동하여 포도당 합성에 쓰인다.
- 적혈구에서 포도당은 해당과정을 통하여 에너지를 생산하고 피루브산이 된다. 적혈구

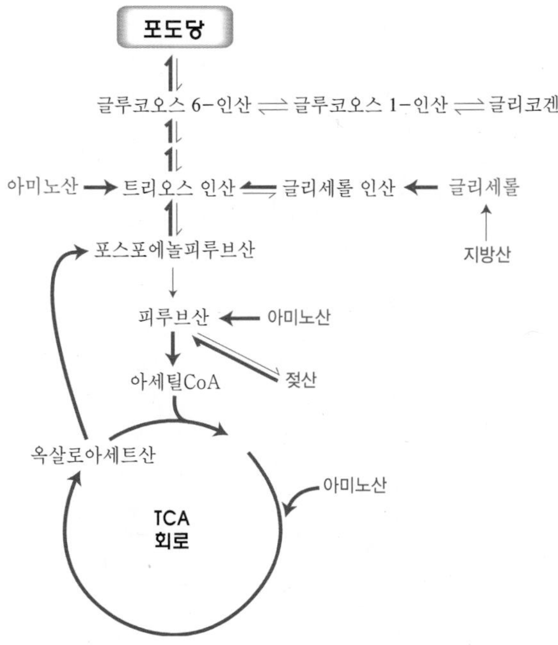

그림 2-9. 포도당 신생합성과정(gluconeogenesis)

에는 미토콘드리아가 없으므로 피루브산은 젖산으로 전환된 후 간으로 이동하여 포도당 신생합성의 기질로 사용되는데, 이를 코리회로라 한다.

- 근육에서 생성된 피루브산은 젖산으로 되어 간으로 가거나(코리회로), 아미노산 대사에서 나온 아미노기와 함께 알라닌의 형태로 간으로 이동되어 다시 포도당합성에 쓰인다(알라닌회로, 그림 2-10).

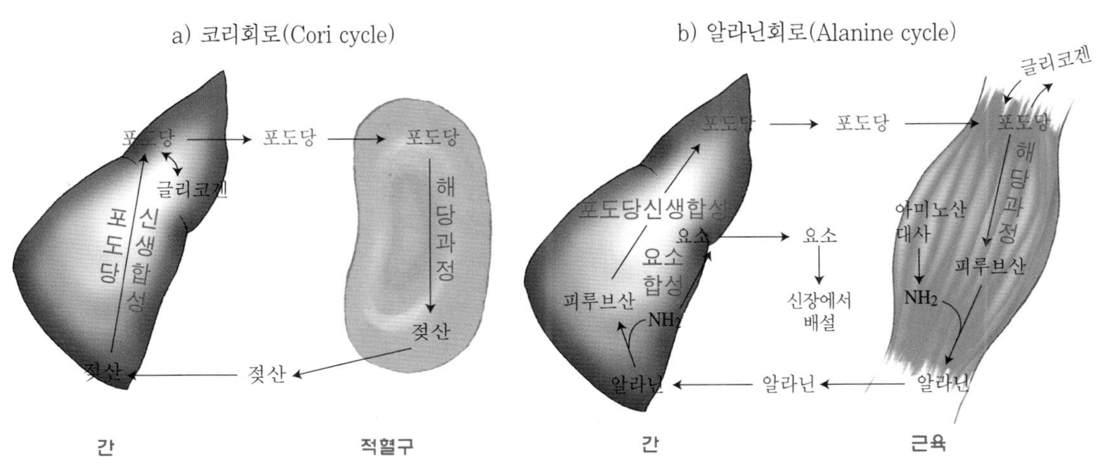

그림 2-10. 해당과정과 포도당 신생합성의 관계

글리코겐 합성 및 분해과정

글리코겐 합성(glycogenesis)
글리코겐 분해(glycogenolysis)

글리코겐의 합성과 분해는 주로 간과 근육에서 서로 다른 대사 경로를 통해 일어난다.

- 간은 많은 양의 글리코겐을 저장하고 있으며, 영양상태가 양호한 사람은 보통 간 무게의 4~6% 정도 글리코겐을 함유하고 있다(표 2-5).
- 간의 글리코겐 저장량은 식사 직후에는 탄수화물이 풍부해 6% 정도까지 이르기도 하

표 2-5. 정상 성인 남자(70kg)의 체내 탄수화물 저장형태

장 소	글리코겐	포도당
간(1800g)	72g(4%)	
근육(35kg)	245g(0.7%)	
세포외액(10L)		10g(0.1%)
소 계	317g	10g
합 계	327g	

나, 12~18시간 금식 후에는 글리코겐이 모두 혈당으로 소모되어 거의 남아 있지 않다.

- 근육에는 1% 이하의 글리코겐이 있으며, 격심한 운동을 할 때에만 고갈된다.
- 운동 직후 글리코겐이 고갈된 상태에서 탄수화물이 많은 식사를 하면 근육의 글리코겐 함유량을 증가시킬 수 있다.
- 일부 운동선수들은 이러한 방법으로 근육의 글리코겐 양을 증가시켜 경기력과 지구력을 향상시킨다.

간과 근육의 글리코겐 합성과 분해는

- 에피네프린, 노르에피네프린, 글루카곤 등 호르몬의 영향을 받는다.
- 이들 호르몬은 세포 내 cAMP를 증가시켜 글리코겐을 분해하는 효소인 글리코겐 분해효소를 활성화함으로써 글리코겐 분해를 증가시킨다.
- 동시에 cAMP는 글리코겐 합성효소를 불활성화해 글리코겐 합성을 저하시킨다.

에피네프린(epinephrine)
노르에피네프린(norepinephrine)
글루카곤(glucagon)
글리코겐 분해효소(glycogen phosphorylase)
글리코겐 합성효소(glycogen synthetase)

혈당의 조절

정상상태의 혈당은 공복 시에 70~100mg/100mL이다.

- 혈당이 170mg/100mL 이상되면 소변으로 배설되기 시작하고 공복과 갈증을 느끼게 되며, 장기간 계속되면 체중이 감소한다(고혈당증).
- 반면 혈당이 40~50mg/100mL 이하로 떨어지면 신경이 예민해지고 불안정해지며, 공복감과 두통을 느끼고 심하면 쇼크를 일으킨다(저혈당증).

고혈당증(hyperglycemia)
공복 시 혈당 126mg/100mL 이상

저혈당증(hypoglycemia)
공복 시 혈당 40~50mg/100mL 이하

혈액으로 들어오는 당은 주로 음식물의 소화에 의해 소장에서 흡수되거나, 간의 글리코겐 분해 및 포도당 신생합성에 의해 증가된다(그림 2-11). 이 혈당은 조직의 에너지 생성(특히 적혈구, 신경세포 등)에 쓰이고 유당, 당지질, 핵산, 뮤코당의 합성에 쓰이며, 간이나 근육의 글리코겐 형태로 저장되고, 남으면 체지방으로 전환되어 저장된다. 혈당이 170mg/100mL 이상인 경우에는 소변으로 배설된다.

간
혈당을 조절하는 주요 기관으로서, 소장에서 흡수된 당이 간으로 들어오면 그중 일부를 글리코겐으로 합성하여 혈액으로 방출될 당의 양을 조절한다.

당질의 대사는

- 여러 관련 호르몬의 상호작용에 의해 조절된다.
- 인슐린은 췌장의 β세포에서 합성되며, 간의 글리코겐 합성을 촉진하고, 근육이나 피하조직 등의 세포로 혈액의 포도당을 이동시켜 혈당을 낮춘다.
- 간에서 포도당 신생합성을 감소시킨다.
- 이렇게 식사 후 수시간 이내에 공복 시의 혈당치로 낮춘다.
- 인슐린과 반대작용을 하는 글루카곤은 췌장의 α세포에서 분비되며, 간의 글리코겐을 분해하여 혈당을 보충시킨다.

췌장
혈당 조절에 관여하는 호르몬인 인슐린과 글루카곤의 분비기관이다. 음식물로부터 들어온 당이 흡수되어 혈당이 올라가면, 췌장에서는 다량의 인슐린을 혈액으로 분비한다.

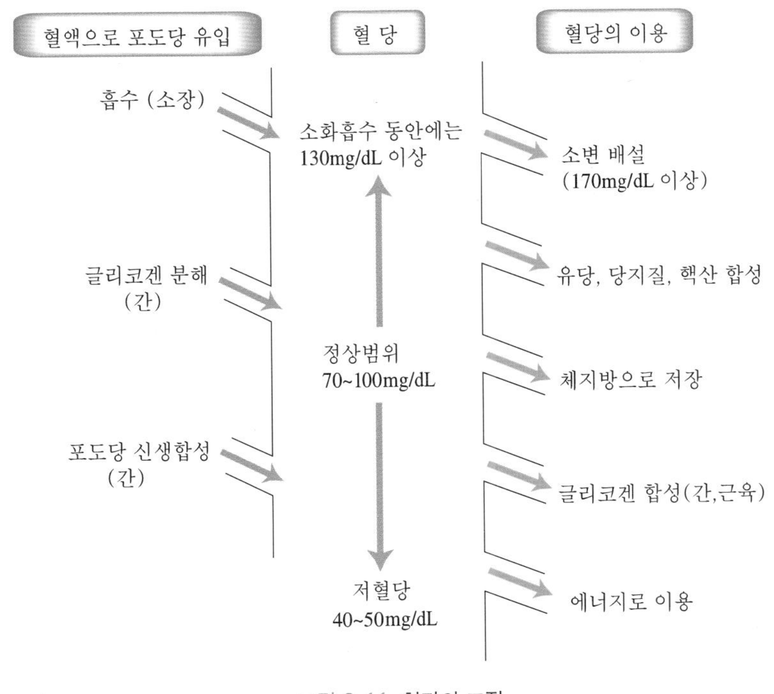

그림 2-11. 혈당의 조절

표 2-6. 혈당조절에 관여하는 여러 호르몬의 기능

혈 당	호르몬	분비기관	작용기관	작 용
감소 ↓	인슐린	췌장	간, 근육, 피하조직	글리코겐 합성 증가, 포도당 신생합성 억제 근육과 피하조직으로 혈당의 유입증가
증가 ↑	글루카곤	췌장	간	글리코겐을 분해시켜 혈당방출 증가, 포도당 신생합성 증가
	에피네프린 노르에피네프린	부신수질 교감신경말단	간, 근육	간의 글리코겐을 분해시켜 혈당 방출증가 간의 포도당 신생합성 증가, 근육의 포도당 흡수억제, 체지방 분해촉진, 글루카곤 분비촉진, 인슐린 분비저해
	글루코코르티코이드	부신피질	간, 근육	간의 포도당 신생합성 증가, 근육의 당 사용억제
	성장 호르몬	뇌하수체 전엽	간, 근육, 피하조직	간의 당 방출증가, 근육으로 당 유입억제, 지방의 이동과 사용증가
	갑상선호르몬	갑상선	간 소장	간의 포도당 신생합성 · 글리코겐 분해과정 증가 소장의 당 흡수촉진

- 간의 포도당 신생합성을 증가시켜 결국 혈당치를 정상으로 회복시키는 역할을 한다.

글루코코르티코이드 (glucocorticoids)
성장 호르몬 (growth hormone)
갑상선호르몬 (thyroxine)
항상성 (homeostasis)

- 에피네프린, 노르에피네프린, 글루코코르티코이드, 성장 호르몬, 갑상선호르몬 등도 간의 글리코겐 분해과정과 포도당 신생합성과정을 증가시켜 혈당을 상승시키며, 인슐린과 반대로 작용한다(표 2-6).
- 호르몬들은 상호 보완작용에 의해 생리기능을 원활히 조절한다. 한 호르몬의 균형이 깨지면 다른 호르몬이 보완작용을 해 생체계 환경은 큰 변화없이 유지되는데, 이를 항상성이라고 한다.

탄수화물과 건강

당뇨병

당뇨병은 고혈당과 당뇨가 나타나는 만성 대사질환이다. 이는 췌장에서 분비되는 혈당조절 호르몬인 인슐린의 분비가 감소되었거나, 인슐린의 작용에 문제가 생겼을 때 나타난다. 인슐린이 부족하면 혈액내의 영양소가 조직 속으로 들어갈 수 없어 여러 대사성 질환이 발생한다. 당뇨병은 제1형 당뇨병, 제2형 당뇨병과 임신성 당뇨병 등으로 분류된다.

제1형 당뇨병 (Type I, insulin dependent diabetes mellitus, IDDM)

제1형 당뇨병은

- 주로 20세 미만의 소아 연령층에서 나타나 소아 당뇨병이라고 하며,
- 췌장의 인슐린 생성장애로 인해 생긴다.
- 식이요법과 운동 이 외에 반드시 인슐린요법을 병행하여야만 한다(표 2-7).

제2형 당뇨병 (Type II, non-insulin dependent diabetes mellitus, NIDDM)

제2형 당뇨병은

- 성인 당뇨병이라고 하는데,
- 비만과 운동 부족이 주요원인이며,
- 식이요법과 체중조절이 매우 중요하다.
- 서양에서는 제2형 당뇨병 환자 중 비만형이 80% 이상으로 대부분을 차지하지만 우리나라는 비비만형이 약 70~80% 정도이다.
- 제2형 당뇨병임에도 불구하고 인슐린 치료가 필요한 경우도 있다.

임신성 당뇨병 (gestational diabetes)

임신성 당뇨병은

- 임신 후반기에 인슐린의 작용을 방해하는 호르몬에 의해 발생하며,
- 거대아와 기형아의 출산 가능성이 높다.
- 일시적인 호르몬 장애나 당뇨병의 소인이 있는 사람에게서 주로 나타나는데,

표 2-7. 제1형 당뇨병과 제2형 당뇨병의 비교

분 류	제1형 당뇨병	제2형 당뇨병
형태	인슐린 의존성	인슐린 비의존성
발병시기	주로 소아기 발병(평균 12세)	주로 성인기 발병(40세 이후)
발병원인	인슐린 생성 부족, 면역반응 저하, 바이러스 감염	인슐린 저항성 증가, 고인슐린혈증, 비만
증상	비교적 심함, 다식, 다뇨, 다갈, 체중 감소	비교적 가벼움, 다갈, 피로감, 혈관계 · 신경계 합병증
인슐린	매우 낮음	정상, 또는 높거나 낮음
케톤증 발생	가능	별로 없음
치료법	인슐린치료 약물요법 식이 및 운동요법 권장	식이요법 약물요법 운동요법

당뇨병 진단 기준
공복 혈당 126mg/dL 이상
식후 2시간 혈당 200mg/dL 이상
당화혈색소 6.5% 이상

당뇨병 진단지표의 정상수치
공복 혈당 70~100mg/dL 이상
식후 2시간 혈당 90~140mg/dL 이상
당화혈색소 5.7% 이상

- 출산 이후에 제2형 당뇨병이 나타날 가능성이 크므로 주의가 필요하다.

이 외에도 췌장질환, 내분비계 질환이나 약물 등에 의해 이차적으로 발생하는 이차성 당뇨병과, 10~40세에 주로 발생하면서 다뇨, 다갈, 체중감소 등의 임상증세는 있으나 케톤증은 나타내지 않는 저영양성 당뇨병 등이 있다.

이차성 당뇨병 (secondary diabetes)

저영양성 당뇨병 (malnutrition related diabetes mellitus)

당뇨병은 포도당 내성검사로 진단하며, 공복 시 혈당과 포도당 투여 이후의 혈당 변화를 관찰하여 판정한다.

쉬어가기 **포도당 내성검사 (glucose tolerance test, GTT)**

포도당의 세포로의 유입 능력을 측정하는 것으로, 일정량(75g, 또는 1g/체중 kg)의 포도당을 먹은 후 혈당의 농도를 측정하여 판단한다. 정상인의 경우 공복 시 혈당량은 80mg/100 mL 정도이며, 포도당 섭취에 따라 혈당량은 서서히 증가해 30분 후에 최대치인 120mg/100 mL가 된 후 다시 감소해 2시간 후에는 정상 수준인 100mg/100 mL 이하로 떨어진다. 그러나 당뇨병 환자의 경우 공복 시 혈당량도 매우 높아 126mg/100 mL 이상이며, 1시간 이후에는 200mg/100 mL 이상으로 매우 높아져, 초기의 혈당치로 감소하는데에도 시간이 더 걸린다.

당뇨병의 합병증에는

- 심혈관계장애
- 신경계장애
- 신장 이상
- 망막증
- 식욕항진과 함께 케톤성 혼수
- 고혈당
- 인슐린 저항성
- 중성지방의 증가
- LDL 콜레스테롤 증가

혈당지수 (glycemic index)

혈당지수는

- 흰 빵이나 포도당의 형태로 탄수화물을 섭취하였을 때 혈액에 나타나는 총포도당 양의 기준을 100으로 해, 특정 식품을 섭취하였을 때 혈액에 나오는 포도당의 양으로 정한다(표 2-8).
- 당뇨병에 대한 식이요법의 기준으로 쓰인다.
- 식품의 혈당지수는 식이섬유 함량, 소화 흡수속도, 총지방 함유량 등의 요인에 영향을 받는다.
- 복합탄수화물이라도 소화·흡수가 빠르게 진행되는 경우, 혈당지수는 단순당질과 거의 비슷해진다.
- 상대적으로 식이섬유가 많은 콩, 고구마 등의 식품은 소화가 천천히 진행되므로, 섭취하였을 때 혈당이 천천히 상승한다.
- 감자 등의 식품은 소화가 빨리 되어 혈당이 빨리 상승한다.
- 당뇨환자가 혈당지수가 낮은 식품을 섭취할 경우 혈당조절이 용이해진다.
- 혈당지수가 낮은 식품은 관상심장병과 비만 등의 치료와 예방에도 도움이 된다.

표 2-8. 식품군별 혈당지수

높은 식품군 (70 이상)	혈당지수	중간 식품군 (56~69)	혈당지수	낮은 식품군 (55 이하)	혈당지수
쌀(백미)	70~90	쌀(현미)	50~60	두류(콩)	18
빵(흰 식빵)	70	빵(보리 빵)	65	빵(전곡류 빵)	30~45
(바게트)	95	(귀리 빵)	65	아침식사용 곡류 (올브란)	42
감자	80~100	아침식사용 곡류 (잡곡 플레이크)	66		
아침식사용 곡류 (콘플레이크)	84			유제품(우유)	27
		유제품(아이스크림)	64	저지방 요구르트	33
과일(수박)	70	과일(바나나, 파인애플)	53, 52	과일(사과, 오렌지, 배)	36,43,28

식이섬유

당뇨병 및 동맥경화증과의 관계

수용성 식이섬유를 다량 섭취하였을 때,

- 소장의 당 흡수를 느리게 해 당뇨병에 도움을 준다.
- 소장의 콜레스테롤과 담즙산의 흡수를 방해하여 혈청 콜레스테롤을 감소시킨다.
- 대장에서 박테리아에 의해 분해되어 부티르산, 프로피온산, 초산 등의 단쇄지방산으로 되며, 간에서 콜레스테롤 합성을 감소시킨다.
- 수용성 식이섬유 섭취로 당 흡수가 감소되면 인슐린 분비도 감소한다.
- 인슐린은 간에서 콜레스테롤 합성을 자극하므로, 인슐린 분비가 감소하면 간의 콜레스테롤 합성도 줄어든다.
- 과일, 채소, 두류 등은 수용성 식이섬유의 좋은 급원이다.

비만 예방

식이섬유는 체중조절을 도와 비만을 방지한다.

- 식이섬유가 풍부한 식사는 포만감은 주면서 상대적으로 열량이 적다.
- 음식물이 장을 통과하는 시간을 빠르게 하여, 다른 영양소의 흡수를 방해한다.

식이섬유 이야기

1820~30년대 미국의 목사 그레이엄(Sylvester Graham)은 동부연안을 여행하며 식이섬유의 중요성을 강조하였으며 그레이엄 크래커(graham cracker)라는 통곡류 과자를 만들었다. 그 후 1870년대 중반 켈로그 박사(Dr. John Harvey Kellogg)는 동생 윌리엄(William)과 함께 아침식사용 곡류인 켈로그 제품을 만들어 자신의 환자에게 보급하여 백만장자가 되었다. 1901년 그의 환자였던 포스트(Charles W. Post)는 포스트 콘플레이크 회사(Post Toasted Cornflakes Co.)를 차려 건포도 등의 열매를 첨가한 제품으로 백만장자가 되었다. 현재 우리나라에서도 식이섬유 음료가 건강 음료로서 매우 큰 시장을 형성하고 있다.

■ 식이섬유의 생리적 기능

- 구강의 저작활동을 자극하여 타액과 위액 분비 촉진
- 위장의 포만감 유발
- 배변량 증가
- 장내 통과속도 정상화
- 소장 통과속도를 빠르게 하여 영양소의 흡수율 저하
- 대장의 발효를 위한 기질 제공(수용성 식이섬유) → 단쇄지방산 생성
- 혈청 콜레스테롤 농도 저하(수용성 식이섬유)

- 성장기 어린이나 저체중 성인 및 노인에게는 에너지 영양소의 흡수율 저하뿐만 아니라 미량 영양소인 비타민과 무기질의 흡수도 저하되므로 너무 많은 양의 식이섬유 섭취는 바람직하지 않다.

대장암 예방효과

대장암은 한국인의 암 사망 원인 중 매우 높은 비율을 차지한다. 여러 역학조사와 환자 - 대조군 연구에서, 식이섬유가 많은 곡류, 과일, 채소의 섭취가 적은 경우 대장암의 발생 빈도가 높았고, 또 지방, 육류, 열량의 섭취가 많은 경우에도 빈번히 발생하였다.

식이섬유가 대장암의 발생에 미치는 영향에 대해서는 연구가 진행 중이나, 다음의 몇 가지 기전을 고려해 볼 수 있다.

- 식이섬유가 분변량을 늘려 발암물질을 희석하는 효과가 있거나
- 식이섬유와 발암물질이 결합하여 흡수를 방해하거나
- 식이섬유에 의해 분변물이 대장을 통과하는 시간이 단축되어 발암물질이 대장세포와 접촉할 수 있는 기회가 감소할 것이다.

사람을 대상으로 한 연구에서

- 과일과 채소의 식이섬유가 대장암의 예방에 가장 좋은 효과를 보였다.
- 식이섬유의 단독 역할이기보다는 과일과 채소에 있는 비타민 C와 카로티노이드의 섭취증가와 상대적 지방 섭취감소 등 여러 요인의 복합작용에 의한 것으로 사료된다.
- 식이섬유는 영양보충제로 섭취하는 것보다 식품형태로 섭취하는 것이 비타민 C나 카로티노이드류가 동시에 섭취되므로 암의 예방에 더욱 효과적이다.
- 칼슘 부족, 비타민 D 결핍도 대장암과 관련 있으며, 육체적인 활동이 많으면 대장의 운동성을 향상시켜 대장이 발암물질과 접촉하는 기회를 감소시키는 효과가 있다.

게실(diverticula) 대장의 외벽이 작은 주머니 형태로 돌출된 것

게실증(diverticulosis) 대장에 게실을 많이 가지고 있는 상태

게실염(diverticulitis) 게실에 염증이 생긴 것으로, 항문 주위의 대정맥이 부푼 치질(hemo-rrhoid)과는 다르다.

게실염의 예방

식이섬유를 너무 적게 섭취하면 분변의 양이 적고 단단하다. 식이섬유는 분변의 양을 증가시켜 대장 근육을 자극하기 때문에 대장 통과 속도를 높여줄 뿐만 아니라 물을 보유해서 분변도 부드럽게 만들어 주기 때문이다.

분변의 양이 적고 단단하면 배설을 위해 압력을 크게 가해야 하고, 이에 따라 대장벽의 일부가 근육층 사이에 작은 주머니를 만들게 되는데, 이를 게실이라고 한다. 게실을 가진 사람의 80%는 특별한 증세가 없다.

게실증이란,

- 게실에 음식 종자나 껍질이 들어가게 되면 박테리아가 이것들을 대사시켜 산과 가스를 형성하게 되고, 게실을 자극하여 염증이 생기는데 이것이 게실염이다.
- 염증이 가라앉으면 고식이섬유 식사(종자와 껍질은 제거)를 통해 분변의 배설을 높이고, 재발을 막는다.
- 서양 노인의 경우 50% 정도가 게실을 가지고 있는데, 이는 식이섬유의 섭취 부족 때문으로 보인다.

고식이섬유 식사의 문제점

고식이섬유 식사는 건강상의 유익한 점 이 외에 생리적 문제점도 있다.

- 고식이섬유 식사(하루에 60g 정도 섭취)를 할 때에는 다량의 수분 섭취가 필요하며, 만일 물을 많이 마시지 않으면 분변이 매우 단단해져 배변이 어려워진다.
- 식이섬유는 칼슘, 아연, 철 등의 중요한 무기질과 결합하여 배설된다.

표 2-9 식이섬유와 건강과의 관계

관련 질병	식이섬유의 역할	가능한 체내 작용
비만	포만감 증가 영양소 체내 이용률 저하 영양밀도 감소 인슐린 분비 감소	음식물을 씹고 삼키는 데 시간이 걸림 지방 배설량 증가 고식이섬유 식사에 의한 탄수화물 흡수방해 소화물의 대장 통과시간 단축 지방 분해작용(인슐린 효과 감소)
대장암	대장 소화물의 희석 소화물의 대장 통과속도가 빨라짐	발암물질과의 직접 접촉 방해 미생물에 의한 독성물질 생성 감소
게실증 변비	장벽의 내압이 높아져 통과 속도가 빨라짐	대장의 통과시간 단축 보습력이 높아져 변이 부드러워짐
당뇨병	공복 혈당을 낮춤 요당 감소 인슐린 필요량 감소 식후 고혈당증 예방	위장 비우는 속도가 늦어짐 탄수화물이 섬유질 겔 안에 갇혀 소화가 안됨 탄수화물 흡수량이 감소하고 흡수속도도 지연됨
동맥경화증	담즙산의 배설 혈중 중성지방과 콜레스테롤의 감소	담즙산에 있는 콜레스테롤과 결합하여 재흡수방해 소장에서 겔을 형성하여 지방 흡수방해, 배설 증가

피토베조르
(phytobezoars)

- 고식이섬유 식사는 장내 가스를 생성하며, 종종 위장에 피토베조르라는 식이섬유 덩어리를 만든다. 이는 고식이섬유 식사를 하는 당뇨환자나 노인에게서 많이 발견되며, 소장의 흐름을 막을 수도 있다.
- 식이섬유 섭취는 많이 하면서 물을 적게 먹는 경우에는 식이섬유 자체가 장을 차단하기도 한다.
- 성장기 어린이나 노약자의 경우에는 무기질 등의 영양불량에 주의가 필요하다.

유당불내증

유당불내증
(lactose intolerance)
유당 분해효소
(lactase)

유당불내증은

- 유당의 소화효소인 유당 분해효소의 부족으로 발생하는 임상증상이다.
- 유당이 단당류인 포도당과 갈락토오스로 분해되지 못하면 소장에서 흡수가 안 되고,
- 대장에서 박테리아에 의해 발효되어 산과 함께 가스를 생성한다.
- 헛배가 부르고 복부에 가스가 차며, 소리가 나고, 복통 · 설사 등의 증상이 나타난다.
- 1차 유당불내증은 아시아, 중남미, 아프리카 사람에서 볼 수 있으며, 단지 효소가 적거나 성장함에 따라 분비가 감소되어 나타난다.
- 2차 유당불내증은 장의 박테리아 감염이나 항암제 등의 약물복용으로 발생한다.
- 감염이나 약물에 의해 소장 점막세포의 성장이 저지되고, 이에 따라 효소의 합성도 방해받는다.

유당불내증은 50g의 유당(우유 4컵에 해당)을 복용한 후, 혈당이 올라가지 않고 가스, 복통 등의 소화장애가 나타나는가를 관찰해 진단한다.

식사 처방으로는

- 우유 섭취를 제한하도록 한다.
- 우유는 유당뿐만 아니라 단백질, 칼슘, 리보플라빈, 칼륨, 마그네슘 등의 좋은 급원이므로, 심하지 않은 경우에는 다음 방법으로 유제품을 섭취하도록 한다.
  - 첫째, 소량의 유제품을 다른 식품, 즉 지방식품과 같이 섭취하여 천천히 소화되도록 한다.
  - 둘째, 치즈나 요구르트 등 유당이 많이 제거되었고 활성 박테리아가 있는 유제품을 섭취한다.
  - 셋째, 유당 분해효소를 첨가하여 유당을 분해시킨 저락토오스 우유를 섭취한다.

저락토오스 우유
(low-lactose milk)

설탕의 과잉섭취 문제

단순당류가 심장병, 당뇨병, 과잉행동장애, 소년비행, 비만 등을 야기시킨다고 하나, 이에 대한 체계적인 원인-결과 연구는 없다. 1986년 미국의 FDA 보고서는 설탕이 당뇨병이나 심장병의 독립적인 위험 요인이 아니라고 하였다.

과잉행동장애(주의력결핍성 과잉행동장애)

주의력결핍성 과잉행동장애 (attention deficit hyperactive disorder, ADHD)

일부 학자는 설탕이 흥분상태를 자아내 폭력적이며 파괴적인 성향으로 유도한다고 하나, 이에 대한 구체적인 증거는 없다. 이와 반대로 고당질 식사는 어린이를 조용하게 하고 수면을 유도한다는 연구가 있는데, 이는 뇌의 신경전달물질의 합성과 관련 있는 것으로 보인다.

충 치

스트렙토코쿠스 무탕 (*Streptococcus mutans*)

충치는 당류가 입 안에서 박테리아(스트렙토코쿠스 무탕)에 의해 발효되면서 나오는 산에 의해 생긴다. 이 산은 치아의 에나멜층을 녹이고 하부구조를 파괴한다. 이 박테리아는 치아의 틈새에서 생활하며, 당류를 사용하여 플라그를 만드는데, 이 끈적끈적한 물질은 박테리아가 치아에 달라붙는 것을 도와주며 타액에 의한 산 중화작용을 감소시킨다.

녹말 함유식품도 박테리아의 작용을 돕는다.

- 음식이 입 안에 오래 있으면 녹말은 타액의 아밀로오스에 의해 당이 되고, 박테리아의 작용을 받아 산이 생성된다.
- 따라서 충치 발생은 식품의 당과 녹말의 총 함량 및 구강 내 잔류시간의 영향을 받는다.

미국에서는 치아가 산에 저항성을 갖도록 수돗물에 불소를 강화시키고, 불소가 함유된 치약을 사용하여 구강 내 박테리아의 성장과 대사를 저해시킴으로써, 충치 발생률이 급격히 감소하였다.

쉬어가기 **충치유발성 식품 (cariogenic food)**

충치에 가장 나쁜 것은 캐러멜 등 당이 많으면서 끈적끈적한 식품이다. 박테리아가 산을 생성하여 치아를 부식시키려면 시간이 걸리는데, 끈적한 식품은 계속 당을 공급해 준다. 이와 같이 오랫동안 치아에 붙어 있는 당을 충치유발성 물질이라고 한다. 과일주스 등 액체상태의 당류식품은 끈적거리는 음식보다는 충치를 덜 유발시키지만, 당이 많기 때문에 역시 위험하다.

탄수화물과 식이섬유의 섭취기준

적절한 탄수화물 섭취를 위해 다음 사항들을 기준으로 삼아야 한다.

- 탄수화물은 케톤증의 예방을 위해서 최소한 1일 50~100g을 섭취해야 한다.
- 2020 한국인 영양소 섭취기준에 따르면 한국인의 탄수화물 섭취적정비율은 총섭취에너지의 55~65%이다.
- 1세 이상 모든 연령층의 1일 탄수화물 평균필요량은 100g이며 권장섭취량은 130g이다.

2020 한국인 영양소 섭취기준에 따르면 식이섬유 권장 수준은

- 총식이섬유 기준으로 1,000 kcal당 12g이다.
- 식이섬유의 1일 섭취기준은 충분섭취량으로 설정되었으며, 19~64세 기준 성인 남자는 30g, 성인 여자는 20g으로 설정되었다.

단당류의 경우,

- 2020 한국인 영양소 섭취기준에 의하면, 1일 당류 섭취기준은 총당류 섭취량을 총에너지섭취량의 10~20%로 제한하도록 하며, 특히 식품의 조리 및 가공 시 첨가되는 첨가당은 총에너지 섭취량의 10% 이내 섭취하도록 권고하고 있다.
- 과일, 채소, 우유 등 식품 속의 총당류를 에너지의 10% 수준으로 섭취하도록 권장하는 것이며, 첨가당은 가능한 줄여 먹도록 한다.
- 제한하여야 할 첨가당의 주요 급원으로는 설탕, 액상과당, 물엿, 당밀, 꿀, 시럽, 농축과일주스 등이 있다.
- 청소년의 경우 가공식품과 스낵류의 섭취증가로 단순당의 섭취가 증가하고 있으며, 특히 소아계층에서의 섭취량이 많으므로 이의 적절한 제한이 필요하다.

쉬어가기 영양밀도가 낮은 단순당류

단순당류의 적절한 섭취 수준에 대한 문제로서 가장 큰 단점은 에너지 이외 영양소의 영양밀도가 낮다는 점이다. 즉 비타민, 무기질, 단백질 등을 공급하지 못하므로, 영양이 풍부한 식품을 단순당류로 대체하면 비타민과 무기질 등의 결핍이 생길 수 있다. 그러나 다른 영양소 섭취를 제한하면서 단지 에너지 보충만이 필요할 때는 매우 유용하다.

탄수화물과 식이섬유 급원식품

곡류 위주의 우리나라 식사는 비교적 탄수화물 섭취가 용이하다. 밥 한 공기에 65.5g의 탄수화물이 있어, 하루 세끼 밥을 통해 200g 정도의 탄수화물 섭취가 가능하다. 그 외 식빵 한 조각에 15.6g, 라면 1개에 73.7g의 탄수화물이 있다(표 2-10). 식이섬유는 곡류, 감자류, 채소, 과일류 및 해조류에 많이 들어 있으며, 그 외 식이섬유 음료에도 다량 들어 있다(그림 2-12).

표 2-10. 한국인 상용식품의 탄수화물 함량

분 류	식품명	목측량	중량(g)	열량(kcal)	탄수화물(g)
곡류	쌀밥	1공기	210	311	65.5
	건국수	1대접	90	311	67.1
	라면	1인분	120	457	73.7
	식빵	3조각	100	277	46.8
	찰옥수수(생것, 가식부)	1개(대)	100	142	29.4
감자류	감자	1개(중)	100	63	13.9
	고구마	1개(중)	100	131	31.2
간식류	크래커(에이스)	1봉지	120	601	70.3
	초콜릿(롯데가나)	1봉지	45	168	23.3
	사탕	1개	3	11	2.8
	콜라	1캔	250	100	25.0
	우유	1팩	200	120	9.4
일품요리	비빔밥	1인분	331	722	113.3
	볶음밥	1인분	228	669	106.1
	자장면	1인분	225	877	135.7
	카레라이스	1인분	269	717	126.4
	스파게티	1인분	400	576	42.6
	햄버거	1인분	110	279	27.3
	피자	1조각	130	340	35.0

1공기 65.5g

라면

1개 73.7g

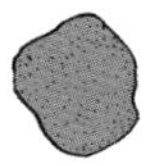

1개 13.9g

1개 2.8g

1팩 9.4g

1조각 35.0g

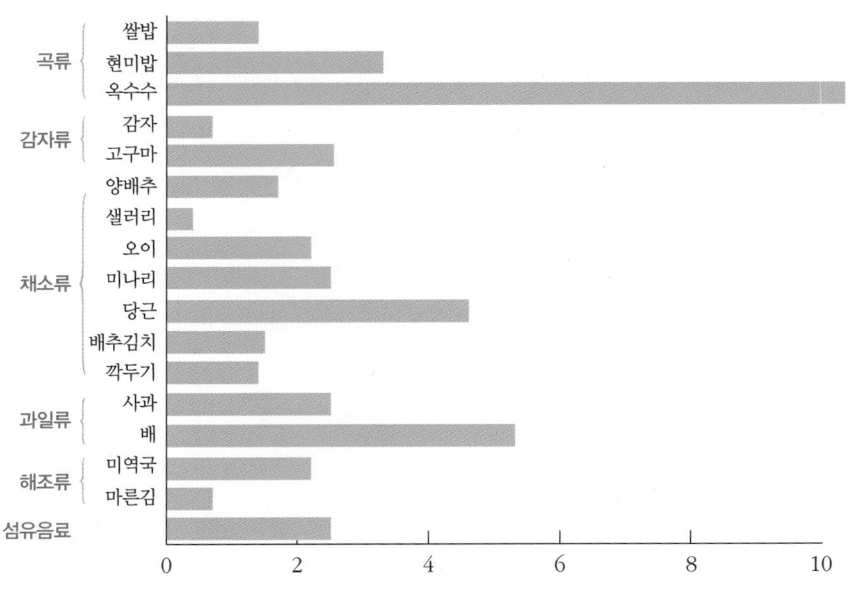

그림 2-12. 한국인 상용식품의 식이섬유 함량(g)

표 2-11. 한국인 상용식품의 식이섬유 함량(g)

분 류	식품명	목측량	중량(g)	열량(kcal)[1)]	식이섬유(g)[2)]
곡류	쌀밥	밥 1공기분	210	300	1.4
	현미밥	밥 1공기분	210	315	3.3
	찰옥수수(생것, 가식부)	1개(대)	100	142	13.6
감자류	감자	1개(중)	100	63	0.7
	고구마	1개(중)	100	131	2.6
채소류	양배추	2장	75	14	1.7
	셀러리	1줄기(대)	25	5	0.4
	오이	1개(대)	150	17	2.2
	미나리	1단(중)	100	16	2.5
	당근	1개(대)	150	51	4.6
	배추김치	1인분	50	9	1.5
	깍두기	1인분	50	17	1.4
과일류	사과	1개(대)	180	103	2.5
	배	1개(대)	300	117	5.3
해조류	미역국	1대접	5	5	2.2
	마른김	1장	2	3	0.7
섬유음료		1병	100	50	2.5

1공기 3.3g
1개 13.6g
1개 2.2g
1개 4.6g
1개 2.5g
1장 0.7g

1) 식품성분표 제7개정판(2006), 농촌진흥청 농촌생활연구소
2) 식이섬유 분석 보고서(2006), 한국보건산업진흥원

요약

1. 탄수화물은 당의 구성 수에 따라 단당류(포도당 · 과당 · 갈락토오스), 이당류(서당 · 맥아당 · 유당) 및 다당류(올리고당 · 녹말 · 글리코겐 · 식이섬유)로 분류한다.
2. 탄수화물은 적혈구와 뇌, 신경세포의 에너지를 제공한다. 탄수화물 섭취가 부족하면 간이나 신장에서 포도당 신생합성이 일어나며, 이때 생체기관에서 단백질의 분해가 일어난다. 또한 탄수화물의 섭취가 부족하면 간의 지방대사가 불완전해져 케톤증을 유발한다. 당은 음식물의 향미와 맛을 개선해 주며, 대체감미료의 개발로 다이어트 식품에 활용되기도 한다.
3. 포도당은 해당과정과 TCA회로 및 전자전달계를 거치면서 1분자당 36~38개의 ATP를 생성한다. 혈당이 기준치 이하로 저하되면 간에서는 당 이외의 아미노산이나 글리세롤 등을 이용하여 포도당의 신생합성을 일으켜 혈당을 유지시킨다. 또한 간과 근육의 글리코겐은 호르몬의 조절작용으로 합성과 분해가 일어난다. 혈당의 조절에는 인슐린, 글루카곤, 글루코코르티코이드, 에피네프린 등의 호르몬이 관여한다.
4. 혈당의 조절 호르몬인 인슐린의 기능이 저하되면 당뇨병이 발생한다. 당뇨병은 소아기에 많이 발생하며, 다식 · 다뇨 · 다갈의 특징적인 임상증세가 나타나는 제1형 당뇨병과 비만한 성인에게서 발생되는 제2형 당뇨병, 그리고 임신 후반기에 나타나는 임신성 당뇨병 등이 있다.
5. 식이섬유는 사람의 체내 소화효소로는 분해되지 않는 다당류로서 수용성 식이섬유와 불용성 식이섬유로 분류된다. 소장에서 당의 흡수를 느리게 하고, 이에 따라 췌장의 인슐린 분비도 적어져 당뇨병 개선에 도움을 주며, 장에서 콜레스테롤의 흡수를 방해하고 담즙산의 재흡수를 막아 고콜레스테롤혈증을 개선시킨다. 또한 에너지원의 흡수를 저해하며 섭취할 때 포만감을 주므로 비만의 개선에도 도움을 준다. 장의 질환인 변비, 게실염, 대장암의 예방 및 치료에도 관여한다.
6. 유당 분해효소가 부족한 경우에는 유당의 소화 · 흡수가 어렵고, 장내 박테리아에 의해 유당이 발효되어 복부에 가스가 차고 헛배가 부르며, 복통 · 설사 등의 증상이 나타나는데, 이를 유당불내증이라고 한다. 단순당류인 설탕의 과잉섭취는 어린이의 과잉행동장애(주의력결핍성 과잉행동장애)와 관련 있다는 연구가 있으며, 그 외에도 충치를 유발한다고 알려져 있다.
7. 케톤증을 예방하기 위해 최소한 하루 50~100g의 탄수화물 섭취가 필요하다.
8. 2020 한국인 영양소 섭취기준에 따르면, 탄수화물 섭취 적정비율은 총섭취에너지의 55~65%이다. 탄수화물 섭취기준을 살펴보면, 1세 이상 모든 연령층의 1일 평균필요량은 100g이며 권장섭취량은 130g이다. 식이섬유의 1일 충분섭취량은 19~64세의 성인 남자는 30g, 성인 여자는 20g으로 설정되었다. 1일 당류 섭취기준을 살펴보면, 총 당류섭취량은 총 에너지섭취량의 10~20%로 제한하도록 하며, 특히 첨가당은 총 에너지섭취량의 10% 이내 섭취하도록 권고하고 있다.
9. 탄수화물의 급원식품은 곡류, 감자류 등이며, 밥 한 공기(210g)에는 65.5g, 감자 1개(150g)에는 27.7g의 탄수화물이 들어 있다. 식이섬유는 채소, 과일, 해조류에 풍부하게 들어 있으며, 오이 1개(150g)에 2.2g, 사과 1개(180g)에 2.5g, 마른 미역 5g에 2.2g이 들어 있다.

참고문헌

1. 민헌기(1992) '한국인 당뇨병의 임상적 특성', 당뇨병 16, pp 163~174
2. 보건복지부(2020) 2020 한국인 영양소 섭취기준
3. 허갑범(1987) '영양실조형 당뇨병', 대한의학협회지 7, pp 744~750
4. Brand-miller J, Foster-Powell K.(1999) "Diets with a low glycemic index : From theory to practice" Nutrition Today 34, pp 64~72
5. DwyerJ(1993) "Dietary fiber and colorectal cancer risk", Nut Review 51, pp 147~148
6. Hidaka H · Tashiro Y · Eida T(1991) "Proliferation of Bifidobacterial by oligosaccharides and their useful effect on human health", Bifidobacteria and Microflora 10, pp 65~79
7. Mckee T · Mckee JR,(1997) Biochemistry, WCB
8. Lehninger AL · Nelson DL · Cox MM(1993) Principles of biochemistry, 2nd ed., Worth , Seoul, Korea.
9. Mahon LK, Escott-Stump S(1996) Krauseisc food, nutrition & diet therapy, 9th ed., W.B. Saunders Co.
10. NAS, IOM. Food and Nutrition Board(2015). Dietary Reference Intakes for Energy, Carbohydrate, Fiber, Fat, Fatty Acids, Cholesterol, Protein, and Amino Acids(Macronutrients)
11. "Sugar Task Force Evaluation of health aspects of sugars contained in carbohydrate sweeteners"(1986), Health and Human Services, Food and Drug Administration, US Government Printing Foofice, Washington, D.C.
12. Wardlaw GM(2005) Perspectives in Nutrition, 6th ed. McGraw Hill, Boston
13. Willams SR(1997) Nutrition and diet therapy, 8th ed., Mosby, St. Louis
14. Zeman FJ(1991) Clinical nutrition and dietetics, 2nd ed., Macmillan., N.Y.
15. Ziegler EE(1996) Present Knowledge in Nutrition, 7th ed., Filer LJ eds., IESI, Washington, D.C.

탐구문제

1. 포도당, 과당, 갈락토오스의 구조를 그리고 서로 비교하여 보아라.
2. 맥아당, 서당, 유당은 각각 어떤 식이로부터 섭취할 수 있는가?
3. 글리코겐의 분자구조에 대해 설명하고, 글리코겐의 구조가 생체내의 대사에서 어떠한 역할을 하는지 설명하라.
4. 식이섬유가 고지혈증에 미치는 영향을 기술하라.
5. 혈당 조절에 관여하는 인슐린과 글루카곤의 역할에 대해 써라.
6. 탄수화물의 과잉 섭취가 건강에 미치는 영향은 무엇인가?
7. 탄수화물 섭취가 단백질 영양상태에 미치는 영향을 설명하라.

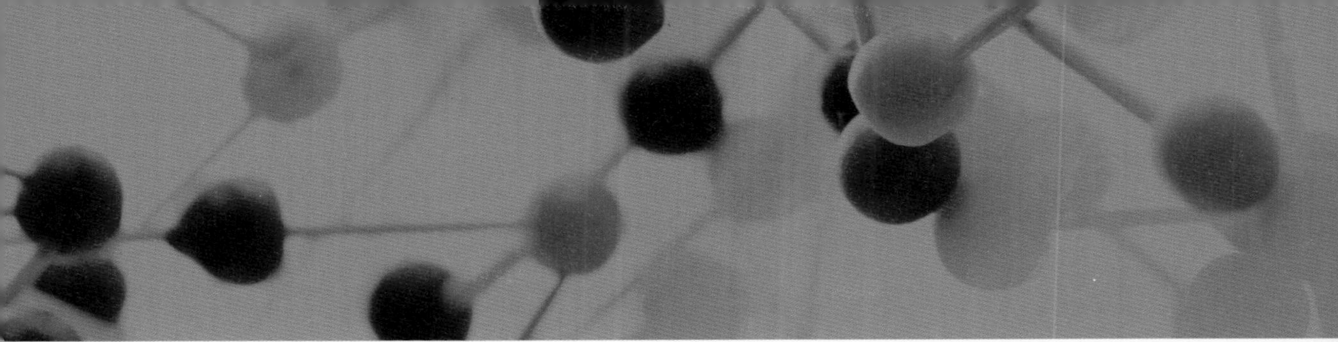

CHAPTER 3 지 질

지질의 분류 및 구조

지질의 소화와 흡수

지질의 체내 기능

지질의 대사

지질과 건강

지질의 섭취기준

식용유지의 지방산 분포

CHAPTER

3

지 질

지질은 탄소, 수소, 산소로 이루어진 유기 화합물로서, 상온에서 고체형태인 지방과 액체형태인 기름으로 존재하며, 물에는 녹지 않고 유기 용매에 녹는다. 따라서 지방은 좁은 의미로는 고체형태만을 지칭하나, 넓은 의미로는 지방과 기름을 포함하여 지칭한다. 식품 중의 지질 함량은 에테르 등의 유기 용매로 추출하여 추정할 수 있다.

식품과 체내에 있는 지질은 중성지질이 대부분이며, 소량의 인지질, 당지질, 스테로이드, 지용성 비타민, 왁스류와 기타 복합 지질화합물들이 포함된다. 지질의 과도한 섭취는 비만 · 암 · 심혈관질환 등과 관련이 있기 때문에 지질을 적절히 섭취하는 것이 필요하며, 따라서 지방산의 종류, 지질의 소화와 흡수, 체내기능 및 대사 등을 파악하는 것이 중요하다.

그림 3-1. 지질 급원 식품

지질의 분류 및 구조

지방산

지방산은 우리 몸과 식품에 있는 지방의 구성성분으로서, 긴 탄소사슬로 서로 연결되어 있고 여기에 많은 수소가 결합되어 있다. 지방산은 카르복실기(-COOH)로 시작하고 α탄소부터 소수성인 긴 탄화수소로 구성되며 오메가(ω) 부분인 메틸기(-CH_3)로 끝난다(그림 3-2). 일반적인 화학 구조식은 $CH_3(CH_2)nCOOH$이고, RCOOH로 줄여 표시하기도 하며, R-CO를 아실기(acyl)라고 한다.

지질(lipids)
물에는 녹지 않으며 클로로포름, 에테르와 같은 유기 용매에 녹는 유기 화합물

지방산은 사슬길이에 따라 짧은 사슬지방산, 중간 사슬지방산, 긴 사슬지방산, 매우 긴 사슬지방산으로 나눈다. 대부분의 생체내 지방산은 12~22개의 짝수의 탄소원자를 갖는다. 탄소사슬의 길이가 길수록 융점이 높아진다.

지방산 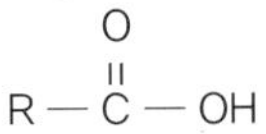
R — C(=O) — OH
아실기
R — C(=O) —

메틸기 · 카르복실기 · ω · α

포화지방산(스테아르산, C18 : 0)

단일 불포화지방산(올레산, C18 : 1 ω9)

다가 불포화지방산(리놀레산, C18 : 2 ω6)

다가 불포화지방산(α-리놀렌산, C18 : 3 ω3)

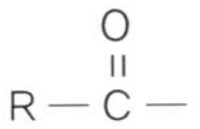

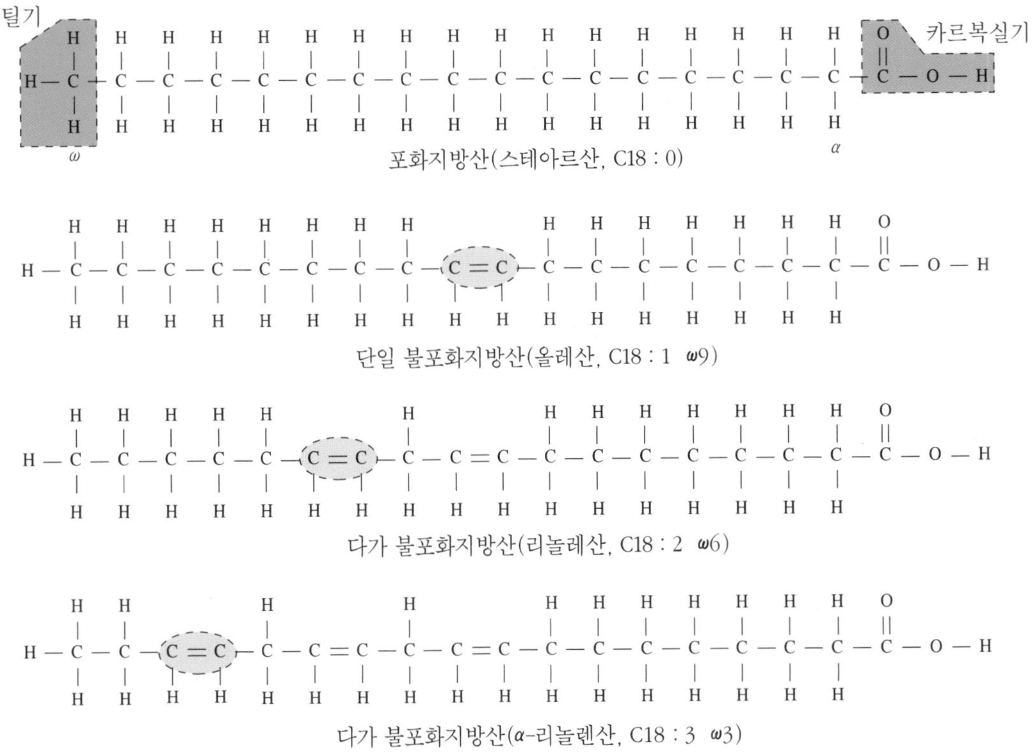

그림 3-2. 지방산의 구조

지방산(fatty acid)
짧은 사슬지방산
(short chain fatty acid)
중간 사슬지방산
(medium chain fatty acid)
긴 사슬지방산
(long chain fatty acid)
매우 긴 사슬지방산
(very long chain fatty acid)

■ 지방산의 종류

- 지방산 : 카르복실(−COOH)기와 메틸(−CH_3)기를 가진 탄화수소(R)로 구성
- 짧은 사슬지방산 : 탄소수 4~6개로 이루어진 지방산
- 중간 사슬지방산 : 탄소수 8~12개로 이루어진 지방산
- 긴 사슬지방산 : 탄소수 14~20개로 이루어진 지방산
- 매우 긴 사슬지방산 : 탄소수 22개 이상으로 이루어진 지방산

포화지방산
(saturated fatty acid, SFA)
이중결합이 없는 지방산

지방산은 포화 정도에 따라 포화지방산, 불포화지방산으로 분류된다.

포화지방산은

- 각 탄소가 2개의 수소원자와 2개의 인접한 탄소원자를 갖고 있어 이중결합이 없다.
- 동물성 식품, 코코넛유, 마가린 등에 많이 함유되어 있고,
- 팔미트산(C16 : 0), 스테아르산(C18 : 0) 등이 여기에 속하며,
- 체내에서 합성이 가능하다.

불포화지방산은 이중결합의 수에 따라 단일 불포화지방산과 다가 불포화지방산으로 나눈다.

단일 불포화지방산
(monounsaturated fatty acid, MUFA)
1개의 이중결합을 갖는 지방산

단일 불포화지방산은

- 1개의 이중결합을 갖는다.
- 올리브유에 많이 있는 올레산이 가장 대표적이다.
- 체내 합성이 가능하다.

다가 불포화지방산
(polyunsaturated fatty acid, PUFA)
2개 이상의 이중결합을 갖는 지방산

다가 불포화지방산은

- 2개 이상의 이중결합을 갖고 있으며, 이중결합 수가 많을수록 융점이 낮고 상온에서 액체상태로 존재한다(그림 3-2).
- 리놀레산은 대표적인 불포화지방산으로, 옥수수기름, 콩기름, 홍화기름, 참기름 등에 많이 존재한다.

n-6(ω6)계 지방산
메틸기로부터 6번째 탄소에서 처음 이중결합이 나타나는 불포화지방산

n-3(ω3)계 지방산
메틸기로부터 3번째 탄소에서 처음 이중결합이 나타나는 불포화지방산

지방산에 존재하는 이중결합의 위치에 따라 지방산의 대사가 달라진다.

- 지방산의 말단에 있는 메틸기로부터 6번째에 이중결합을 갖는 지방산들은 ω6계 지방산으로 분류되며, n-6계 지방산으로도 불린다.
- 리놀레산은 n-6계열이며,
- α-리놀렌산은 n-3계열이고,
- 올레산은 n-9계 지방산이다.

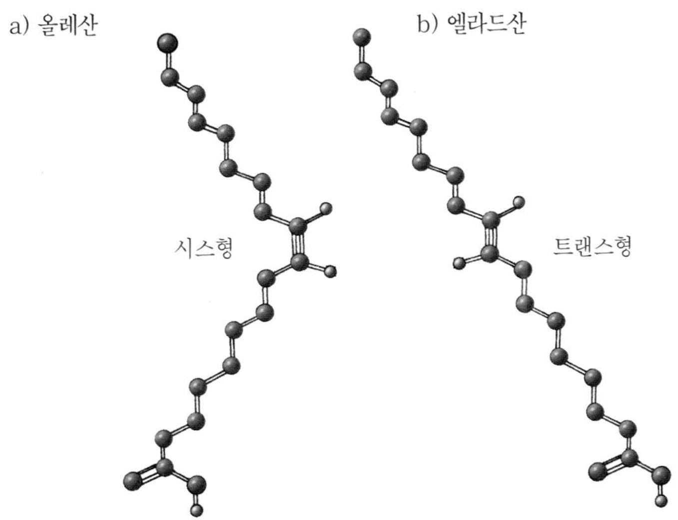

그림 3-3. 시스(cis)와 트랜스(trans)형 지방산

이중결합을 갖는 지방산은 같은 화학식을 가지나 화학적 구조가 다른 2개의 이성질체 형태로 존재할 수 있다(그림 3-3).

- 시스형은 수소원자가 이중결합을 이루는 탄소들의 같은 편에 존재하고 있어 지방산 골격이 구부러져 있다.
- 트랜스형은 수소가 각기 반대쪽으로 자리잡아 골격이 똑바르게 된다.
- 자연계에 존재하는 불포화지방산의 경우 시스형이 대부분이다.
- 유지방에는 약간의 트랜스형이 존재하는데, 이는 시스형의 지방산이 소의 반추위에서 박테리아에 의해 트랜스형으로 바뀌었기 때문이다.
- 식물성 지질은 주로 시스형을 함유하지만 물리적 성질을 변화시키고 산패를 억제하기 위해 수소를 첨가하는 경우가 많은데, 이 과정에서 시스형이 트랜스형으로 바뀌는 경우가 많다.
- 수소 첨가 공정으로 만들어진 마가린, 쇼트닝 등을 많이 섭취하면 트랜스 지방산의 섭취량이 증가한다.
- 트랜스 지방산은 포화지방산과 유사한 특성을 갖는다.

시스지방산
(cis fatty acid)
자연계에 존재하는 불포화지방산으로 수소원자가 이중결합을 이루는 탄소들의 같은 방향에 존재하는 지방산

트랜스 지방산
(trans fatty acid)
수소원자가 이중결합을 이루는 탄소들의 각기 반대 방향에 있는 지방산으로, 포화지방산의 성질을 갖는다.

에스테르 결합

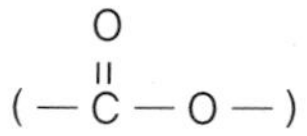

(—C(=O)—O—)

아미드 결합

(—C(=O)—N(H)—)

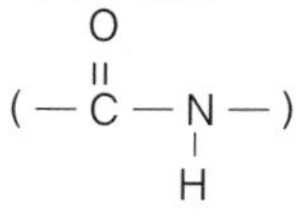

모노아실글리세롤 (monoacylglycerol, monoglyceride, MG) 글리세롤에 1분자의 지방산이 에스테르 결합한 것

디아실글리세롤 (diacylglycerol, diglyceride, DG) 글리세롤에 2분자의 지방산이 에스테르 결합한 것

트리아실글리세롤 (triacylglycerol, triglyceride, TG) 글리세롤에 3분자의 지방산이 에스테르 결합한 것

중성지질

자연계에서 지방산이 유리된 상태로 존재하는 경우는 매우 드물고, 대부분 에스테르 결합을 하며 일부는 아미드 결합을 하기도 한다. 식품이나 체내 지방산의 95%는 중성지질의 형태로 존재한다.

- 지방산의 카르복실기는 글리세롤의 수산기(−OH)와 에스테르 결합을 하여 모노아실글리세롤, 디아실글리세롤, 트리아실글리세롤을 형성한다.
- 트리아실글리세롤은 중성지질로 글리세롤에 3분자의 지방산이 에스테르 결합을 이룬 것으로, 대부분의 지질이 존재하는 형태이다(그림 3-4).
- 일반적으로 글리세롤의 1번과 3번 위치에는 포화지방산이, 2번 위치에는 불포화지방산이 결합한다.
- 트리아실글리세롤은 비극성 용매에 녹고, 물보다 낮은 비중을 갖는다.
- 지질의 융점은 지질을 구성하는 지방산의 종류에 따라 다르다.

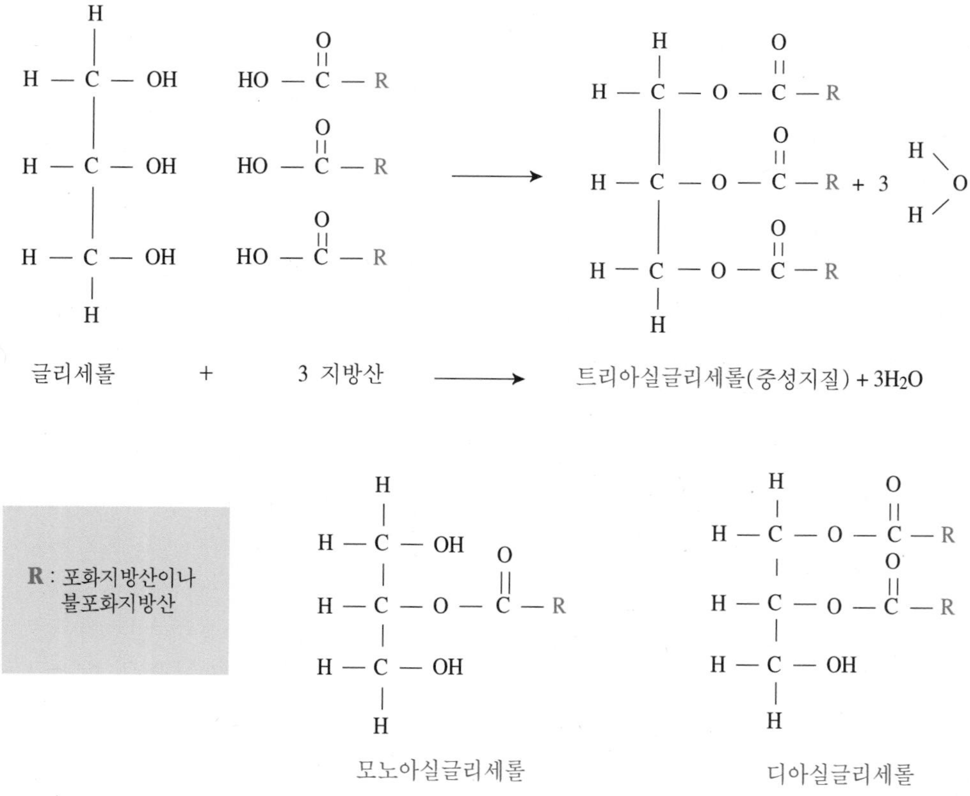

글리세롤 + 3 지방산 ⟶ 트리아실글리세롤(중성지질) + $3H_2O$

R : 포화지방산이나 불포화지방산

모노아실글리세롤

디아실글리세롤

그림 3-4. 트리아실글리세롤, 모노아실글리세롤과 디아실글리세롤의 구조

복합지질

인지질

- 중성지질과 유사한 구조를 갖고 있으나 글리세롤의 3번째 수산기(−OH)에 지방산 대신 인산이 결합하며 여기에 염기가 연결되어 있다(그림 3-5).
- 인지질은 세린, 에탄올아민, 콜린, 이노시톨 등의 염기에 따라 각각 포스파티딜세린, 포스파티딜에탄올아민, 포스파티딜콜린, 포스파티딜이노시톨로 불린다.
- 포스파티딜콜린은 일반적으로 레시틴이라 부른다.
- 소장내 존재하는 인지질 중 식품으로부터 유래된 인지질은 1~2g 수준이며 나머지 11~12g 가량의 인지질은 담즙 성분이다.

스핑고지질

- 기본구조로서 글리세롤 대신에 긴 사슬의 아미노알코올인 스핑고신에 지방산이 아미드결합을 하여 세라미드를 이루는 유도체를 말한다.

인지질
글리세롤 뼈대에 2개의 지방산이 결합되고 3번째 수산기(-OH)에 인산과 염기가 붙은 지질로, 주로 세포막을 구성하는 성분이다.

포스파티딜세린 (phosphatidylserine, PS)

포스파티딜에탄올아민 (phosphatidylethanol-amine, PE)

포스파티딜콜린, 레시틴 (phosphatidylcholine, lecithin, PC)

포스파티딜이노시톨 (phosphatidylinositol, PI)

스핑고신 (sphingosine)

세라미드(ceramide)

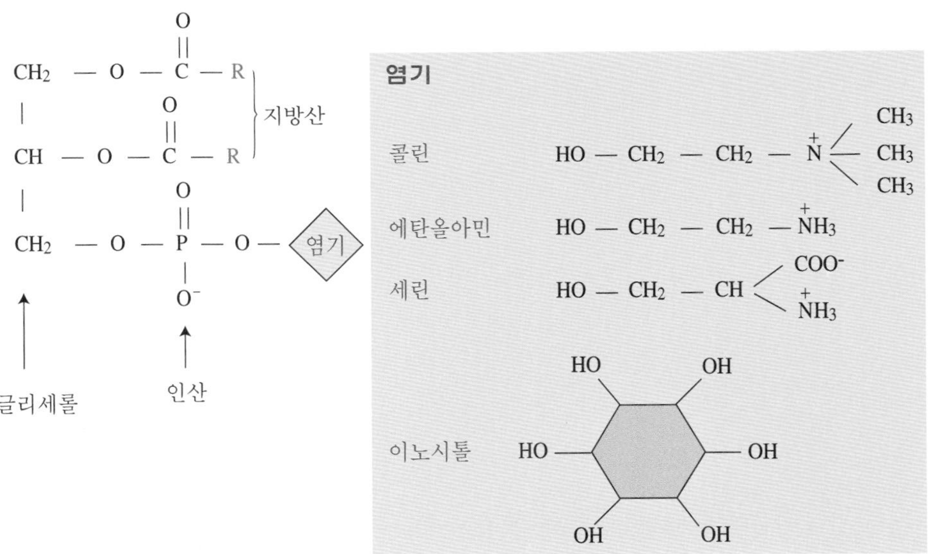

그림 3-5. 인지질의 구조

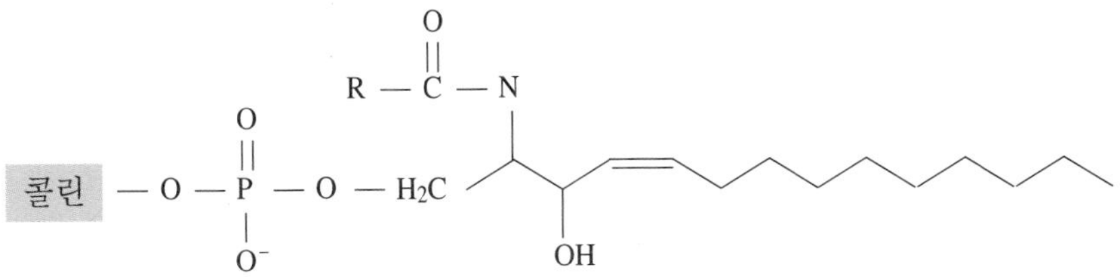

O
R — C — N
O
콜린 — O — P — O — H_2C
O^-
OH

그림 3-6. 스핑고미엘린의 구조

스핑고미엘린 (sphingomyelin)
세레브로시드 (cerebroside, ceramide monosaccharide)
강글리오시드 (ganglioside, ceramide oligosaccharide)

- 스핑고미엘린은 세라미드에 인산과 염기가 결합된 인지질이나, 인산과 염기 대신 당류가 결합한 것으로 세레브로시드와 강글리오시드가 있다.
- 뇌와 신경조직에서 소량 발견되는 지질이다(그림 3-6).

스테로이드

- 4개의 탄화수소 고리구조(스테로이드핵)를 갖는 불비누화성 지질들을 말한다.
- 스테로이드의 한 종류인 스테롤은 탄화수소의 고리구조에 수산기를 갖는 물질로서 콜레스테롤이 대표적이다(그림 3-7).

콜레스테롤 (cholesterol)

- 콜레스테롤은 동물 조직에서 널리 발견되며 식물 조직에서는 발견되지 않는다.
- 생체내의 콜레스테롤은 유리형태로도 존재하나, 부신피질, 혈장, 소장의 림프 및 간에서는 에스테르형으로 존재하며, 특히 뇌와 신경조직에 많이 존재한다.
- 체내 존재하는 콜레스테롤은 동물성 식품을 통해 섭취한 것이거나, 신체 내에서 합성된 것이다.
- 콜레스테롤은 주로 간과 소장에서 합성된다.
- 식물성 근원의 스테롤로는 피토스테롤, 시토스테롤 등이 있는데, 이들은 흡수율도 낮고 콜레스테롤의 흡수도 감소시킨다.

피토스테롤 (phytosterol)
시토스테롤 (sitosterol)

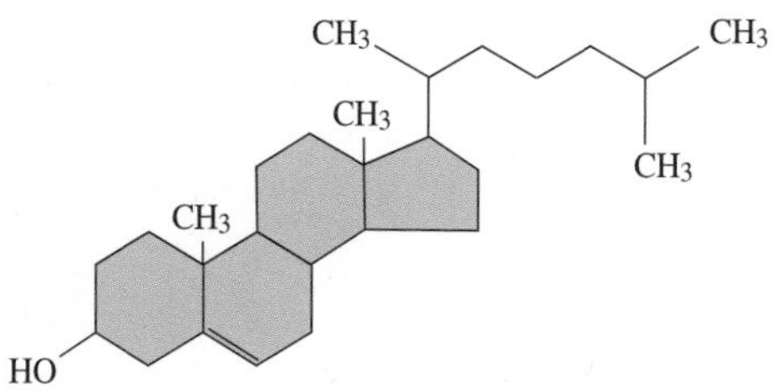

그림 3-7. 콜레스테롤의 구조

표 3-1. 식품의 콜레스테롤 함량

(가식부 100g당 mg 함량)

소량 함유(0~50)	중등 함유(51~100)	다량 함유(100 이상)
달걀흰자, 우유, 식물성 기름, 견과류(땅콩 · 잣), 비스킷	생선류, 치즈, 아이스크림, 육류, 돼지기름, 도넛	달걀노른자, 오징어, 명란젓, 새우, 가재, 내장, 쇠기름(쇠꼬리 · 쇠갈비), 버터

지질의 소화와 흡수

지질의 소화

- 위액에도 지질분해효소가 들어 있지만 작용은 매우 미미하다.
- 유아기에는 위에서도 지질 소화가 일어나지만 성장하면서 그 역할이 점차 감소한다.
- 따라서 지질 성분의 소화는 대부분 소장에서 이루어진다.
- 췌장에서 분비되는 지질분해효소는 중성지질을 모노아실글리세롤과 지방산으로 가수분해하는데, 여러 인자의 도움이 필요하다.
- 콜레시스토키닌과 세크레틴은 췌장의 지질분해효소와 담즙의 분비를 자극한다.
- 담즙은 큰 지방구를 작은 지방구로 나누어주는 유화 작용을 한다. 유화가 소화를 뜻하는 것은 아니며, 소화되기 쉽도록 지방입자를 작게 나누어 분산시킨다.
- 지질분해보조효소는 췌장에서 불활성화 상태로 분비된 후에 트립신에 의해 활성화된다. 활성화된 지질분해보조효소는 지질분해효소와 유화 지방구의 접근을 쉽게 해준다.
- 식품 중의 콜레스테롤 에스테르도 흡수를 용이하게 하기 위해 지방산과 콜레스테롤로 분리된다.

지질분해효소(lipase)

콜레시스토키닌(cholecystokinin)

세크레틴(secretin)

지질분해보조효소(colipase)

지질의 흡수

- 소화 중에 생긴 지방산, 모노아실글리세롤, 인산과 콜레스테롤 등은 담즙과 혼합되어 미셀을 형성해야만 소장 점막세포막 위에 형성된 부동의 물층을 통과할 수 있다.
- 탄소 원자가 12 미만인 지방산은 수용성이어서 대부분 문맥을 통해 간으로 이동한다.
- 긴 지방산은 소장 세포에서 다시 중성지질로 만들어진 다음 카일로미크론에 포함되며, 카일로미크론은 림프관을 거쳐 쇄골하정맥에서 혈류에 합쳐진다.
- 혈관을 따라 지방 조직 등으로 이동하여 카일로미크론의 중성지질이 제거된다.
- 지질이 많은 식사를 하면 혈중에 카일로미크론이 많아져 혈액이 우유처럼 유백색을 띠나 1~2시간 내에 사라진다.
- 췌장에 이상이 있거나 담즙염이 잘 분비되지 않아 지질 흡수가 어렵거나 카일로미크론 형성에 문제가 있는 경우에는 수용성 성분처럼 흡수되는 중간 사슬지방산을 이용하도록 한다.

미셀(micelle)

카일로미크론(chylomicron)

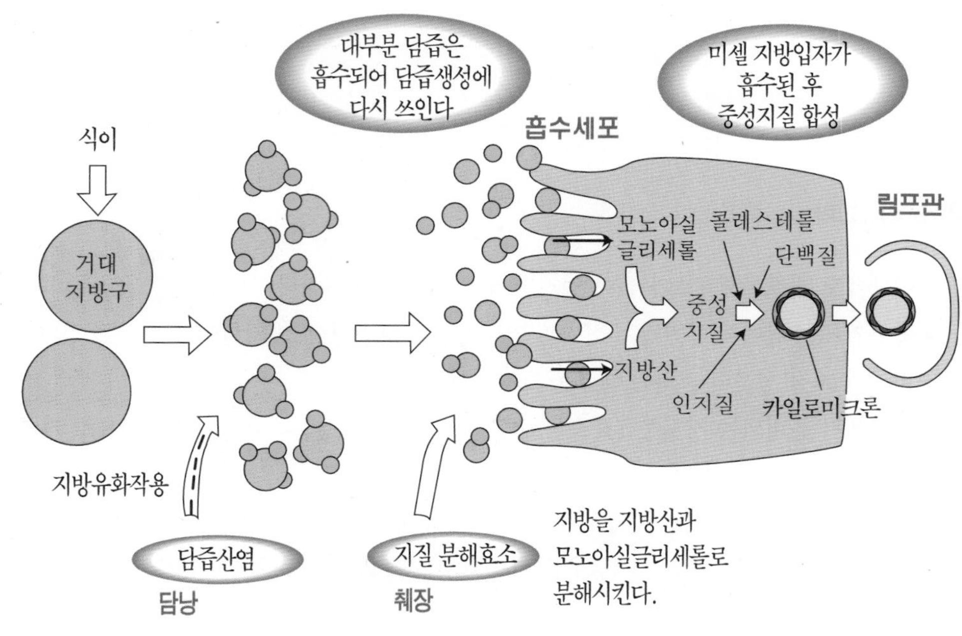

그림 3-8. 지질의 소화와 흡수

지단백질의 운반과 대사

중성지질은 식이지질의 95~98%를 차지하며 인지질, 콜레스테롤, 기타 지질은 비교적 소량이다. 이런 지질들이 혈액내에서 운반되려면 물에 잘 섞일 수 있는 상태를 유지해야 한다. 따라서 지단백질 같은 특별한 수송체계가 필요하다.

- 지단백질에서 중성지질(TG)이나 콜레스테롤에스테르(CE) 같은 비극성 물질은 안쪽에 위치하고, 인지질, 콜레스테롤이나 단백질 같은 극성물질이 바깥부분을 둘러싸고 있어 혈액 내에서 자유롭게 이동할 수 있다.
- 지단백질은 밀도 차이를 이용한 초원심분리법에 의해 분리되며, 크게 카일로미크론, **VLDL, LDL, HDL**의 네 가지로 나누어진다(그림 3-9).
- 지단백질의 물리적, 화학적 성질 및 특성을 표 3-2와 표 3-3에 제시하였다.

카일로미크론 (chylomicron)

VLDL(very low density lipoprotein)

LDL(low density lipoprotein)

HDL(high density lipoprotein)

지단백 지질분해효소 (lipoprotein lipase, LPL)

레시틴 콜레스테롤 아실 전이효소 (lecithin cholesterol acyl transferase, LCAT)

카일로미크론 잔존물 (chylomicron remnant)

그림 3-10은 식이 지질이 카일로미크론(CM)의 형태로 혈액에 흡수, 이동되는 과정과 대사과정(①~⑦)을 나타낸 것이다.

① 세포막에 존재하는 지단백 지질분해효소(LPL)가 CM 내의 TG를 분해해 유리지방산(FFA)을 방출시킨다. 떨어져 나온 FFA는 지방조직 등에 저장된다.

② TG가 많이 분해되고 남은 카일로미크론 잔존물(CMR)은 간으로 가서 간세포 표면에 있는 수용체를 매개로 세포내로 함입된 후 지방산과 콜레스테롤 등으로 분해된다. 간

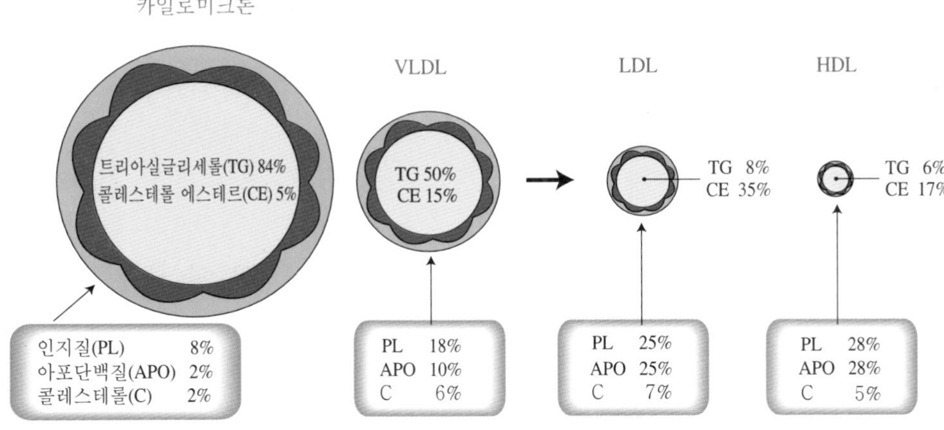

그림 3-9. 혈청 지단백질의 종류

표 3-2. 혈청 지단백질의 물리적 · 화학적 성질

성 질		지단백 종류			
		카일로미크론	VLDL	LDL	HDL
물리적 성질	지름(nm)	100~1,000	30~90	20~25	7.5~20
	밀도(g/mL)	<0.95	0.95~1.006	1.019~1.063	1.063~1.210
	분자량(daltons)×10^6	1,000~10,000	5	2	0.2~0.4
아포단백질		AI, CII, B48	C, E, B100	B100	AI, AII, C, E

표 3-3. 혈청 지단백질의 종류와 특징

지단백질 종류	주요 생성장소	특 징
카일로미크론	소장	식이의 중성지질을 운반하는 지단백으로 중성지질이 풍부하여 밀도가 가장 낮음. 공복상태에서는 존재하지 않음. 생성 후 분해되는 속도가 빠름
VLDL	간	간에서 합성되는 중성지질을 조직으로 운반하는 지단백으로 밀도가 2번째로 낮음
LDL	혈액 내에서 전환	CE가 가장 많은 지단백. LCAT 작용에 의해 HDL로부터 CE를 받아서 조직으로 운반함
HDL	간	조직에서 간으로 콜레스테롤을 운반하는 항동맥경화성 지단백. 유일하게 아포B가 없음

세포 내에서 다시 지방산과 과잉의 포도당을 이용하여 TG를 합성한다.

③ 간에서 TG는 콜레스테롤과 인지질 및 여러 아포단백질과 함께 VLDL을 구성하여 혈액으로 방출된 후 CM처럼 LPL에 의해 분해된다. VLDL의 크기는 점점 작아지나 밀도는 커지면서 IDL로 바뀐다.

IDL(intermediate density lipoprotein)

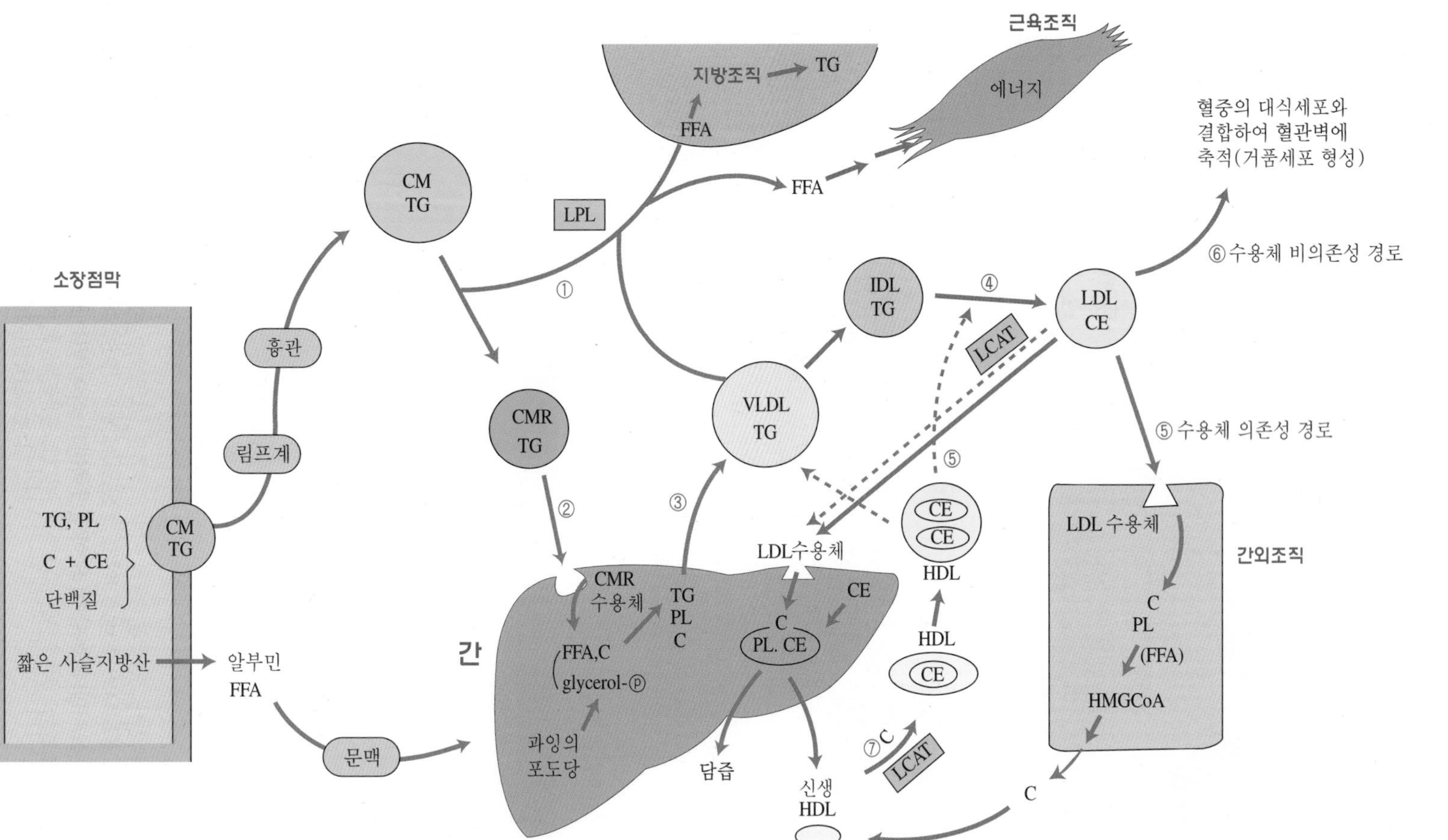

CM: 카일로미크론, CMR: 카일로미크론 잔존물, LPL: 지단백 지방분해효소,
LCAT: 레시틴콜레스테롤 아실전이효소, TG: 중성지질, FFA: 유리지방산,
C: 콜레스테롤, CE: 콜레스테롤에스테르, PL: 인지질

그림 3-10. **혈청 지단백질의 대사**

④ 유리 콜레스테롤은 HDL의 LCAT의 도움을 받아 지방산과 결합해 CE로 전환된다. 따라서 점차 TG가 CE로 바뀌고 LDL로 전환된다.

⑤ LDL의 2/3는 수용체 매개 경로에서 처리된다. 세포내에서 LDL에 의해 운반된 CE는 가수분해되어 콜레스테롤을 방출하여 세포에서 이용된다.

수용체 매개 경로(receptor mediated pathway)

⑥ 혈액내의 LDL 농도가 너무 높거나 산화된 LDL이 발생하면 LDL 수용체 비의존성 경로에서 처리된다. 즉 LDL은 대식세포에 의해 포식되고 대식세포는 CE 과잉 축적으로 거품세포로 전환되는데 이것은 혈관벽의 죽종성분이 된다.

비의존성 경로(scavenger pathway)

거품세포(foam cell)

죽종(atheroma)

⑦ 조직에서 LDL로부터 얻은 콜레스테롤은 다시 혈액으로 배출되고, 이 콜레스테롤은 HDL에 부착된다. 간과 장에서 만들어진 디스크 형태의 신생 HDL은 CE를 축적하면서 둥근 형태로 된다. 그 후 HDL의 CE는 콜레스테롤 에스테르 전이단백질의 작용으로 다시 VLDL · IDL로 옮겨지고, 다시 LDL로 전환되는 고리를 이루며, 최종적으로는 간으로 보내져 담즙으로 배설된다.

콜레스테롤 에스테르 전이단백질(cholesterol ester transfer protein, CETP)

이렇게 말초로부터 간으로 콜레스테롤을 전송하는 기구를 콜레스테롤 반송체계라고 부른다.

콜레스테롤 반송체계(reverse cholesterol transport system)

지질의 체내 기능

중성지질

농축된 에너지 급원

식이지질은 탄수화물과 단백질보다 탄소에 비해 산소의 비율이 낮아 더 많은 산화과정을 거치게 되므로, 탄수화물과 단백질이 1g당 4 kcal를 공급하는 것에 비해 지질은 **1g당 9 kcal**를 공급하는 농축된 에너지원이다.

효율적인 에너지 저장고

- 글리코겐이나 근육 단백질로 에너지를 저장할 때는 수분이 같이 저장되어야 하므로 체조직 1g당 발생할 수 있는 에너지 양이 적고 부피도 많이 차지한다.
- 지방세포의 경우는 80% 이상이 지질이고 물의 비율은 적기 때문에 체내 지질은 매우 효율적인 에너지 저장창고이다.
- 지방조직에 저장되었다가 에너지 영양소 섭취가 부족하면 분해되어 많은 양의 에너지를 공급한다.
- 지방세포는 신체의 여러 부분에서 지방조직으로 독립적으로 존재하기도 하고, 근육과 결체조직 등에 작은 지방입자로 산포되어 존재하기도 한다.
- 지질은 신체 내의 주요 구성요소가 되며 연령과 에너지 섭취상태에 따라 달라질 수 있으나, 젊은 남자의 경우 평균적으로 체중의 15%, 여자의 경우 25% 정도를 차지한다.

지용성 비타민 흡수촉진

- 지용성 비타민은 지질에 녹은 상태로 소화되어 흡수되므로 지질섭취가 적으면 비타민 흡수량도 적다.
- 소장에서 지질흡수에 장애가 생기면 지용성 비타민의 영양상태도 저하된다.
- 지질흡수가 안 되는 경우 흡수되지 못한 지방산은 칼슘, 마그네슘과 불용성염을 이루어 흡수를 방해하므로 무기질의 영양상태에도 좋지 않은 영향을 미친다.

맛, 향미제공 및 포만감

- 음식에 독특한 질감을 주고 향미를 주는 물질이 대부분 지질에 녹아 있어 맛과 향미를 증진시키는 데 기여한다.
- 지질은 탄수화물이나 단백질보다 위장관을 통과하는 시간이 길므로 포만감을 줄 수 있다.

체온조절 및 장기보호 기능

- 지질은 물에 비해 열 전도율이 낮다. 따라서 피하 지방조직은 추위에도 체온 변동을 적게 해주는 효과가 있다.
- 지방조직은 생식기관인 유방, 자궁, 난소, 정소 및 심장, 신장 등 주요 장기를 둘러싸고 있어 외부 충격으로부터 장기를 보호해준다.

인지질

인지질의 유화작용

hydrophobic (소수성) hydro=water(물), phobia=fear(두려움), 물을 싫어하는 성질

hydrophilic (친수성) hydro=water, phile=friend(친구), 물을 좋아하는 성질

- 인지질의 지방산 부분은 비극성이며 소수성이지만, 인산과 염기성 부분은 전하를 띠는 친수성이라 양면성이 있어 유화작용을 할 수 있다.
- 물과 기름에 인지질이 존재하면 물은 인지질의 친수성부분으로, 기름은 인지질의 소수성 쪽으로 정렬해 작은 미셀을 형성함으로써 기름이 물에 잘 섞일 수 있게 한다.
- 유화작용은 지단백 형성 시 지질의 운반을 용이하게 하는 데 기여한다.

세포막의 주요 구성성분

- 인지질은 콜레스테롤과 함께 세포막의 주성분이다(그림 3-11).

세포간질(matrix)

- 세포막은 지질 성분이 반유동성을 갖는 세포간질을 형성하고 그 안에 여러 형태의 막단백질이 박혀 있는 상태이다.

극성(polar)

비극성(nonpolar)

- 세포간질의 대부분은 2층의 인지질로 이루어지는데, 인지질의 극성인 부분은 안과 밖의 수용성 환경에 접하고, 비극성 부분인 지방산은 안쪽으로 배열된다.

이노시톨 삼인산 (inositol triphosphate, IP_3)

- 세포막에 있는 인지질 중 포스파티딜이노시톨은 이노시톨 삼인산과 디아실글리세롤

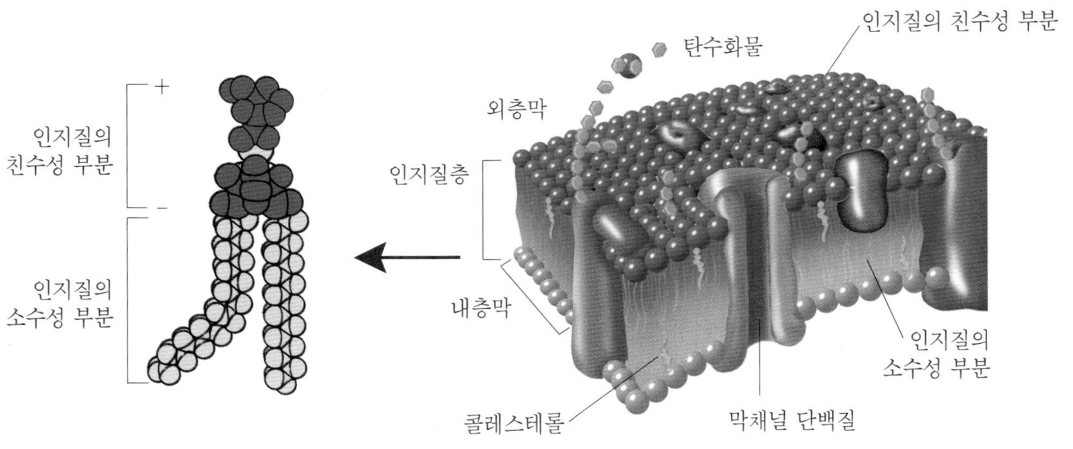

그림 3-11. 세포막의 구성

로 분해되어 세포 신호전달체계에 중요한 역할을 한다.

- 세포막 인지질의 특정 지방산은 프로스타글란딘, 루코트리엔, 트롬복산 등의 아이코사노이드 합성 시 전구체로 이용된다.

콜레스테롤

세포막의 구성성분

- 콜레스테롤은 인지질과 함께 세포막을 구성하는 지질이다.
- 간, 신장, 뇌 등에 많은 양의 콜레스테롤이 존재하며 세포막의 완전성을 부여한다.
- 세포의 수와 크기가 증가하는 유아기와 아동기에 콜레스테롤을 심하게 제한하지 않도록 해야 한다.

호르몬과 담즙산의 전구체

- 콜레스테롤은 에스트로겐, 테스토스테론, 코르티코스테로이드 같은 스테로이드계 호르몬의 전구 물질이며,
- 7-디히드로콜레스테롤은 자외선에 의해서 비타민 D로 전환될 수 있다.
- 콜레스테롤은 지질의 소화와 흡수에 중요한 유화제 역할을 하는 담즙을 생성한다(그림 3-12).

담즙산(bile acids)
에스트로겐(estrogen)
테스토스테론(testosterone)
코르티코스테로이드(corticosteroid)
7-디히드로콜레스테롤(7-dehydrocholesterol)

필수지방산(essential fatty acid) 체내에 꼭 필요하나 체내에서 합성되지 않거나 합성되는 양이 부족하여 식사를 통해 섭취되어야 하는 지방산으로, 리놀레산, 아라키돈산, 리놀렌산 등이 있다.

필수지방산

지질은 에너지를 공급해주는 동시에 여러 가지 역할을 하는데, 그중 가장 중요한 것은 필수지방산을 공급하는 것이다.

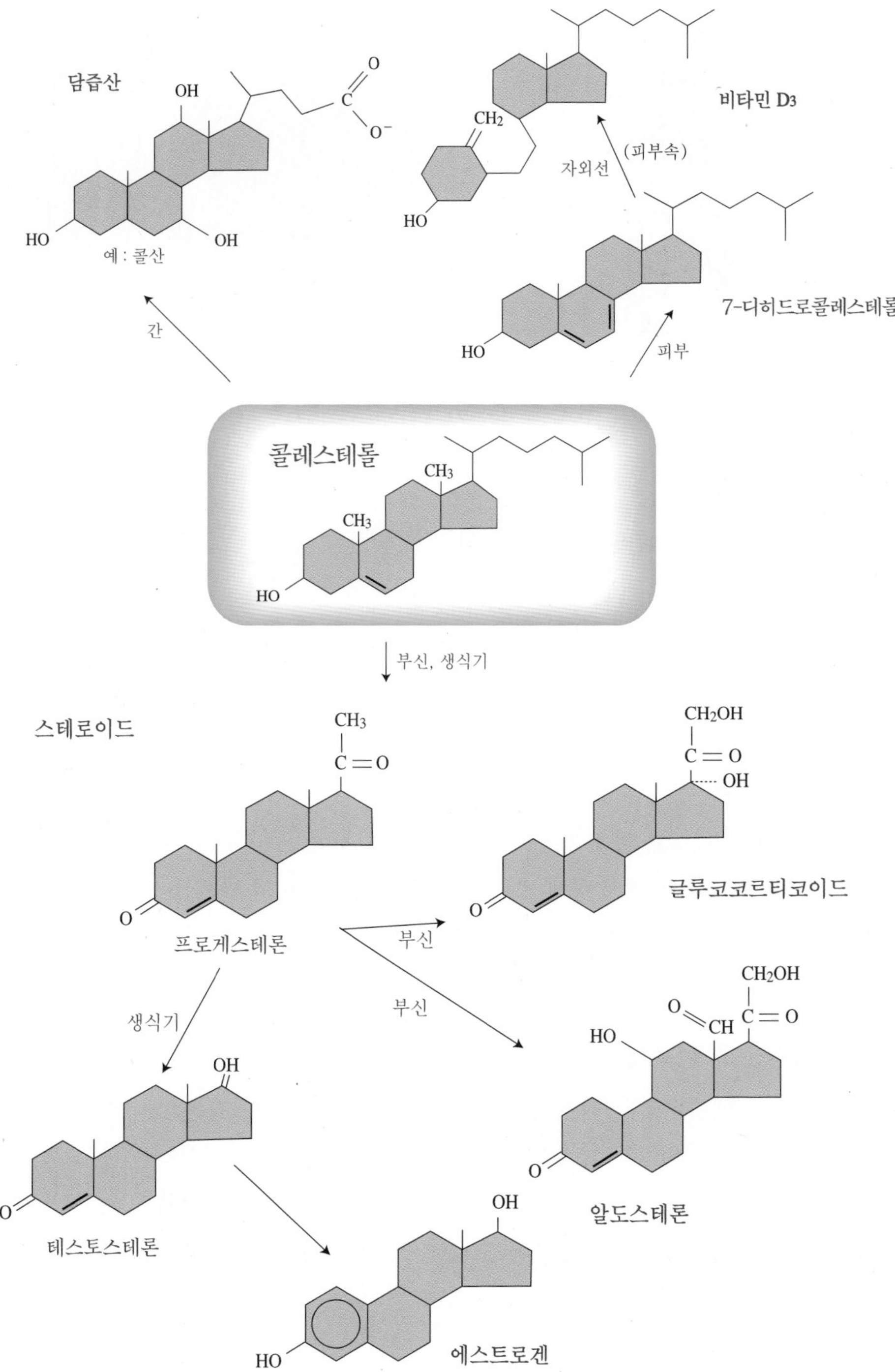

그림 3-12. 콜레스테롤을 전구체로 하는 생체내 물질들

- 필수지방산은 신체를 정상적으로 성장 · 유지시키며 체내의 여러 생리적 과정을 정상적으로 수행하는 데 꼭 필요한 성분이다.
- 필수지방산은 체내에서 합성되지 않거나 합성되는 양이 부족하므로 반드시 식사를 통해 섭취해야 한다.
- n-6계 지방산인 **리놀레산**, **아라키돈산**, n-3계 지방산인 **리놀렌산**이 필수지방산으로 간주되고 있다.

필수지방산의 대사

- 체내에서 지방산의 이중결합이 늘어날 때는 이미 존재하는 이중결합과 카르복실기 사이에 생기게 되므로 n-9, n-6, n-3 등의 지방산 계열 간에 상호전환이 되지 않는다(그림 3-13).
- n-9계 지방산은 생체에서 합성이 가능하나 n-6계 지방산인 리놀레산과 n-3계 지방산인 리놀렌산은 9번 탄소와 오메가 탄소 사이에 이중결합을 생성하는 불포화효소가 없어 식품에서 꼭 섭취해야 한다.
- 옥수수기름 등으로부터 공급된 **리놀레산**은 생체내에서 **Δ6-불포화효소**에 의해 감마리놀렌산으로, 다시 더 긴 **디호모감마리놀렌산**으로 전환되고, 다시 **아라키돈산**으로 전환된다.
- 감마리놀렌산은 달맞이꽃 종자유로부터, 아라키돈산은 달걀과 간 및 유제품으로부터 직접 섭취할 수 있다.
- n-3계 지방산인 **리놀렌산**은 엽상채소, 들기름, 콩과 콩기름 등으로부터 섭취한다.

Δ6-불포화 효소 (desaturase)
지방산의 6번 탄소에 이중결합을 도입하는 불포화효소 · Δ6는 지방산의 카르복실기의 탄소로부터 세기 시작하여 9번째에 이중결합이 존재함을 나타낸다.

감마리놀렌산 (gamma-linolenic acid, GLA, C18 : 3n-6)

디호모감마리놀렌산 (dihomo gamma-linolenic acid, DGLA, C20 : 3n-6)

아이코사펜타에노산 (eicosapentaenoic acid, EPA, C20 : 5n-3)

도코사헥사에노산 (docosahexaenoic acid, DHA, C22 : 6n-3)

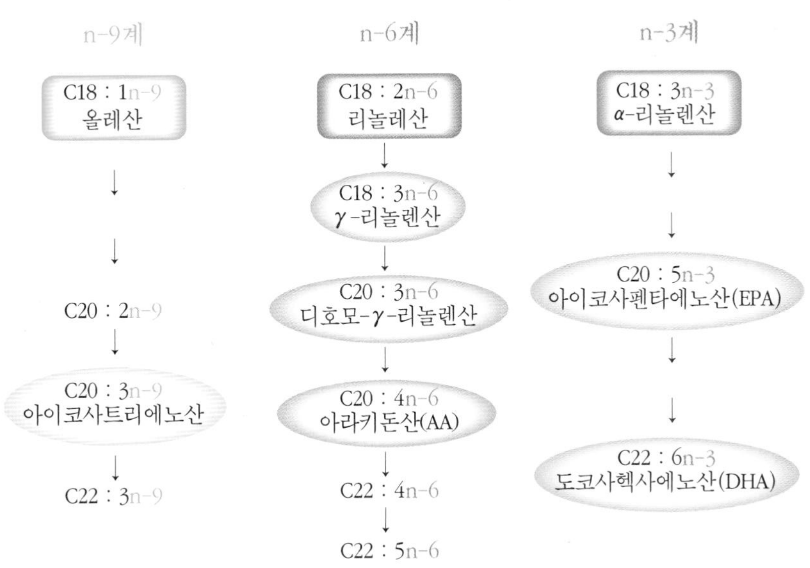

그림 3-13. n-9, n-6, n-3계 지방산의 대사 경로

- 아이코사펜타에노산, 도코사헥사에노산은 리놀렌산으로부터 전환되어 공급될 수도 있지만, 생선과 어유 등으로부터 직접 섭취할 수도 있다.
- 성인은 필수지방산의 결핍증상이 나타나기 어려운데 그 이유는, 상당히 오랜 기간을 필수지방산이 전혀 없는 식사를 하기가 어렵고, 이미 지방조직에 필수지방산이 많이 저장되어 있어 부족 시 체내 저장된 필수지방산을 사용하기 때문이다.
- 필수지방산은 체내에서 주로 세포막의 인지질을 구성하고 있다.
- 필수지방산은 대개 인지질을 구성하고 있는 글리세롤의 2번 탄소에 결합한다.

필수지방산

필수지방산의 존재는 제일 처음 1929년 버(Burr)가 지적하였는데, 무지방식이를 동물에게 공급했을 때 피부가 건조해지고 벗겨지며, 물을 과도하게 섭취하게 되고 성장 및 생식기능이 감소하는 것을 관찰할 수 있었다. 리놀레산에서 GLA, DGLA로 가는 경로는 적어지고 체내 올레산으로부터 아이코사트리에노산의 생성이 증가해 C20:3n-9/C20:4n-6의 비율이 0.2 이상으로 높아졌는데, 이때 리놀레산을 첨가함으로써 이런 비율도 감소시키고 결핍증도 완화시킬 수 있었다고 한다. 1950년대 후반에는 고아원 어린이들에게 필수지방산이 부족한 조제식이를 장기간 공급한 경우 필수지방산의 결핍증상이 관찰되었다는 보고도 있었다.

필수지방산 기능

필수지방산은 성장증진, 피부의 정상 기능과 생식기능의 발달에 독보적인 역할을 하는데, 특히 피부 세라미드에는 리놀레산이 매우 많이 존재한다. 또한 최근 관심의 대상이 되고 있는 n-3계 지방산인 DHA는 필수지방산인 리놀렌산으로부터 합성되며 망막의 광수용체막, 뇌, 정자, 정소에 많이 존재하며, 인지기능, 시각기능, 신경증 예방에 도움이 된다. 필수지방산의 기능들을 살펴보면 아래와 같다.

세포막의 구조적 완전성 유지

- 세포막은 인지질의 이중층으로 되어있는데, 인지질을 구성하는 포화지방산과 불포화지방산의 비율이 세포막의 유동성, 유연성, 투과성 등에 매우 중요하다.
- 불포화지방산이 부족하면 세포막의 유연성이 떨어지므로 다른 대체 지방산을 만들게 되는데 이것이 올레산으로부터 합성되는 아이코사트리에노산(C20:3n-9)이다.
- 세포막의 트리엔(C20:3n-9)/테트라엔(C20:4n-6) 비율을 측정하면 필수지방산의 결핍유무를 알 수 있다. 이 수치가 0.2보다 크면 필수지방산의 결핍으로 간주한다.

혈청 콜레스테롤 감소

- 인지질에 있는 필수지방산은 혈액에 존재하는 과잉의 유리 콜레스테롤과 결합한 후 간으로 이동하여 담즙산으로 전환된다.

• 담즙산은 소장으로 분비되어 분변과 함께 배설되므로 결과적으로 혈청 콜레스테롤을 감소시키는 것이다.

두뇌발달과 시각기능 유지

• 지질은 **뇌와 신경조직**에 많고, 이들 세포막의 기능에 영향을 미친다.
• 대뇌피질의 막지질을 구성하는 포스파티딜에탄올아민(PE), 포스파티딜세린(PS)에 결합된 지방산 중 1/3이 DHA이다.
• **망막 광수용체**의 바깥쪽 막인지질을 구성하고 있는 PE도 많은 양의 DHA를 가지고 있다.
• 인지질은 간상세포의 로돕신이라는 시각색소단백질과 결합하여 물질의 수송체계에 관여하고 막에 부착된 단백질의 활성도를 조절한다고 알려져 있다.
• 성장기에 n-3계 지방산이 장기간 부족하면 **인지기능**과 **학습능력**, **시각기능**이 저하될 수 있다.

아이코사노이드의 전구체

• 필수지방산은 **아이코사노이드**의 전구체로 이용된다.
• 아이코사노이드는 인지질의 탄소 수 20개인 지방산들(C20:3n-6, C20:4n-6, C20:5n-3)이 유리된 후 산화되어 생긴 물질들을 총칭한다.

아이코사노이드 (eicosanoids)

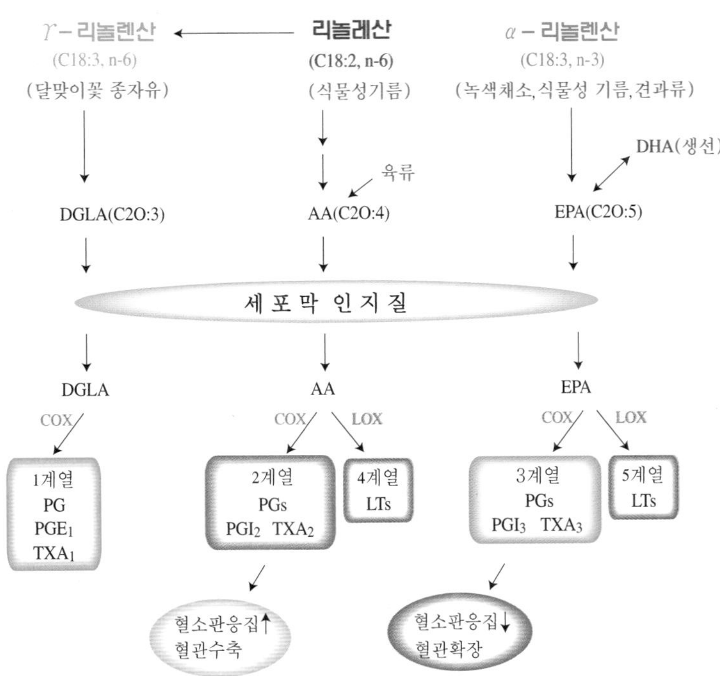

LO: 지질산소화효소, CO: 고리산소화효소, PG: 프로스타글란딘, LT: 루코트리엔,
PGI: 프로스타사이클린, DGLA: 디호모감마리놀렌산, AA: 아라키돈산, EPA: 아이코사펜타에노산

그림 3-14. 아이코사노이드 생성 및 기능

아이코사노이드(eicosanoids)

1960년 중반에 이르러서, 리놀레산이 아라키돈산으로 전환된 뒤 호르몬과 비슷한 물질을 만들어 생체기능을 조절하는 것이 밝혀지면서 리놀레산, 아라키돈산의 중요성이 재인식되기 시작했다. 이러한 생리기능 조절물질이 나중에 아이코사노이드임이 밝혀졌다. 아이코사노이드란 용어는 1979년 이후에 사용되었는데, 탄소수 20개인 지방산들(C20:3n-6, C20:4n-6, C20:5n-3)이 산화되어 생긴 물질들을 총칭하며, 세포막의 인지질에 있는 필수지방산으로부터 합성된다. 아이코사노이드는 작용부위와 가까운 조직에서 생성되어 짧은 기간 동안 작용하고 분해되는 물질로, 기능은 호르몬과 유사하다. 아이코사노이드에는 프로스타글란딘, 트롬복산, 프로스타사이클린, 루코트리엔 등이 있다.

고리산소화효소 (cyclooxygenase, COX)

프로스타글란딘 (prostaglandin, PG) 필수지방산으로부터 체내에서 형성되는 호르몬 유사물질, 최초의 물질이 전립선(prostate gland)에서 발견되어 이름을 PG라고 명명했다.

트롬복산 (thromboxane, TXA) 혈소판에서 합성되고 혈소판의 응집과 혈전형성을 촉진시키고 혈관을 수축시킨다.

프로스타사이클린 (prostacyclin, PGI) 혈관벽의 내피세포에서 형성되며 혈소판의 응집을 억제하고 혈관을 이완시킨다.

지질산소화효소 (lipoxygenase, LOX)

루코트리엔 (leukotriene, LT) 백혈구, 혈소판, 대식세포에서 형성되고 화학주성(chemostasis), 염증, 알레르기 반응에 관여한다.

- 고리산소화효소에 의해 프로스타글란딘(PG), 트롬복산(TXA), 프로스타사이클린(PGI)으로 전환되며 지질산소화효소에 의해 루코트리엔이 된다(그림 3-14).

아이코사노이드의 기능

- n-6계 지방산인 디호모감마리놀렌산과 아라키돈산으로부터 각각 제1,2계열의 PG가 형성되고, n-3계 EPA에서 제3계열의 PG가 생성된다.
- 트롬복산은 혈소판에서 합성되며 혈관수축과 혈소판 응고에 관여하는데, AA로부터 형성된 TXA_2가 혈액응고를 촉진하는 주된 물질이다.
- PGI_2는 혈관벽에서 합성되고 혈소판 응고를 억제하며, 혈관을 확장시켜 혈액의 흐름을 원활하게 하는 등 TXA_2의 반대작용을 한다.
- EPA로부터 TXA_3와 PGI_3가 생기는데, TXA_3는 TXA_2보다 효과가 약하고 PGI_3는 PGI_2와 비슷한 효과를 가지므로, EPA를 많이 섭취하면 PGI_3쪽으로 활성이 기울어 심혈관 질환 발생 억제효과가 있다.
- 에스키모인은 서구인에 비해 심장병 발생률이 낮고, 혈소판 응고가 감소되며 혈액응고가 지연되는데, 이것은 육류섭취나 식용유 섭취가 많은 서구인에 비해 고래고기 등 어류 섭취가 많기 때문이라고 알려져 있다.

표 3-4. n-3계 지방산의 질환 예방

효 과		작용 기전
심장 순환계 질환예방	혈청지질 감소	TG감소, VLDL합성 감소 및 제거 증가
	혈소판 기능 변화	혈소판 응집감소, 혈액응고시간 지연, 혈액 점도 감소
	혈관확장 및 혈압강하	혈관 이완을 유도하는 아이코사노이드 생성
암 발생 억제		암세포의 산화적 손상 증가, 성장 촉진 PG 생성 억제
관절염 및 천식완화		염증 반응 억제, 면역기능 강화

- EPA가 많이 함유된 생선을 다량 섭취하게 되면, 조직에 아라키돈산 대신 EPA가 더 많이 축적되고, EPA가 아라키돈산에 대해 경쟁을 하여 2계열의 PG와 TX의 생성을 억제하고 PGI_3와 TXA_3의 합성을 증가시키므로, 전체적으로 혈액응고 억제 및 혈관 확장효과가 있다.
- DGLA로부터 PGE_1이 형성되는데, 이 물질도 혈소판 응집 및 염증반응의 억제, 혈관확장, 혈압감소, cAMP 증가, 인지질 분해효소 억제 등의 역할을 한다.
- 백혈구나 단핵세포 등은 아라키돈산으로부터 4계열의 루코트리엔을 만들어 평활근을 수축시키고 염증을 촉진시킨다.
- n-3계 지방산으로부터 활성이 낮은 5계열의 루코트리엔이 형성되어 염증억제 효과를 볼 수 있다.

각 계열의 지방산은 각기 고유의 기능을 하므로, 두 계열의 지방산을 균형 있게 섭취해야 한다.

- 다가 불포화지방산을 많이 섭취하면 혈청 콜레스테롤이 저하되는 것으로 알려지면서, n-6계 지방산인 리놀레산이 많은 식용유를 섭취하고 있다.
- 그러나 과다한 섭취는 혈전 증가로 인한 심혈관질환 위험도를 높이고, 유방암, 대장암 등의 발생도 촉진할 수 있는 것으로 알려졌다.
- n-3계 지방산 섭취가 지나치게 증가하면 n-6계 지방산과 생리기능물질을 만들어 내는 효소를 공유하기 때문에 경쟁적으로 n-6계 지방산의 작용이 억제된다. 또한, 산화 스트레스도 증가해 항산화 관련 영양소가 감소된다.

산화 스트레스 (oxidative stress)

지질의 대사

지질 대사

지질 대사 과정은 식사 직후와 공복 시 다르게 나타난다.

식사 직후의 지질은

- 지질합성이 증가하는 쪽으로 진행되어 여분의 포도당을 지질로 저장하는 경로가 촉진되고, 아세틸 CoA 카르복실화효소, 지방산 합성효소, 말산효소, NADPH를 공급하는 오탄당 인산 회로의 효소들의 활성도가 증가된다.
- 세포 밖의 지질을 분해시키는 LPL 활성이 촉진되어 식사로 공급받거나 간에서 합성된 TG를 분해해 조직으로 흡수한 후 에너지로 사용하거나 주로 나중에 사용하기 위해 **TG**로 저장한다.

아세틸 CoA 카르복실라아제 (acetyl CoA carboxylase)

지방산 합성효소 (fatty acid synthetase)

말산효소(malic enzyme)

호르몬 민감성 지질분해효소(hormone sensitive lipase, HSL)

- 지방조직 내의 TG를 분해시키는 호르몬 민감성 지질분해효소의 활성은 감소되어 불필요하게 TG를 분해시키지 않는다.
- 중간 사슬지방산은 에너지생성에 우선 사용되고 긴 사슬지방산은 저장된다.
- 지방산의 불포화 과정은 간에서 일어나는데, 새로 만든 EPA, DHA 등은 간세포막 인지질에 결합되기도 하고, 다른 조직으로 이동되기도 한다.

장쇄화(elongation)
불포화(desaturation)

- 지방산은 체내에서 장쇄화와 불포화반응을 거치기도 하는데, 그 예로 리놀레산은 아라키돈산으로 전환되어 세포막의 인지질을 이룬다.

공복 시에는

- 포도당의 저장형태인 글리코겐이 분해된다.
- 간의 지질이나, VLDL 등에서 방출되는 지방산이 에너지원으로 사용된다.
- 식후와는 달리 호르몬 민감성 지질분해효소의 활성이 증가되고 **LPL** 활성은 감소된다.
- 호르몬 민감성 호르몬의 작용으로 지방조직에서 방출된 지방산은 알부민의 도움으로 혈액 내에서 이동하며, 조직의 막을 통과하고 그곳에서 산화해 에너지원이 된다.
- 공복이 지속되면 지방산은 간에서 케톤체를 형성하여 근육 등 다른 조직의 에너지원으로 쓰이기도 한다(그림 3-15).

중성지질 대사

지질 분해

지질 분해(lipolysis)

지질 분해는 주로 공복 시에 지방조직이나 간 등에 저장된 중성지질이 글리세롤과 지방산

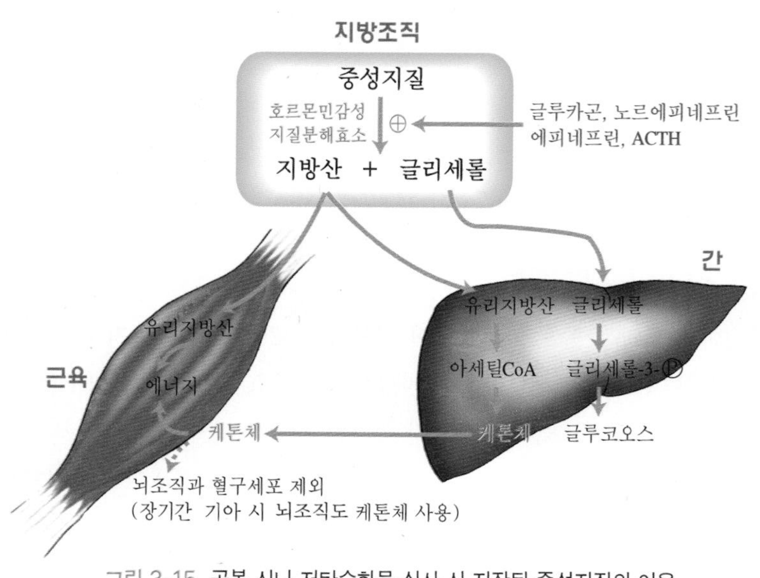

그림 3-15. 공복 시나 저탄수화물 식사 시 저장된 중성지질의 이용

으로 분해되는 것을 의미한다.

- 지방산의 산화는 미토콘드리아에서 일어나므로 세포질에 있는 지방산이 미토콘드리아로 이동되어야 한다.
- 지방산은 아실 CoA로 활성화된 후 카르니틴과 결합하여 미토콘드리아 내부로 이동하며, 그 내에서 다시 아실 CoA로 전환된 후 β산화가 일어난다(그림 3-16).
- β산화는 지방산의 분해 시 β위치에 있는 탄소에서 탈수소반응, 수화반응, 탈수소반응, 티올분해반응 등에 의해 원래의 아실 CoA보다 탄소 수가 2개 적은 지방산 아실 CoA가 생성되는 과정을 말한다.
- 위의 과정을 반복하면 결국 여러 개의 아세틸 CoA가 생성되고, 이것이 TCA 회로로 보내져 에너지를 생성한다.
- 아실 CoA에서 1개의 아세틸 CoA가 잘려져 나올 때마다 각각 1개의 $FADH_2$와 NADH가 생성되고, 이들은 전자전달계로 가서 4 ATP를 생산한다.
- 불포화지방산은 이중결합의 2개 앞쪽 탄소에 이성질화효소가 작용하여 이중결합을 이동시킴으로써 에노일 CoA가 된다.
- 형성된 에노일 CoA는 포화지방산과 마찬가지로 β산화과정을 거친다.
- 지질 분해로 생성된 지방조직의 글리세롤은 간으로 이동하여 글리세롤 **3**-인산으로 전환되어 해당과정으로 들어가거나 포도당신생과정에서 포도당 합성의 전구체로 이용되기도 한다.

아실 CoA 합성효소 (acyl CoA synthase)

카르니틴 아실 전이효소 (carnitine acyl transferase)

이성질화효소(isomerase)

에노일 CoA (enoyl CoA)

지질 합성

지질 합성(lipogenesis)

체지방은 피하, 복강, 장기주변 등의 지방조직에 주로 저장되며, 이들 지방은 식이지방이거나 에너지영양소 과잉섭취로 인해 합성된 내인성 지방이다.

- 지방산 합성은 간이나 지방세포의 세포질과 미토콘드리아에서 각각 독립적으로 일어날 수 있으나 미토콘드리아에서의 합성은 별로 중요하지 않다.
- 지방산 합성에 기질로 이용되는 아세틸 **CoA**는 당질대사, 일부 아미노산의 탄소골격 분해, 지방산의 산화에서 유래한다.
- 지방산 합성은 주로 세포질에서 이루어지고, 아세틸 CoA는 미토콘드리아에서 생성되므로, 지방산 합성을 위해 아세틸 CoA가 미토콘드리아에서 세포질로 이동되어야 하는데, 아세틸 카르니틴으로 되어 막을 통과하거나 옥살로아세트산에 아세틸기를 주고 시트르산으로 되어 막을 통과한 후 다시 아세틸 CoA로 전환된다.
- 아세틸 CoA는 비오틴을 조효소로 하는 아세틸 CoA 카르복실화효소에 의해 말로닐 **CoA**를 형성한다.
- 말로닐 CoA는 아세틸 **CoA**와 **NADPH**를 이용해 긴 사슬 포화지방산을 합성한다(그림 3-17).

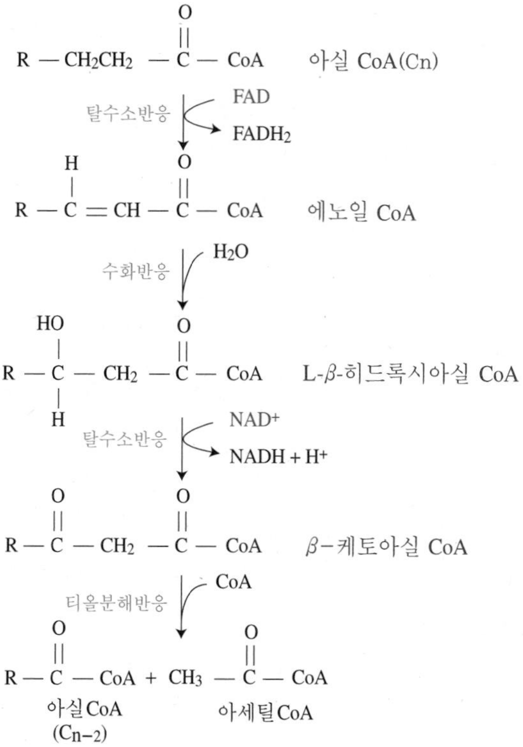

그림 3-16. 지방산의 β 산화과정

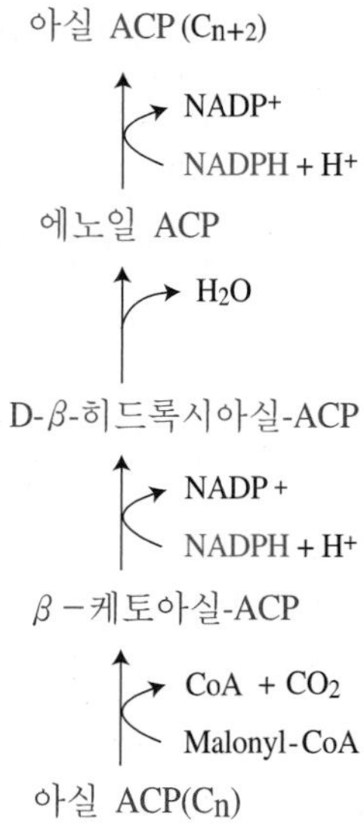

그림 3-17. 지방산의 합성

아실 운반단백질(acyl carrier protein, ACP)

- 지방산 합성에 사용되는 NADPH는 오탄당 인산 경로에서 공급되거나, 말산효소의 작용으로 말산이 피루브산으로 전환되는 과정을 통해 공급되기도 한다.
- 탄수화물 섭취가 증가하거나 글루코오스 6-인산 탈수소효소의 활성이 증가되면 NADPH가 증가해 지방산 합성이 증가한다.
- 아세틸 CoA로부터 지방산의 합성이 이루어지면 인체는 이 지방산의 탄소 수를 더 늘리거나 불포화도를 증가시킬 수가 있다.
- 이렇게 생성된 지방산은 해당과정의 중간산물인 글리세롤 3-인산과 결합하여 중성지방을 생성한다.

글루코오스 6-인산 탈수소효소 (glucose 6-phosphate dehydrogenase) 오탄당 인산 경로의 시작 단계를 촉매하는 효소이다.

콜레스테롤 대사

식이 콜레스테롤 양에 따라 간에서의 콜레스테롤 합성이 조절된다.

- 3개의 아세틸 CoA로부터 생성된 **HMG CoA**를 메발론산으로 전환시키는 **HMG CoA 환원효소**는 콜레스테롤 합성의 속도조절 효소이다(그림 3-18).
- 콜레스테롤의 합성에도 **NADPH**가 소모된다.
- 식이로 콜레스테롤의 양을 증가시키면 음성 되먹이 저해기전에 의해 HMG CoA 환원

속도조절 효소 (rate-limiting enzyme)

음성 되먹이 저해기전 (negative feedback inhibition)

효소의 활성이 감소할 뿐만 아니라 이 효소의 유전자 전사도 감소되어 단백질 합성이 저하되고, 궁극적으로 콜레스테롤 합성을 감소시킨다.

- 간에 존재하는 **LDL** 수용체 유전자의 전사가 감소되어 세포막의 수용체 수를 감소시킴으로써 간세포 내로 함입되는 콜레스테롤 양을 감소시킨다.
- 콜레스테롤 합성은 간에서 50%, 소장에서 25%, 그 외는 나머지 조직에서 이루어지며, 식이에 의한 음성 되먹이 저해기전은 주로 간에서 유효하게 작용한다.
- 이러한 조절로 혈중 VLDL과 LDL 콜레스테롤의 농도 변동이 줄고, 말초세포들이 일정한 농도로 공급받을 수 있게 된다.
- 말초조직에서도 LDL로부터 유입되는 콜레스테롤 양에 따라 콜레스테롤의 합성이 조절된다.
- 암세포는 콜레스테롤 합성 조절기전에 이상이 있으며, 특히 음성 되먹이 저해기전이 잘 작동되지 않는다.
- 콜레스테롤의 합성은 호르몬의 영향을 받는데 인슐린이나 갑상선호르몬은 합성을 증진시키고 글루카곤이나 글루코코르티코이드는 합성을 저지시킨다.

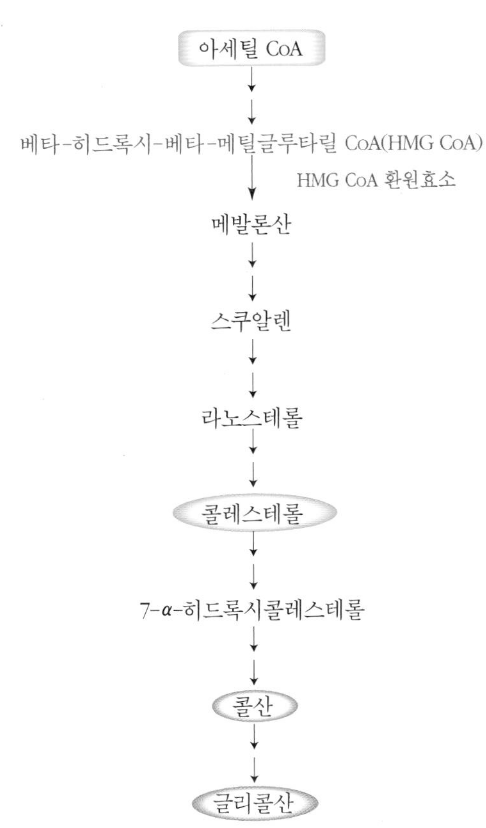

그림 3-18. 콜레스테롤과 담즙산의 생성

- 일반적으로 체내에서 약 500mg의 콜레스테롤이 합성되고 나머지는 음식으로부터 공급되기 때문에 식이 중의 콜레스테롤을 제한해도 혈액의 콜레스테롤 양을 완전하게 감소시킬 수는 없고 약간의 감소 효과만 있다.
- 식이 중 콜레스테롤 함량이 100mg 증가한다고해도 혈액내 콜레스테롤은 5mg 증가한다.

장간순환(enterohepatic circulation)

콜레스테롤은 스테로이드 호르몬과 비타민 D 합성에 일부 사용되고, 나머지는 HDL을 통해 다시 간으로 돌아간다. 간에서 담즙을 형성하여(1~2g/일) 장으로 배출된다. 그러나 장으로 배출된 담즙의 대부분은 문맥으로 흡수되어 간으로 들어가고, 필요시 다시 담즙으로 재배출된다. 이를 장간순환이라 한다. 일부는 재흡수되지 않고 대변으로 배설되거나(약 0.5g), 중성 스테로이드로 배설된다(약 0.5g).

케톤체 합성과 대사

케톤체(ketone body)
아세토아세트산(acetoacetate)
베타히드록시부티르산(β-hydroxybutyric acid)
아세톤(acetone)
케톤증(ketosis)

케톤체의 합성과 대사과정은 제2장에서 자세히 언급되어 있다.

- 케톤체는 아세토아세트산, β-히드록시부티르산, 아세톤 등이며, 굶었을 경우 주요 에너지원이 되기도 한다.
- 심한 당뇨, 기아, 마취, 산독증일 때 케톤체가 과잉으로 생성되고, 이것이 처리되지 못하면 케톤증이 된다.
- 고지질 식사와 저탄수화물 식사를 하면 증상이 더 심해진다.
- 탄수화물을 공급하면 포도당에 의해 옥살로아세트산의 공급이 증가하여 TCA회로로 들어갈 수 있으므로 케톤체 형성이 감소한다.
- 과잉의 포도당이 있으면 지방의 β산화가 감소되고 케톤체 형성이 감소한다.
- 혈액내 케톤체의 수준이 70mg/100mL 이상이면 소변으로 배출된다.

지질과 건강

지질은 영양소 중에서 질환과 가장 밀접한 관계가 있는 영양소이다. 현재까지 진행된 많은 연구에 의하면 섭취하는 지질의 양이나 종류가 심혈관질환 및 암 등 만성퇴행성질환과 매우 깊은 관계가 있다고 밝혀졌다. 따라서 지질섭취와 관련된 몇 가지 질환과의 관련성을 살펴보고, 트랜스 지방산 섭취의 문제점 등도 아울러 살펴보기로 한다.

심혈관질환의 위험인자

- 고지혈증
  - LDL 콜레스테롤 증가
  - 중성지질 증가
  - Lp(a) 증가
  - HDL 콜레스테롤 감소

- 고혈압
- 가족력
- 연령
- 성별
- 흡연
- 당뇨병
- 성격
- 폐경기 이후
- 비만
- 운동부족
- 스트레스

대사증후군(Metabolic Syndrome)

대사증후군이란, 병은 아니지만 만성질환의 위험 인자를 복합적으로 가지고 있는 상태를 말한다. 대사증후군을 가지고 있는 사람은 심혈관질환이 발발할 위험성이 그렇지 않은 사람보다 2배가 높으며, 당뇨병의 경우에는 5배가 높다. 또 이런 병이 생겼을 때 이로 인한 사망률도 높아진다. 이와 같이 대사증후군은 장기적으로 만성질환의 발병 위험도를 나타내므로, 대사증후군을 미리 정확히 진단해서 치료하는 것이 심장병과 당뇨병 등을 예방하는데 대단히 중요하다.

대사증후군의 위험 인자로는 고혈당증(insulin resistance), 복부 비만(central obesity), 혈중 중성지방 증가(elevated serum triglyceride), HDL 콜레스테롤 감소(decreased HDL-C), 고혈압(hypertention)을 들 수 있으며, 이들 다섯 가지 인자의 비정상치(cutoff points)를 제정하여 이 중 세 가지가 정상치를 벗어날 때 대사증후군이라고 진단한다.

대사증후군의 위험인자

위험인자	진단 참고치[1)]	한국진단기준[2)]
복부비만(허리둘레)		
남자	>102cm(>40in)	90cm
여자	>88cm(>35in)	85cm
중성지방	150mg/dL	150mg/dL
HDL 콜레스테롤		
남자	<40mg/dL	<40mg/dL
여자	<50mg/dL	<50mg/dL
혈압	130/85mmHg	130/85mmHg
공복 시 혈당	110mg/dL	100mg/dL

1) Expert Panel on Detection, Evaluation, and Treatment of High Blood Cholesterol in Adults. JAMA 2001:285:2486-2497.
2) 2007 국민건강영양조사 기준

쉬어가기 **심장병**

심장병의 일반적인 증상은 흉통과 호흡곤란, 피로감, 청색증, 실신, 심계 항진, 객혈 등인데, 목 혹은 팔 아래로 방사하는 통증이 마치 몽둥이로 심장을 갑자기 때리는 것 같기도 하고 소화불량처럼 둔통이나 가슴의 압박감 정도로 느낄 수도 있다.
심장병을 병인적 요인으로 분류해보면 동맥경화성(arteriosclerotic), 선천성(congenital), 고혈압성(hypertensive), 류마티스성(rheumatic) 등으로 나눌 수 있다. 이 중 가장 흔한 원인이 동맥경화성으로, 우리나라에서도 심혈관질환 중에서 동맥경화성 질환인 허혈성 심질환과 뇌혈관질환의 사망률은 지속적으로 증가하고 있다. 임상적으로도 혈청 콜레스테롤 농도의 10 % 감소는 심장질환에 의한 사망률 20 % 저하, 심근경색의 발생률 17 % 저하, 관상동맥경화증과 관련된 사고 23 % 저하의 결과를 나타내, 혈장 콜레스테롤의 저하가 심질환 예방에 매우 효과적임을 시사하고 있다.

지질과 심혈관질환

동맥경화증 (atherosclerosis)

- 심혈관질환은 주로 동맥경화증의 합병증으로 생기는데, 동맥경화증이란 동맥의 내벽에 지질과 결합조직, 평활근 세포, 대식세포 등으로 구성된 물질이 침착되면서 혈관벽이 굳어지고 탄력성이 없어진 것을 말한다.

심장마비(heart attack)

- 혈액응고물이 심장근에 분포된 관상동맥이나 뇌로 가는 혈관을 막으면 심장마비나 뇌졸중을 일으킨다.

위험인자(risk factor)

- 심혈관질환의 위험인자란 심혈관질환자 집단에서 자주 나타나는 인자나 성격, 습관들을 말한다.

프래밍검 연구 (Framingham 연구)

- 미국의 유명한 프래밍검 연구에 의하면 고콜레스테롤혈증, 흡연, 고혈압이 관상심장질환의 가장 중요한 위험인자라고 한다.
- 위험인자를 가진 사람은 그렇지 않은 사람에 비해 임상적 질환이 발생하기 쉽고 질환의 발생 연령이 위험인자를 갖지 않은 사람에 비해 빠르다.
- 위험인자를 두 가지 이상 가진 경우 심장질환으로 진전될 위험성이 많다고 한다.

대사증후군 (metabolic syndrome)
아포지단백 E (apolipoprotein E)
지단백(a) [lipoprotein(a)]

- 최근 심질환 발생과 관련된 여러 가지 요인들이 주장되고 있으며, 대사증후군을 가진 경우 심질환 발생의 위험도가 높고, 아포지단백 E의 특정 형태나 지단백(a)를 가지는 경우 동맥경화가 촉진된다고 한다.
- 엽산, 비타민 B_6와 B_{12} 부족 시 호모시스틴의 혈중 농도가 높아져 동맥경화증의 위험성이 증가한다고 한다.
- 따라서 심혈관질환의 발생은 유전적 인자와 환경적 인자의 상호작용으로 결정된다고 하겠다.

심혈관질환 위험도와 혈중 지질농도

혈청 콜레스테롤

- 미국의 국립 콜레스테롤 교육 프로그램에서 35만 명의 남자 성인을 대상으로 한 역학 조사결과 혈중 콜레스테롤 농도가 200mg/dL 미만이면 정상이고, 200~239mg/dL이면 경계선, 240mg/dL 이상이면 위험수준으로 분류하였다.

국립 콜레스테롤 교육 프로그램 (National Cholesterol Education Program, NCEP)

- 한국에서도 1994년 의료보험관리공단의 피보험자 대상 건강진단자료와 1998년 국민 건강조사자료에 기초하여 2003년 치료지침을 개정하였고 최근 새로운 이상지질혈증의 진단 및 치료 기준에서도 혈청 콜레스테롤 농도가 240mg/dL 이상이면 고콜레스테롤혈증으로 분류하였다(표 3-5).
- LDL은 간에서 다른 조직으로 콜레스테롤을 운반하는 역할을 하므로 LDL의 콜레스테롤 함량이 높으면 관상동맥의 벽에 콜레스테롤이 쌓일 위험이 높다. 따라서 **LDL** 콜레스테롤이 130mg/dL 이상이면 경계선이고 160mg/dL 이상이면 위험하다고 간주해 치료가 필요하다.
- LDL은 그 농도뿐 아니라 크기도 매우 중요하다. LDL 입자가 작은 것이 큰 것보다 손상된 혈관에 더 빨리 침착된다고 보고된다.
- HDL은 조직의 콜레스테롤을 간으로 운반하는 역할을 하며, 간에서 콜레스테롤을 체외로 내보내게 되므로 동맥경화에 대한 방어효과를 지닌다.
- 따라서 혈청 총콜레스테롤 농도보다 **HDL** 콜레스테롤 농도에 대한 **LDL** 콜레스테롤의 농도비나, non HDL-콜레스테롤 농도에 대한 HDL 콜레스테롤 농도비인 동맥경화지수가 심혈관질환의 발병을 예견할 수 있는 좋은 지표가 된다.

동맥경화지수 (atherogenic index, AI)

혈청 중성지질

- 혈청 중성지질의 농도가 높아도 심혈관질환의 발생빈도가 높다.
- 특히 한국인의 경우 에너지 섭취량 중 탄수화물이 차지하는 비율이 높은 관계로 혈청

표 3-5. 한국인의 이상지질혈증 진단 기준(2015년 개정)

총콜레스테롤(mg/dL)		LDL 콜레스테롤(mg/dL)		HDL 콜레스테롤(mg/dL)		중성지질(mg/dL)	
높음	≥240	매우 높음	≥190	낮음	< 40	매우 높음	500≥
경계치	200~239	높음	160~189	높음	≥60	높음	200~499
적정	< 200	경계치	130~159			경계치	150~199
		정상	100~129			적정	< 150
		적정	< 100				

중성지질의 농도가 고지혈증의 판정에 중요하며,

- 비만과 당뇨병의 경우 혈청 중성지질의 농도가 높게 나타나 심혈관질환의 위험인자로 고려된다.
- 한국인의 이상지질혈증 진단기준에 의하면 중성지질 농도가 150mg/dL 미만이면 적정, 150~199mg/dL이면 경계수준, 200mg/dL 이상이면 위험수준으로 분류하였다.

이상지질혈증 개선방안

이상지질혈증을 개선하려면 식사요법과 생활습관 교정을 병행하여야 한다. 특히 이상지질혈증은 당뇨병, 비만과 밀접하게 연관되어 있으므로 중등 정도의 운동을 시행하여 비만을 줄이고, 당뇨병이 있는 경우는 이를 조절하여야 한다.

- 식사요법을 통하여 이상지질혈증을 개선하려면 먼저 열량, 총지질, 포화지질, 콜레스테롤, 알코올 섭취를 줄이고 다가 불포화지방산의 섭취를 늘리는데, 특히 생선의 섭취를 증가시킨다.
- 어유에 든 EPA는 혈청 중성지질을 줄이는 효과가 뚜렷하고 혈액응고를 억제하므로 심혈관질환 예방에 도움이 된다.
- 단일 불포화지방산의 섭취는 혈청 콜레스테롤을 상승시키지 않으면서 LDL의 산화를 억제해 동맥경화를 예방할 수 있음이 알려져 관심의 대상이 되고 있다.
- 단일 불포화지방산이 다량 함유된 올리브유를 많이 섭취하는 지중해 연안 지역의 사람들이 심혈관질환 발생률이 낮다.
- 식이섬유의 섭취를 증가시키면 혈청 콜레스테롤 농도를 낮출 수 있다.

생활습관 교정에는 흡연을 줄이거나 금연을 실시하고 규칙적인 운동을 하는 것이 포함된다.

- 금연을 하면 혈청 콜레스테롤을 낮추고, HDL 콜레스테롤을 정상수준으로 회복시켜 동맥경화나 심장질환을 줄일 수 있다.
- 규칙적인 운동도 HDL 콜레스테롤을 높이고 체중을 정상으로 감소시켜 비만을 줄이므로 심혈관질환의 위험요인을 줄이는 결과가 된다.

지질과 암

식이인자 중 암발생과 관련해 가장 많이 연구된 것이 지질로, 섭취량뿐만 아니라 지방산의 조성에 따라서도 암발생에 미치는 영향이 다르다.

- 역학조사에 의하면 식이지질은 특히 대장암, 유방암 발생 증가와 관련이 깊다.
- 지질의 섭취량이 증가할수록, 특히 동물성 지질섭취가 증가할수록 대장암 발생 위험도가 증가하였다.

표 3-6. 식이조절을 통한 고콜레스테롤혈증 개선방안 및 타당성

<table>
<tr><th>식사요법</th><th colspan="2">기본원리</th><th>타당한 이유</th></tr>
<tr><td>지질 섭취량 감소</td><td colspan="2">미국 : 동맥경화의 위험군에서 섭취량을 총열량의 30% 이하로 권장
한국 : 열량의 20% 이하를 권장</td><td>지질의 섭취가 증가하면 혈청 콜레스테롤 양 상승</td></tr>
<tr><td>식이콜레스테롤 섭취조절</td><td colspan="2">성인은 콜레스테롤을 300mg 이하 권장</td><td>식이 콜레스테롤을 줄이면 내인성 콜레스테롤의 양이 증가해 혈청 콜레스테롤을 줄이는데 효과는 크지 않으나 그 정도는 개인에 따라 다르고, 일반적으로 식이 콜레스테롤이 증가하면 동맥경화증의 발생도 증가함</td></tr>
<tr><td rowspan="6">식이지방산의 종류</td><td colspan="2">C_{12}–C_{16}의 포화지방산 감소</td><td>LDL 콜레스테롤 증가 효과</td></tr>
<tr><td colspan="2">스테아르산 감소</td><td>혈전 증가효과</td></tr>
<tr><td colspan="2">단일 불포화지방산 증가</td><td>콜레스테롤 상승효과 없으며 LDL의 산화 억제 효과가 있음</td></tr>
<tr><td rowspan="2">다가 불포화지방산</td><td>n-6계 지방산 감소</td><td>콜레스테롤 감소효과 있으나 혈전 생성가능</td></tr>
<tr><td>n-3계 지방산 증가</td><td>TG 중성지질 감소효과가 가장 크고 혈전 생성을 억제하여 심장병 예방에 가장 효과적</td></tr>
<tr><td colspan="2">P : M : S비율은 1 : 1.0~1.5 : 1을 권장
P와 S를 총에너지 섭취량의 10% 이하로 섭취</td><td></td></tr>
<tr><td>식이섬유 섭취 증가</td><td colspan="2">펙틴, 검, 카라기난 등 가용성 섬유 섭취 증가</td><td>식이섬유에 담즙과 콜레스테롤이 결합하여 대장을 통해 배설되므로 혈청 콜레스테롤 농도 감소시킴
가용성 식이섬유는 대장에서 발효되면 짧은 사슬지방산으로 전환, 흡수되어 간내 콜레스테롤 합성을 저해함</td></tr>
</table>

- 유방암의 경우도 비슷한 결과들이 보고되고 있다.
- 지방산 조성에 따른 암 발생률 조사에서, 식이에 포화지방산과 n-6계 지방산이 증가할수록 암 유발률이 높은 반면, 어유에 함유된 n-3계 지방산이 증가할수록 암 발생 억제효과가 있음이 밝혀지고 있다.
- n-6계 지방산 중 특히 리놀레산은 혈청 콜레스테롤을 감소시키는 효과가 있으나, 종양의 성장인자이므로 섭취에 주의해야 할 것이다.
- **트랜스 지방산**도 포화지방산과 유사한 기능을 가지므로 이 지방산의 섭취증가도 암과 관련이 있을 것이라 추정한다.

트랜스 지방산

트랜스 지방산은 포화지방산과 유사한 성질을 갖고 있으며 중성지질 부분에 주로 존재한다.

트랜스 지방산 (trans fatty acid)

- 세포막의 인지질로 들어가면 시스형 지방산의 경우보다 **세포막을 단단하게** 하여 막에 존재하는 수용체나 효소의 작용을 방해한다.
- **콜레스테롤 막 수용체 기능을 감소시켜** 혈청 콜레스테롤의 농도를 증가시키기도 하

고, 아라키돈산 합성을 방해하여 필수지방산의 필요량을 증가시키기도 한다.

트랜스 지방산은 우리 건강에 해로운 것으로 알려지고 있다.

- 트랜스 지방산은 수소화 과정이나 고열 조리 시 생성될 수 있다.
- 트랜스 지방산은 많이 섭취할 경우 HDL 콜레스테롤을 감소시키고 LDL 콜레스테롤을 증가시킨다.
- 보통 섭취량의 2~4배의 수준에서 혈중 콜레스테롤, 심장마비에 의한 사망, 심장질환 발생이 증가하였다.
- 트랜스 지방산은 필수지방산의 기능도 없고 오히려 필수지방산의 대사를 방해한다.
- 패스트푸드 식당에서 포화지방산의 공급을 줄이기 위해 튀김용 기름으로 쇠기름 대신 쇼트닝을 사용하면 이는 트랜스 지방산의 섭취를 증가시키는 요인이 된다.
- 최근 우리나라에서 가공식품에 트랜스 지방산의 함량을 의무적으로 표시해야 하며 따라서 식품의 트랜스 지방산 함량이 감소되었다.

트랜스 지방산은 건강에 해롭다고 하므로 트랜스 지방산의 섭취를 줄이는 것이 필요하며, 따라서 한국인 영양소 섭취기준에서 열량의 1% 미만을 유지하는 것을 제안하였다.

- 전체 지질섭취량을 줄이고 고체상태의 지질 섭취를 줄인다.
- 특히 마가린, 쇼트닝 섭취량을 줄일 뿐만 아니라 섭취하더라도 수분함량이나 식물성 유지성분량이 더 많은 것으로 선택하고 튀김류의 음식도 줄인다.
- 감자튀김, 도넛, 생선튀김, 비프커틀릿, 돈가스, 닭튀김, 패스트리, 케이크, 과자, 칩 등의 섭취를 줄인다.

불포화지방산의 산화

산화물질 (oxidizing agent)

불포화지방산에 있는 이중결합은 자외선과 열 및 여러 산화물질들에 의해 쉽게 파괴되어 짧은 방향족 물질로 전환되면서 산패물질을 형성한다.

- 지방산은 산패되면 기분 나쁜 냄새와 맛을 내므로 식품의 저장성과 경제성을 떨어뜨린다.

수소화 (hydrogenation)

- 제조업자들은 수소화 과정을 거쳐 불포화지방산의 함량을 줄이거나 특별포장으로 공기와의 접촉을 차단하기도 하며 항산화제를 첨가하기도 한다.

부틸히드록시아니솔 (butylated hydroxyanisol, BHA)
부틸히드록시톨루엔 (butylated hydroxy toluene, BHT)

- 자연계에 존재하는 항산화제로는 비타민 E, 비타민 C, 카로티노이드, 폴리페놀화합물들이 있고, 합성 항산화제로 부틸히드록시아니솔이나 부틸히드록시톨루엔을 첨가하기도 한다.
- 소비자들도 기름을 소량 구입해 쓰도록 하고, 남으면 공기와 금속의 접촉을 피하여 갈색병이나 그늘에 보관하는 등의 주의를 기울여야 한다.

불포화지방산의 산화반응은 생체막에서도 일어나는데, 이때 생긴 지질과산화물과 말론디알데히드는 단백질이나 핵산 등에 반응하여 세포막의 파괴 및 노화, 암 유발 가능성, 퇴행성 변화 등을 일으켜 생체에 해로운 영향을 준다고 보고되고 있다.

말론디알데히드 (malondialdehyde, MDA)

불포화지방산의 섭취증가는

- 체내 비타민 E 수준을 감소시키는데, 이는 불포화지방산에 의해 비타민 E의 요구량이 증가되었기 때문이다.
- 불포화지방산의 섭취가 증가하면 산화를 막아주는 항산화제의 섭취도 증가시켜 주어야 한다.
- 불포화지방산 1g당 0.6mg의 토코페롤 섭취를 권장하고 있다.
- 불포화지방산의 이중결합의 수가 많은 생선과 어유의 섭취 비중이 커지면 비타민 E의 비율이 높게 조절되어야 한다.

지질의 섭취기준

- 한국인 영양소 섭취기준에서 지질의 섭취기준은 에너지적정비율을 설정하였고, 연령별 충분섭취량을 설정하였다. 2020년 한국인의 1일 지질 섭취기준은 표 3-7에 제시하였다. 3세 이후 대부분 연령층의 지질의 에너지적정비율은 15~30%로 2015년 기준을 유지하였고 뇌 심혈관질환 예방을 위해 포화지방산과 트랜스지방산 에너지적정비율도 기존과 동일하게 각각 7%와 1% 미만으로 권고하였다. 또한 성인 남녀에서 콜레스테롤 섭취량도 300mg/일 미만으로 권고하였다.
- 특히 DHA는 영유아의 두뇌 및 시신경 발달에 필수적인 성분으로 0~5개월 영아의 경우 200mg/일, 6~11개월 영아의 경우 300mg/일로 별도의 충분섭취량을 정하고 있다.

식용유지의 지방산 분포

식이지방은 가시지방과 비가시지방으로 나눌 수 있으며,

- 가시지방은 버터나 식용유처럼 지방이 눈에 보이는 경우를 의미하고,
- 비가시지방은 육류의 살코기에 있는 지방이나 우유에 포함된 지방으로 육안으로는 잘 식별이 되지 않는 지방을 의미한다.
- 동물성 지방은 주로 상온에서 고체로 존재하고 그 구성지방산에 포화지방산과 단일불포화지방산이 많다.

표 3-7. 한국인의 1일 지질 섭취기준

성별	연령	지방 (에너지 적정 비율, %)	충분섭취량				
			지방 (g/일)	리놀레산 (g/일)	알파-리놀레산 (g/일)	EPA-DHA (mg/일)	DHA (mg/일)
영아	0~5(개월)	-	25	5.0	0.6		200
	6~11	-	25	7.0	0.8		300
유아	1~2(세)	20~35		4.5	0.6		
	3~5	15~30		7.0	0.9		
남자	6~8(세)	15~30		9.0	1.1	200	
	9~11	15~30		9.5	1.3	220	
	12~14	15~30		12.0	1.5	230	
	15~18	15~30		14.0	1.7	230	
	19~29	15~30		13.0	1.6	210	
	30~49	15~30		11.5	1.4	400	
	50~64	15~30		9.0	1.4	500	
	65~74	15~30		7.0	1.2	310	
	75 이상	15~30		5.0	0.9	280	
여자	6~8(세)	15~30		7.0	0.8	200	
	9~11	15~30		9.0	1.1	150	
	12~14	15~30		9.0	1.2	210	
	15~18	15~30		10.0	1.1	100	
	19~29	15~30		10.0	1.2	150	
	30~49	15~30		8.5	1.2	260	
	50~64	15~30		7.0	1.2	240	
	65~74	15~30		4.5	1.0	150	
	75 이상	15~30		3.0	0.4	140	
임신부				+0	+0	+0	
수유부				+0	+0	+0	

자료 : 보건복지부, 2020 한국인 영양소 섭취기준, 2020

- 돼지기름이나 쇠기름에 많이 함유된 지방산은 포화지방산인 팔미트산과 단일 불포화 지방산인 올레산이다.
- 버터에는 짧은 사슬지방산이 많이 함유되어 있다.

식물성 유지의 지방산 조성도 급원식품에 따라 다르다.

- 옥수수유와 콩기름은 모두 리놀레산이 가장 많이 들어 있으나, 리놀렌산은 옥수수유보다 콩기름에 더 많이 함유되어 있다.
- 어유는 EPA와 DHA의 가장 좋은 급원이며, 올리브유는 올레산의 가장 좋은 급원이다.
- 한국 사람이 즐겨 먹는 들기름은 n-3계 지방산인 리놀렌산이 가장 풍부한 식용유이다.
- 일부 식물성 유지는 수소화되어 마가린이나 쇼트닝을 제조하는 데 이용되며, 따라서

이런 수소화과정에서 트랜스 올레지방산이 많이 생성된다.

- 그림 3-19에 각종 상용유지의 지방산 조성을 제시하였다.

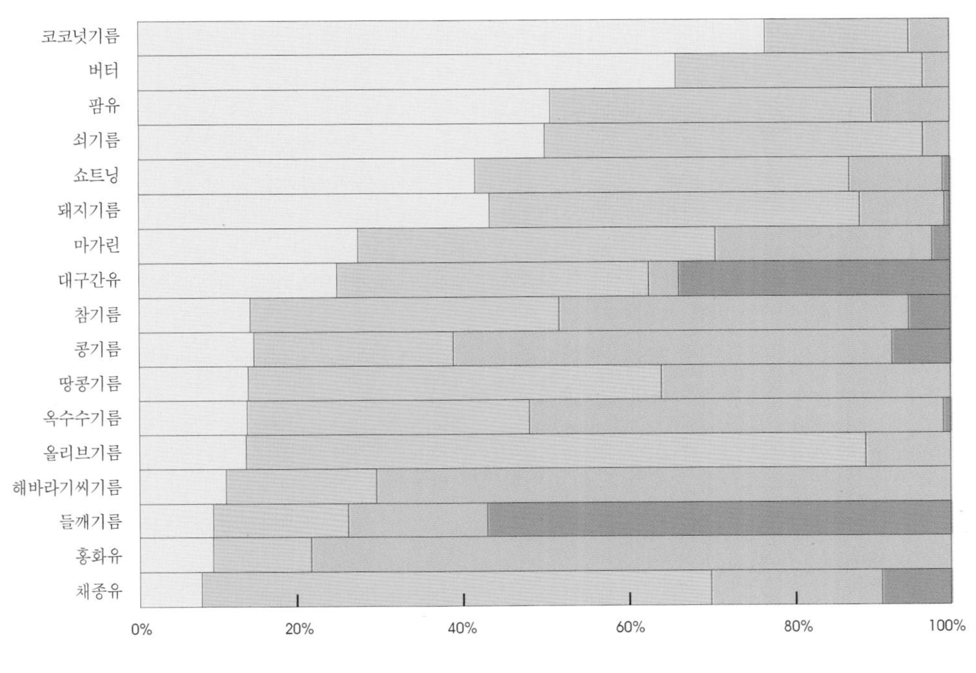

그림 3-19. 각종 유지의 지방산 조성

요약

1. 지질은 물에는 녹지 않으나 유기용매에 녹는 화합물로 탄소, 수소, 산소로 구성되었고 단백질이나 탄수화물보다는 산소가 적은 화합물이다.
2. 동물성 지방산은 탄소와 탄소 사이의 이중결합이 없는 포화지방산의 비율이 높다. 단일 불포화지방산은 이중결합이 1개 있고, 다가 불포화지방산은 2개 이상의 이중결합을 가지며 식물성 기름에 많이 함유되어 있다.
3. n-3계 지방산은 첫 번째 이중결합이 탄소사슬의 메틸기로부터 3번째에 존재하는 반면 n-6계 지방산은 첫 번째 이중결합이 탄소사슬의 메틸기로부터 6번째에 존재한다. n-6계 지방산인 리놀레산, 아라키돈산, n-3계 지방산인 리놀렌산 등은 필수지방산으로, 건강 유지에 꼭 필요하다.
4. 아이코사노이드는 호르몬과 유사한 물질로서 n-3계 지방산과 n-6계 지방산으로부터 형성된다. n-3계 지방산이 혈액응고를 억제하고 혈압 및 염증반응을 감소시키는 반면, n-6계 지방산은 혈액응고를 촉진시킨다.
5. TG는 글리세롤과 3개의 지방산으로 이루어졌으며, 포화지방산이 많은 경우 상온에서 고형이며, 불포화지방산이 많이 포함되면 액체상태이다. 불포화지방산에 수소를 첨가하면 고체화할 수 있고 산패를 방지할 수 있으나 트랜스 지방산이 형성된다.
6. TG는 생체와 음식의 주요 지질형태이고, 조직의 보호와 지용성 비타민의 이동에 관여하며, 음식에 맛과 질감을 주며 포만감을 준다.
7. 인지질은 세포막을 구성하며 유화작용을 한다.
8. 콜레스테롤은 동물성 식품에 존재하며 세포막의 주요 구성요소이고 담즙산이나 스테로이드계 호르몬의 전구체가 된다 식이콜레스테롤 섭취 정도에 따라 신체내 합성이 조절된다.
9. 지질의 수송은 4가지 지단백을 통해 이루어진다. 음식으로부터 공급받은 지질은 소장세포에서 카일로미크론의 형태로 방출시키며 간에서 형성된 지질은 VLDL의 형태로 방출된다. TG가 간외 조직에서 지질분해효소의 영향을 받아 분해되면 IDL을 거쳐 LDL로 전환된다. LDL의 콜레스테롤은 간과 간외 조직에서 이용된다. HDL은 세포로부터 콜레스테롤을 전달받아 다시 간으로 전해준다.
10. 지방산은 미토콘드리아에서 β-산화경로를 거쳐 탄소 수가 2개씩 감소되는 회로를 반복하여 아세틸 CoA를 형성하고, 아세틸 CoA는 TCA회로를 거쳐 에너지를 생성한다.
11. 지방산의 합성과 긴 사슬형화는 세포질에서 이루어지고 아세틸 CoA, NADPH를 사용한다.
12. 아세틸 CoA로부터 형성되는 케톤체는 굶었을 경우 중요한 에너지원이 된다. 탄수화물 공급으로 케톤체 형성이 조절된다.
13. 콜레스테롤의 체내 합성은 음성 되먹이 저해기전에 의해 조절된다.
14. 혈액의 총콜레스테롤 수준 또는 LDL 콜레스테롤 수준이 증가하거나, HDL의 수준이 감소하면 심혈관질환의 위험도가 증폭된다.
15. 지방의 1일 섭취 권장량은 없으나 필수지방산을 공급받기 위해서는 식물성 기름을 총에너지 섭취의 1~2% 정도를 섭취해야 한다.
16. 한국의 경우는 지질 섭취량은 성인에게 총열량의 15~30%로 권장한다.
17. 식이 지질은 섭취량뿐만 아니라 지방산의 조성이 균형있게 섭취되도록 우리나라에서는 P : M : S가 1 : 1.0~1.5 : 1의 비율을 권장하고 있다.
18. 바람직한 n-6/n-3비는 모유의 조성을 근거로 하여 비가 4 : 1에서 10 : 1의 범위가 되도록 권장하고 있다.

참고문헌

1. 농촌진흥청 · 농촌생활연구소(1996) '식품중 지방산 콜레스테롤, α-토코페롤 함량', 식품성분표 제5차 개정
2. 문현경 · 이행신(1996) '국민영양조사를 이용한 지방에너지 섭취비율에 따른 식품섭취 패턴과 식이 관련인자의 비교연구', 한국영양학회지 29(3), pp 321~330
3. 보건복지부(2020) 2020 한국인 영양소 섭취기준
4. 유언호(1994) '동맥경화 개론', 제1차 한국지질학회 동맥경화와 고지혈증 워크숍
5. 질병관리청(2015) 2014 국민건강통계
6. Bang H.O. · Dyerberg J.(1980) "Lipid metabolism and ischemic heart disease in Greenland Eskimos", Adv Nutr Res 3, pp 1~22
7. Dupont J.(1990) "Lipids", Present Knowledge in Nutrition, 6th ed., International Life Sciences Institute Nutrition Foundation, Washington D.C., pp 56~66
8. Huang Y.S. · Nassar B.A.(1990) "Modulation of tissue fatty acid composition", prostaglandin production and cholesterol levels by dietary manipulation of n-3 and n-6 essential fatty acid metabolites, Omega-6 essential fatty acids : pathophysiology and roles in clinical medicine, Alan R Liss Inc., Chapter 10, pp 127~144
9. Katan M.B. · Zock P.L. · Mensink R.P.(1994) "Effects of fats and fatty acids on blood lipids in humans : an overview", Am J Clin Nutr 60(suppl), pp 1017S~1022S
10. Linder M.C.(1991) "Nutrition and metabolism of fats", Linder MC ed., Nutritional biochemistry and metabolism with clinical applications, 2nd ed., Elsevier Science Pub Co., New York, Chapter 3, pp 51~85
11. Linscheer W.G. · Vergroesen A.(1994) "Lipids", Shils ME · Olson JA · Shike M. ed., Modern nutrition in health and disease, 8th ed., Lea and Febiger, Philadelphia, chapter 3
12. Sinclair H.M.(1990) "History of essential fatty acids", Horrobin DF ed., Omega-6 essential fatty acids : pathophysiology and roles in clinical medicine, Alan R Liss Inc., Chapter 1, pp 1~20
13. Wardlaw G.M.(2005) Perspectives in nutrition, 6th ed., McGraw-Hill
14. WHO · FAO Joint Consultation(1995) "Fats and oils in human nutrition", Nutrition Reviews 53, pp 202~205

탐구과제

1. 지질이 탄수화물이나 단백질보다 열량가가 높은 이유를 설명하라.
2. 포화지방산과 불포화지방산의 화학적 구조를 설명하고, 이들이 체내와 음식에 어떤 영향을 미치는지 기술하라.
3. 지질의 소화 · 흡수 과정을 설명하라.
4. n-3계 지방산의 성인병 예방 효과를 설명하라.
5. 4개 주요 혈청 지단백질의 구조, 근원, 역할을 설명하라.
6. 지단백 분해효소와 호르몬 민감성 지질분해효소의 기능은 무엇인가?
7. 지질대사에서 간은 어떠한 역할을 하는가?
8. 다가 불포화지방산과 비타민 E의 관계에 대해 설명하라.
9. 케톤증이란 무엇인가? 탄수화물 섭취로 케톤증이 방지될 수 있는가?
10. 프로스타글란딘의 전구체는 무엇이며 어떤 역할을 하는가?
11. 혈액의 콜레스테롤 양과 심장질환의 위험도는 어떻게 연관이 있는가?
12. 당신의 하루 지질 및 지방산 섭취량과 콜레스테롤 섭취량을 계산해보고, 그 수치를 우리나라에서 권장하는 지질섭취량 및 지방산 균형과 비교해 보라.

관련 웹사이트

1. http://www.usda.gov/fnic/etext/fnic.html
2. http://ificinfo.health.org – 지질에 관련된 사이트
3. http://www.cnn.com/Health – 지방과 콜레스테롤
4. http://www.nal. usda. gov:80/fnic/dga/dguide95. html – 지방섭취 줄이기
5. http://www.tomis.co.kr
6. http://www.dietnet.or.kr
7. http://knhanes.cdc.go.kr

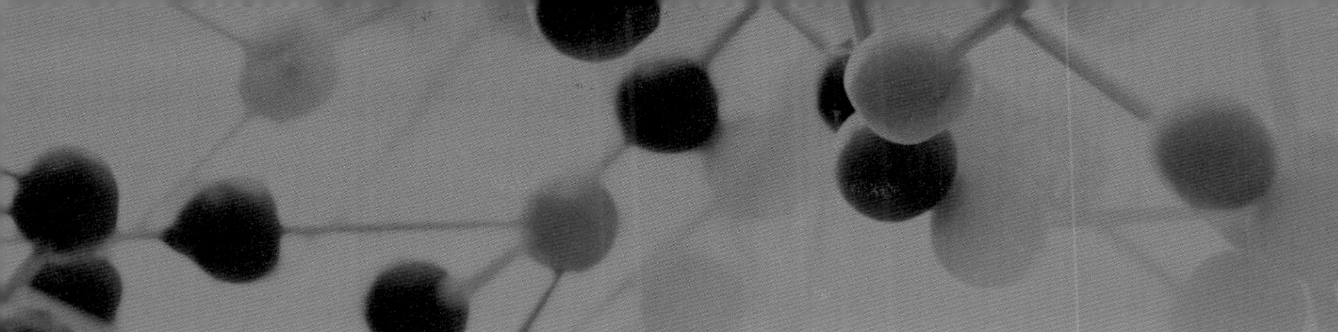

CHAPTER 4 단백질

단백질의 분류와 구조

단백질의 소화

단백질의 체내 기능

단백질 및 아미노산 대사

단백질의 질 평가

단백질과 건강

단백질 섭취기준

단백질이 풍부한 식품

CHAPTER

4

단백질

단백질은 생명 유지에 필수적인 영양소로서, 효소, 호르몬, 항체 등의 주요 생체 기능을 수행하고 근육 등의 체조직을 구성한다. 단백질은 살아 있는 세포에서 수분 다음으로 풍부하게 존재하므로 식이를 통해 체내에서 필요한 단백질을 규칙적으로 공급해주는 일은 건강 유지에 필수적이다. 분자량이 수천에서 수백만에 이르는 거대분자인 단백질은, 식이섭취 후 소화과정을 거쳐 구성 단위인 아미노산으로 분해된 후 흡수되어 체내에서 이용된다.

그림 4-1. 단백질이 풍부한 식품

단백질의 분류와 구조

단백질의 분류

생체내에 수천 가지의 다른 형태로 존재하는 단백질을 그 구성성분으로 분류하면 크게 단순단백질과 복합단백질로 나눌 수 있다.

- 단순단백질은 아미노산 외에 다른 화학성분을 함유하지 않는 단백질이다.
- 복합단백질은 아미노산 외에 몇 가지 화학성분을 함유하는 단백질로서 비아미노산 부분을 보결기라 하는데, 보결기는 단백질의 생물학적 기능에 중요한 역할을 하며 보결기의 화학적 성질에 따라 복합단백질을 분류한다.

단백질(proteins) 어원
to come first(우선적이다)라는 의미의 그리이스 단어 프로토스(protos)로부터 유래했다.

단순단백질 (simple protein)
아미노산 외에 다른 화학성분을 함유하지 않는 단백질

복합단백질 (conjugated protein)
아미노산 외에 몇 가지 화학성분을 함유하는 단백질

보결기 (prosthetic group)

지단백질 (lipoprotein)

표 4-1. 복합단백질의 분류

분 류	보결기	예
지단백질	지방질	카일로미크론, VLDL, LDL, HDL
당단백질	탄수화물	소장 점액 중의 뮤신, 점액 단백질, 혈중 면역글로불린 G
인단백질	인산기	우유의 카제인
헴단백질	헴	혈중 헤모글로빈
플라빈 단백질	플라빈 뉴클레오티드	숙신산 탈수소효소
금속단백질	철, 아연, 칼슘, 구리 등	철저장단백질, 알코올 탈수소효소, 칼모듈린, 플래스토시아닌

단백질은 또한 생체내에서 수행하는 기능에 따라 효소, 운반단백질, 영양단백질, 운동단백질, 구조단백질, 방어단백질, 조절단백질 등으로 분류할 수 있다(표 4-2).

효소(enzyme)
소화, 신진대사의 반응속도를 빠르게 해주는 촉매역할 단백질

단백질의 구성 단위

단백질의 구성 단위인 아미노산들은 강한 공유결합인 펩타이드 결합으로 연결되어 있으며 최소한 100여 개의 아미노산으로 구성되어 있다.

- 아미노산은 탄소 · 수소 · 산소 · 질소로 구성되며, 일부 아미노산은 황을 함유하고 있다.
- 천연에 총 20개의 L-아미노산들이 특유한 배열로 식이 및 조직단백질을 구성한다.
- 단백질에서 볼 수 있는 **20**종류의 아미노산은 모두 1개의 카르복실기와 1개의 아미노

펩타이드 결합 (peptide bond)
한 아미노산의 아미노기와 다른 아미노산의 카르복실기 사이에 물 한 분자가 빠져나가면서 형성된 결합으로, 단백질의 1차구조를 이루는 주요한 결합

카르복실기 (carboxyl group)

아미노기(amino group)

표 4-2. 생물학적 기능에 따른 단백질의 분류

기 능	예
효소	소화효소 : 펩신, 트립신, 아밀라아제, 리파아제 대사효소 : 포도당 인산화효소, 아미노기 전이효소, 지방 아실 탈수소효소
운반단백질	지단백질 : 지질운반 헤모글로빈 : 산소운반 세포막 운반단백질 : 포도당, 아미노산 등 운반
영양단백질	식물종자 단백질, 달걀 알부민, 우유 카제인, 철저장 단백질
운동단백질	액틴, 미오신 : 수축운동 튜불린 : 편모섬모운동
구조단백질	콜라겐 : 결합조직 엘라스틴 : 인대 케라틴 : 모발, 손톱, 깃털 피브린 : 실크, 거미줄 레실린 : 곤충날개
방어단백질	면역 글로불린, 항체 : 면역작용 피브리노겐, 트롬빈 : 혈액응고
조절단백질	호르몬 : 인슐린, 글루카곤, 성장호르몬
기타	감미단백질 : 아프리카산 식물 부동단백질 : 남극어류 혈액

호르몬(hormone)
내분비 기관에서 혈액으로 분비된 후 그 작용을 나타내는 조직의 세포(target cell)로 이동하여 그 세포내 기능을 조절하는 화학물질(chemical messenger)

기를 가지고 있다(그림 4-2).

- 아미노산의 특유한 화학적 특성을 나타내는 잔기인 R부분이 아미노산의 형태와 이름을 결정한다.
- R이 수소이면 글리신이 되고, R이 메틸기이면 알라닌이 된다.
- 화학적으로 유사한 R부분을 지니는 아미노산들을 중성, 산성, 염기성, 방향족, 곁가지 아미노산 등으로 분류할 수 있다(그림 4-3).
- 단백질을 구성하는 아미노산은 체내에서 합성할 수 없는 9개의 필수 아미노산과 합성

글리신(glycine)
메틸기(methyl group)
알라닌(alanine)
방향족(aromatic)
곁가지(branched-chain)

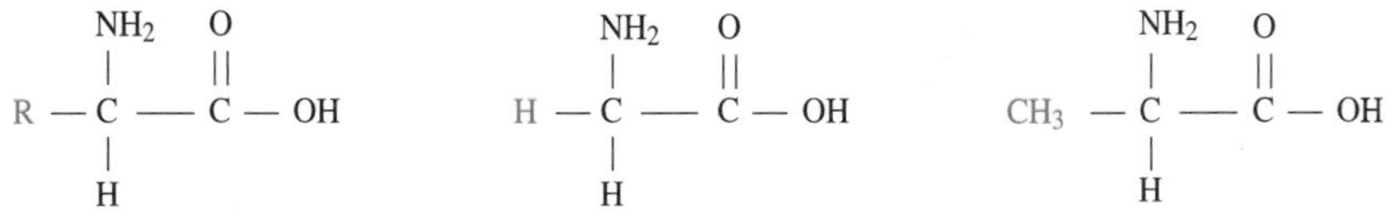

$$\mathrm{R-\underset{\underset{H}{|}}{\overset{\overset{NH_2}{|}}{C}}-\overset{\overset{O}{||}}{C}-OH}$$

아미노산의 일반구조

$$\mathrm{H-\underset{\underset{H}{|}}{\overset{\overset{NH_2}{|}}{C}}-\overset{\overset{O}{||}}{C}-OH}$$

글리신

$$\mathrm{CH_3-\underset{\underset{H}{|}}{\overset{\overset{NH_2}{|}}{C}}-\overset{\overset{O}{||}}{C}-OH}$$

알라닌

그림 4-2. 아미노산의 기본 구조

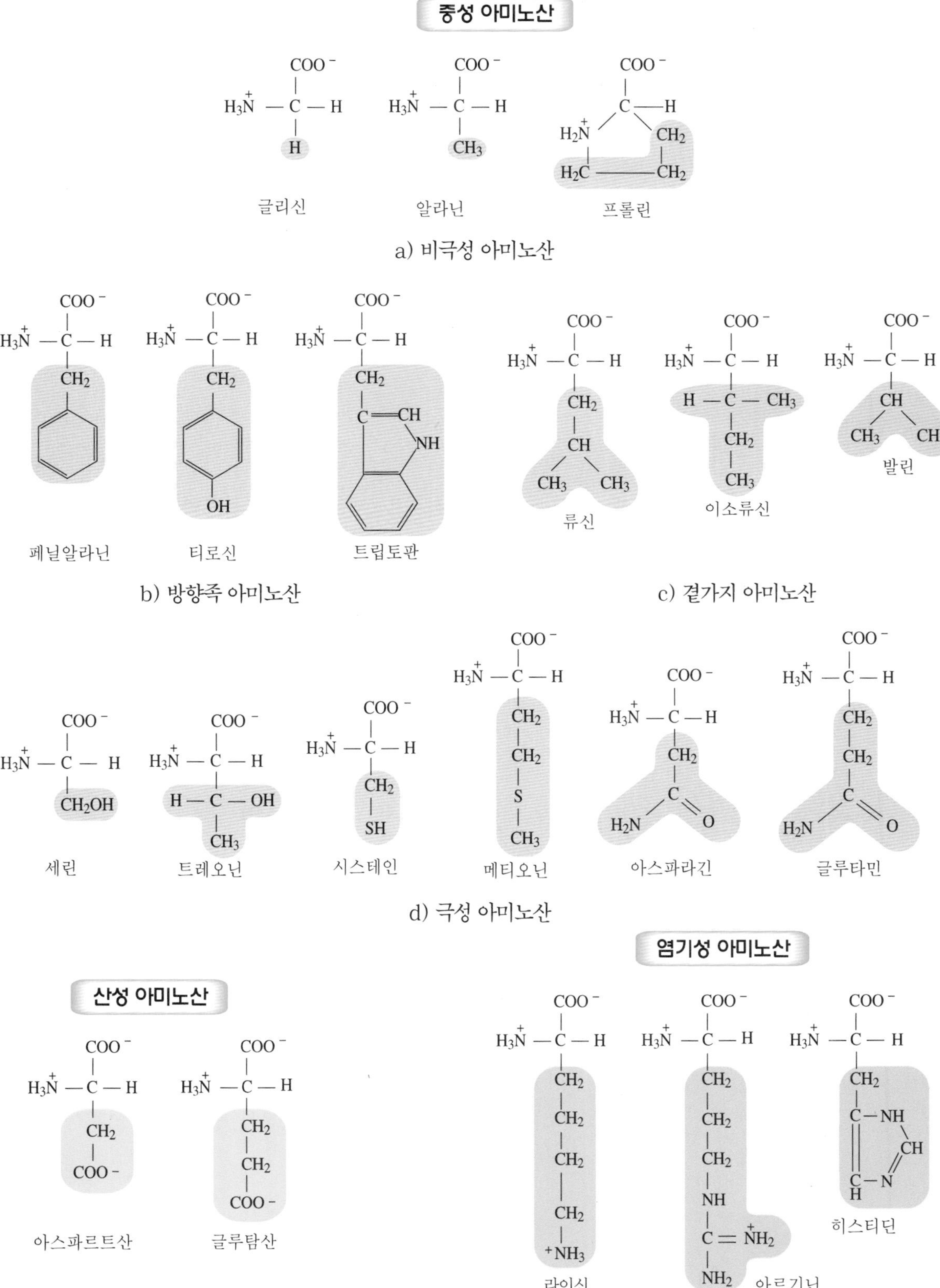

그림 4-3. 단백질을 구성하는 20개 아미노산의 분류 및 구조

히스티딘(histidine)
이소류신(isoleucine)
류신(leucine)
라이신(lysine)
메티오닌(methionine)
페닐알라닌(phenylalanine)
트레오닌(threonine)
트립토판(tryptophan)
발린(valine)
알라닌(alanine)
아르기닌(arginine)
아스파라긴(asparagine)
아스파르트산(aspartic acid)
시스테인(cysteine)
글루탐산(glutamic acid)
글루타민(glutamine)
글리신(glycine)
프롤린(proline)
세린(serine)
티로신(tyrosine)

이 가능한 11개의 불필수 아미노산으로 나누어지며(표 4-3), 필수 아미노산은 반드시 식이로서 공급되어야 한다.

- 식이에서 충분히 필수 아미노산이 공급되지 않으면 체내에서 단백질 합성이 지연되므로 단백질의 분해가 합성을 능가하게 되어 건강이 나빠진다.

표 4-3. 체내합성 여부에 따른 아미노산의 분류

필수 아미노산	불필수 아미노산
히스티딘, 이소류신, 류신, 라이신, 메티오닌, 페닐알라닌, 트레오닌, 트립토판, 발린	알라닌, 아르기닌, 아스파라긴, 아스파르트산, 시스테인, 글루탐산, 글루타민, 글리신, 프롤린, 세린, 티로신

단백질의 구조

단백질은 20개의 아미노산으로 구성되므로 상당히 많은 수의 단백질이 식품 내에 존재한다. 단백질의 구조는 1차, 2차, 3차, 4차 구조 등으로 나누어진다.

1차 구조(primary structure)

1차 구조

단백질 내에서 펩타이드 결합(그림 4-4)으로 이루어진 아미노산의 배열을 1차 구조라고 한다.

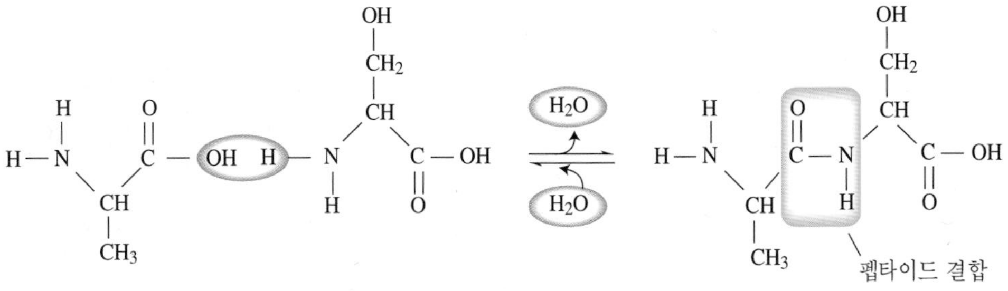

그림 4-4. 펩타이드 결합

2차 구조(secondary structure)
α 헬릭스(α-helix)
β 시트(β-sheets)

2차 구조

단백질의 2차 구조는 이웃하는 아미노산 사이의 상호작용으로 이루어진다. 한가닥의 실과 같은 형태인 1차 구조물이 회전, 접힘, 꼬임 등의 과정을 거쳐 α 헬릭스나 β 시트 등을 형성하며 주로 수소 결합에 의해 안정화된다(그림 4-5).

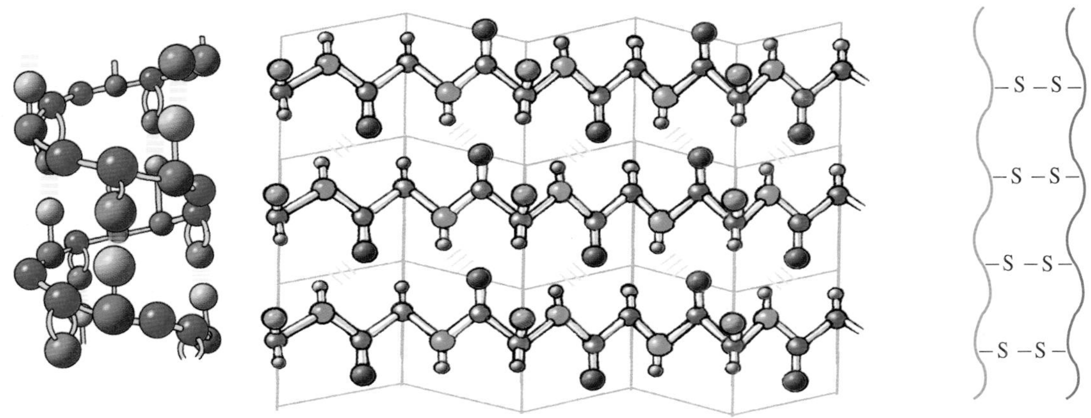

그림 4-5. α 헬릭스, β 시트, 이황화 결합

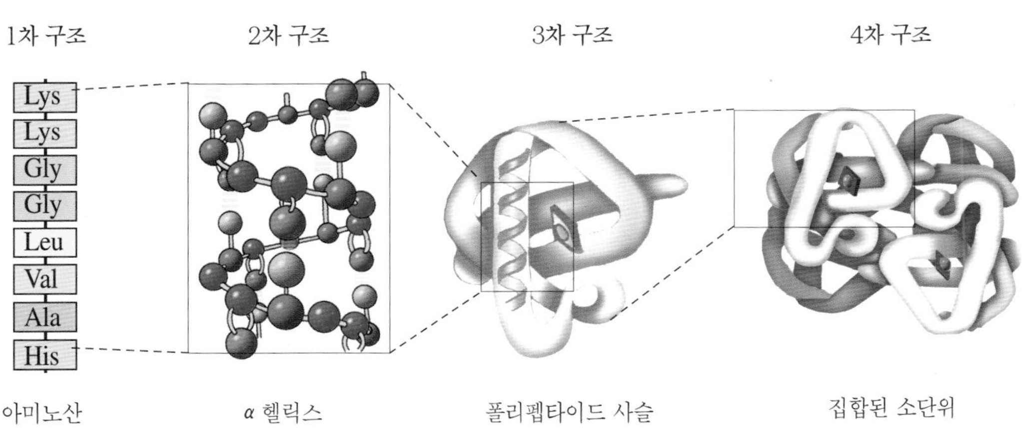

그림 4-6. 단백질의 입체구조

소단위(subunit)

3차 · 4차 구조

3차 구조 (tertiary structure)
4차 구조 (quarternary structure)
이황화 결합 (disulfide bridge)
폴리펩타이드 (polypeptide)

- 단백질의 기능을 수행하기 위한 3차원적인 입체구조이다.
- 이 구조는 수소 결합, 반데르발스 힘, 이온 결합, 소수성 결합 등의 비공유결합 혹은 시스테인 잔기 사이의 이황화 결합에 의해 안정화 된다.
- 아미노산 잔기의 특성에 따라 주로 친수성 잔기들이 단백질의 표면에 위치하며 소수성 잔기들이 안으로 숨어들어가 형성되는 3차원적 입체구조를 3차 구조라 한다.
- 둘 이상의 폴리펩타이드가 상호작용하여 4차 구조를 이루기도 한다(그림 4-6).

단백질 구조의 변화

단백질의 활성 형태인 3차원적 입체구조에서 급격히 저어주거나 가열, 산 · 알칼리 용액으로 처리했을 때 풀어지면서 활성을 잃게 되는 과정을 변성이라 한다.

변성(denaturation)
단백질의 활성 형태인 3차원적 입체구조에서 급격히 저어주거나 가열, 산 · 알칼리용액으로 처리했을 때 1차 구조로 풀어지면서 활성을 잃게 되는 과정

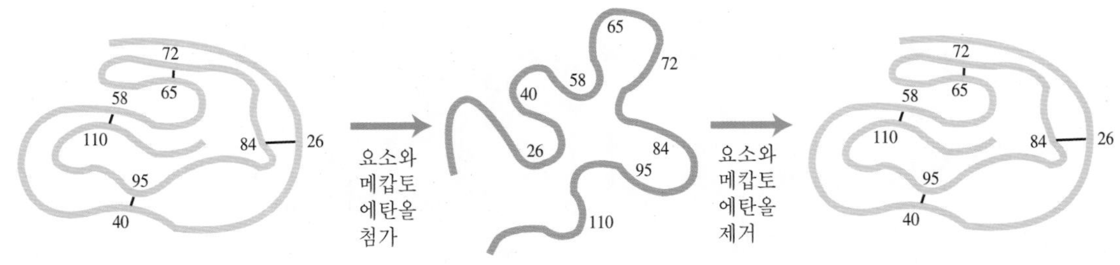

그림 4-7. 단백질의 변성과 재생

재생(renaturation) 변성된 단백질이 본래의 입체구조를 유지할 수 있는 조건으로 돌려주면 다시 3차원적 입체구조로 접히면서 활성을 회복하는 과정

- 변성된 단백질은 본래의 입체구조를 유지할 수 있는 조건으로 돌려주면 재생된다(그림 4-7).
- 단백질의 소화과정 중 위에서 분비되는 염산에 의해 식이 단백질이 변성되어, 펩타이드 결합을 가수분해시키기 위한 효소의 접근이 용이하게 된다.

단백질의 소화

펩신(pepsin)

단백질의 소화는 위에서 시작된다. 식이 중에 함유된 단백질이 위산에 의해 변성되면 단백질을 분해하는 효소인 펩신이 작용하기 시작한다.

- 펩신은 모든 단백질을 공격해 보다 더 작은 단백질의 단위인 펩톤으로 나눈다.
- 펩신은 위의 주세포들로부터 자가소화를 방지하기 위해 불활성 전구체인 펩시노겐으로 분비된다.

펩시노겐(pepsinogen)

- 펩시노겐은 위내의 **pH 1~2**인 산성 환경에 들어가게 되면 효소의 일부분이 유리되어 펩신으로 활성화된다.

가스트린(gastrin)

- 펩신 분비는 호르몬인 가스트린에 의해 조절된다.

콜레시스토키닌(cholecystokinin)

펩톤은 소장에 들어가면 소장벽을 자극하여 콜레시스토키닌 분비를 촉진시킨다.

- 콜레시스토키닌이 혈액을 통해 췌장과 담낭에 이르면 담낭이 수축되어 담즙이 분비된다.

카르복실말단 분해효소(carboxypeptidase)

- 췌장에서 단백질 분해효소인 트립신, 키모트립신, 카르복실말단 분해효소들은 불활성 효소 전구체 형태로 소장으로 배출된다.

트립신 활성화효소(enterokinase)

- 소장에 이르면 장의 트립신 활성화효소가 트립시노겐 꼬리부분의 일부 펩타이드를 유리시켜 트립신으로 활성화시킨다.
- 활성화된 트립신은 키모트립신과 카르복실말단 분해효소의 꼬리부분을 유리시켜 활성화시키고, 불활성형으로 남은 트립시노겐도 분할해서 트립신으로 활성화 될 수 있다.

표 4-4. 단백질의 소화효소

분 류	역 할	효 소	효소원	활성화시키는 물질	분비장소	펩타이드 결합에 대한 특이성
내부 펩타이드 분해효소	단백질 사슬의 내부를 끊음	펩신	펩시노겐	염산	위	Phe, Trp, Tyr Leu, Glu, Gln
		트립신	트립시노겐	트립신활성효소	췌장	Lys, Arg
		키모트립신	키모트립시노겐	트립신	췌장	Phe, Trp, Tyr
외부 펩타이드 분해효소	단백질 사슬 한쪽 말단의 펩타이드 결합에 작용하여 한 번에 한 개의 아미노산	카르복실말단 분해효소	프로카르복실 말단 분해효소	트립신	췌장	카르복실기 말단잔기를 차례로 절단
		아미노말단 분해효소			소장	아미노기 말단잔기를 차례로 절단
		디펩타이드 분해효소			소장	디펩타이드

트립신은 라이신과 아르기닌의 카르보닐기로 된 펩타이드 결합을 가수분해하며, 키모트립신은 방향족 아미노산 인접부위의 펩타이드 결합을 가수분해한다.

- 트립신과 키모트립신은 위에서 펩신의 작용으로 만들어진 폴리펩타이드를 더 작은 펩타이드로 가수분해한다.
- 펩신, 트립신 및 키모트립신이 펩타이드 사슬을 가수분해할 때 각 효소의 아미노산 특이성이 다르므로 이 단계에서 단백질 소화는 매우 효율적으로 진행된다.
- 카르복실 말단 분해효소는 펩타이드의 카르복실기 말단에 있는 아미노산을 하나씩 차례로 제거한다.
- 소장은 짧은 펩타이드에서 아미노 말단의 아미노산을 차례로 가수분해시키는 효소도 분비한다.
- 연속적인 작용에 의해 단백질은 결국 아미노산 혼합물로 가수분해된다(표 4-4).
- 유리된 아미노산은 소장의 흡수세포를 통하여 융모에 있는 모세혈관으로 들어가서 간으로 운반된다.

트립신 (trypsin)
키모트립신 (chymotrypsin)

아미노말단 분해효소 (aminopeptidase)
디펩타이드 분해효소 (dipeptidase)

단백질의 체내 기능

식이 단백질로부터 소화 흡수된 아미노산은 충분히 에너지가 공급된 상태에서는 효소, 체구성 성분, 혈액내의 운반 단백질, 면역체, 조절 인자, 근육수축단백질 등으로 합성되어 기능을 수행한다.

체구성 성분 형성

단백질은 모든 신체 조직의 성장과 유지에 매우 중요하다. 특히 성장기, 임신 및 수유기에 단백질이 많이 요구되며, 일단 형성된 체구성 단백질이라도 계속적으로 퇴화되고 재생되어야 하므로 매일 단백질이 공급되어야 한다.

- **체구성 물질** : 근육, 결체조직, 뼈 속의 지지체, 혈액응고인자, 혈중운반 단백질, 시각색소
- **세포막 성분** : 영양소 흡수를 위한 수용체, 호르몬의 수용체, 세포 안팎의 이온균형을 유지시켜주는 이온 펌프

수분 평형유지

알부민(albumin)
글로불린(globulin)

- 혈액에 있는 단백질인 알부민과 글로불린 등은 체내 수분평형을 돕는 작용을 한다.
- 혈중 단백질은 분자량이 커서 모세혈관을 빠져나가지 못해 혈관내의 삼투압을 조직보다 높게 유지시키는 데 중요한 역할을 하므로, 수분을 혈관에 머무르게 한다.
- 식이섭취를 통해 단백질을 충분히 공급하지 못하면 혈액 중의 단백질 양이 줄어들어 말초 모세혈관이 있는 조직(특히 손, 발)에 부종이 나타난다(그림 4-8).

부종(edema)

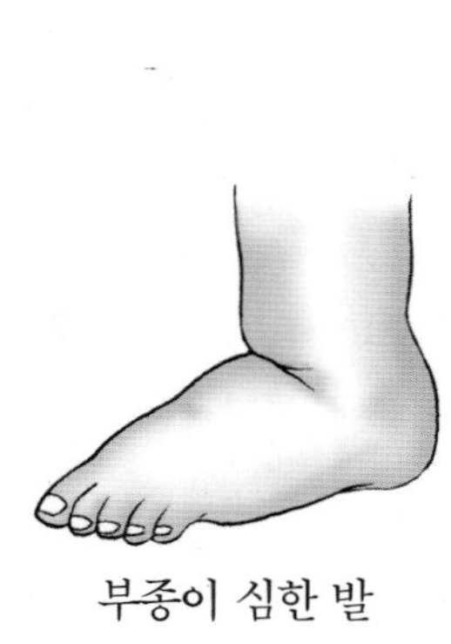

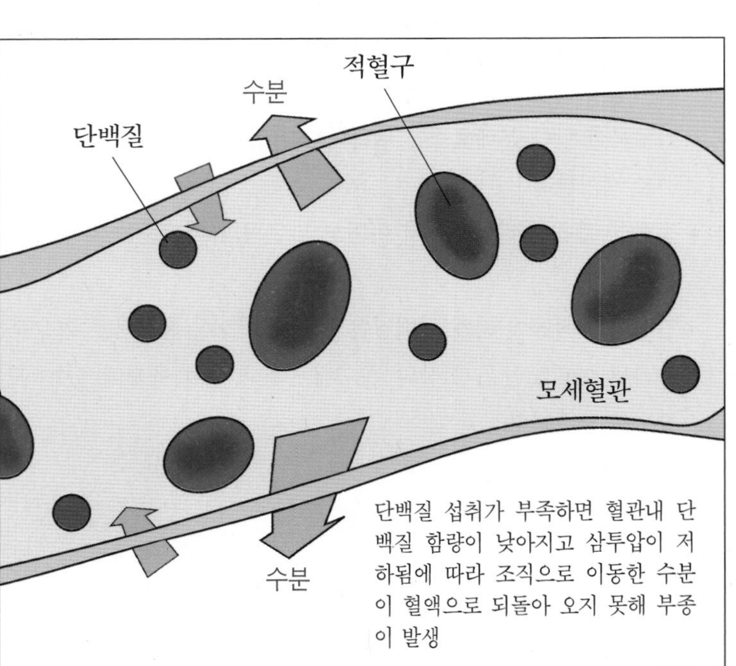

그림 4-8. 단백질의 수분평형

산염기 평형유지

혈액 중의 단백질은 양성물질로서 쉽게 수소이온을 내어주거나 받아들임으로써 완충제로 작용하여 혈액의 pH를 항상 일정한 상태(pH 7.35~7.45)로 유지시키는 데 관여한다.

완충제(buffer)
용액의 pH가 급격하게 변하는 것을 방지해 주는 물질

면역기능

- 단백질은 면역체계에서 사용되는 세포들의 주요성분을 구성하며, 면역세포에서 생성하는 항체로서 작용하여 질병에 대해 저항력을 지닌다.
- 식이로 섭취하는 단백질이 충분하지 못하면, 면역체계의 세포가 부족하거나 작용하는 기능이 떨어져서 전염병에 대해 치명적일 수 있다.

호르몬, 효소, 신경전달물질 및 글루타티온 형성

단백질이나 아미노산 형태로 생체의 주요 기능을 담당하는 물질로 작용하거나, 주요 생리물질의 합성에 전구체로 작용한다.

- 호르몬
  - 아미노산 유도체 → 갑상선호르몬, 부신수질 호르몬
  - 폴리펩타이드 → 인슐린
- 효소 : 대부분의 효소는 단백질로서 생체내 화학반응속도를 빠르게 해주는 유기물질이다.
- 신경전달물질 : 세로토닌(트립토판이 전구체), 카테콜아민(티로신이 전구체)
- 글루타티온

갑상선호르몬 (thyroxine: T_3, T_4)
부신수질 호르몬 (adrenaline, epinephrine)
인슐린(insulin)
세로토닌(serotonin)
카테콜아민 (catecholamines)

글루타티온(glutathione)
글루탐산 · 시스테인 · 글리신으로 구성된 트리펩타이드(tripeptide)로서, 유해한 과산화물질을 제거하기 위해 생체 방어물질로 작용

포도당 생성 및 에너지원으로 사용

- 신경조직이나 적혈구의 에너지원으로 포도당을 지속적으로 공급해주기 위하여, 탄수화물을 충분하게 섭취하지 못한 경우, 아미노산을 전구체로 하여 간이나 신장에서 당신생과정을 통해 포도당을 합성한다.
- 기아상태에서 당 신생과정이 지속되면 근육이 소모된다.
- 단백질은 체내에서 사용되는 에너지의 2~5%를 제공한다.
- 대부분의 세포에서는 우선적으로 탄수화물이나 지방을 에너지원으로 사용한다.
- 에너지원들이 부족한 경우나 단백질 공급이 과잉되면, 아미노산 풀이 과잉되어 에너지원으로 사용됨으로써 4 kcal/g의 에너지를 내준다.
- 단백질은 매우 비효율적인 에너지원으로서, 간, 신장에서 암모니아 배설을 위해 요소를 합성하는 과정에서 일부 에너지를 소모한다.

기아상태(fasting)

단백질 및 아미노산 대사

단백질 대사

동적인 평형상태
(dynamic equilibrium)

성인은 동적인 평형상태에 있으므로 하루에 섭취하는 단백질 양과 체외로 배설되는 양이 같다.

- 체중이 70 kg인 성인 남자가 하루에 식이로 섭취하는 단백질 함량이 100g이고 장세포와 효소 등에서 유래된 내인성 단백질 함량이 70g 정도일 때, 대변으로 배설되는 단백질 함량(10g)을 제외하면 흡수되는 단백질 함량은 160g이다(그림 4-9).

단백질의 전환
(protein turnover)
단백질이 합성과 분해를 반복하면서 동적인 평형상태를 유지하는 과정

- 체내에서는 하루에 약 250~300g의 단백질이 합성되고 분해되는데 이런 과정을 단백질의 전환이라 하며, 성장하는 쥐에게는 하루에 서너번의 단백질의 전환이 일어난다고 보고되었다.
- 합성 · 분해되는 단백질 양의 약 5/6 정도는 단백질 분해 후 재이용되므로 식이에서 매일 공급되어야 하는 단백질의 필요량은 하루 합성 · 분해되는 단백질 양의 약 1/6 정도이다.

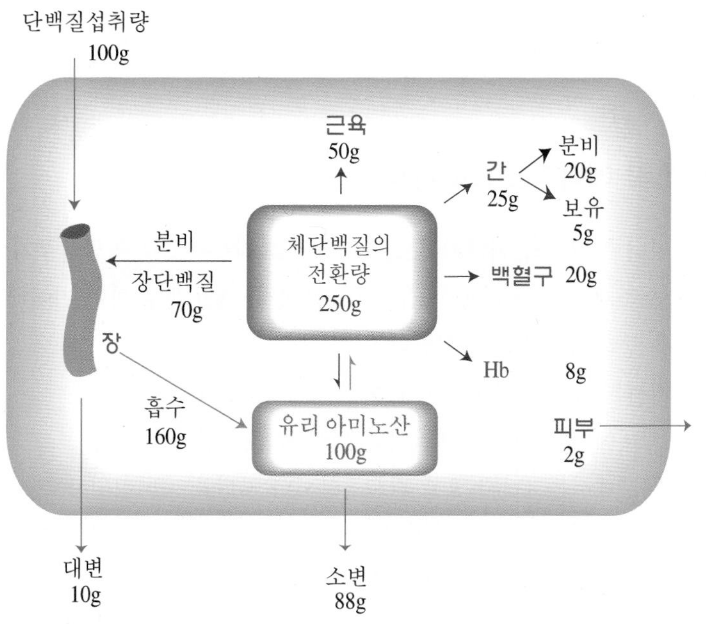

그림 4-9. 1일 단백질 섭취, 분배 및 배설량

아미노산 풀

- 단백질의 분해로 생성된 아미노산은 재활용되며, 세포마다 아미노산의 풀이 있다(그림 4-10).
- 아미노산의 풀 크기는 식이 섭취량, 체내 함량, 재활용 등에 의해 결정된다.
- 아미노산의 풀이 너무 크면, 과잉 아미노산들이 에너지, 포도당, 지방 생성에 사용된다.
- 단백질의 식이섭취가 부족하면, 아미노산 풀이 감소하고 부족한 아미노산은 세포내 단백질을 분해해 사용한다.
- 충분한 단백질을 섭취하여 단백질 합성에 필요한 필수 아미노산을 공급하고 불필수 아미노산의 합성에 필요한 질소를 공급해 주어야 한다.

아미노산의 풀 (amino acid pool) 식이섭취와 단백질 분해 등으로 세포내에 유입되는 아미노산의 양

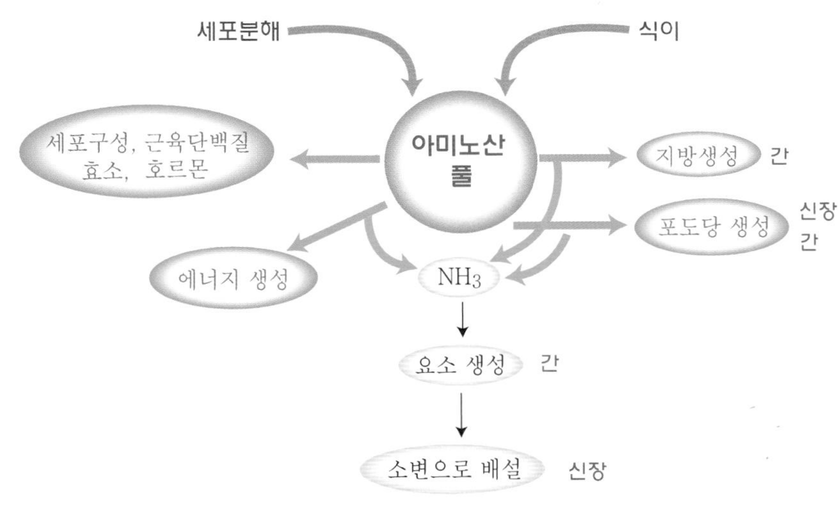

그림 4-10. 아미노산 대사의 중심인 아미노산 풀

아미노산 대사

아미노기 전이반응

- 아미노기 전이반응은 한 아미노산의 아미노기를 아미노산이 아닌 다른 물질의 탄소 골격에 전달하여 새로운 아미노산을 형성하는 과정이다.
- 아미노기 전이반응은 주로 불필수 아미노산의 합성, 혹은 아미노산의 탄소골격을 이용한 포도당 신생합성이나 에너지 생성을 위해 일어난다.
- 비타민 B_6로부터 전환된 피리독살인산이 조효소로서 아미노기를 옮겨 주는 역할을 한다.

아미노기 전이반응 (transamination)

피리독살인산 (pyridoxal phosphate, PLP)

조효소(coenzyme)

$CH_3-CH(NH_2)-COOH$ 알라닌 + $HO-CO-CH_2-CH_2-CO-COOH$ α-케토글루타르산

아미노기 전이효소 / PLP(vit. B_6)

$CH_3-CO-COOH$ 피루브산 + $HO-CO-CH_2-CH_2-CH(NH_2)-COOH$ 글루탐산

그림 4-11. 아미노기 전이반응의 예

탈아미노 반응

탈아미노 반응 (deamination)
암모니아(ammonia)

탈아미노 반응은 아미노산으로부터 아미노기를 떼어내는 과정으로, 요소생성을 위해 글루탐산 등에서 암모니아가 떨어져 나오는 것이 대표적인 예이다(그림 4-12).

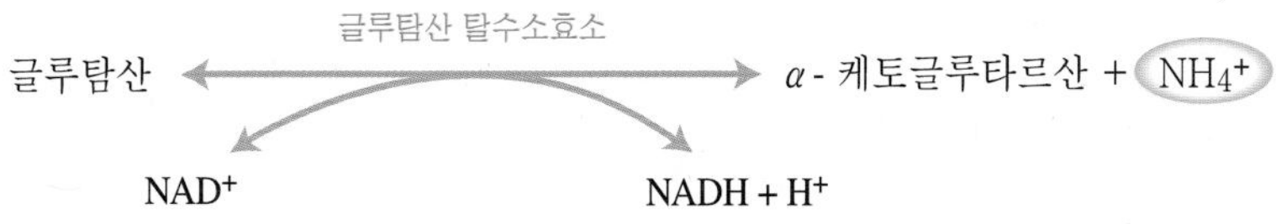

그림 4-12. 탈아미노 전이반응의 예

아미노산 탄소골격의 분해

포도당 생성(glycogenic)
케톤 생성(ketogenic)

- 개개의 아미노산으로부터 질소가 떨어져나가는 탈아미노반응 후에 아미노산의 탄소골격이 탄수화물이나 지방이 분해되는 경로로 합류하여 대사된다(그림 4-13).
- 아미노산의 탄소골격이 궁극적으로 대사되는 경로에 따라 포도당 생성 또는 케톤 생성 아미노산으로 분류한다.

표 4-5. 포도당 생성 및 케톤 생성 경로로 가는 아미노산들

분 류	아미노산 종류
케톤 생성	류신, 라이신
케톤 생성 및 포도당 생성	이소류신, 페닐알라닌, 티로신, 트립토판
포도당 생성	알라닌, 세린, 글리신, 시스테인, 아스파르트산, 아스파라긴, 글루탐산, 글루타민, 아르기닌, 히스티딘, 발린, 트레오닌, 메티오닌, 프롤린

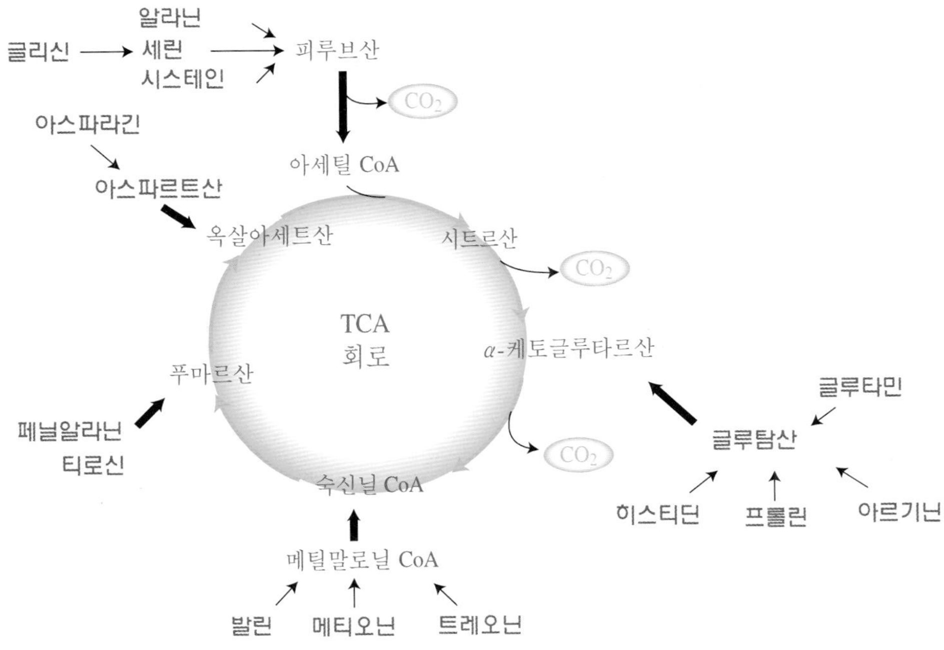

그림 4-13. 아미노산의 탄소골격이 TCA회로로 들어가는 경로

요소회로

탈아미노반응 결과 아미노산으로부터 생성된 유독한 암모니아는 혈액을 통해 간으로 운반된 후, 간세포에서 이산화탄소와 결합하여 무해한 수용성의 요소로 전환되었다가 신장을 통해 배설된다(그림 4-14).

카바모일 인산(carbamoyl phosphate)
오르니틴(ornithine)
시트룰린(citrulline)
요소(urea)

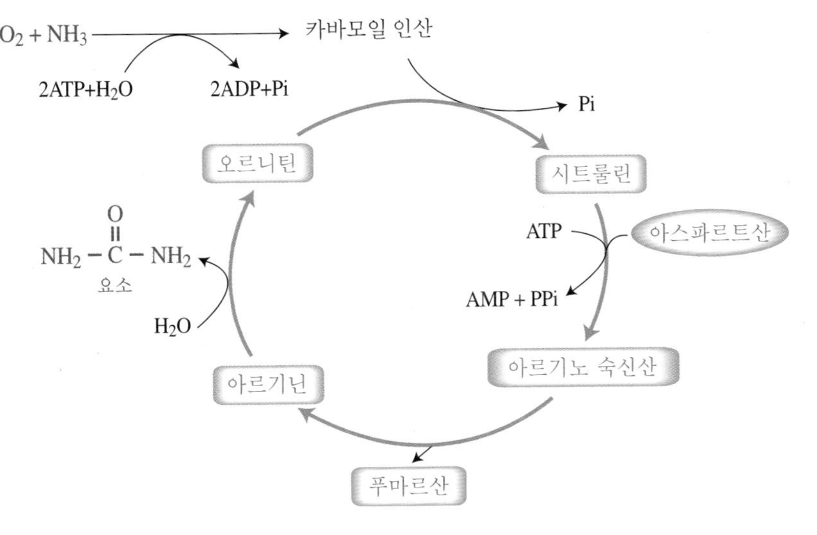

그림 4-14. 요소회로

주요 조직에서의 아미노산 대사

소장에서 흡수된 아미노산은 문맥을 통해 간으로 이동하며 이후 필요에 따라 여러 조직에서 사용된다. 인체의 각 장기는 주로 대사하는 아미노산의 종류가 각기 다르기 때문에,

- 식사 중의 아미노산 조성과 소장을 통과해서 간으로 유입되는 아미노산의 조성이 같지 않다. 소장은 글루타민을 에너지원으로 사용하고 알라닌 형태로 만들어 배출하기 때문이다. 따라서 소장을 통과하면서 글루타민 함량은 줄고 알라닌 함량은 높아진다.

방향족 아미노산 (aromatic amino acid, AAA)

- 방향족 아미노산은 간에서 주로 대사되기 때문에 소장을 통과했을 때는 흡수되기 전과 조성이 유사하지만 간세포를 통과한 후에는 크게 감소한다. 트립토판은 뇌로 이동하여 세로토닌으로 합성되기도 한다.

곁가지 아미노산 (branched chain amino acid, BCAA)

- 곁가지 아미노산은 간에서 거의 대사가 되지 않기 때문에 간세포에 남는 양이 매우 적으며 주로 근육, 지방조직 등 말초조직에서 분해된다.
- 근육은 단백질의 합성과 분해가 빈번하게 일어나며, 이 과정에서 암모니아가 많이 발생한다. 암모니아는 주로 글루타민이나 알라닌 형태로 만들어져 간으로 이동하기 때문에 근육 세포 주위를 흘러나오는 혈액에는 알라닌과 글루타민이 많이 녹아 있다.
- 알라닌은 간으로 이동하여 포도당 신생합성과 요소 합성의 기질로 이용되고 글루타민은 소장의 에너지원으로 사용된다.

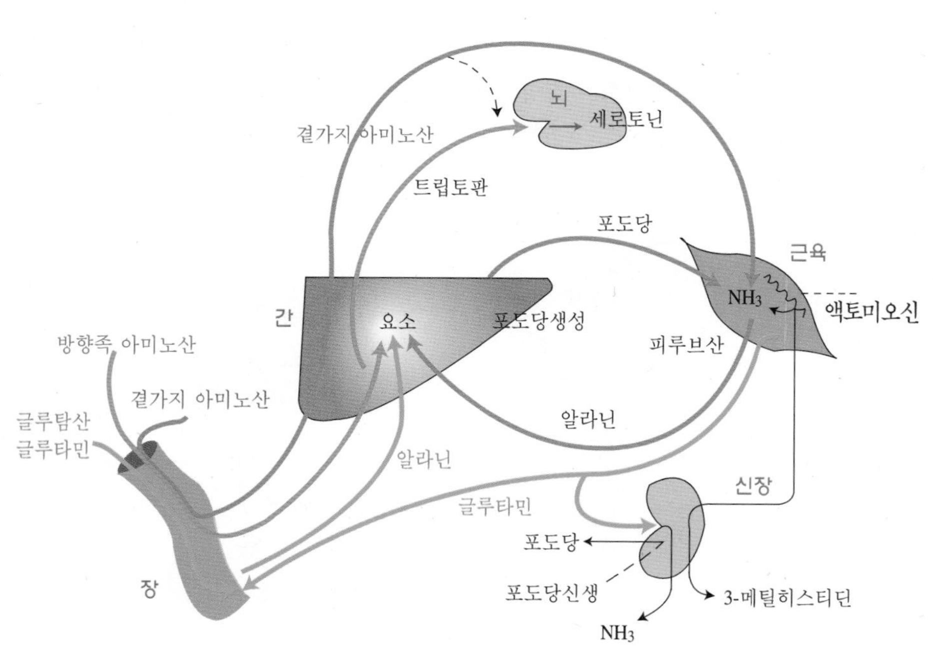

그림 4-15. 주요 조직에서의 아미노산 대사의 상호작용

단백질의 질 평가

식이단백질의 질이란 체성장과 유지를 위한 식이단백질의 능력으로서 단백질을 구성하고 있는 아미노산의 조성이나 양에 따라 결정된다.

식이단백질의 질 (protein quality)
체성장과 유지를 위한 식이단백질의 능력

- 양질의 단백질이란 필수 아미노산이 충분히 들어 있고 소화가 잘 되어 체내 아미노산 풀을 최대로 채워 줄 수 있으며, 따라서 체내 단백질 합성효율이 높은 단백질을 의미한다.
- 일반적으로 동물성 단백질이 식물성 단백질보다 질이 높다.

식이단백질의 질을 평가할 때는, 각 단백질의 질을 평가하는 것보다 전체 식이단백질의 질을 평가하는 것이 바람직하다. 일반적으로 단백질의 질을 평가하는 방법은 생물학적인 방법과 화학적인 방법의 두 가지로 나눌 수 있다.

생물학적인 방법

성장 동물이나 성장기 어린이의 체중변화에 기준을 둔 단백질 효율 등이 있고, 질소 평형 실험에 근거해 체내 보유 질소의 양으로 평가하는 생물가와 단백질 실이용률 등이 있다.

단백질 효율

- 단백질 효율은 어린 쥐의 성장 정도로 단백질의 질을 평가하는 방법으로, 체중증가가 체단백질 이용과 정비례한다는 가정하에 측정한다.

단백질 효율 (protein efficiency ratio, PER)
어린 쥐의 단백질 섭취량에 대한 체중증가량

$$\text{PER} = \frac{\text{일정한 사육기간 동안 성장 쥐의 체중 증가량(g)}}{\text{일정한 사육기간 동안 단백질 섭취량(g)}}$$

- 동물실험 시 단백질을 사료의 10% 정도 주고 약 4주 동안 사육하여 단백질 효율을 계산한다.
- 이 방법은 간편하게 많이 이용되며 소화율을 고려했다는 장점도 있으나, 체중유지에 대한 측정이 없고 단지 성장만을 고려하였으며, 식이섭취량에 따라 영향을 많이 받는 단점이 있다.
- 단백질 효율은 식물성 단백질은 낮고 동물성 단백질은 높은 값을 보이지만 젖먹이 외에는 식사 때 보통 여러 음식을 함께 섭취하므로 단일식품의 단백질 효율이 크게 문제되지 않는다.

생물가

생물가
(biological value, BV)
흡수된 질소량에 대한 체내 보유 질소량의 백분율. 질소 평형 실험으로 평가가 가능

표 4-6. 각 식품의 생물가

식품명	생물가
달걀	96
우유	90
쇠고기	76
치즈	73
밀	65
옥수수	54
쌀	75
밀가루	52

- 생물가는 동물 체내로 흡수된 질소가 체내에 보유된 정도를 나타내는 것으로, 아래의 식에 의해 구할 수 있다.
- 흡수된 단백질이 얼마나 효율적으로 체단백으로 전환되었느냐를 측정하는 것이다.

$$\text{BV} = \frac{\text{보유된 질소량}}{\text{흡수된 질소량}} \times 100 = \frac{\text{식이질소량} - (\text{소변 질소량} + \text{대변 질소량})}{\text{식이질소량} - \text{대변 질소량}} \times 100$$

- 달걀의 생물가가 가장 높고, 우유 · 육류 등 다른 동물성 단백질의 생물가도 높으나 식물성 식품인 옥수수나 땅콩 단백질의 생물가는 낮다.
- 생물가가 높은 단백질은 배설되지 않고 오래 체내에 남아 단백질 합성에 이용된다.
- 식물성 식품인 밀로 만든 빵과 땅콩버터 등을 함께 먹음으로써 식이의 생물가를 높일 수 있다.
- 식사 때는 여러 음식을 함께 먹으므로 개별적인 단백질의 생물가는 그다지 중요하지 않지만, 신장질환이나 간장질환환자는 양질의 단백질을 섭취해 단백질 합성에 이용되지 않는 아미노산의 양을 줄여 혈중 요소와 암모니아 농도가 올라가는 것을 방지해야 한다.

단백질 실이용률

단백질 실이용률
(net protein utilization, NPU)
섭취된 질소량에 대한 체내 보유 질소량의 백분율

- 단백질 실이용률은 섭취한 총 식이질소가 동물 체내에 보유된 정도를 백분율로 나타낸 것이다.
- 생물가는 소화흡수율을 고려하지 않았으나 단백질 실이용률은 소화흡수율을 고려한 것으로서, 생물가에 소화흡수율을 곱해서 구할 수 있다.

$$\text{NPU} = \frac{\text{보유된 질소량}}{\text{섭취된 질소량}} = \frac{\text{식이질소량} - (\text{소변 질소량} + \text{대변 질소량})}{\text{식이질소량}} \times 100$$

$$= \text{생물가} \times \text{소화흡수율}$$

- 에너지 섭취가 낮을 때나 단백질을 과다하게 섭취하면 단백질이 에너지원으로 분해되어 단백질의 실이용률이 낮아진다.

단백질의 질과 양

식물성 단백질이라도 급원을 다양하게 충분한 양을 섭취하면 필수 아미노산의 필요량을 충당할 수 있다. 단백질의 질 평가는 섭취되는 단백질의 양이 신체의 필요량과 같거나 적은 상태에서만 정확하게 평가할 수 있다. 단백질 섭취량이 많아지면 양질의 단백질이라도 단백질 합성에 필요한 양보다 많은 양의 아미노산이 분해되어 에너지를 공급하기 때문에 단백질의 이용효율이 떨어지게 된다.

화학적인 방법

단백질의 질을 화학적인 방법으로 평가하는 것으로 화학분석에 기초하여 단백질의 아미노산 조성을 조사하고 이를 기준 단백질의 아미노산 조성과 비교하여 평가하는 방법이다. 화학가, 아미노산가 등이 이에 속한다.

화학가

화학가(chemical score) 식품 단백질의 제1제한 아미노산(1st limiting amino acid)의 함량을 기준단백질의 같은 아미노산의 함량으로 나눈 값의 백분율

기준단백질 (reference protein)

- 단백질 질의 평가기준을 단백질의 필수 아미노산 함량에 기초를 두고, 이상적인 단백질의 필수 아미노산 구성을 기준으로 하여, 평가하고자 하는 단백질의 아미노산 구성을 비교하는 것이다(표 4-6).
- 평가하고자 하는 식품 단백질의 필수 아미노산 구성을 기준 단백질의 필수 아미노산 조성과 비교하여 가장 낮은 비율의 아미노산을 제1제한 아미노산이라고 하며, 이 아미노산의 함량을 기준 단백질의 아미노산 함량으로 나눈 값의 백분율을 화학가라 한다.
- 달걀 단백질의 필수 아미노산 구성이 인체에 필요한 필수 아미노산 함량과 가장 가까우므로 달걀 단백질을 이상적인 기준 단백질로 하여 다음 식에 의해 구할 수 있다.

$$\text{화학가} = \frac{\text{식품 단백질 g당 제1 제한 아미노산의 mg}}{\text{기준 단백질 g당 같은 아미노산의 mg}} \times 100$$

아미노산가 (amino acid score)

- 유엔식량농업기구(FAO, 1973)와 세계보건기구(WHO)가 이상적인 단백질 필수아미노산의 표준구성을 달걀 단백질의 아미노산 조성보다는 인체의 단백질 필요량에 근거한 아미노산 필요량을 기준으로 구한 화학가를 아미노산가라 한다.
- 화학가는 분석해서 간단하게 측정할 수 있고 또한 제한 아미노산을 알 수 있어 보충효과를 예측할 수 있는 장점이 있으나, 소화율을 고려하지 않았다.

표 4-7. 밀 아미노산 함량과 기준 아미노산 함량의 비교

아미노산	아미노산 함량(g/100g 단백질)			밀 단백질을 달걀 단백질과 비교 (% deviation)
	밀	달걀	FAO/WHO 기준	
페닐알라닌+티로신	8.1	10.1	7.3	-20
히스티딘	1.9	2.4	1.7	-21
트립토판	1.2	1.6	1.1	-25
류신	6.3	8.8	7.0	-28
황함유아미노산	3.5	5.5	2.6	-36
이소류신	4.0	6.6	4.2	-40
발린	4.3	7.4	4.8	-42
트레오닌	2.7	5.0	3.5	-46
라이신	2.4	6.4	5.1	-62

* 밀의 제1제한 아미노산은 라이신. 화학가 = 2.4/6.4 × 100 = 38, 아미노산가 = 2.4/5.1 × 100 = 47

소화율이 고려된 아미노산가

소화율이 고려된 아미노산가 (protein digestibility corrected amino acid score, PDCAAS)
아미노산가에서 소화율이 고려된 것으로, 4세 이상이나 비임신 성인을 위한 식품에 PER 대신 사용하도록 FDA에서 승인한 방법,
PDCAAS=
아미노산가× 소화율

- 소화율이 고려된 아미노산가는 생물학적인 평가방법과 화학적인 평가방법의 단점을 보완한 것으로, 최근에 FDA에서 4세 이상의 어린이나 임신하지 않은 성인을 위한 식품에 단백질 효율 대신 사용하도록 승인한 것이다.
- PDCAAS는 단백질의 아미노산가를 100으로 나눈 값에다 소화율을 곱한 것으로, 최대값이 1.0이다.
- 우유 · 달걀 · 콩단백질은 1에 가깝고, 밀의 PDCAAS는 0.47 × 0.9 = 0.40이다.
- 9가지 필수 아미노산 중 하나라도 완전히 결핍되면 아미노산가가 0이므로 PDCAAS도 0이 된다.

보충효과

- 질이 낮은 단백질에 부족한 아미노산을 보충하거나, 그 아미노산을 함유하는 단백질을 함께 섭취하면 필수 아미노산의 공급을 향상시킬 수 있다.
- 식사 시 단백질의 급원으로 여러 식품을 골고루 먹기 때문에 전체적인 단백질의 질이 상승되고 필수 아미노산을 필요한 만큼 섭취할 수 있다.

단백질 질의 보충효과 (complementary effects of protein)

- 단백질의 질을 향상시키는 효과를 단백질 질의 보충효과라 하며, 콩을 쌀과 혼합해서 잡곡밥을 지어 먹는 것은 쌀의 단백질 질을 향상시키는 보완방법이다(표 4-8).
- 질이 낮은 식물성 단백질은 여러 종류의 식물성 단백질을 혼합하거나 양질의 동물성 단백질과 혼합하여 먹음으로써 부족한 아미노산을 보완할 수 있다.
- 질이 낮은 단백질의 제1제한 아미노산이나 제2제한 아미노산을 첨가해서 단백질의 질을 상승시킬 수도 있는데, 그 예로 밀가루에 라이신이나 트레오닌을 강화시키는 경우이다.

표 4-8. 식물성 식품에 부족한 아미노산과 단백질 질의 보충효과

식 품	부족한 아미노산	단백질 질의 보충효과
콩류	메티오닌	두부와 쌀밥
곡류	라이신, 트레오닌	콩밥, 팥밥
견과 및 종실류	라이신	콩과 참깨가루를 섞어 만든 미소된장, 땅콩과 완두 등의 콩을 섞은 샐러드
채소	메티오닌	나물과 쌀밥, 채소와 견과류를 섞은 샐러드
옥수수	트립토판, 라이신	옥수수와 달걀을 섞은 볶음밥

- 제한 아미노산을 보충할 때 특정 아미노산이 너무 많이 첨가되면 아미노산 불균형을 초래한다.

아미노산 불균형(amino acid imbalance)
식품에 제한 아미노산을 보충 시 특정 아미노산의 과잉첨가로 나타나는 독성현상

단백질 질 평가방법의 이용

단백질의 질을 평가하는 각각의 방법들은 나름대로 장 · 단점을 가지고 있으며 이용되는 경우도 다르다. 즉 단백질 효율이나 소화율이 고려된 아미노산가는 식품표시와 관련되어 이용되고, 생물가는 간장질환이나 신장질환의 환자를 위한 식이요법에 유용하게 이용되며, 화학가는 기아구제를 위해 단백질의 질을 평가할 때 식품 단백질의 가공과정의 효과를 측정하는 데 이용된다.

단백질과 건강

단백질 결핍증

전 세계적으로 저개발국과 개발도상국에서는 에너지와 단백질 섭취가 낮아서 성장저해와 질병이 나타나기 쉽다.

- 단백질과 에너지가 부족한 식사를 하면 단백질-에너지 영양불량이라는 영양부족증 증상이 나타난다.
- 단백질 결핍증은 어른보다 어린이에게서 많이 나타나는데, 이는 성장을 위하여 단백질 요구량이 증가되기 때문이다.
- 지구상에는 적어도 5백만 명의 어린이들이 **PEM** 증상을 보이고 있고, 성인의 경우에는 주로 병원에 입원한 환자들로서 에이즈, 암, 결핵, 흡수불량증, 신장과 간질환, 식욕감퇴증 같은 질환의 2차 증상으로 단백질-에너지 영양불량이 나타난다.

단백질-에너지 영양불량(protein-energy malnutrition, PEM ; protein-calorie malnutrition, PCM)
단백질과 열량 부족증으로 성장저해가 초래되고 질병에 걸리기 쉬운 상태

어린이들이 PEM에 걸리는 원인

1. 어린이들은 단백질과 에너지원에 대한 필요량이 상대적으로 크다.
2. 식사의 에너지 및 단백질 함량이 낮고 충분히 자주 먹여주지 못한다.
3. 가난, 불평등, 경작토지 부족으로 가족에 대해 충분한 식사공급과 가족 내의 분배가 제대로 이루어지지 못한다.
4. 바이러스 · 박테리아 · 기생충 감염이 식욕을 떨어뜨리고 식이섭취를 낮추며, 설사, 영양소 흡수 및 이용불량, 영양소의 손실 등을 가져온다.
5. 가뭄, 자연재해, 전쟁 및 내란 등으로 인한 기아상태로부터 나타난다.
6. 가난한 가족이 모유 대신 부적절한 조제분유나 이유식을 함으로써 나타난다.

마라스무스

마라스무스(Marasmus)

- 마라스무스는 그리스어로 '소모한다' 라는 뜻이다.
- 아프리카 지역에서 이유기와 유아기에 식량부족으로 잘 걸린다.
- 주로 에너지와 단백질이 모두 부족한 기아상태 때 나타나며 체지방의 저장이 거의 없어 피골이 상접해 보이고 근육도 거의 없어 힘도 없다.
- 식이요법이 적절히 이루어지지 않으면, 감염에 의해 보통 사망한다.

콰시오카

콰시오카(Kwashiokor)

- 콰시오카는 전 세계적으로 저개발국가에서 흔히 볼 수 있는 단백질 결핍증이다.
- 이유기의 어린이가 에너지는 겨우 섭취하고 단백질이 상당히 부족한 상태에서 나타나는 질병으로, 감염(면역기능의 저하), 부종, 성장저해, 허약, 질병에 대한 민감도가 증가한다.
- 콰시오카와 마라스무스 모두 단백질-에너지 영양불량증의 일종이지만, 각각의 발생시기나 외양, 생화학적 변화 등은 다르다(표 4-9, 그림 4-16).
- 콰시오카가 마라스무스보다 더 심각한 형태의 영양불량증으로 보이며 전염병에 대한 저항력이 더 떨어진다.

단백질 과잉증

- 동물성 단백질을 많이 섭취하면, 동물성 단백질에 많이 들어 있는 산성의 황아미노산 대사물질이 중화되는 과정에서 소변을 통해 칼슘의 손실이 많아진다. 칼슘 섭취부족과 운동부족, 과도한 술, 담배 등과 같은 나쁜 생활습관이 오래 유지되면 골다공증이 나타날 위험이 높다.
- 육류 속의 단백질이나 지방은 가열 시 발암물질이 생기는데, 이런 육류를 많이 섭취하거나 아울러 지방도 많이 섭취하는 반면 식이섬유의 섭취가 부족하면 결장암의 빈도가 높게 나타날 수 있다.
- 단백질 식품을 많이 먹으면 요소 배설을 많이 하여 신장에 부담을 주므로, 특히 당뇨나 신장병 환자의 경우에 조심하여야 한다.
- 단백질 섭취량은 에너지 권장량의 15~20% 수준을 유지하는 것이 바람직하며, 그 이상을 섭취하면 인체에 유해할 수도 있다.
- 균형된 식사로 아미노산의 필요량은 쉽게 충족되므로 특수아미노산의 보충은 필요하지 않다.

표 4-9. 마라스무스와 콰시오카의 비교

특 징	마라스무스	콰시오카
최고 발생시기	6~18개월 어린이	12~48개월(이유 후의 어린이나 급성장 어린이)
키	나이에 비해 적음	거의 정상
외모	피골이 상접하게 마름	약간 마름
부종	없다	크다
지방간	별로 없다	많다
체지방	모두 이용	정상으로 존재
근육	근육쇠태	근육위축
피부	건조 주름	부스럼
머리카락	드물고 가늘다	건조 탈색
혈청 알부민	정상	감소
비타민 A 결합 단백질	정상	감소
포도당 내성	정상	감소

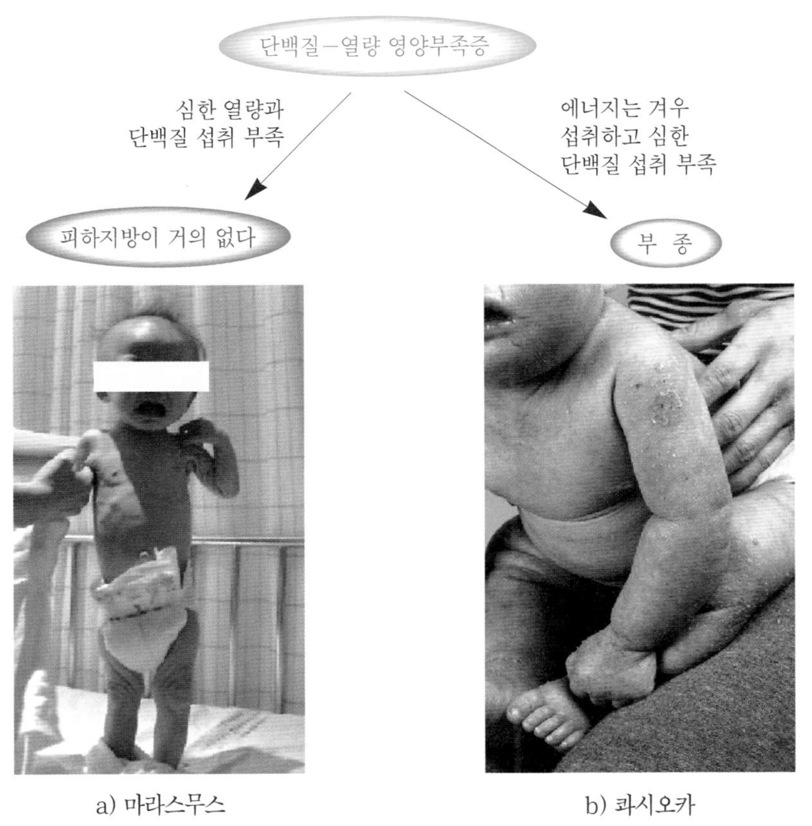

자료 : 한영신

그림 4-16. 단백질 영양부족증의 분류

선천성 대사이상

호모시스틴뇨증

호모시스틴뇨증 (homocystinuria)

시스타티오닌 합성효소 (cystathionine synthetase)

- 메티오닌으로부터 시스테인을 합성하는 과정에 있는 시스타티오닌 합성효소에 유전적으로 결함이 있어 이 효소의 기질인 호모시스틴의 혈중 농도를 높이고, 따라서 호모시스틴이 소변으로 많이 배설되는 유전적인 대사 질환이다.
- 호모시스틴은 그 자체가 동맥경화를 유발하는 물질이므로 이 질환을 가진 어린이는 주로 동맥경화증을 앓는데, 적절한 치료가 이루어지지 않으면 결국 사망하게 된다.
- 치료방법은 메티오닌의 섭취를 줄여야 하며, 이를 위해 전체적인 단백질의 섭취를 줄여야 한다.
- 경우에 따라서는 비타민 B_6의 섭취를 증가시키면 시스타티오닌 합성효소의 활성을 증가시킬 수도 있다.
- 엽산 섭취를 증가시키면 호모시스틴의 혈중 농도를 다소 낮출 수 있다고 한다.

페닐케톤뇨증

페닐케톤뇨증 (phenylketonuria)

- 페닐케톤뇨증은 페닐알라닌 대사의 선천적 장애로 나타나는 질병으로 주로 백인에게 많다.
- 간의 페닐알라닌 수산화효소의 유전적인 결함에 의해 페닐알라닌이 티로신으로 전환되지 못하고 혈액이나 조직에 축적된다.

페닐알라닌 수산화효소 (phenylalanine hydroxylase)

- 과잉 페닐알라닌은 페닐피루브산으로 전환되어 소변으로 배설되므로 페닐케톤뇨증이 된다.
- 페닐케톤뇨증은 생후 1개월 이내에 발견하여 치료하면 현저한 효과가 있으나, 초기에 치료하지 못하면 뇌손상을 초래하여 정신적 지진아가 되기 쉽다.
- 페닐케톤뇨증 영유아는 페닐알라닌이 적게 들어 있는 식품이나 특수분유를 사용해야 한다.

단백질을 많이 먹으면 해로운가?

최근 미국에서는 단백질 권장량의 2배 이상을 규칙적으로 섭취하지 말 것을 권하고 있다. 젖먹이의 경우에 과잉의 단백질을 주면 신장에 부담을 주어 해로우므로 단백질과 칼슘 등의 함량이 높은 우유 대신에 조제분유를 먹인다. 메티오닌, 티로신 등의 특수아미노산을 보충해 먹으면 아미노산 불균형의 효과로 독성이 나타날 수 있다. 예를 들어 트립토판을 많이 먹으면 세로토닌 합성이 늘어나서 졸립고, 생리전 증후군 · 우울증 · 주의산만 등의 증세가 나타난다.

단풍당뇨증

단풍당뇨증(maple syrup urine disease)

- 단풍당뇨증이란 소변에서 단풍시럽 같은 단 냄새가 나기 때문에 단풍당뇨증이라는 이름을 붙였다.
- 선천적으로 류신, 이소류신, 발린 등 곁가지 아미노산의 산화적 탈탄산소화를 촉진시키는 효소의 유전적인 결함에 의해 이들 아미노산으로부터 생성된 케토산의 농도가 혈액이나 소변에 증가된다.
- 단풍당뇨증은 생후 1주 이내에 발견하여 치료하지 못하면 심한 신경장애와 지능발달에 영향을 줄 수 있다.
- 식이요법은 주로 이들 아미노산을 제한한 특수분유나 식품을 공급하여 혈중 농도를 정상으로 유지하는 데 있다.
- 체내 단백질 분해로 이들 아미노산이 유리되는 것을 막기 위해 충분한 열량과 단백질, 무기질, 비타민을 공급한다.

티로신혈증

티로신혈증(tyrosinemia)

- 티로신 대사에 관여하는 효소활성이 정상인 보다 30% 이하로 저하되어 혈중 티로신의 농도가 상승하는 선천적 질환이다.
- 주로 간과 신장에서 티로신 대사효소의 유전적 결함으로 독성 대사물질이 축적된다.
- 치료법은 약물요법과 식이요법으로 티로신과 티로신으로 전환되는 페닐알라닌을 제한한 식이를 제공한다.
- 티로신과 페닐알라닌을 제외한 다른 아미노산을 충분히 공급하는 특수 조제분유를 공급한다.

단백질 섭취기준

단백질 필요량과 질소평형

단백질의 필요량은 적당한 신체활동 시 에너지 평형을 유지하며 단백질의 합성과 분해가 평형을 이루어 질소평형을 유지하는 최소 필요량을 의미한다(표 4-10). 단백질의 최소 필요량을 정하는 방법은 두 가지가 있다.

질소평형방법(nitrogen balance method)
요인가산법(factorial method)
무단백 식이(protein-free diet)
불가피한 질소손실량(obligatory nitrogen loss)

- 첫째는 질소평형방법으로 건강한 성인의 질소평형을 유지하는 데 필요한 최소한의 단백질 양을 측정하는 것이다.
- 둘째는 요인가산법에 의하여 측정하는 것으로, 이 방법에서는 무단백 식이를 할 때 소변 · 대변 · 피부 · 털 · 손톱 · 발톱 등을 통해 배설되는 불가피한 질소손실량을 구

표 4-10. 질소평형

양의 질소평형 질소섭취량 > 질소배설량	질소섭취량 = 질소배설량	음의 질소평형 질소섭취량 < 질소배설량
성장, 임신, 질병으로부터 회복단계, 운동의 훈련효과로 근육증가, 성장 호르몬, 인슐린, 남성 호르몬의 분비증대	건강한 성인	기아, 소장의 질병, 단백질 섭취부족, 에너지 섭취부족, 발열, 화상, 감염, 침상에 입원(수일간), 필수아미노산 부족, 단백질 손실 증가(신장병), 갑상선 호르몬, 코르티솔 분비증대

하고, 그 값에다 질소계수인 6.25를 곱하여 단백질의 최소 필요량을 정한다.

- 질소는 단백질의 약 16%를 구성하므로 질소량에다 6.25를 곱하면 단백질 필요량이 된다.

질소평형방법에서 성인의 질소평형상태란 질소의 섭취량과 배설량이 같은 상태로 인체의 배설량만큼 식이단백질을 섭취하는 것을 의미하며, 이 양이 필요량이 된다. 실험적으로 단백질 섭취량을 달리하여 섭취한 식이의 질소 함량을 측정하고, 동시에 대변 및 소변으로 배설되는 질소 함량을 측정하여 균형점을 찾는다. 이때 피부 및 땀 등으로 배설되는 질소량은 실제 측정하기 어려우므로 이 값을 보통 0.2~0.3g의 질소 함량으로 합해주면 된다.

한국인의 단백질 섭취기준

단백질의 섭취기준으로 영아 전기에는 충분섭취량을 설정하였고, 그 이상 연령층에서는 평균필요량과 권장섭취량을 설정하였다. 성인의 경우, 성별에 무관하게 질소평형 실험결과로부터 얻은 0.66g/kg/일에 단백질의 소화율(90%)을 보정한 0.73g/kg/일을 질소평형유지를 위한 체중당 1일 필요량으로 정하고, 성별 및 연령구간별 평균체중을 곱하여 산출하였다. 권장섭취량은 평균필요량에 변이계수(12.5%)를 적용한 0.91g/kg/일을 평균체중에 곱하여 산출하였다.

단백질이 풍부한 식품

단백질은 주요 영양소로서 식물성 식품과 동물성 식품에 골고루 들어 있다.

- 곡류 · 옥수수 · 밀은 콩류나 견과류, 유제품, 어육류 및 난류와 같은 동물성 식품에 비해 단백질 질이 낮고 그 함량도 적지만 주식으로 사용되어 단백질 섭취량의 상당부분을 차지한다.
- 콩단백질 같은 식물성 단백질은 가용성 식이섬유나 Mg^{2+} 이온 등 다른 주요 영양소들을

표 4-11. 한국인의 1일 단백질 섭취기준 (g/일)

연 령	평균필요량		권장섭취량		충분섭취량	상한섭취량
영아						
0~5(개월)					10	
6~11	12		15			
유아						
1~2(세)	15		20			
3~5	20		25			
아동, 청소년, 성인, 노인	남자	여자	남자	여자		
6~8(세)	30	30	35	35		
9~11	40	40	50	45		
12~14	50	45	60	55		
15~18	55	45	65	55		
19~29	50	45	65	55		
30~49	50	40	60	50		
50~64	50	40	60	50		
65~74	50	40	60	50		
75 이상	50	40	60	50		
임신부 2분기		+12		+15		
임신부 3분기		+25		+30		
수유부		+20		+25		

자료 : 보건복지부, 2020 한국인 영양소 섭취기준, 2020

제공해준다.

- 콩은 콜레스테롤이 없고 포화지방산이 낮으며 식이섬유가 많아서 에너지 밀도가 낮다.

기초식품군 사이의 교환단위를 이용하면 식품의 단백질 함량을 쉽게 알 수 있다.

- 1교환단위의 과일류와 지방군은 단백질을 전혀 함유하지 않으며,
- 채소류는 1교환단위당 2g, 곡류군은 1교환단위당 2g, 어육류군은 1교환단위당 8g, 우유군은 1교환단위당 6g의 단백질을 함유한다.
- 단백질의 주요급원은 동물성 식품으로 식품의 에너지 함량의 20% 이상이 단백질이다(표 4-12).

표 4-12. 주요 식품의 단백질 함량

식품군	식 품	중량(g)	단백질(g)	식품군	식 품	중량(g)	단백질(g)
어육류 및 난류	다랑어	70	19.0	어육류 및 난류	전복	80	11.5
	가다랭어	70	18.1		쇠고기갈비	60	11.3
	오징어	80	15.6		돼지고기갈비	60	11.1
	가자미	70	15.5		게	80	11.0
	새우	80	14.7		대합	80	9.4
	고등어	70	14.1		굴(자연산)	80	9.3
	연어	70	14.1		달걀, 1개	50	6.3
	정어리	70	14.0		모시조개	80	5.7
	꽁치	70	13.7	콩류	말린 노란콩, 2큰술	20	7.2
	장어	70	13.7		말린 검정콩, 2큰술	20	6.9
	청어	70	13.5		두부, 1/5모	80	6.7
	굴비(연건품)	30	13.3		강낭콩	20	3.1
	갈치	70	13.0		완두콩	20	1.3
	조기	70	12.8		된장	10	1.2
	문어	80	12.4				
	바닷가재	80	12.4	우유 및 유제품	우유, 1컵	200	5.8
	대구	70	12.3		요구르트(호상), 1컵	180	5.8
	명태	70	12.3		치즈, 1½~2장	30	5.8
	닭고기살코기	60	11.9		요구르트(액상)	180	1.4

요약

1. 단백질은 생명 유지에 필수적인 영양소로서, 효소 · 호르몬 · 항체 등의 주요 생체기능을 수행하고, 근육 등의 체조직을 구성한다.
2. 단백질은 살아 있는 세포에서 수분 다음으로 풍부하게 존재하므로, 식이를 통해 체내에서 필요한 단백질을 규칙적으로 공급해 주는 일은 건강 유지에 필수적이다.
3. 단백질의 구성단위인 아미노산들은 강한 공유결합인 펩타이드 결합으로 연결되어 있으며, 천연에 총 20개의 L-아미노산들이 특유한 배열로 식이 및 조직 단백질을 구성한다.
4. 단백질을 구성하는 아미노산은 체내에서 합성할 수 없는 9개의 필수 아미노산과 합성이 가능한 11개의 불필수 아미노산으로 나누어지는데, 필수 아미노산은 반드시 식이로서 공급되어야 한다.
5. 단백질의 구조는 1차, 2차, 3차 구조 등으로 나누어진다.
6. 단백질은 신체에서 체구성 성분형성, 수분평형유지, 산염기평형유지, 면역기능, 호르몬 및 효소형성, 포도당 생성 및 에너지원으로 사용되는 등의 기능을 수행한다.
7. 단백질은 체내에서 대사되어 합성과 분해가 계속된다. 단백질의 분해로 생성된 아미노산은 세포내의 아미노산풀로 가서 재활용된다.
8. 아미노산은, 탈아미노 반응 후에 아미노산의 탄소골격이 탄수화물이나 지방이 분해되는 경로로 합류하여 대사된다.
9. 아미노산의 탈아미노 반응 결과 생성된 세포내의 유독한 암모니아는 혈액을 통해 간으로 운반된 후, 간세포에서 이산화탄소와 결합하여 무해한 수용성의 요소로 전환되어 신장을 통해 배설된다.
10. 단백질의 질을 평가하는 방법으로는 생물가 · 단백질 실이용률 · 단백질 효율 · 화학가와 소화율이 고려된 아미노산가 등이 있으며, 질이 낮은 단백질에 부족한 아미노산을 보충하거나 그 아미노산을 함유하는 단백질을 함께 섭취하면 필수 아미노산의 공급을 향상시킬 수 있어 단백질 질의 보충효과가 나타난다.
11. 단백질의 부족증으로는 마라스무스와 콰시오카가 있다.
12. 단백질의 권장량은 단백질의 최소 필요량에 안정량을 더한 것이다.
13. 콩류나 견과류의 식물성 식품, 유제품, 어육류 및 난류와 같은 동물성 식품은 주요 단백질 급원이다.

참고문헌

1. 보건복지부(2020) 2020 한국인 영양소 섭취기준
2. Bender D.A. · Bender A.E(1997) Nutrition a reference handbook, Oxford University Press
3. Brody T(1999) Nutritional Biochemistry, Academic Press Inc.
4. Campbell M.K(2015) Biochemistry, 8th ed., Thomson
5. Gibbs B.F. · Alli I. · Mulligan C(1996) "Sweet and Taste-Modifying Proteins", A Review 16(9), pp 1619~1630
6. Lemon PWR(1996) "Is Increased Dietary Protein Necessary or Beneficial for Individuals with a Physically Active Lifestyle?", Nutrition Reviews 54(4), pp S169~S175
7. Macrae R. · Robinson RK · Sadler MJ(1993) "Food Technology and Nutrition", Encyclopaedia of Food Science, Academic Press
8. Shils ME · Shike M · Ross AC · Caballero B · Cousins BJ(2015) Modern Nutrition in Health and Disease, 11th ed., Lippincott Williams & Wikins
9. Wardlaw GM · Insel PM(2013) Perspectives in Nutrition, 9th ed., McGraw-Hill
10. Ziegler EE · Filer LJ(2001) Present Knowledge in Nutrition, 8th ed., ILSI Press

탐구과제

1. 필수 아미노산을 정의하고 건강상의 중요성을 설명하라.
2. 단백질이 생물학적 기능을 수행하기 위한 중요한 구조에 대해 설명하라.
3. 단백질의 변성을 일으키는 요인은 무엇인가?
4. 단백질의 주요 기능을 설명하라.
5. 단백질의 질이 중요한 이유와 질이 우수한 단백질을 제공하는 식품을 서술하라.
6. 단백질 부족증에는 무엇이 있는지 설명하라.

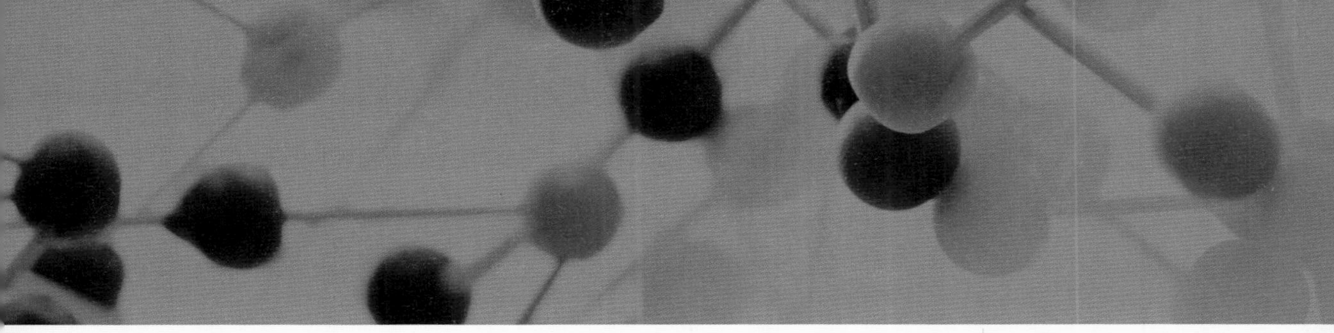

CHAPTER

5

에너지와 영양

식품 에너지와 인체 이용 에너지

에너지 소비량의 구성

에너지 섭취기준

에너지 불균형과 지방조직 변화

비 만

운동과 에너지

CHAPTER

5

에너지와 영양

에너지란 일을 할 수 있는 능력을 말한다. 에너지는 위치, 운동, 전기, 열, 빛 및 화학 에너지 등 여러 형태로 존재하며, 이들 에너지는 상호전환이 가능하다.

에너지의 근원은 태양에너지이며, 동식물이 이를 직 · 간접적으로 이용하여 탄수화물, 지질 및 단백질의 화학결합에너지로 저장한다. 인체는 식품을 통해 이러한 동물과 식물의 저장 에너지를 공급받는다. 실제 인체가 사용하는 에너지의 형태는 ATP(adenosine triphosphate)이므로 식품에서 온 탄수화물, 지질 및 단백질의 화학결합에너지를 ATP 형태로 바꾸는 과정이 필요하다.

탄수화물, 지질 및 단백질의 화학결합에너지가 ATP로 전환되는 에너지대사는 결국, 식품이 전자의 공여체로 작용하여 식품의 전자를 산소에 전달함으로써 물과 이산화탄소로 전환되는 과정이다(그림 5-1).

이때 전자전달반응은 여러 단계를 거쳐서 일어나며 식품이 가진 에너지의 일부가 유용한 형태의 에너지인 ATP로 저장된다. 생성된 ATP는 근육의 수축, 물질의 세포막 통과 혹은 단백질 · 지방 등 여러 고분자 물질의 합성 등에 이용된다. 일반적으로 식품 에너지의 ATP 전환율은 약 25~40%이며, 그 나머지는 열로 발산되어 체온유지에 쓰인다.

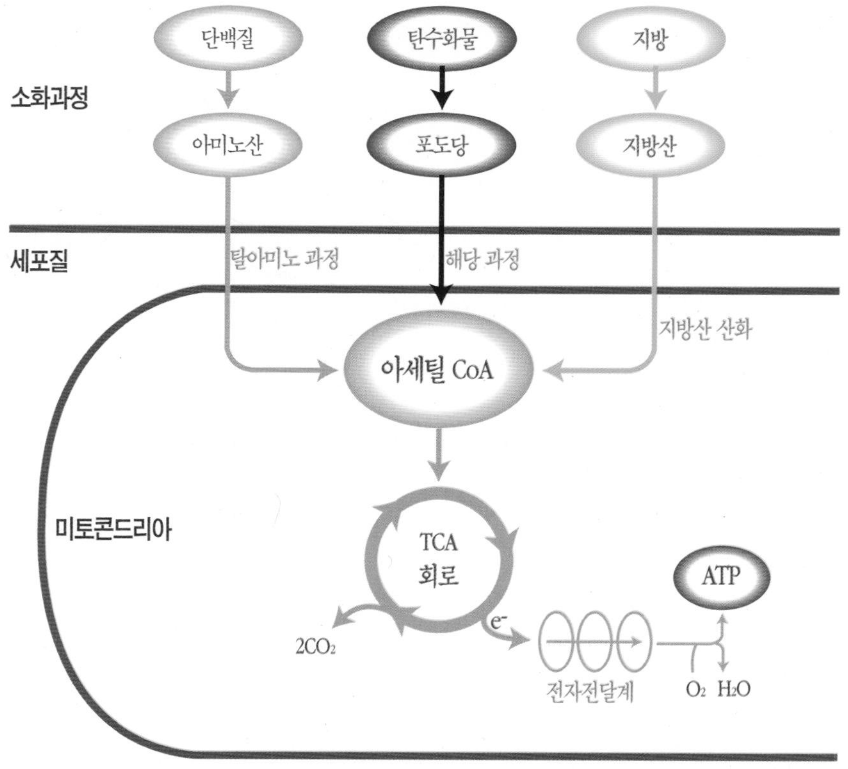

그림 5-1. 에너지 대사 개요

식품 에너지와 인체 이용 에너지

인체는 성장 및 유지, 활동, 체온조절 등을 위하여 적당한 에너지를 필요로 하며, 이런 에너지는 식품에 포함된 탄수화물, 지방 및 단백질로부터 공급받는다. 또한 알코올 섭취로도 에너지를 공급받을 수 있다.

에너지(energy)
에너지 단위는 칼로리(calorie, cal)로서 1g의 물을 1℃ 상승시키는 데 필요한 열량을 의미한다.
1kcal=1,000cal=4.184kJ

그림 5-2에서 보듯이 식품에너지의 100%가 체내에서 이용되는 것은 아니다.

- 식품의 총에너지 중 일부는 소화과정 중 손실되며,
- 소화 · 흡수된 에너지(소화가능 에너지) 중에서도 소변 등으로 빠져나가는 에너지를 제외한 것이 대사 에너지이다.
- 대사 에너지 중 상당량이 열로 발산되고 일부는 식품의 소화, 흡수, 분해, 저장에 이용된다.

총에너지(gross energy)
소화가능 에너지(digestible energy)
대사 에너지(metabolizable energy)

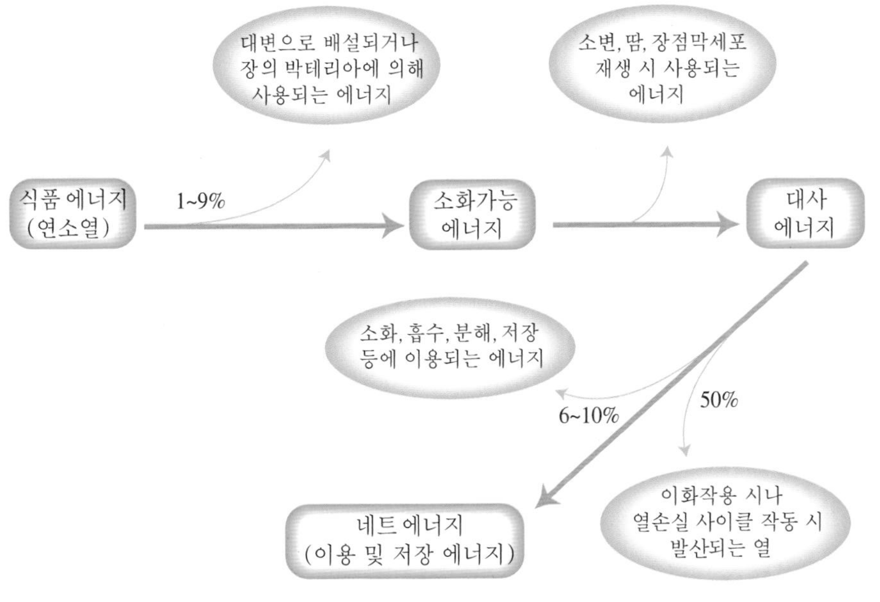

그림 5-2. 식품 에너지의 체내 이용 경로

네트 에너지(net energy)
열손실 사이클(futile cycle)

- 이를 모두 제외한 이용 및 저장 가능한 에너지가 네트에너지이다.
- 실제 식품의 에너지를 계산할 때는 대사 에너지를 사용하며, 탄수화물 4kcal/g, 단백질 4kcal/g, 지질 9kcal/g로 계산하고 있다. 이 에너지를 생리적 열량가 혹은 애트워터 계수라고 한다.
- 식품의 에너지량을 계산하려면, 그 식품의 탄수화물, 지질, 단백질 함량에 해당 생리적 열량가를 곱한 값을 합하면 된다(표 5-1).

생리적 열량가(physiological fuel value)
애트워터 계수(Atwater factor)

표 5-1. 열량 영양소의 생리적 열량가 산출법

영양소	총열량가 (kcal/g)	소화율	생리적 열량가(대사 에너지) (kcal/g)
탄수화물	4.15	0.98	4
지질	9.45	0.95	9
단백질	5.65~1.25*	0.92	4
알코올	7.1~0.1**	1	7

* 단백질 1g당 소변으로 배설되는 요소의 에너지
** 호흡으로 배설되는 에너지

지질은 1g당 9kcal가 생성되는데 왜 탄수화물은 4kcal의 에너지가 생성되는가?

- 지방산의 하나인 팔미트산의 구조를 포도당의 구조와 비교해보면, 팔미트산($C_{16}H_{32}O_2$)이 포도당($C_6H_{12}O_6$)보다 탄소에 대한 산소의 비율이 훨씬 적다.
- 따라서 지질이 탄수화물보다 훨씬 더 환원된 형태로 존재하기 때문에 체내에서 더 많이 산화될 가능성이 있어 실제 더 많은 에너지를 내게 된다.

식품의 에너지 함량 계산

예) 우유 1컵(200mL)

탄수화물	9.0g × 4kcal/g = 36.0kcal
지질	6.6g × 9kcal/g = 59.4kcal
단백질	5.8g × 4kcal/g = 23.2kcal
회분	1.4g
	총 118.6kcal

식품 에너지 측정

봄 열량계 (bomb calorimeter)

연소열 (combustion energy)

식품의 에너지는 봄 열량계(그림 5-3)로 연소열을 측정해 구한다. 열량계 내부의 단열된 밀폐 공간에 일정량의 식품을 놓고, 그 식품을 태우면 연소열이 나오는데, 그것이 밀폐 공간을 둘러싸고 있는 물의 온도를 올리게 된다. 따라서 식품을 태우기 전후의 물 온도를 측정함으로써 식품의 연소열을 계산할 수 있다.

- 탄수화물, 지방, 단백질 및 알코올로부터 봄 열량계를 통해 나오는 각 에너지 영양소의 연소 에너지는 일반적으로 1g당 탄수화물은 4.15kcal, 지질은 9.45kcal, 단백질은 5.65kcal, 알코올은 7.1kcal로 실제 인체에서 이용되는 에너지보다 많다.
- 이것은 소화율과 소변 및 호흡을 통해 배설되는 에너지양에 의한 차이이다.

kcal
1L의 물을 1℃ 상승시키는 데 필요한 열량

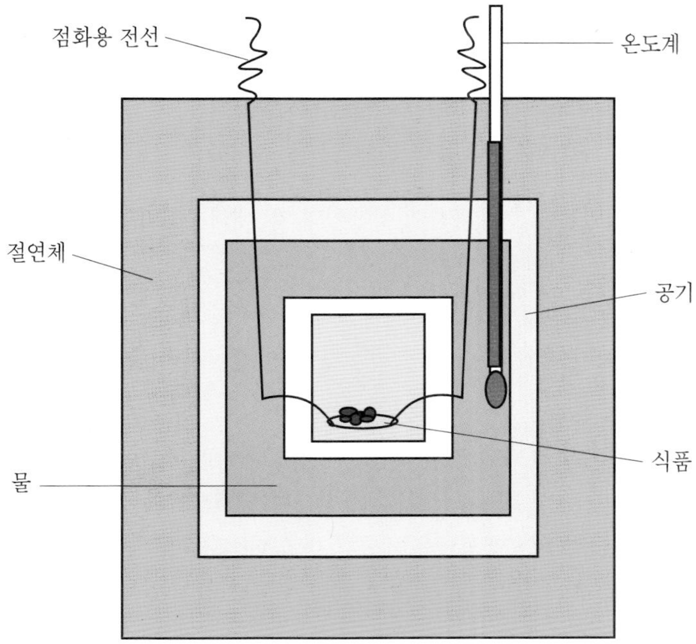

그림 5-3. 봄 열량계의 단면도

인체 에너지 대사량 측정

인체의 에너지 필요량을 측정하는 방법에는 직접 열량측정법과 간접 열량측정법의 두 가지가 있다.

직접 열량측정법

직접 열량측정법 (direct calorimetry)

- 사람이 단열된 밀폐 공간에 들어가서 열을 발산함으로써 그 공간을 둘러싸고 있는 물의 온도를 상승시키는 원리에 의한 것이다.
- 인체에 사용된 에너지가 궁극적으로는 모두 열로 발산되는 것을 이용한다.
- 특수 설비가 필요하며 비용이 많이 들고 복잡하기 때문에, 직접 열량측정법을 이용하는 경우는 드물다.

호흡가스 분석법

호흡가스 분석법 (respiratory gas analysis)

간접 열량측정법 (indirect calorimetry)

- 열 생성량을 직접적으로 측정하지 않고, 음식물의 대사와 관련된 산소 소비 및 이산화탄소 생성을 측정함으로써 에너지 소비량을 측정하므로 간접 열량측정법이라고도 한다.
- 호흡가스분석기를 이용하여 호흡 시의 산소 소모량과 이산화탄소 배출량을 측정한 후, 에너지 소모량과의 상관관계를 나타내는 공식을 적용시켜 간접적으로 소모열량을 계산하는 방법이다.

- 각 에너지영양소가 산화하여 에너지를 낼 때 인체가 일정량의 산소를 소모하고 또한 일정량의 이산화탄소를 배출한다는 사실에 기초를 두고 있다.

이중표식수법 (doubly labeled water technique)

이중표식수법

- 1995년에 개발되었는데 현재까지 일상생활의 총 에너지소비량을 측정하는 방법 중 가장 정확한 것으로 알려져 있다.

안정동위원소 (stable isotope)

- 안정동위원소인 수소(^{2}H)와 산소(^{18}O)를 포함하는 이중표식수를 체중당 일정 비율로 피험자에게 섭취시킨 후 1~2주 동안 채취한 소변 중에서 이들의 배출률을 분석하는 방법이다.
- 이 두 안정동위원소가 체외로 배설되는 경로는 ^{18}O경우 두 가지 경로(①호기의 CO_2와 ②소변, 땀, 호흡 중의 H_2O 손실)를 통하는데 반해, ^{2}H의 경우 ②만을 통하기 때문에 그 차이로부터 CO_2의 생성량을 계산할 수 있다.
- 직접 열량측정법이나 호흡가스 측정법과 달리 활동에 제한을 받지 않고 평상시 활동을 유지할 수 있는 장점이 있다.

에너지 소비량의 구성

기초대사량 (basal metabolic rate, BMR)

신체활동대사량 (physical activity energy expenditure, PAEE)

식사성 발열효과 (thermic effect of food, TEF)

1일 총에너지소비량은 기초대사량, 신체활동대사량 및 식사성 발열효과로 구성된다.

기초대사량

- 기초대사량은 기본적인 생체기능을 수행하는 데 필요한 최소한의 에너지로, 심장박동, 호흡, 체온조절 등을 위한 에너지를 의미한다.
- 기초대사량은 한 개인에서 날마다 거의 일정한데 대개 하루 총에너지소비량의 60~70%를 차지하므로, 1일 에너지필요량을 결정짓는 중요한 요인이다.
- 12~14시간 동안 식사 및 활동이 거의 이루어지지 않으면서 깨어있는 상태에서의 대사량이므로 기상 직후 바로 측정해야 하는 어려움이 있다.

휴식대사량 (resting metabolic rate, RMR)

- 식후 5~6시간이 경과된 후 휴식상태에서 측정하는 휴식대사량은 기초대사량보다 약간 크지만 그 차이가 3% 이내이므로 기초대사량과 휴식대사량을 혼용하여 사용하기도 한다.
- 근육은 대사적으로 활발한 조직 중에서 가장 큰 장이이므로 대부분의 기초대사량을 차지한다. 체중, 신장, 연령으로 기초대사량을 예측하는 공식들이 있는데 이는 근육량을 추정할 수 있다는 가정에 의한 것이다. 가장 널리 쓰이는 두 가지 방법이 표 5-2

표 5-2. 기초대사량(kcal) 추정공식

방 법	성 별	공 식
간이법	남자	1(kcal/kg/시간) × 체중(kg) × 24(시간)
	여자	0.9(kcal/kg/시간) × 체중(kg) × 24(시간)
KDRI 채택방법	남자	204 - 4.0 × 연령(세) + 450.5 × 신장(m) + 11.69 × 체중(kg)
	여자	255 - 2.35 × 연령(세) + 361.6 × 신장(m) + 9.39 × 체중(kg)

KDRI(한국인 영양소 섭취기준, Dietary Reference Intakes for Koreans)

에 제시되었다.

- 연령, 신장, 체중 외에도 근육량에 영향을 주는 요인이 있다. 또한 근육량이 같아도 환경이나 생리적 상황에 따라 생명을 유지하는데 필요한 에너지 양이 다르다. 표 5-3에 기초대사량을 증가 혹은 감소시키는 요인을 정리하였다.

표 5-3. 기초대사량을 변화시키는 요인

요 소	근 거	적 용
신체 조성	근육은 지방조직보다 대사적으로 더 활발하다.	체중과 신장이 같아도 근육량이 많고 지방조직이 적은 사람은 기초대사량이 높다. 여자는 남자보다 기초대사량이 낮고 연령이 증가할수록 기초대사량이 낮아진다.
호르몬	갑상선호르몬과 에피네프린은 대사를 촉진한다.	갑상선 기능항진에서는 기초대사량 증가로 체중이 감소한다. 갑상선 기능저하에서는 기초대사량 저하로 체중이 증가한다.
에너지 섭취 과부족	인체가 에너지 섭취량에 따라 소비효율을 변화시킨다.	저에너지식을 하는 사람들에서 에너지 섭취량의 부족분만큼 실제 체중감소가 나타나지 않는다. 에너지를 과잉섭취 시 비효율적 에너지 대사로 열을 방출하게 된다.
체온	체내 화학반응은 온도가 올라가면 빨라진다.	1℃ 오를 때마다 기초대사량이 평균 13% 상승한다. 발열 환자는 에너지 필요량이 증가한다.
환경 온도	체온을 유지하기 위해서 에너지 소모가 필요하다.	환경온도가 26℃일 때 대사율이 가장 낮고 이보다 높거나 낮은 온도에서는 대사율이 항진된다.
니코틴	니코틴은 기초대사량을 10% 정도 증가시킨다.	금연에 따른 체중증가를 설명한다.

신체활동대사량

운동에 의한 활동대사량 (exercise activity thermogenesis, EAT)

운동 이외의 활동대사량 (non-exercise activity thermogenesis, NEAT)

- 에너지 필요량의 두 번째 범주는 신체활동에 따르는 에너지이다. 신체활동에는 골격근의 운동뿐 아니라 이에 수반되는 심장 박동과 호흡의 증가에 에너지가 소모된다.
- 신체활동에 필요한 에너지를 말하는데 운동에 의한 활동대사량과 운동 이외의 활동대사량으로 구분된다.
- 운동에 의한 활동대사량은 스포츠나 체력단련에 소비되는 에너지이고, 운동 이외의 활동대사량은 자세의 유지, 집안일, 직장 근무 등에 필요한 에너지를 말한다.
- 활동대사량은 개인차가 크고 한 개인에서도 하루하루 크게 차이가 난다. 운동에 의한 활동대사량은 정적인 생활을 하는 경우 100kcal에 지나지 않지만, 운동선수의 경우 3,000kcal까지 이를 수 있어 매우 폭이 크다.
- 신체활동대사량 중에서 운동 이외의 활동대사량에 비해 운동에 의한 활동대사량이 훨씬 크므로 하루 총에너지소비량을 늘리기 위해서는 운동 이외의 활동대사량을 증가시키는 노력이 중요하다.
- 각 활동의 에너지 대사율을 휴식대사량의 배수로 표 5-4에서 제시하였다. 하루 동안 각 신체활동에 소요한 시간을 기록한 다음, 이 수치를 이용하면 그날의 활동대사량이 기초대사량의 몇 배인지를 구할 수 있다.

표 5-4. 활동 종류에 따른 에너지 소비량

활동 범주	활동 내용	METs
비활동	잠자기	0.9
	눕기, TV 보기, 아무 것도 안하기, 음악듣기	1.0
일상생활 속 활동	앉아서 활동(독서 1.3; 이야기 1.5; 노트필기 1.8)	1.3~1.8
	교통(차 · 버스타기 1.0; 자동차 운전 2.0)	1.0~2.0
	서기(줄서기 1.2; 이야기 1.8; 요리 2.0)	1.2~2.0
	자기관리(먹기 1.5; 샤워, 옷 입기, 화장 2.0)	1.5~2.0
	청소(먼지털기 2.5; 세차 3.0; 진공청소기 청소 3.5)	2.5~3.5
	걷기(매우 천천히 2.0; 경보 6.5; 등산, 계단 오르기 8.0)	2.0~8.0
운동	스트레칭, 요가	2.5
	헬스(헬스장 5.5; 웨이트 트레이닝 6.0)	5.5~6.0
	구기(당구 2.5; 볼링 3.0; 탁구 4.0; 배드민턴 4.5; 축구 7.0)	2.5~7.0
	자전거타기(약 4.0; 산악자전거 8.5)	4.0~8.5
	수영(여가 6.0; 시합 11.0)	6.0~11.0
	줄넘기(천천히 8.0; 빠르게 12.0)	8.0~12.0
	달리기(조깅 7.0; 약 8.0km/h 8.0; 계단 오르기 15.0)	7.0~15.0

MET(metabolic equivalents) = 1kcal/kg/h

* 자료: 박재현 외, 신체활동평가를 위한 한국어판 신체활동 목록과 컴퓨터 프로그램 개발, 한국체육학회지 2004; 44(2):385-404

- 하루 동안 신체활동의 종류와 시간을 포함한 생활기록으로부터 신체활동대사량을 계산하여 각 개인의 1일 에너지 대사량을 산출할 수 있다(p162).

식사성 발열효과

- 식사성 발열효과는 식품섭취에 따른 영양소의 소화, 흡수, 대사, 이동, 저장 및 이에 관련된 자율신경계 작용의 증진을 위해 필요한 에너지를 말한다.
- 식품의 특이동적 작용 또는 식품이용을 위한 에너지 소모량이라고도 부른다.
- 식사 후 몇 시간 동안은 휴식대사량 이상으로 에너지가 소모되며, 주로 에너지가 열로 발산되므로 체온 상승효과를 가져온다.
- TEF는 섭취한 에너지영양소의 종류에 따라 달라서 식사의 단백질 비율이 높을수록 TEF가 증가하는데 이는 단백질은 아미노산의 대사가 탄수화물이나 지방에 비해 훨씬 복잡하기 때문이다(표 5-5).

TEF(thermic effect of food, 식사성 발열효과)

- 일반적으로 TEF는 혼합식 섭취 시 총에너지 섭취량의 약 10% 정도인데, 간편하게 휴식대사량과 신체활동대사량을 합한 값의 10%로 계산하기도 한다.
- TEF는 개인차가 상당히 크며, 총 에너지필요량에서 차지하는 비율은 작지만 에너지 균형 조절에서 중요한 요소로 보인다. TEF가 큰 사람은 에너지 섭취량이 많아도 그만큼 체중이 증가되지 않는다.

표 5-5. 3대 열량 영양소의 식품이용을 위한 에너지 및 에너지 효율

식이 / 에너지율(%)	지 질	탄수화물	단백질	혼합식
소화율(%)	95	98	92	
식사성 발열효과(%)	0 ~ 5	5 ~ 10	20 ~ 30	10
ATP로의 최대전환율(%)	40	40	32 ~ 34	39

쉬어가기 **적응대사량(Adaptive Thermogenesis, AT)**

사람이 큰 환경변화에 적응하는 데 요구되는 에너지를 말하며, 추운 환경에 노출되거나 과식을 했을 때와, 창상 등의 스트레스 상황에서 열발생으로 소모될 수 있는 에너지를 의미한다. 갈색지방조직의 짝풀림단백질의 작용과 관련된다. 총에너지소비량의 약 7%이지만, 1일 에너지 필요량 계산에는 포함하지 않는다.

창상(trauma)

■ 1일 에너지 필요량 구하기

에너지 균형을 맞추기 위해서는 자신이 하루에 몇 kcal의 에너지를 소모하는지를 알 필요가 있다. 1일 에너지 필요량을 구하는 방법은 다양하지만, 그중 한 가지 방법을 단계적으로 소개한다. 다음은 56.1kg 여자의 예이다.

1. 24시간 활동한 내용과 시간을 기록한다.
2. 기록된 각 활동 종류에 대해 활동 정도가 비슷한 활동을 표 5-4에서 찾아 활동계수를 찾는다.
3. 각 활동을 했던 시간을 곱해 모두 더하여 24시간 동안의 활동계수의 합을 계산한다.

수면	8시간 × 0.9[1)] =	7.2
걷기	1시간 × 2.0[1)] =	2.0
식사	1시간 × 1.5[1)] =	1.5
요리	1시간 × 2.0[1)] =	2.0
공부(독서)	4시간 × 1.3[1)] =	5.2
공부(노트필기)	4시간 × 1.8[1)] =	7.2
수영	1시간 × 6.0[1)] =	6.0
TV 시청	2시간 × 1.0[1)] =	2.0
이야기(앉아서)	1시간 × 1.5[1)] =	2.0
버스 타기	1시간 × 1.0[1)] =	1.0
총 24시간에		35.6

4. 1일 총 에너지 필요량 = 0.9[2)] × 56.1[3)] × 35.6[4)] ÷ 0.9[5)] = 1997[6)] (kcal)

1) 표 5-4에서 구한 각 활동에 대한 활동계수
2) kcal/시간/kg: 남자 1.0, 여자 0.9
3) 체중, kg
4) 활동계수의 합
5) 식사성 발열효과(총 에너지 섭취량의 약 10% 가산)
6) 적응대사량을 제외한 총 에너지 필요량

에너지 섭취기준

에너지필요추정량 (estimated energy reqirement, EER)

- 한국인 영양소 섭취기준에는 에너지에 대해서 에너지필요추정량을 제시하였는데 이는 다른 영양소의 평균필요량에 해당한다. 다른 영양소와 달리 권장섭취량이 설정되지 않는 이유는 현대 우리나라 국민에게 비만과 비만 관련 생활습관병의 우려가 높기 때문이다.
- 개인의 에너지소비량은 직접 열량계나 호흡가스 분석법 및 이중표식수법을 이용하는 것이 정확하지만 이들은 장비와 기술적인 면에서 현실적으로 이용하기 어렵다. 따라서 연령, 체중, 신장, 신체활동 수준을 반영하는 공식을 이용하여 에너지소비량을 계산하므로 평균필요량 대신 필요추정량이라는 용어를 사용한다.

- 한국인 영양소 섭취기준에서 에너지필요추정량은 아동 · 청소년(3~18세)과 성인(19세 이상)의 두 연령대에서 성별로 도출된 공식을 통해 표준 체위를 대입하여 설정되었다.

우리나라 성인의 에너지필요추정량 공식

성인남자

662 − 9.53 × 연령(세) + PA{15.91 × 체중(kg) + 539.6 × 신장(m)}

PA = 1.0(비활동적), 1.11(저활동적), 1.25(활동적), 1.48(매우 활동적)

성인여자

354 − 6.91 × 연령(세) + PA{9.36 × 체중(kg) + 726 × 신장(m)}

PA = 1.0(비활동적), 1.12(저활동적), 1.27(활동적), 1.45(매우 활동적)

- 한국인의 신체활동 수준은 '저활동적' 상태로 보고된 바 있어서, 위 추정식에 남녀의 PA를 각각 1.11과 1.12를 일괄적으로 적용하여 설정하였다. 활동 수준이 '활동적' 및 '매우 활동적'인 개인은 남자의 경우 각각 1.25와 1.48을 여자의 경우 각각 1.27과 1.45를 대입하도록 별도로 제시하였다.
- 우리나라 에너지필요추정량 공식은 미국과 캐나다 에너지필요추정량 산정에 사용한 공식에 우리나라 실정을 적용한 것이다. 이 공식은 이중표식수법으로 측정한 그 나라 국민의 에너지소비량을 근거로 하여 도출되었는데, 성인과 노인의 경우 한국인에서도 에너지필요추정량 공식의 타당도가 검증되었다.
- 대부분의 다른 영양소와 달리, 에너지의 경우 각 개인마다 개별화된 필요추정량을 식생활에 이용하는 것이 가능하고 또 필요하다. 에너지 균형이 음이거나 양이거나 모두 체중 변화뿐 아니라 에너지 대사에 나쁜 영향을 초래하기 때문이다.

에너지 불균형과 지방조직 변화

신체 구성성분

- 체중은 체지방량과 비지방량을 합한 값이다.
- 비지방량은 각종 근육과 골격을 말하며 수분, 단백질, 무기질로 구성된다. 비지방량은 개인 간 차이가 크지 않고, 한 개인에서도 크게 변화하지 않는다.

표 5-6. 신체 구성성분(70kg 남자)

체중 70kg (100%)	비지방량 58.1kg (73.0%)	근육	수분(42.0L)
			단백질(11.9kg)
		골격	무기질(3.5kg)
	체지방량 11.9kg(17.0%)		체지방(11.9kg)

- 수분은 성인의 경우 약 60%를 차지하는데 세포내액에 2/3, 세포외액에 1/3이 들어있다. 근육은 세포로 구성되므로 체수분과 단백질의 양은 근육량과 비례한다.
- 단백질은 체중의 약 17%를 차지하는데 골격, 혈액, 피부도 구성하지만 대부분이 근육에 존재한다.
- 인체의 단백질 양은 운동, 특히 근력운동에 따른 자극에 의해 증가하고, 에너지 섭취의 부족이 지속되면 근육 감소에 따라 그 함량이 줄어든다.
- 체지방량이나 체지방률은 개인 차이가 크고, 한 개인에서도 변화할 수 있다.
- 체지방은 필수지방과 저장지방으로 구분될 수 있는데 남자는 각각 체중의 3%와 12%이고 여자는 각각 12%와 15%이다.
- 여성은 체지방률이 평균 18~30%로 남자 10~25%에 비해 높다.

백색지방조직과 갈색지방조직

갈색지방조직 (brown adipose tissue)
열량영양소 산화시 ATP는 생성하지 않고 열발생을 수반하는 갈색의 특수 지방세포로 구성되어 있다.

백색지방조직 (white adipose tissue)
체내 대부분 지방조직으로 열량영양소 산화시 ATP를 생성하는 지방세포로 구성되어 있다.

- 체지방은 거의 백색지방조직인데 그림 5-4와 표 5-7은 갈색지방조직과 백색지방조직 모양을 비교하였다.
- 백색지방세포는 중성지방의 큰 덩어리가 세포 내부의 대부분을 차지하고 있고 핵이

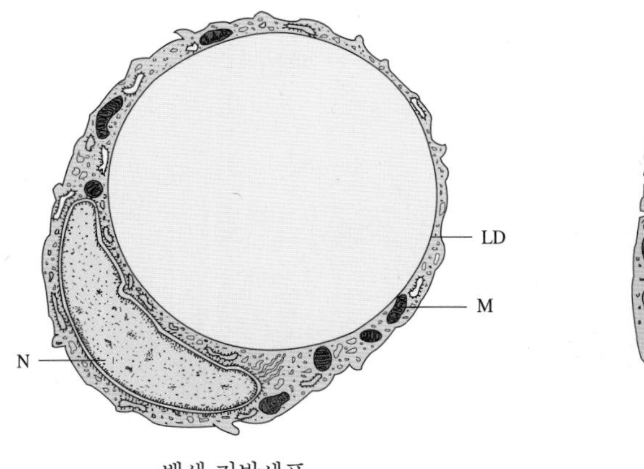

백색 지방세포

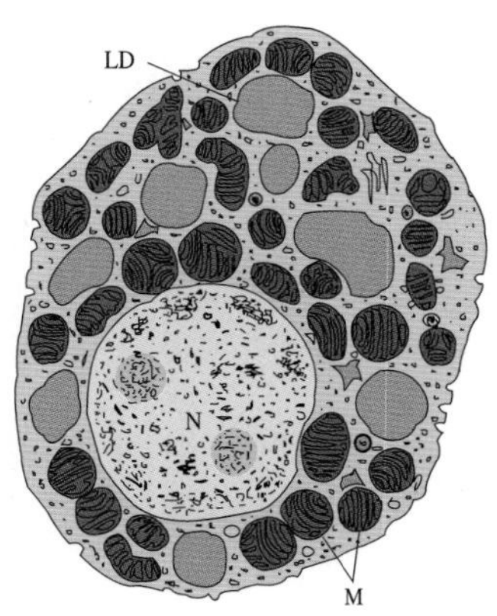

갈색 지방세포

LD: 지방구(lipid droplet), M: 미토콘드리아(mitochondria), N: 핵(nucleus)

그림 5-4. 백색 지방세포와 갈색 지방세포의 구조 비교

가장자리로 밀려나 있으며 단백질과 물이 극히 적다. 이 세포는 다른 대사 작용이 없고 다만, 지방산을 혈류로 방출하라는 호르몬 자극이 있기 전까지는 중성지방을 저장하고 있을 뿐 대사적으로 활발하지 않다.

- 갈색지방조직의 색깔은 많은 수의 미토콘드리아와 혈관 발달 때문이다. 이 세포의 지방구는 크기가 작아 신속하게 중성지방을 분해할 수 있다. 중성지방의 분해를 통해 생성된 전자는 수많은 미토콘드리아에 전달하여 전자전달계를 거치지만(산화), ADP로부터 ATP 생성(인산화)이 수반되지 않는다(산화적 인산화의 짝풀림).
- 따라서 지방분해의 에너지로부터 열이 생성되는데, 갈색지방조직에 많이 분포되어 있는 혈액을 통해 열이 발산된다.

표 5-7. 백색 지방과 갈색 지방의 차이 비교

특 징 \ 지방종류	백색 지방	갈색 지방
혈관분포 및 공급량	적다	많다
지방구 형태	중앙에 하나의 큰 지방구	작은 지방구가 퍼져 있음
미토콘드리아 및 시토크롬	적다	많다
ATP 합성효소	활성이 높다	활성이 낮다
짝풀림단백질	없다	있다
산화적 인산화	ATP 생성	ATP 생성 대신 열 발생
존재장소	피하, 고환이나 장기 주위	등부분, 견갑골 사이, 겨드랑이 밑

- 이러한 짝풀림단백질의 작용을 통해 갈색지방조직은 에너지 대사의 효율을 저하시키는데, 과식 후 과잉으로 섭취된 에너지를 발산하게 함으로써 섭취량에 비례적으로 체중이 증가하지 않는 것을 설명하므로 적응대사량으로 부르기도 한다.
- 또한 갈색지방조직의 짝풀림단백질의 작용은 추운 환경에서 노출되었을 때뿐 아니라, 동물이 동면에서 깨어날 때 그리고 신생동물의 경우 체온을 유지하게 하는 기전이 된다.

짝풀림단백질 (uncoupling protein)
갈색 지방세포의 미토콘드리아 내막에 존재하는 단백질로 산화와 인산화의 결합을 막는 기능을 가짐

지방세포의 수와 크기

- 체중이나 지방조직이 증가하는 것은 지방세포의 수나 크기가 증가하기 때문이다. 지방세포의 수가 증가하는 것을 지방세포 증식형비만, 크기가 증가하는 형태를 지방세포 비대형비만이라고 부른다.
- 성장기 동안에 지방세포는 세포분열을 통해 수가 증가한다. 성인에서는 지방세포의 수보다는 크기가 커지지만 지방세포의 크기가 최대치에 이르면 수도 증가하게 된다.

지방세포 증식형비만 (hyperplastic obesity)
지방세포 비대형비만 (hypertrophic obesity)

호르몬과 지방축적

지단백리파아제 (lipoprotein lipase, LPL)

간에서 합성된 중성지방은 VLDL 형태로 혈류를 통해 지방조직으로 이동한다. 이때, 중성지방을 분해하여 유리지방산이 지방세포로 유입되게 하는 것은 지단백리파아제의 작용이다. 유입된 유리지방산은 지방세포에서 중성지방을 재합성하여 축적된다. 한편, 에스트로겐은 이 LPL의 활성을 촉진시켜 엉덩이와 허벅지에 지방이 쌓이기 쉽게 하는데 갱년기 이후에는 에스트로겐 분비가 부족하여 복부 비만이 유발된다.

에너지 불균형의 문제

- 에너지 균형이란 에너지 섭취량이 에너지 소모량과 일치하는 상태를 말하며, 에너지 균형 상태에 있는 성인은 일정한 체중을 유지한다.
- 에너지 섭취량이 소모량보다 적을 때는 음의 에너지 균형을 가져와, 지방과 단백질이 분해되고 수분이 소실되어, 체중이 감소한다.

그림 5-5. 에너지 균형의 예

- 섭취량이 소모량보다 많을 때는 양의 에너지 균형을 가져와 여분의 에너지가 지방형태로 축적되어 체중이 증가한다.
- 체지방량이 지나치게 과잉되거나 부족해지면 여러 가지 건강상의 문제가 야기된다.
- 인체에 체지방이 과잉 축적되면 고혈압, 당뇨, 심장질환, 몇몇 종류의 암, 임신합병증의 위험도가 증가한다.
- 1970년대 이래 경제발전과 더불어 지방섭취량이 증가하고 교통수단의 발달 및 컴퓨터 사용의 증가와 같은 생활 방식의 변화 등으로 인하여 우리나라에서도 비만과 그 합병증에 대한 우려가 크다.
- 2019년 국민건강통계에 따르면 체질량지수가 25 이상인 비만에 속하는 30세 이상 국민의 비율은 남자 43.1%, 여자 27.4%로 1998년 이후 남자는 크게 증가한 반면 여자는 큰 변화를 보이지 않았다.
- 20~60대는 남자의 비만 유병률이 더 높으나, 만 70세 이상에서는 여자의 유병률이 더 높은 경향을 보였다.
- 우리나라도 미국의 경우와 마찬가지로 비만이 큰 건강 문제로 대두되기 시작했다. 표 5-8은 비만과 관련된 건강문제들을 보여주고 있다. 특히 소아비만은 치료하기가 더욱

표 5-8. 비만과 관련이 있는 건강 문제

건강문제	비만의 영향
고혈압 · 뇌졸중	지방조직에 혈관 길이 증가, 혈액량 증가, 혈액의 흐름에 대한 저항 증가
인슐린 비의존성 당뇨병	팽창된 지방세포는 인슐린과의 결합능력이 저하되어 인슐린이 전달하는 신호에 대한 반응능력이 떨어짐
관상심장병	혈액의 LDL 콜레스테롤과 중성지방의 증가, HDL 콜레스테롤의 감소, 신체 활동성 감소
암	동물실험에서 몇 가지 암의 발생이 과도한 열량섭취로 촉진되었음
수술 시 위험	마취약 필요량 증가, 상처감염의 우려 증가
호흡계 질환과 수면장애	허파와 인후에 대한 과다 압력 부하
뼈와 관절의 질환	무릎, 엉덩이 관절에 대한 압력 증가
담낭결석	담즙의 콜레스테롤 농도 증가
피부질환	살 접힌 부분에 땀이 차고, 미생물 번식 증가
작은 키	과다 체지방은 사춘기 시작을 앞당김
임신 합병증	분만의 난이도 증가와 마취약 필요량의 증가
사고와 낙상 위험 증가	민첩성의 감소

어려우므로 예방을 위하여 어릴 때부터 건강한 식습관과 생활방식을 형성시켜 주어야 한다.

불필요한 다이어트의 폐해

- 에너지의 섭취부족으로 체중의 감소가 지속되면 체지방뿐 아니라 근육 단백질이 손실되고 전반적인 영양상태가 나빠지며 병에 대한 저항력이 떨어져 질병, 상해, 수술로부터의 회복이 느리다.
- 특히 어린이의 경우는 신체적 · 지적 성장이 느려지고, 그 영향은 영구적일 수 있다. 또한 지나치게 마른 체형을 선호하는 젊은 여성의 추세는 여자 중고생까지도 이어져, 비만에 대한 두려움과 불필요한 다이어트의 원인이 된다. 그 결과 신체적 폐해뿐 아니라 이상식이습관이나 우울증상과 같은 심리적 위험상태와 관련되기도 한다.
- 비만 자체가 치료가 어렵지만 비만이 아닌 경우에 시행하는 다이어트는 원하는 감량에 이르기 더욱 힘들고 청소년기의 다이어트는 비과학적인 방법을 시도하는 경우가 많다.
- 따라서 비만 예방 교육과 함께, 건강 체중과 자신의 체형상태에 대한 올바른 인식의 중요성을 강조하여야 할 것이다.

에너지 섭취 조절

사람의 먹는 행동은 두 가지 다른 기전에 의해 조절되는데, 공복감과 식욕이다. 공복감과 식욕이 서로 혼용되어 사용되는 경우가 있으나, 이 둘을 구분하면 먹는 행동을 이해하는데 도움이 된다.

공복감(hunger) 음식을 찾아 먹게 하는 생리적 충동으로 주로 내적 신호로 조절된다.

식욕(appetite) 공복감이 없는데도 특정 음식을 먹고 싶은 심리적 충동으로 주로 외적 신호에 의해 조절된다.

섭식중추 (feeding center) 시상하부에 있으며 자극을 받으면 음식의 섭취를 유도하는 중추

포만중추 (satiety center) 이 부위가 자극을 받으면 만복감을 느껴 음식의 섭취를 중단하게 한다.

포만감(satiety) 먹고 싶은 욕구가 더 이상 없는 상태

공복감

- 공복감은 '언제 먹을 수 있을까?' 하는 질문을 일으키는 내적 요소에 대한 생리적 반응이다.
- 시상하부에는 섭식중추와 포만중추가 있다. 섭식중추는 혈액 내 영양소나 호르몬 등 여러 성분의 농도를 감지하여 그 농도가 낮아지면 공복감을 느끼게 하여 먹도록 한다.
- 음식을 섭취함으로써 공복을 해결하면 포만중추가 자극되어 만복감이 와서 더이상 먹고자 하는 욕구가 없어진다.

식 욕

- 식욕은 특정 음식을 먹고자 하는 욕구로 정의된다. 즉 '무엇을 먹을까?' 하는 질문에 대한 심리적이고 사회적인 반응이다.

- 식욕이 생기는 외적 신호로는 식사시간이 되었다거나, 어느 특정 장소에 있다거나, 좋아하는 음식을 봤다거나, 스트레스 및 감각적 자극들이 있다거나 할 때이다.
- 좋아하는 음식을 보거나 냄새를 맡으면 침샘에서 침이 분비되고 소화 호르몬과 인슐린이 분비되어 음식을 소화시킬 준비를 갖추므로 먹고 싶어진다.
- 스트레스가 쌓여 식욕이 증가하는 경우도 외적 요소에 의해 식사 섭취량이 증가하는 것으로만 보이지만 사실은 스트레스에 의해 여러 가지 호르몬이 분비되는 내적 요소가 동시에 작용하는 것이다.

비 만

비만의 원인

비만의 원인은 사람마다 달라서, 많이 먹어서 비만해지는 경우도 있고, 비활동적이어서 에너지 소모량이 적기 때문에 비만해지는 경우도 있으며, 어떤 사람은 에너지 섭취량과 소모량은 정상인데 에너지 대사에 이상이 있어 비만이 되는 수도 있다.

유전적 요인

- 특정 가족이나 인종에서 비만율이 높다는 사실은 유전적 요인이 에너지 균형에 영향을 준다는 사실을 뒷받침한다. 일란성 쌍생아는 다른 환경에서 자라도 체중증가의 형태나 체지방의 분포 형태(상체 비만 혹은 하체 비만)가 비슷하다.
- 비만은 주로 유전적인 요인에 의해 생기고, 이런 사람들은 체질적으로 효율이 높은 대사를 가지고 태어난다. 같은 양의 에너지를 섭취하더라도 대사효율이 높은 사람은 보통 사람에 비해 더 쉽게 체지방이 증가하게 된다.
- 체중이나 체지방량이 각 개인마다 유전적으로 정해져 있어서 신체가 그 수치를 유지하고자 식행동과 대사율을 변화시킨다는 이론이 일정 체중유지 이론이다. 이 이론은 에너지 섭취량이 상당히 변화함에도 불구하고 오랫동안 안정된 체중이 유지되는 현상을 설명한다.
- 최근에는 렙틴이라는 단백질이 발견되었는데, 이것이 중추신경망과 지방조직 사이를 연결하는 의사전달매체로 작용하는 것으로 알려져 많은 연구가 진행 중이다.

효율이 높은 대사 (thrifty metabolism)
체질적으로 에너지 소모량은 적고 에너지 보존량이 많은, 에너지 효율이 높은 경우로 비만 유발과 관련될 수 있는 체내대사를 의미한다.

일정 체중유지 이론 (set point theory)
체중이나 체지방량이 각 개인마다 유전적으로 정해져 있어서 신체가 그 수치 유지를 위해 식행동과 대사율을 변화시킨다는 이론

환경적 요인

- 유전적 소인이 다르더라도 가족은 비슷한 식습관과 식품선택 경향을 가지므로 체형이 비슷한 경우가 많다. 또한 식량이 부족하거나 노동을 하는 사람이 많은 나라에서

는 비만이 거의 없다.

- 따라서 체지방량의 최저치는 유전적으로 타고나지만, 최대치는 환경적 요인들을 통한 식행동의 변화에 크게 영향을 받는다고 할 수 있다.
- 결론적으로 비만해질 소인이 있고, 그것이 발현될 수 있는 환경조건이 제공될 때 비만이 초래된다.

비만의 종류

비만은 원인에 따라서 단순 비만과 증후성 비만으로 분류할 수 있다(표 5-9).

- 단순 비만은 특별한 질환은 없고 과식과 운동부족이 그 원인으로서, 비만한 사람의 약 95%가 이에 해당한다.
- 증후성 비만은 내분비 이상, 유전, 시상하부성, 전두엽 및 대사성 이상 등의 원인 질환으로 발생한다.

증후성 비만 (symptomatic obesity) 내분비, 유전, 시상하부성, 전두엽 및 대사성 등의 원인 질환으로 발생하는 비만

- 여러 가지 질병은 에너지 균형에 영향을 줄 수 있다. 암이나 소화기계 질환은 식사섭취량을 감소시키고, 당뇨나 갑상선기능 이상은 에너지 대사에 영향을 준다.
- 갑상선기능항진증을 가진 사람은 항상 덥다고 느끼고 체중이 감소되며 또한 과잉활동성을 보인다. 반면 갑상선기능저하증은 이유 없이 체중이 증가하고 늘 피곤하며 춥다고 느낀다.

표 5-9. 비만의 종류

구분 방법	비만의 종류
원 인	단순 비만, 증후성 비만
발생시기	소아 비만, 성인 비만
지방조직 형태	지방세포 증식형, 지방세포 비대형
지방분포에 따른 체형	상체 비만(남성형, 사과형), 하체 비만(여성형, 서양배형)
위 치	내장지방형, 피하지방형

지방세포 비대형 비만 (hypertrophic obesity) 지방세포의 크기가 증가하는 것으로 성인기에 생긴 비만의 대부분이 이 형태이다.

지방세포 증식형 비만 (hyperplastic obesity) 지방세포의 수가 증가하는 것으로 소아 비만이 이 형태의 비만이다.

지방조직의 형태에 따라서는 지방세포 비대형과 지방세포 증식형으로 구분한다.

- 지방세포 비대형은 지방세포의 크기가 증가하는 것으로, 성인 비만의 대부분을 차지한다.
- 어릴 때 비만이 발생하면, 지방세포가 더 많이 생겨나는 지방세포 증식형 비만이 된다.
- 한 번 늘어난 지방세포의 수는 다시 줄어들지 않기 때문에 어릴 때 생긴 비만은 체중을 줄이거나 감소된 체중을 유지하기가 성인기에 발생한 비만보다 더 어렵다.

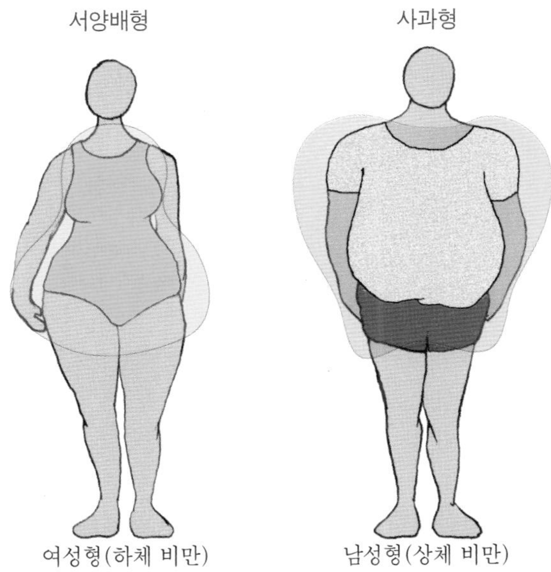

그림 5-6. 체지방의 분포형태

체지방의 절대적인 양과 더불어 체지방의 분포 형태도 건강의 위험 정도를 평가하는 데 중요하다(그림 5-6).

- 상체 비만(복부 비만)은 남성형 또는 사과형 비만으로 불리는 반면, 하체 비만은 여성형 또는 서양배형 비만으로 불린다.
- 복부 비만은 고혈압, 심장병, 성인당뇨병 등에 걸릴 위험이 더 크다. 복부 지방은 문맥혈관에 가까워서, 복부의 지방이 이동하면 곧바로 간으로 가서 LDL의 생성을 자극하므로 당뇨와 관상심장병의 발병위험을 증가시킨다.
- 허리둘레가 남자의 경우 90cm 이상, 여자의 경우 85cm 이상이면 복부 비만이다. 허리둘레/엉덩이둘레비는 남자 0.9, 여자 0.8 이상일 때 복부 비만이다.
- 단층촬영으로 복부의 지방을 내장지방과 피하지방으로 구분하여 측정할 수 있다. 면적의 비가 0.4 이상일 때 내장형 비만, 그 이하일 때를 피하지방형 비만으로 분류하는데, 내장형 비만이 더 위험하다.

허리둘레/엉덩이둘레비 (waist-hip circumference ratio, WHR)

비만의 판정

- 비만의 판정법에는 키와 체중을 이용한 신체지수를 사용하는 방법과, 직간접으로 체지방량을 측정하는 방법이 있다(표 5-10).
- 체지방은 사람에 따라 차이가 많이 나며, 정상 남자의 경우 12~18%이고 정상 여자의 경우는 20~25%이다. 여자는 생식기능을 위하여 더 많은 양의 체지방을 필요로 한다.
- 남자는 체중의 25% 이상, 여자는 30% 이상일 때 비만으로 정의한다.

비 만
과다한 체지방을 가진 상태를 의미한다. 체지방이 남자는 체중의 25%, 여자는 체중의 30% 이상일 때, 임상적으로는 BMI가 25 이상인 경우나 현재 체중이 이상체중을 20% 초과하는 경우로 정의된다.

표 5-10. 비만의 판정법

종 류	측정법	원리 및 계산식	장단점	기준치
체지방률 측정	수중 체중	지방조직의 밀도가 비지방조직보다 낮음	가장 정확하나 장비 필요	체중의 25 %(남), 30 %(여)
	피하지방두께	피하지방량이 체지방량을 반영	정확성이 떨어짐	
	전기저항	지방조직은 전류의 흐름에 대한 저항이 높음	정확한 편이나 장비가 필요	
신체지수 사용	체질량지수 (BMI)	체중(kg)/{신장(m)}²	간편해서 가장 많이 사용	25 이상
	이상체중을 초과하는 비율	이상체중(변형된 브로카법) 161cm 이상 : (신장－100)×0.9 150 ~ 160cm : (신장－150)×0.5＋50 150cm 미만 : 신장－100 비만도(%) = (현재체중－이상체중)×100 / 이상체중	이상체중의 정립에 어려움이 있음	비만도 20 % 이상

체지방량을 측정하는 방법

캘리퍼(caliper)

- 체지방량을 측정하는 방법에는 수중체중 측정법, 이중에너지 X-선 흡광측정법(dual-energy X-ray absorptionmetry, DEXA), 전기저항측정법, 피부두께 측정법들이 있다.
- DEXA는 X-선이 지나가면서 조직의 형태에 따라 에너지가 손실되는 정도가 다른 것을 이용하여 지방량과 근육량뿐 아니라 골밀도까지 정확하게 측정할 수 있다. 그러나 장비가 고가이고 피험자가 꼼짝없이 견뎌야 하는 단점이 있다.
- 피부두께 측정법은 캘리퍼를 이용하여 견갑골 아래, 허벅지, 장골위, 삼두근 등 서너 군데의 부위에서 피하지방의 두께를 측정하고 수식을 이용하여 체지방량을 산출하는 방법이다. 체지방의 반 정도가 피하에 분포되어 있고, 피하지방이 전체 체지방을 반영한다는 가정을 전제로 한다.
- 전기저항측정법은 인체에 해롭지 않을 정도로 전류를 사람에게 통하게 하여 체지방량을 측정하는 방법이다. 근육조직이 약 75%의 수분과 풍부한 전해질을 함유하고 있는 것에 반해 지방조직은 수분함량이 적고 전해질의 농도가 낮아 전기의 흐름을 방해하는 성질이 있다. 따라서 체중은 같더라도 지방이 많은 사람일수록 전류의 흐름에 대한 저항이 크다. 이 방법은 장비가 필요하지만 체지방량을 신속하면서도 상당히 정확하게 측정할 수 있어 임상적으로 가장 많이 이용하고 있다.
- 수중체중측정법은 수중체중이 공기 중보다 가벼운 정도를 측정함으로써 신체용적을 계산한다. 지방조직의 비율이 높을수록 밀도가 낮아 수중과 공기 중에서의 체중의 차이가 커지는 원리를 이용하여 체지방률을 판정한다.

신체지수를 이용하는 방법

신체지수를 사용하면 총지방량 측정법만큼 정확하지는 않으나 훨씬 간단하게 비만을 판정할 수 있다. 이 방법은 간편하기는 하지만 체중과다가 꼭 체지방과다를 의미하지는 않는다. 이상체중백분율과 체질량지수가 있다.

- 체질량지수는 가장 간편하므로 많이 사용되는데, 체중(kg)을 신장(m)의 제곱으로 나눈 값으로 계산한다. 체질량지수가 18.5 이상, 23.0 미만일 때 정상체중으로 판단한다. 체질량지수는 성장기 아동이나 65세 이상의 노인, 임신 · 수유부 혹은 매우 근육질인 사람에게는 적용할 수 없다.
- 이상체중백분율은 신장을 기준으로 이상체중을 설정하고 현재의 체중이 이상체중을 20% 이상 초과하면 비만으로 판정하고, ±10% 범위 안에 포함되면 정상체중, 10~20%이면 과체중이라 평가한다.
- 이상체중을 설정하는 방법은 여러 가지가 있으나, 현재로는 변형 브로카(Broca)법이 주로 쓰이며, 계산식은 표 5-10에 있다.

비만도(obesity index, %)
$$\frac{\text{현재체중} - \text{이상체중}}{\text{이상체중}} \times 100$$

체질량지수(body mass index, BMI)
$$\frac{\text{체중(kg)}}{[\text{신장(m)}]^2}$$

BMI에 의한 비만의 분류(대만비만학회)
비만 : ≥ 25.0
과체중 : 23.0~25.0
정상 : 18.5~23.0
저체중 : < 18.5

비만의 치료

- 비만과 질병의 관계가 밝혀짐에 따라, 이제 비만은 세계보건기구에서 정한 치료를 요하는 질병 중의 하나로 확실히 구분되고 있다. 비만의 치료를 '비만한 사람의 체중이 바람직한 체중으로 감소되고, 감소된 체중이 적어도 5년 동안 유지되는 것'으로 정의하며, 비만에 대한 치료 성공률은 암의 치유율보다 낮아서, 비만의 완치가 얼마나 어려운지를 잘 말해주고 있다.
- 비만한 사람들은 체중조절을 목적으로 병원 같은 전문기관에 가기를 꺼리며, 오히려 간편하고 빠른 감량효과를 선전하는 상업적인 과대광고에 현혹되어 안정성과 효과가 검증되지 않은 방법들을 사용함으로써 실패를 거듭하게 된다. 비만의 치료에서 가장 큰 문제는 감량 후에 일정 기간이 지나면 예전의 체중 혹은 그 이상으로 다시 살이 찌는 요요현상이다. 체중조절의 실패는 아예 처음부터 프로그램을 시작하지 않은 것보다 못하고, 개인적인 정서문제도 야기시키므로 사회적 문제로 대두되고 있다.
- 비만치료의 목적은 우선 체지방 감소를 통하여 체중을 감소시키고, 그 후에도 감량된 체중을 일생 동안 유지하는 것이다. 비만의 원인이 개인마다 다르므로 치료방법도 개인에 따라 달라야 하지만 비만의 치료는 식이요법, 운동요법, 행동수정의 3가지 방법을 통해 이루어질 수 있다.
- 1주일에 체중의 1% 정도 즉, 1%의 체지방을 줄이는 것을 목표로 하는 것이 좋다. 그보다 빠른 감량은 근육조직의 소실을 초래하여 요요현상의 원인이 된다.

요요 효과(yoyo effect)
체중감량 후 체중이 회복되고, 다시 체중감량 후에는 체중이 원래보다 더 증가되는 현상을 반복하는 효과

식사치료

에너지 섭취량을 감소시키지 않고 운동을 통해서만 음의 에너지균형을 이루는 것은 매우 어렵기 때문에 식이요법은 모든 비만치료의 기본이다. 열량제한 식이에는 열량제한 불균형식, 단식, 열량제한 균형식이 있다(표 5-11).

열량제한 불균형식 (unbalanced low calorie diet)

- 특정 음식이나 특정 영양소를 섭취하여 영양의 균형을 잃는 것은 위험하므로, 열량제한 불균형식은 현명한 비만치료 식사요법이 아니다.
- 단식요법은 심한 비만자에게 외과적 치료를 사용하기 전에 마지막 수단으로 적용하는데, 의사와 영양전문가의 감독을 받지 않은 상태에서 임의로 시행할 경우 위험하다.

완전절식(total fast)

초저열량식(very low calorie diet, VLCD)

단백질 보충 변형 단식 (protein-supplemented modified fast, PSMF)

열량제한 균형식 (balanced low-calorie diet)

혼합저열량식(low calorie diet, LCD)

성분영양식 (formula diet)

- 비만치료를 위한 열량처방 시에는 개인의 체중과 활동수준을 고려한다. 신속한 감량을 원하면 표준체중을 택하고, 요요현상을 미연에 방지하려면 현재 체중을 택한다. 보통 활동을 하는 사람은 30~35kcal/kg을, 약한 활동을 하는 사람은 25~30kcal/kg을 택한다.
- 1주일에 1kg 이상을 감량시킬 만한 식사는 인체의 포도당 필요량을 충족시키지 못하므로 포도당으로 전환될 아미노산의 공급을 위해 체근육 단백질이 분해되어야 한다. 대사적으로 활성이 큰 근육조직의 감소는 기초대사율의 감소를 초래하므로 체중조절이 더욱 어렵게 되고, 일단 살빼기 프로그램이 끝났을 때 체중이 더 쉽게 증가해 비만을 가중시키는 결과를 초래한다.

표 5-11. 감량식이의 종류

식이의 종류	식이방법	내 용	특 징
열량제한 불균형식	특정식품이 많은 식사	해조류, 포도 등	영양소 불균형, 단조로움
	케톤생성식	저당질	케톤증, 식욕저하, 체액의 산성화, 혈중 요산증가, 콜레스테롤 섭취증가, 메스꺼움, 피로, 탈수
	고단백식	고단백(총에너지의 45% 이상)	케톤증, 간과 신장에 부담
	고당질식	저단백(35g/일 이하) 저지방(총에너지의 10% 이하)	철, 지용성 비타민 및 필수지방산 부족 우려
단식	완전절식		체지방은 물론 체단백질과 전해질도 소모, 케톤 생성 증대
	초저열량식	300~600kcal	완전절식보다는 체단백 소모의 절약, 그래도 케톤 생성
	단백질 보충 변형 단식	양질의 단백질 보충	체단백질 소모의 절약
열량제한 균형식	혼합저열량식	여러 식품 사용	맛있고 균형잡힌 영양공급 가능
	성분영양식	균질 유동식	열량섭취 관리 용이, 균형잡힌 영양공급, 단조로움
	저영양밀도 식사	고섬유 · 저지방	저작 때문에 식사 시간이 길어짐

표 5-12. 날씬해지는 식품 고르기

식이의 종류	자주 섭취해야 할 식품	가끔 섭취해도 무방한 식품	되도록 피해야 할 식품
동물성 단백질 급원	순살코기, 참치통조림, 게, 껍질 벗긴 닭고기, 달걀	껍질채 요리한 닭고기, 새우	삼겹살 등 기름진 육류, 내장고기, 베이컨, 런천미트, 닭 · 새우튀김, 포크 커틀릿
식물성 단백질 급원	두류, 두부	땅콩 버터, 볶은 땅콩	기름에 볶은 견과류
유제품	탈지분유, 탈지분유로 만든 요구르트나 냉동 요구르트	저지방 우유	전지유, 아이스크림, 크림, 전지유로 만든 치즈
곡류	현미, 잡곡, 떡, 시리얼, 통밀빵, 보리빵, 크래커	백미, 흰빵, 과자	과자, 파이, 단 시리얼, 각종 스낵류, 도넛, 크림이 든 과자
채소	생채, 숙채	채소통조림	마요네즈가 풍부한 샐러드, 야채튀김, 프렌치프라이
과일	신선한 생과일	과일통조림	아보카도, 단 과즙음료, 시럽에 담근 과일통조림

* 왼쪽 열의 식품들은 저지방 · 고섬유질 식품으로서 다이어트 식품에 속한다.

- 모든 영양소가 골고루 함유되도록 각 식품군에서 다양한 식품을 선택하도록 하여야 한다. 또한 포만감이 부여되어야 하므로, 지방이나 열량의 함량이 적은 대체음식을 선택하여 섭취량이 급격히 줄어들지 않게 하는 것이 필요하다(표 5-12). 무엇을 먹느냐도 중요하지만 같은 식품을 어떻게 조리하느냐도 비만치료의 식이요법에서 중요한데, 전과 튀김보다는 구이나 찜이 유리하다.
- 열량제한식의 경우 식품섭취량이 감소하면 변비가 되기 쉽다. 식이섬유 섭취를 증가시키면 포만감도 제공되고 변비도 예방할 수 있는데, 고식이섬유식에는 충분한 수분 섭취도 필요하다.

쉬어가기 **식이치료만으로 구성된 살빼기 프로그램**

운동을 겸하지 않고 열량제한만으로 구성된 살빼기 프로그램으로 체중을 감소시키면 그 프로그램이 끝났을 때, 체중은 프로그램 시작 전보다 더 많이 증가한다. 그 후 다시 체중을 감소시키려면 처음 살빼기 프로그램보다 더 심한 열량제한을 필요로 하게 되고, 프로그램 종료 후 체중의 증가는 더 빠르고 쉽게 진행된다. 이런 요요현상은, 운동을 겸하지 않은 열량제한 식이로 인해 체지방의 손실과 더불어 대사적으로 활성이 높은 근육조직까지 손실되기 때문이다. 저열량식이에 적응을 시켜 에너지 대사를 보다 효율적으로 진행하며, 따라서 열량제한이 잠시 중단되더라도 앞으로의 열량제한에 대비하기 위해 에너지 축적을 증가시킨다. 더구나 요요현상으로 인한 체지방의 증가는 주로 복부의 지방 증가로 알려져, 이와 관련된 위험요소도 증가될 수 있다.

운동치료

- 운동요법은 감량속도가 빠르지는 않지만 음의 에너지평형에 따른 근육 소실을 막아 요요현상을 방지하는 효과가 있기 때문에 모든 비만치료에 필수요소이다.
- 비만 치료를 위한 운동요법은 운동의 종류, 강도, 빈도 및 지속시간이 적절해야 하고, 개인의 신체적 여건에 맞아야 하며, 생활의 일부로 즐길 수 있어야 한다.
- 체지방의 연소를 위해서는 유산소운동이 효과적인데, 큰 근육을 20분 이상 계속적으로 사용하는 걷기, 수영, 자전거 타기, 뛰기 등이 여기에 포함된다. 그러나 유산소운동이 너무 격렬해지면 인체는 무산소 대사 상태로 전환되어 포도당이 일차적인 에너지원이 된다.

유산소운동(aerobic exercise) 중간 정도의 강도에서 큰 근육을 20분 이상 사용할 때 산소의 지속적인 공급하에서 포도당과 지방이 미토콘드리아에서 완전 산화되어 나오는 에너지를 공급받는다.

무산소운동(anaerobic exercise) 호기성 경로를 통해 에너지를 공급할 수 있는 신체능력 이상의 운동강도에서 근육을 사용할 때 산소를 사용하지 않는 혐기성 해당작용을 통해 신속하게 에너지를 공급받는다.

- 무산소운동은 신체의 산소 공급능력을 초과하는 속도와 강도로 진행되는 역도나 단거리 경주 등이며, 체지방이 연소되는 것은 아니므로 직접적으로 체중을 줄이는 것은 아니지만 근육조직을 증가시키므로 대사율을 높여 간접적으로 체중감소에 기여한다.
- 운동을 통해서 체중을 감소하려면 그 운동이 능동적이어야 한다. 운동기계에 의한 수동적인 움직임은 에너지 소모나 근육증가를 초래하지 않는다.
- 비만치료를 위한 운동의 강도는 땀이 날 정도로 힘들지만, 대화가 가능할 정도가 적당한데 비만도가 심한 사람은 낮은 강도에서 시작해야 하고, 강도를 높일 수 없는 경우 운동시간을 길게 한다. 운동을 위해 60분을 한꺼번에 내지 못하는 경우에는 15분씩 네 번에 나누어 할 수 있다.
- 식욕 증가는 무산소운동에서만 나타나고, 유산소운동에서는 나타나지 않는다. 비만인이 운동을 할 때에는 운동을 하지 않았을 때보다 더 먹지 않으며, 어떤 경우라도 운동은 열량 소모량을 더 증가시키므로 결국 체지방이 감소되는 결과를 얻게 된다.

행동치료

행동수정(behavior modification)

장기간의 체중조절을 보장하려면 행동수정이 필요한데, 행동수정만 사용한 경우는 다른

쉬어가기 | 현명한 감량 프로그램의 선정

포함되어야 할 내용	바람직하지 못한 내용
규칙적인 운동과 식생활의 행동변화	다이어트 효과에만 초점
장기적이고 영구적인 생활변화 권장	특정 상품에 의존
다양하고 균형 잡힌 식단	극적인 감량을 약속
점진적인 에너지 제한	감량도구 선전
먹는 행동을 야기하는 요인 분석	식사 조절이 아닌 식욕감퇴 유발 물질 이용
감량식에서 보통식사로 성공적 전이를 포함	유명 연예인 홍보

치료보다 체중감소율이 높지 않다. 그러나 행동수정의 중도 포기율은 20% 미만으로 다른 치료방법들보다 낮은 편이어서 감소된 체중을 장기간 유지하는 데에는 행동수정을 사용한 체중감소 프로그램이 필수적이다. 이것은 자기감시, 자극조절 및 보상의 3단계로 이루어진다(표 5-13).

표 5-13. 체중조절을 위한 행동수정의 3단계

원 리	방 법	내 용
자기감시	다이어트 일기 쓰기	먹는 시간과 장소를 기록하기 먹은 음식의 형태와 양의 목록을 작성하기 곁에 누가 있었는지와 느낀 점을 기록하기 이 기록으로부터 과식을 초래할 수 있는 문제점 찾아내기
자극조절	식품구매	배부른 상태에서 구매할 것 구매목록을 작성해서 구매하기-충동구매를 억제하기 냉동식품이나 인스턴트 식품 사지 않기 꼭 필요할 때까지 장보기를 연기하기
	계 획	필요한 만큼만 먹도록 계획하기 간식 먹는 시간에 운동하기 세끼 식사와 간식을 정해진 시간에만 먹기 끼니를 거르지 말기
	활 동	충동적으로 먹게 되지 않도록 음식을 눈에 보이지 않는 곳에 치우기 모든 먹는 것은 한 장소에서만 하기 냄비를 식탁에 올려놓지 말기 식탁에서 간장, 소금이나 소스들을 치우기 작은 크기의 그릇과 수저를 사용하기
	명절이나 파티에서	술을 덜 먹기 파티 시작 전에 열량이 낮은 간식을 먹기 음식을 사양하는 공손한 태도 익히기 간혹 실수해도 포기하지 않기
	먹는 방법에서	음식을 입에 떠 넣는 사이사이에 수저를 상에 내려놓기 다음 음식을 더 떠넣기 전에 음식을 완전히 씹기 음식을 약간 남기기 식사 중에 잠깐 중단하기 식사 중에 다른 일은 하지 않기(텔레비전 시청이나 독서)
보 상	보 상	자기감시 기록을 기준으로 충동 조절을 잘 수행했을 때 상을 주기 특정 행동에 특정 상을 주도록 계약을 설정하기 가족이나 친구에게 말이나 물질로 상을 주도록 협조를 구하기 점차 자신이 보상을 줄 수 있도록 훈련하기

자기감시 (self-monitoring)
먹는 음식과 먹는 행동에 영향을 주는 조건들을 추적하는 과정. 장소, 시기, 마음 상태들을 함께 일기 형식으로 기록함으로써 개인의 식행동을 좀더 이해할 수 있는 수단이 된다.

자극조절 (stimulus control)
먹게끔 만드는 자극을 최소화하기 위해 환경을 변화시키는 것. 예로 음식을 눈에 띄지 않게 냉장고 깊숙이 보관하는 것 등이 있다.

- 자기감시는 성공적인 비만치료를 위한 첫 단계로서 비만인의 생활방식에 대한 분석인데, 비만이 되게 하는 식사 및 운동습관의 문제점을 도출하고, 다음 단계인 자극조절의 목표를 설정하는 토대가 된다.
- 마지막 단계는 보상으로 특정 자극조절을 잘 수행했을 때, 미리 정해 놓은 상을 줌으로써 행동을 강화하는 단계이다.

심리적 섭식장애

심리적 섭식장애는 사람의 신체적 및 정신적 건강에 부정적 영향을 주는 비정상적인 식습관으로 정의된다(표 5-14). 이는 현대사회의 모순에 대한 반작용으로서 발생한다. 즉 지나치게 날씬한 몸매를 요구하는 사회문화가 있는가 하면, 기름진 음식을 먹을 기회를 많이 만드는 사회문화도 있어, 이 두 문화 사이에서 갈등하게 된다.

표 5-14. 심리적 섭식장애들의 특징 및 치료

형 태	거식증	폭식증	마구먹기장애
취약군	사춘기 소녀	성인 초기	다이어트에서 실패한 경험이 많은 비만인
식습관	성공적 다이어트의 자부심을 느껴 극도로 쇠약해짐	폭식과 장비우기를 교대로 반복	문제발생 때마다 끊임없이 먹음
현실지각과 원인	자신이 비만하다고 왜곡되게 믿고 자신의 행동이 비정상적임을 인정하지 않음	자신의 행동이 비정상적임을 인정하고 폭식과 장비우기를 비밀리에 함	자신을 통제할 수 없다고 포기함
치료법	식사량을 증가시켜 우선 기초대사량을 유지할 수 있는 체중을 회복한 후 문제의 원인을 찾도록 정신과 치료	영양교육과 함께 자신을 인정하도록 하는 정신과 치료	생리적으로 배고플 때만 먹도록 학습시킴

거식증 (anorexia nervosa)
날씬한 몸매를 추구하는 정도가 극에 달하여, 계속 자신이 뚱뚱하다는 생각으로 극도로 수척해질 때까지 굶는 심리적 장애

거식증

- 거식증은 날씬한 몸매를 추구하는 정도가 극에 달하여, 자신이 뚱뚱하다고 느끼므로 극도로 수척해질 때까지 굶는 심리적 장애이다.
- 흥미로운 사실은 이들이 이러한 날씬함의 왜곡된 척도를 자신에게만 적용하고, 타인에 대해서는 비만도에 대한 객관적인 판단을 할 수 있다는 것이다. 이들은 정서적으

로 불안정하고 공격적이며, 비판적이고 우울하며 가족과 친구들로부터 자신을 격리시킨다.

- 결국은 극심한 체중과 체지방의 감소, 체온과 맥박수의 감소, 철결핍성 빈혈, 백혈구 수의 감소, 탈모, 변비, 혈중 칼륨의 감소 및 월경 중단 같은 신체적인 증상이 나타난다.
- 거식증은 중산층 가정환경에서 자란 사춘기 소녀들에게 많은데, 특히 기대수준이 높은 완벽주의자들에게서 많이 발견된다.
- 거식증의 치료는 가족 모두가 치료에 참가하는 것이 중요하다.

폭식증

- 폭식증은 폭식과 고의로 장을 비우는 일을 교대로 반복하는 증상을 말한다.
- 이런 장애를 가진 사람들은 체중조절을 위해 극도로 저열량 식사를 하지만, 실제 그런 식사조절은 환상적일 뿐이고 깨어 있는 동안 계속 먹는 생각만 한다. 결국에는 그런 극소량의 식사량으로 인한 생명의 위협을 더 이상 지탱하지 못하고 결심을 깨뜨리게 된다. 한 자리에 앉아 입에 당기는 음식을 15,000kcal 정도까지도 남몰래 폭식한다.
- 절제를 못한 데서 오는 수치심과 과식으로 인한 생리적 고통으로 다시 장을 비우려는 노력을 한다. 인위적으로 구토를 일으키며, 하제를 사용하여 설사를 유발시키기도 하고, 과다한 운동을 하기도 한다.
- 절식과 과식을 번갈아 하는 것은 인체의 섬세한 생리적 · 생화학적 균형을 교란시키며, 계속되는 구토는 식도와 위를 파열시키고, 산성의 토사물은 입 · 식도 · 후두의 점막을 부식시키며 치아의 에나멜 표면을 파괴한다.
- 심리적인 타격도 생리적인 것에 못지않게 크다. 폭식증의 저변에 깔려 있는 자긍심의 부족에다 다이어트를 지속하지 못하는 데서 오는 죄책감이 더해지고, 극단적인 절망감으로 자살의 충동을 느끼기도 한다. 폭식과 장비우기를 비밀리에 행하므로 주위에서 알아차리기 힘들다.
- 폭식증은 자신의 행동에 문제가 있다는 것을 인정한다는 점이 거식증과 다른 점이다.
- 폭식증의 치료에는 문제를 해결하는 데에 음식을 개입시키지 않도록 하는 학습이 필요하다.

폭식증(bulimia)
폭식과 고의로 장을 비우는 일을 교대로 반복하는 섭식장애의 일종

마구먹기장애

- 거식증이나 폭식증보다 훨씬 흔한 섭식장애로 여러 번 살빼기를 시도했으나 실패한 경험이 있는 사람들에서 자주 일어난다.
- 자신을 통제할 수 없다고 느끼므로 장시간 계속해서 먹는 형과 단시간에 폭식하는 형의 두 가지가 있다.
- 마구먹기장애가 폭식증과 다른 점은 폭식 후에 인위적으로 장을 비우는 행위를 하지 않는다는 점과 비만인 사람에게서 더 자주 발견된다는 점이다.

마구먹기장애 (binge-eating disorder)
여러 번 살빼기를 시도했으나 실패한 경험이 있는 사람들에게서 자주 일어나는 섭식장애의 하나로, 장시간 계속해서 먹는 형과 단시간에 폭식하는 형의 두 가지가 있다.

- 이 장애는 자신의 감정을 적당한 방법으로 표현하고 감당하는 것을 배우지 못한 사람들에게서 주로 나타나는데, 이들은 문제가 생기면 그것을 극복하지 못하고 음식에 눈을 돌리게 된다.
- 근심 걱정이 있을 때, 그 저변에 깔린 자신의 감정을 인식하도록 도와주고, 그것을 다른 사람들과 나누도록 격려해줄 필요가 있다. 음식에 대한 통제는 욕구불만을 더 일으키므로 피해야 하고, 생리적으로 배고플 때만 먹도록 하는 학습이 치료에 중요하다.

운동과 에너지

운동의 효과

근육에 영양소가 충분히 공급되어 있는 상태에서 근육이 쓰는 에너지원의 종류는 운동하는 사람이 얼마나 신체적으로 단련되었는지와 어떤 강도로 운동하는지에 따라 다르다. 운동 중에 일어나는 에너지 대사와 신체조성의 변화는 표 5-15에 있다.

표 5-15. 운동과 훈련이 신체조성과 대사에 미치는 영향

상태 변화	내 용
운동 중의 변화	RQ의 전반적인 ↓ 주열량원이 글리코겐에서 지방으로 대체 간과 근육의 글리코겐 ↓ 지방이동이 시간경과에 따라 ↑ 포도당 신생합성이 운동경과에 따라 ↑ (글루카곤의 분비 ↑와 간의 주요효소↑로 인해) 단백질 합성 ↓ (간, 근육) 단백질 함량 ↓ (근육, 간, 혈장)
훈련에 따른 변화	운동중 RQ ↓(지방 이동 ↑로 인해) 단위운동속도에 대한 산소소모량의 약간 ↑ VO_{2max} ↑ 운동중 혈류의 약간 ↑ 제지방량 ↑ (근육비대로 인해) 체지방률 ↓ 당내성과 인슐린에 대한 예민도 ↑ 근육에 의한 젖산의 장기적 ↓ 공복 시 혈장 중성지방 농도 ↓ 총콜레스테롤 불변, LDL 콜레스테롤 ↓, HDL 콜레스테롤 ↑

운동을 시작하여 진행함에 따라

- 근육이나 간의 글리코겐 사용이 증가되고 시간이 지남에 따라 점차 감소하는데, 이는 운동을 위한 에너지 급원이 글리코겐에서 지방산으로 전환되기 때문이다.
- 글리코겐의 고갈, 특히 근육 글리코겐의 고갈은 호르몬의 분비로 조절되는데, 운동의 시작으로 인슐린의 분비가 감소하고 글루카곤 분비가 증가되어, 포도당 신생합성을 촉진하기 때문이다.
- 운동이 진행되면서 교감신경계로부터 카테콜아민의 분비가 촉진되어 지방의 분해가 활발해지고 혈청 유리지방산이 증가하는데, 이는 글루카곤과 에피네프린의 분비에 의해서도 촉진된다.
- 규칙적인 운동은 체중감소에 효과적인데, 이는 활동대사량을 증가시킬 뿐만 아니라 휴식대사량도 증가시켜 전반적인 에너지 소모량을 증가시키기 때문이다.

카테콜아민(catecholamine)
에피네프린(epinephrine)

신체단련은 피로를 느끼지 않으면서 보통에서부터 아주 심한 강도로까지 운동할 수 있는 능력으로 정의된다. 규칙적인 훈련이 장기간 계속되어 신체적으로 훈련이 되면 운동능력을 증가시킬 수 있는 여러 가지 변화가 일어난다.

신체단련(fitness)

- 신체적으로 더 단련될수록 신체활동에 필요한 에너지를 공급하는 데 체지방을 쓰는 비율이 높아진다.
- 근육이 반복적으로 수축함에 따라 근육세포의 증대가 일어나, 제지방량이 증가하고 체지방의 비율이 감소한다.
- 근육조직 내 모세혈관의 수가 증가하고 적혈구 수와 총혈액량이 팽창되어 산소 운반 능력이 증가한다.
- 유산소운동의 훈련으로 근육조직 내 미토콘드리아의 크기와 수가 증가하여, 에너지원으로서의 지방의 비중이 높아지고, 산소의 소모가 많아져서 같은 강도의 운동에도 호흡상이 낮으며 젖산의 축적이 적다.
- 운동 중에 근육이 뼈에 주는 자극이 크면 뼈의 칼슘 축적 정도를 높여 뼈를 강하게 하는데, 이것은 폐경기 이후 골다공증을 예방할 수 있는 방법이다.

운동에 직접 관여하는 골격근은 물론 심혈관계와 호흡계의 근육도 자극을 받는다.

- 심장은 커지고 강해져 적은 노력으로도 많은 혈액을 뿜어낼 수 있으므로, 심박수가 감소되고 운동에 의해 덜 소모된다.
- 동맥 내벽의 근육도 마찬가지로 운동으로 강해지고, 수축 · 이완이 더 잘 일어나 혈압이 감소한다.
- 호흡계의 효율도 증대되어 더 많은 공기를 호흡할 수 있고, 따라서 많은 산소를 공기로부터 취할 수 있게 된다.

이 외에도 규칙적인 운동은

- 성인형 당뇨의 발병률을 감소시킬 뿐 아니라 인슐린에 대한 세포의 민감도도 증가시킨다.
- 또한 면역기능, 소화기능, 신경계 기능 등을 증진시킬 뿐 아니라 기억력을 증가시키고, 외모의 개선, 성취감의 증진, 사회적 접촉기회 마련 등으로 자긍심을 높여준다.
- 뿐만 아니라, 뇌를 자극하여 세로토닌과 엔돌핀의 생성을 촉진하는데 세로토닌은 성취감과 평안감을 증진시키고, 엔돌핀은 자연적인 진통제 역할을 한다.

세로토닌(serotonin)
수면을 유도하는 신경전달물질로 아미노산의 일종인 트립토판으로부터 합성된다.

엔돌핀(endorphin)
식이섭취조절이나 진통효과와 관련된 자연적인 신경안정제

운동의 에너지원

에너지 체계는 3가지, 즉 ATP-CP 체계, 무산소성 해당체계, 유산소성 에너지 체계로 크게 구분할 수 있다(그림 5-7).

- ATP는 근수축의 직접적인 에너지원인데, 근육 내 함량이 극히 적어 단 1초간의 운동만 지원할 수 있다. 포스포크레아틴은 고에너지화합물로서 ADP로부터 ATP를 재빨리 재생하는 작용을 한다. 따라서 CP를 ATP와 함께 ATP-CP 체계라 부른다. 1~10초간 지속되는 운동의 에너지원이 된다.(①)

포스포크레아틴
(phosphocreatine, creatine phosphate, CP)

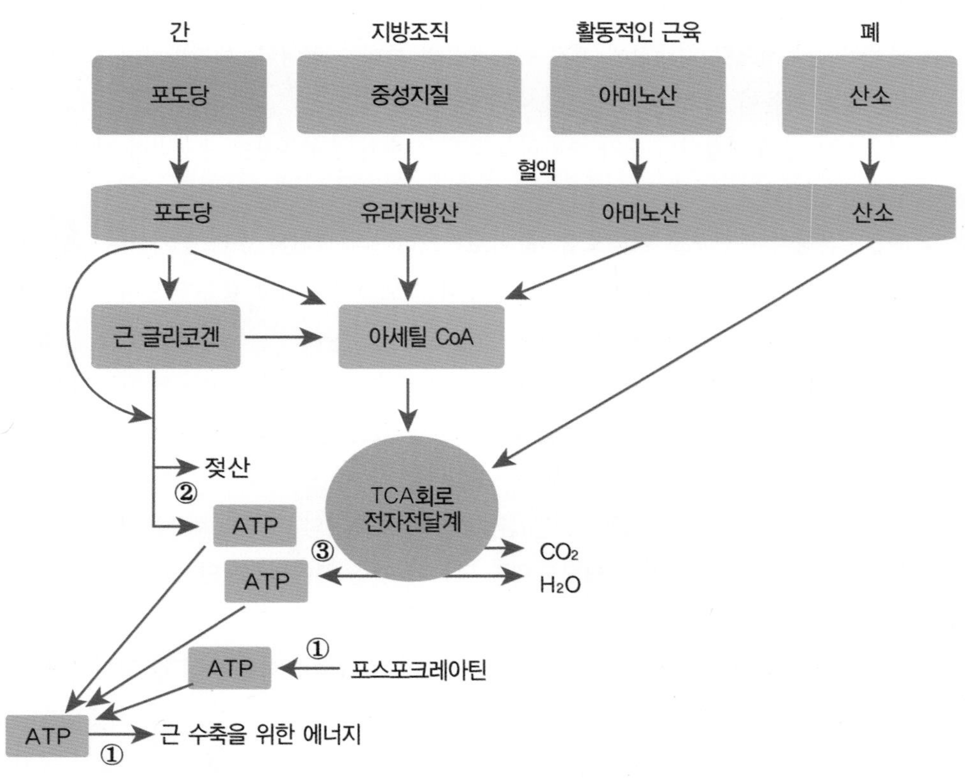

자료 : 김정희 외, 운동과 영양, 파워북, 2012

그림 5-7. 근 수축을 위한 에너지 체계

- 무산소성 해당체계는 포도당이 젖산으로 전환되면서 비효율적이지만 신속하게 ATP를 생성하여 ATP-CP 체계 다음 단계에서 이용될 수 있다(②).

젖산(lactate)
유산. 혐기성 대사로부터 생성되는 탄소 세 개짜리 산성물질로 포도당의 중간 분해산물

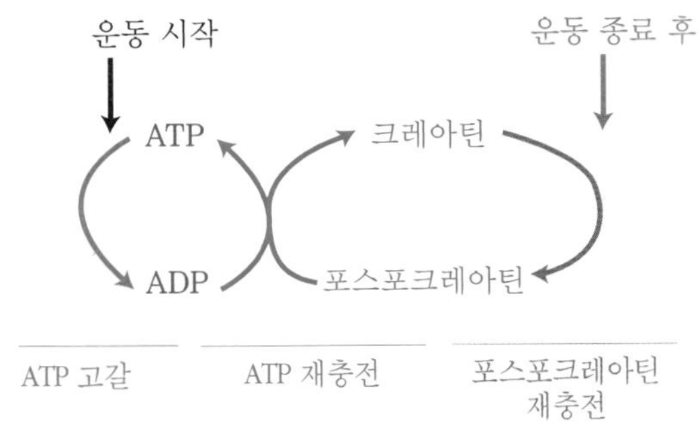

- 유산소성 에너지 체계는 활성화되는데 시간이 소요되지만 미토콘드리아에서 산소를 사용하여 매우 효율적으로 ATP를 생성한다. 근육의 글리코겐, 중성지질 및 단백질, 혈중 포도당, 유리지방산 및 중성지방, 그리고 지방조직의 중성지질을 모두 산화시킨다(③).

탄수화물 : 지방으로부터 근수축 ATP가 생성되는 비율은 운동의 강도와 지속시간에 따라 좌우된다(표 5-16).

- 운동을 개시한 직후에는 TCA 회로나 전자전달계 같은 효율적인 에너지 생성경로가 불가능한데 이는 운동이 경과됨에 따라 비중이 점차 높아지기 때문이다.
- 그러나 운동 강도가 너무 높아지면 무산소대사로 전환되는데, 무산소대사로 ATP를 생성할 수 있는 것은 탄수화물, 즉 포도당뿐이다. 반면에 주로 지방을 에너지원으로

표 5-16. 운동시간에 따른 주된 에너지원

시 간	에너지원	운동 종목	힘의 정도
10초 이하	ATP-CP	100m 달리기, 높이뛰기, 테니스(서브), 배구(스파이크), 골프(스윙), 역도	강
10~90초	ATP-CP+해당과정	200~400m 달리기, 단거리 수영, 500~1,000m 스케이트	중
90초~4분	해당과정+포도당의 유산소 대사	800m 달리기, 200~400m 수영, 권투, 레슬링, 농구	중
4분 이상	포도당과 지방의 유산소 대사	마라톤, 조깅, 1,500m 수영, 장거리 스키, 축구	약

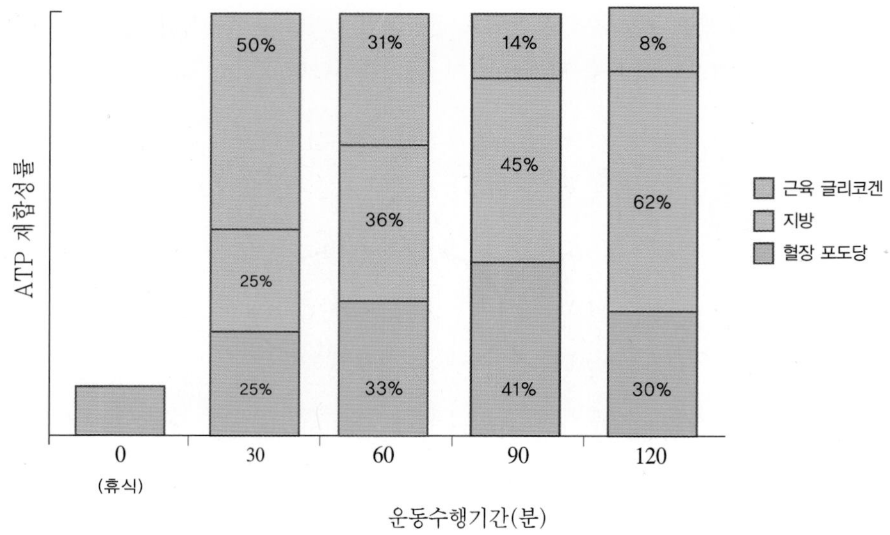

자료 : Jeukendrup & Gleeson, Sports Nutrition, 2010

그림 5-8. 운동 지속시간에 따른 에너지원의 변화(60% VO_{2max})

VO_{2max}
단위 시간당 소모할 수 있는 최대의 산소 부피로서 그 사람의 최대 운동 강도를 의미하는데 이것에 대한 백분율로 운동강도를 표시한다.

하는 활동은 시작한지 20분 경과된 가벼운 운동(산책 등)이나 휴식이다.

중간 정도 강도의 운동을 지속할 때

- 운동 시작 직후 불과 몇 초만에, ATP 고갈과 CP에 의한 ATP 재생이 중단되면
- 근육 글리코겐의 분해로 생성된 포도당의 해당과정(무산소대사)에 의해 ATP가 생성되고
- 운동이 더 지속됨에 따라 미토콘드리아의 유산소대사가 활성화됨으로써 포도당이 분해되고, 뒤이어 지방이 분해된다.

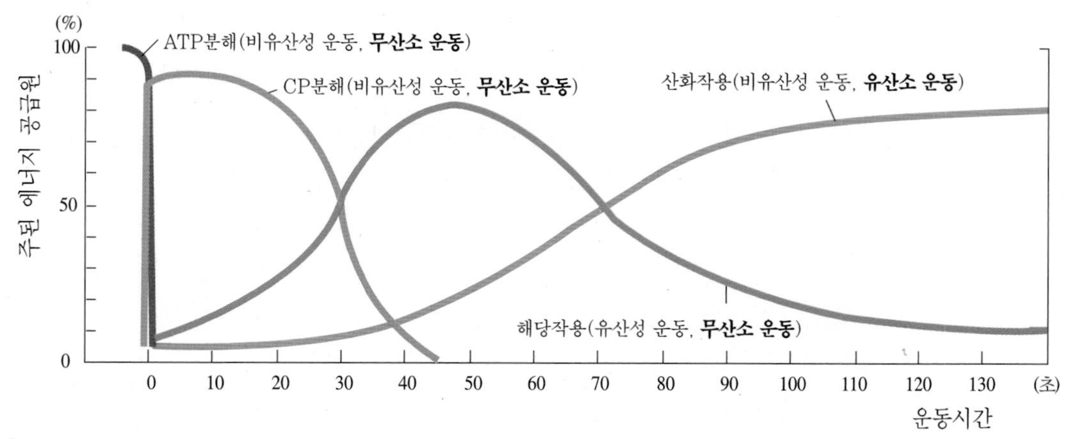

CP : 포스포크레아틴

그림 5-9. 중간 강도의 운동 시 시간경과에 따른 주된 에너지 공급원의 변화

지구력을 요하는 운동에서는 격렬한 운동보다 해당과정에 대한 의존성이 줄어 젖산 축적이 적어진다.

- 마라톤과 같이 강도가 VO_{2max}의 70%까지 증가하면 지방과 탄수화물이 근육수축의 에너지원으로 기여하는 비율이 50 : 50까지 된다.
- 그런 상태에서 근육내 글리코겐 저장량이 빨리 고갈되면 지구력이 떨어져서 처음의 높은 운동 강도를 지속할 수 없게 된다. 또한 마지막 골인 지점에 가까이 가면 최대 속도로 달려야 하는데, 이때는 혐기성 해당작용에 의해서만 에너지를 공급받을 수 있으므로 저장된 글리코겐이 적으면 운동을 지속할 수 없다.
- 따라서 70%의 VO_{2max} 정도의 격렬한 운동이 1시간 이상 지속되고 마지막으로 전속력이 필요한 마라톤 선수는 운동 전에 글리코겐을 최대로 축적시키는 것이 유리하다.

운동 시 에너지원으로 사용되는 단백질의 기여도는 크지 않다.

- 전체 에너지 필요량의 2~5%만이 단백질 대사로부터 공급된다.
- 지구력을 요하는 운동 특히, 근육내의 글리코겐 저장량이 고갈되었을 때는 전체 에너지 필요량의 10% 정도까지도 단백질에서 얻을 수 있다.
- 단백질로부터 공급되는 에너지의 대부분은 곁가지 아미노산(발린, 류신, 이소류신)으로부터 온다.
- 10% 정도의 열량을 공급하기 위한 단백질의 양은 정상적인 식사에 쉽게 포함될 수 있는 양이므로 단백질이나 아미노산의 보충제를 따로 먹을 필요는 없다.

탄수화물의 부하(carbohydrate-loading)와 운동효과

90분 이상을 경기에 참가하거나, 기간이 그보다 짧은 경기를 24시간 내에 반복하는 경우의 운동선수들에게는, 탄수화물 부하로 근육의 글리코겐의 축적을 극대화시키는 것이 운동수행 능력에 도움이 되는 경우가 있다. 경기가 있기 7일 전에 시작하여 3~4일간 강도가 강한 운동과 고지방 · 고단백식사로 근육내 글리코겐을 고갈시킨다. 마지막 3일간은 운동 시간과 강도를 조금씩 줄여나가고 고당질식으로 다량의 글리코겐을 축적한다. 이 방법은 근육의 글리코겐 축적을 50~85% 더 증가시킬 수 있다. 현재에는 경기 7일 전에 시작하는 고갈단계는 생략하고 경기 3일 전에 고당질식과 훈련 감소만으로 이루어지는 수정된 방법을 주로 이용한다.
근육에 글리코겐이 더 많이 저장될수록 운동경기에서 지구력이 증가되지만 한편 글리코겐 축적에 따르는 부작용이 있을 수도 있다. 글리코겐이 증가된 만큼 수분의 양도 증가되며 개인에 따라 초과된 수분의 무게가 운동기록을 저하시킬 수도 있다. 따라서 글리코겐 축적을 고려하는 운동선수들은 중요한 경기가 있기 훨씬 전 훈련기간 중에 이것을 시험해 보아 운동기록에 어떤 영향을 주는지 검토하는 것이 필요하다. 글리코겐 축적으로 효과를 볼 수 있는 운동으로는 마라톤 · 장거리 수영 · 30 km 달리기 · 토너먼트 농구시합 · 장거리 카누 경기 등이고, 미식축구 · 10km 달리기 · 하이킹 · 대부분의 수영 · 농구 한 경기 · 역도 등에는 효과적이지 않다.

요약

1. 인체가 식품 에너지를 이용할 때, 처음 식품에 들어 있는 총에너지는 소화가능 에너지, 대사 에너지, 네트 에너지로 전환되는데, 이때 네트 에너지(ATP)로의 전환율은 약 25~40%이다.
2. 실제 식품의 에너지량을 계산할 때 사용되는 식품의 열량가는 대사 에너지로 탄수화물 4kcal/g, 단백질 4kcal/g, 지질 9kcal/g이며, 이를 생리적 열량가라 한다.
3. 인체의 에너지 필요량을 측정하는 방법에는 직접 열량측정법과 간접 열량측정법이 있다. 직접 열량측정법은 사람이 밀폐된 공간에 들어가서 직접 방출하는 열량을, 주변을 둘러싸고 있는 물의 온도 증가로 측정한다. 간접 열량측정법은 호흡할 때 소모되는 산소 소모량이나 이산화탄소 배출량을 측정하여 에너지 소모량과의 상관관계를 나타내는 공식을 적용시켜 계산하는 방법이다.
4. 인체의 에너지 요구량은 기초대사량, 활동을 위한 에너지 소모량, 식품 이용을 위한 에너지 소모량, 적응대사량으로 구분된다.
5. 기초대사량은 심장박동 · 호흡 · 체온조절 등의 생체기능을 수행하는 데 필요한 최소한의 에너지로서 하루 소모열량의 60~70%를 차지하는데, 최근 휴식대사량과 혼용하여 사용하기도 한다. 기초대사량은 체표면적, 성별, 체온, 호르몬 상태, 나이, 영양상태, 임신 등 여러 가지 요인에 따라 변한다.
6. 활동에 따른 에너지 소모량은 활동의 종류, 활동강도, 활동시간, 체중 등에 따라 다르며 개인 간 차이가 크다.
7. 식품이용을 위한 에너지 요구량은 식품섭취 후 식품을 소화시키거나 흡수 · 대사 · 이동 · 저장을 위해 필요한 에너지를 말하며, 일반적으로 혼합식이를 섭취할 때 소모되는 열량은 총에너지 섭취량의 약 10% 정도이다.
8. 적응대사량은 사람이나 동물이 큰 환경변화에 적응하기 위하여 요구되는 에너지로, 주로 갈색 지방에 의한 열발생 기전과 연관지어 설명되고 있다.
9. 에너지 균형이란 에너지 섭취량에서 소모량을 뺀 값이다. 음의 에너지 균형은 에너지 섭취량보다 소모량이 많을 때이며 체중감소를 초래한다. 양의 에너지 균형은 에너지 섭취량이 소모량보다 많을 때이며 체중증가를 초래한다.
10. 체지방의 지나친 과부족은 모두 건강상 장애를 일으킨다. 비만은 고혈압, 당뇨, 심장질환 등 여러 성인병의 증가와 관련된다. 에너지 섭취부족으로 체지방 및 근육 단백질이 손실되면 질병에 대한 저항력이 감소하고, 질병 · 상해 · 수술로부터 회복이 느리며, 어린이의 경우 성장이 지연된다.
11. 비만의 원인은 에너지 섭취량이 과도하거나 에너지 소모량이 너무 적어서, 또는 에너지 대사에 이상이 있어서이다. 비만은 유전과 환경의 복합적인 영향으로 생긴다. 즉 체지방의 최저치는 유전적으로 타고 나지만 최대치는 환경적 요인들에 영향을 받는다.
12. 사람의 먹는 행동은 공복과 식욕에 의해 결정된다. 공복은 '언제 먹을 수 있나?' 하는 생리적 충동으로서 주로 내적 신호로 조절된다. 식욕은 공복감이 없는데도 '뭘 먹을까?' 하는 심리적 충동이며 주로 외적 신호로 조절된다. 다양하고 맛있는 음식을 손쉽게 구할 수 있는 현대사회에서는 공복보다는 식욕에 의해 먹게 되는 경우가 많기 때문에 비만이 되기 쉽다.
13. 비만은 지방세포 증식형과 지방세포 비대형으로 구분하는데, 어릴 때 생긴 비만의 경우 체중을 줄이거나 감량된 체중을 유지하기가 더 어려운 것은 지방세포 증식형 비만이기 때문이다.
14. 비만이란 과잉의 지방이 체내에 축적된 상태를 의미하며, 남자의 경우 총지방량이 체중의 25%, 여자의 경우 30% 이상인 상태로 정의된다. 체지방을 측정하는 방법으로는 수중체중 측정법, 피부두께 측정법, 생체전기 저항법 등이 있다. 신장과 체중을 이용하여 비만을 판정하는 방법에는 이상체중에 대한 백분율을 이용하는 방법과 신체질량지수가 있다. 체지방의 분포형태도 절대적 체지방량 못지않게 중요하며 하체 비만보다 복부 비만이, 피하지방형보다 내장지방형이 건강에 더 해롭다.

15. 심리적 섭식장애는 에너지 균형을 변화시키려는 의식적인 행동으로, 거식증은 쇠잔해지도록 굶는 장애이고 폭식증은 금식과 폭식, 그리고 장을 비우는 일을 교대로 반복한다.
16. 비만치료의 목적은 체지방을 감소시키고 감량된 체중을 그 후에도 일생동안 유지하도록 하는 데 있다. 비만의 원인은 개인마다 다르므로 치료도 개인의 사정에 맞게 맞추어져야 한다. 일반적으로 식이요법, 운동요법, 행동수정의 3가지 치료방법이 있다.
17. 규칙적인 신체운동은 심장기능 증진, 상해의 위험률 감소, 숙면, 체지방 감소와 근육조직의 증가, 스트레스 해소 및 혈당과 혈압의 정상화 등 건강에 유익하다.
18. 운동효과를 보려면 최대 박동수의 60~90%에 해당하는 강도의 운동을 하루 20~60분씩 주 3~5회 하는 것이 필요하다. 운동을 하지 않던 사람은 운동강도, 시간, 빈도를 서서히 높여가야 효과적이다.
19. 휴식 시 근육세포는 주로 지방을 연료로 사용하며 단시간의 격렬한 운동에는 포스포크레아틴을 주로 사용한다. 보다 지속적인 격렬한 운동에서는 근육 글리코겐이 젖산으로 분해된다. 지구력을 요하는 운동에서는 지방과 탄수화물이 함께 연료로 사용되나 활동강도가 커질수록 탄수화물이 점점 더 많이 사용된다.

참고문헌

1. 구재옥 · 임현숙 · 윤진숙 · 이애랑 · 서정숙 · 이종현 · 손정민(2013) 고급영양학, 파워북
2. 김정희 · 임경숙 · 이홍미 · 조성숙 · 김창선(2012) 운동과 영양, 파워북
3. 대한비만학회(2020) 비만 Fact Sheet, http://www.kosso.or.kr/general/
4. 문수재 · 김혜경 · 홍순명 · 이경혜 · 이명희 · 이영미 · 이경자 · 안경미 · 이민준 · 김정연 · 김정현(2016) 알기 쉬운 영양학, 수학사
5. 박재현 · 강민수 · 이미영 · 김혜진 · 강상조(2014) "신체활동평가를 위한 한국어판 신체활동 목록과 컴퓨터 프로그램 개발", 한국체육학회지 44(2): 385~404
6. 변기원 · 이보경 · 권종숙 · 김경민 · 김숙희(2021) [3판]영양소대사의 이해를 돕는 고급영양학, 교문사
7. 보건복지부(2020) 2020 한국인 영양소 섭취기준
8. 서정숙 · 이종현 · 윤진숙 · 조성희 · 최영선(2012) 영양판정 및 실습, 파워북
9. 이정희 · 이승민 · 이애자 · 이영미 · 최영희 · 최정희 공역(2010) 영양학, 대가. Nutrition: Science and Applications, Smonlin LA · Grosvenor MB저, Wiley
10. 질병관리청(2020) 2019 국민건강통계
11. Champe PC, Harvey RA, Ferrier DR(2005) Lippincott' s Illustrated Reviews of Biochemistry, 4th ed. Lippincott Williams & Wilkins
12. Gropper SS, Smith JL(2013) Advanced Nutrition and Human Metabolism, 6th ed. Wadsworth Cengage Learning
13. Institute of Medicine(2002) Dietary reference intakes for energy, carbohydrate, fiber, fat, fatty acids, cholesterol, protein, and amino acids. Washington, DC: The National Academies Press

탐구과제

1. 열량영양소 중 체내에서 가장 에너지 효율이 낮은 영양소는 무엇이며, 그 이유는 무엇인가?
2. 기초대사량을 간단히 계산하는 방법은?
3. 기초대사량을 증가시킬 수 있는 요인은 무엇인가?
4. 적응대사량은 무엇을 의미하는가?
5. 본인의 하루 에너지 필요량을 계산하라.
6. 갈색 지방과 백색 지방의 차이점은 무엇인지 설명하라.
7. 우리나라 국민영양조사에서 나타난 에너지 균형의 문제를 설명하라.
8. 비만인 사람이 전형적으로 직면하는 건강상 문제점 세 가지를 들고, 각각에 대한 이유를 설명하라.
9. 체지방량을 측정하는 방법을 설명하고 각각의 장점과 단점을 설명하라.
10. 현명한 감량 프로그램을 선택할 때 가장 중요한 특성들을 들라.
11. 비만의 치료가 일시적인 현상이 아니고 평생의 생활습관이어야 하는 이유를 설명하라.
12. 근육수축이 시작되면 근육내 ATP 저장량은 곧 고갈되고, 신체활동이 계속되려면 ATP가 재빨리 재공급되어야 한다. 운동개시 후에 시간이 지속됨에 따라 어떻게 이러한 ATP 재공급이 이루어지는지 설명하라.
13. 글리코겐 축적이 필요한 운동선수의 예를 들고, 실제로 글리코겐을 축적시키는 방법을 설명하라.

관련 웹사이트

http://www.nal.usda.gov/fnic/etext/fnic.html – 체중조절과 비만
http://www.healthfinder.gov/ – 미국 보건복지부의 건강정보센터
http://www.eatright.org – 미국 영양사협회
http://www.angeldiet.co.kr
http://www.nutribase.com – 일반영양상식
http://www.fsci.umn.edu – 미네소타 대학 How energy is stored in the body for children?
http://win.niddk.nih.gov – 미국 국립 보건원 weight control issues

CHAPTER

6

지용성 비타민

비타민 A

비타민 D

비타민 E

비타민 K

CHAPTER

6

지용성 비타민

지용성 비타민은 이름에서도 나타나듯이, 체내에서 이용되기까지의 과정에 있어 식이 지방의 양이나 형태, 지방 흡수 기전 및 대사 등에 크게 영향을 받는다. 따라서 지방의 흡수나 대사에 이상이 생기면 곧 지용성 비타민에 대해서도 비슷한 결과가 나타난다. 건강한 성인의 경우 지용성 비타민의 흡수율은 40~90% 정도지만 낭포성 섬유증이나 만성소화장애 등의 질병이 있거나 지용성 비타민의 섭취가 과도할 때는 흡수율이 감소한다.

일반적으로 지용성 비타민은 일부 극성의 대사물을 제외하고는 소변으로 잘 배설되지 않기 때문에 체내에 상당량 저장될 수 있으며 수용성 비타민에서는 흔히 볼 수 없는 '과잉증' 또는 '독성'이 나타날 수 있다. 이 독성은 특히 비타민 A와 D의 경우에 비교적 자주 나타난다.

그림 6-1. 지용성 비타민

비타민 A

비타민 A는 인간에게 필수적인 지용성 비타민으로 성장 발달 및 생식, 유전자 조절, 상피세포분화, 세포 분열뿐 아니라 정상적인 면역유지에 필요하다. 비타민 A는 레티노이드 형태로 존재하는데 일반적으로 레티노이드라 함은, 비타민 A 및 그와 구조적으로 관련된 물질들을 종합적으로 지칭하는 말로서, 여기에는 식품 내 함유된 레티놀이나 레티닐 에스테르, 카로티노이드 같은 천연 물질과 합성된 물질들이 모두 포함된다. 레티놀과 레티닐 에스테르는 주로 동물성 식품에 존재하며, 카로티노이드는 식물성 식품에 존재하는데, 약 600여 종의 카로티노이드가 알려져 있다. 천연 카로티노이드 중에서 50여 가지 정도만이 생물학적 활성을 가지고 있으며, 가장 활성이 높고 양적으로도 풍부한 것이 베타카로틴이다. 베타카로틴 등의 비타민 A 전구체들은 체내에서 산화, 또는 부분적 분해 단계 등을 거쳐 레티놀, 혹은 레티날, 레티노익산 등으로 전환된다(그림 6-2).

전임상 결핍상태 (preclinical deficiency)
레티노이드(retinoids)
레티놀 (retinol)
레티닐 에스테르 (retinyl ester)
카로티노이드 (carotenoids)
비타민 A 전구체 (provitamin A)
베타카로틴 (β-carotene)
레티날(retinal)
레티노익산 (retinoic acid)

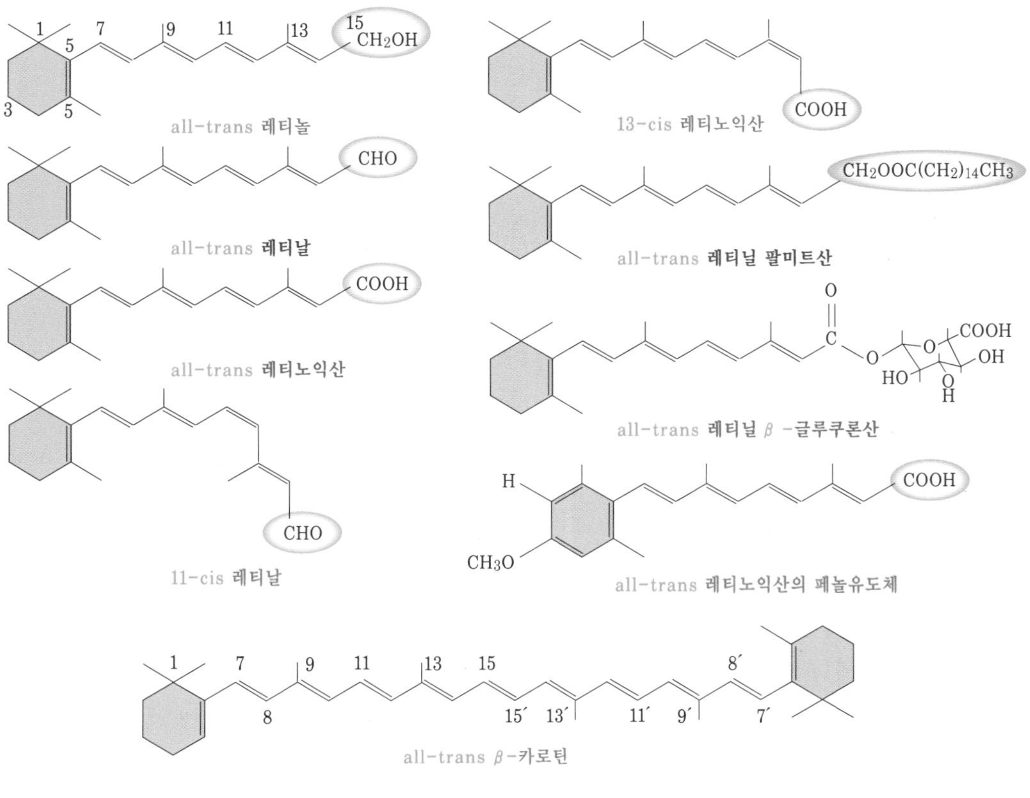

1 7 9 11 13 15 5 3 5 CH_2OH
all-trans 레티놀

CHO
all-trans 레티날

COOH
all-trans 레티노익산

CHO
11-cis 레티날

COOH
13-cis 레티노익산

$CH_2OOC(CH_2)_{14}CH_3$
all-trans 레티닐 팔미트산

O C O O COOH OH HO O H
all-trans 레티닐 β-글루쿠론산

H CH_3O COOH
all-trans 레티노익산의 페놀유도체

1 7 9 11 13 15 8 15′ 13′ 11′ 9′ 8′ 7′
all-trans β-카로틴

그림 6-2. 레티노이드의 구조

흡수와 대사

우리가 섭취하는 식품이나 체내에 저장되어 있는 비타민 A는 대부분 레티닐 에스테르로, 레티놀에 지방산이 결합되어 있는 형태이다.

- 비타민 A가 흡수되기 위해서는 식품 중에 결합되어 있는 레티닐 에스테르, 카로티노이드 등이 분리되어 떨어져 나와야 하고,
- 소장에서 담즙과 이자액에 포함된 소화효소에 의해 레티놀과 카로티놀 등으로 가수분해되어야 한다.
- 이들은 미셀 형태로 소장의 상피세포막을 통과하여 세포 안으로 들어와 다시 지방산과 결합한 후에,
- 식이 중에 포함되어 있는 여러 가지 지방 성분, 중성지방, 콜레스테롤, 다른 지용성 비타민 등과 함께 카일로미크론을 만든다.
- 카일로미크론은 림프를 따라 이동하다 혈액에 합류되며, 근육, 지방세포, 간 등 체내 곳곳으로 이동한다.

카로티놀(carotenols)

소장내벽 융모돌기 (intestinal villus)

미셀(micelle)

카일로미크론 (chylomicron)

정상적인 식사를 하는 건강한 사람의 비타민 A 흡수율은 70~90% 이상이며, 카로티노이드의 흡수율은 여러 가지 요인에 의해 달라진다.

- 식이 내 카로티노이드 함량이 증가하면 흡수율이 상대적으로 감소하고,
- 비타민 A에 비해 담즙산염의 존재 유무에 따라 크게 영향을 받는다.

카로티노이드들은 소장 세포에서 레티날로 전환되나, 그 전환율은 높지 않다. 2015년 한국인 영양소 섭취기준 설정에서는 비타민 A의 단위를 레티놀당량에서 레티놀활성당량으로 변경하여 적용하였다. 이는 RE와 비교했을 때 카로티노이드의 생체전환율을 1/2배로 측정하게 된다.

레티놀당량 (retinol equivalents, RE)

레티놀활성당량 (retinol activity equivalents, RAE)

흡수된 비타민 A는 주로 간에서 이루어지며, 정상인의 경우 90% 이상 간에 저장된다. 레티놀은 레티날, 레티노익산 등으로 필요에 따라 전환될 수 있으며, 이 과정은 레티놀 탈수소효소와 레티날 탈수소효소, 레티날 산화효소가 촉매한다(그림 6-3). 만성 과음이나 기타 약물에 의한 간 손상은 이들 효소의 대사 속도를 변화시킬 수 있으며, 체내 비타민 A 고갈에도 영향을 미칠 수 있다.

레티노이드 결합 단백질은

- 레티놀, 레티날, 레티노익산 등의 레티노이드들과 결합하여, 이들의 전환과정이나 운반에 관여한다.
- 산화 등으로부터 비타민 A를 보호하거나 비타민 A에 의한 세포 내 유해 작용을 방지하여 세포의 막이나 지질 구조를 보호하는 역할도 담당한다.

미크로솜 (microsomes)
세포체를 균질화한 후 원심분리에 의해 얻어지는 리보솜이 부착된 소포체 조각으로, 간세포의 경우 약물대사계의 활성을 지닌다.

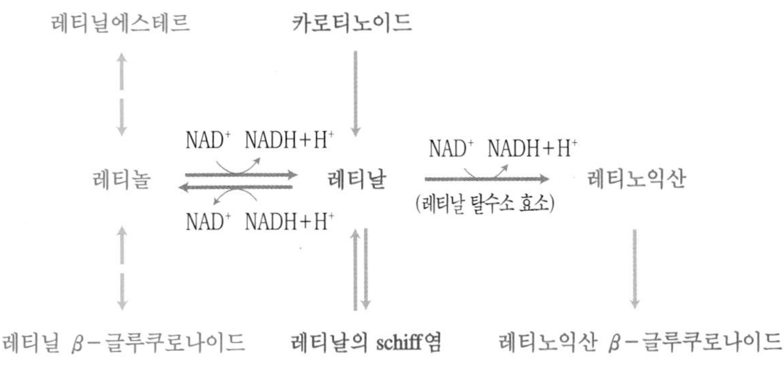

그림 6-3. 레티노이드의 체내 전환과정

- 레티노익산과 결합하는 세포내 수용체인 **RAR**와 **RXR**는 레티노익산과 결합하여 유전자 전사 조절인자로서 작용하기도 한다.

RAR (retinoic acid receptor)

RXR (retinoid X receptor)

체내 기능

시각 관련 기능

- 망막의 간상세포와 원추세포는 각각 어두운 곳과 밝은 곳의 시각작용을 담당하며,
- 간상세포에서 레티날은 단백질인 옵신과 결합하여 로돕신을 형성한다.
- 로돕신은 약한 빛을 감지하는데 필수적이기 때문에 어두운 곳에서 시각을 유지하는데 비타민 A가 반드시 필요하다.
- 밝은 곳에 적응하기 위해서는 로돕신이 많이 분해되어야 하므로 이 상태에서 갑자기 어두운 곳에 들어가면 잘 보이지 않게 된다.
- 그러나 잠시후 점차 사물을 식별할 수 있게 되는데 이를 암소적응이라고 하며, 이는 약한 세기의 빛에 적응하여 로돕신을 새로 합성하는데 걸리는 시간 때문이다.
- 로돕신 생성에 필요한 11-cis 레티날은 **all-trans** 레티날을 재사용하거나 일부 손실된 레티날 대신 혈액으로부터 공급받은 레티놀을 전환시켜 사용하는데 비타민 A 섭취가 부족하여 손실량을 보충하지 못하면 로돕신이 충분히 합성되지 못해서 어두운 곳에서의 시력이 떨어지게 된다. 이를 야맹증이라고 한다.

간상세포(rod cell)
원추세포(cone cell)
옵신(opsin)
로돕신(rhodopsin)

암소적응 (dark adaptation)

야맹증 (night blindness)

탈색과정
(bleaching process)

빛에 의한 로돕신 자극
→ 로돕신 중의 11-cis 형태의 레티날이 all-trans 형태로 전환되면서 옵신 탈락(탈색과정)
→ 옵신의 형태 변화에 따라 간상세포막의 나트륨이온 투과성 저하
→ 이온균형의 변화에 의해 신경 자극 전달
→ 사물 인지

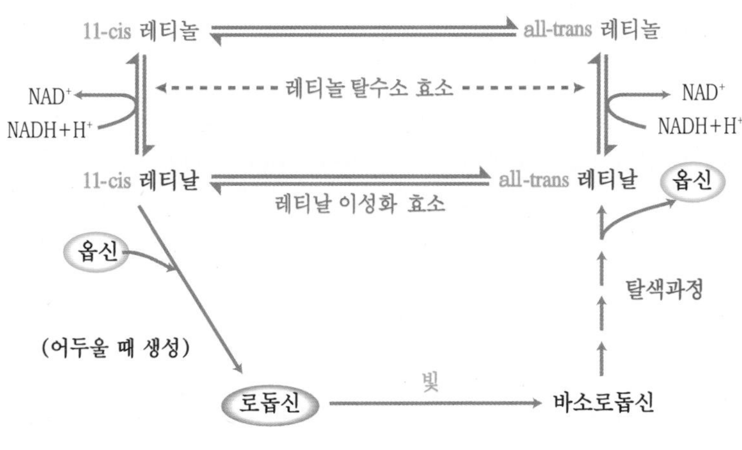

바소로돕신
(bathorhodopsin)

시각회로(visual cycle)

그림 6-4. 비타민 A와 시각회로

세포분화 관련 기능

세포분화
(cell differentiation)

상피세포
(epithelial cells)
우리 신체의 표면이나 소화기 같은 내장기관 및 혈관의 내벽을 덮고 있는 세포

비타민 A는 세포분화, 즉 '미성숙 세포를 특정 기능을 가진 세포로 발달시키는 과정'에 관여한다. 레티노익산 수용체(RAR, RXR)가 매개하는 상피세포 분화과정에 대해 상당 부분이 밝혀지면서 비타민 A의 작용기전이 보다 자세히 알려지게 되었다. 세포 내에 존재하는 RAR, RXR 등이 레티노익산과 결합하여 유전자의 발현을 유도 또는 저해함으로써 세포 분화를 조절한다는 것이다.

비타민 A의 결핍은,

- 세포분화 과정은 배아 형성기에 특히 중요하여, 기관 분화가 제대로 이루어지지 않아 기형 또는 사산의 결과를 낳을 수 있다.
- 점액분비세포의 뮤코 다당류 합성에 영향을 미쳐, 점액 분비 저하로 인한 각막 상피세포, 폐, 피부, 장점막 등의 각질화를 가져올 수 있다.
- 오염물질 제거나 박테리아 침입에 대한 저항성에 문제를 야기하기도 한다.
- 정자형성, 면역반응, 미각, 청각, 식욕 및 성장 등의 생리과정이 정상적으로 이루어지는데 장애요인으로 작용한다.

뮤코 다당류
(mucopolysaccharide)

카로티노이드의 항암작용 / 항산화 작용

여러 역학조사 결과로부터 카로티노이드 섭취량과 암 발생 간에는 역의 관계가 성립이 된다고 알려져 왔다. 그러나 남자 흡연자들에게 베타카로틴을 보충제 형태로 5년간 복용시킨 핀란드의 한 연구결과에 의하면, 대조군에 비해 투여군의 폐암 발생률이 오히려 18%나 증가하였다. 기대에 역행하는 이러한 결과를 설명하기 위해, 베타카로틴의 투여 시기가 적절치 못했거나 베타카로틴이 다른 항산화제의 대사를 저해했을 가능성이 제기되었으며, 카로티노이드가 과연 암 발생을 억제할 수 있는가에 대한 근원적인 의문 또한 야기되었다. 실제로 카로티노이드 함량이 높은 식품들에는 한 가지 카로티노이드만이 아니라 다른 종류의 카로티노이드나 식이섬유, 술포라판, 혹은 아직 잘 알려져 있지 않은 다른 발암 억제 성분이 함께 존재할 수 있으며, 역학조사 결과는 여러 성분의 복합적인 결과이거나 다른 성분의 영향에 의해서 나타난 발암 억제 효과일 가능성도 있다.

한편 카로티노이드에 대해서는 구조상 항산화 작용이 가능하기 때문에 유리 라디칼과 관련된 질병들(예: 심혈관 질환)에 대한 예방 효과도 기대되고 있다. 그러나 미국에서 비교적 장기간 수행된 몇몇 연구 결과, 베타카로틴의 항암, 혹은 항심질환 효과를 밝히는데 실패하였기 때문에 다른 장기 연구들에서도 베타카로틴 보충을 중단하는 상황에 이르렀다.

이러한 일련의 사태는 어떤 식품의 효과를 하나의 특정 성분과 단순하게 연관짓는 것이 불합리할 수 있다는 것을 보여준다. 카로티노이드가 실제로 건강의 유지 및 질병 예방에 도움이 되는 성분이라고 하더라도 생체 내에서 효과적으로 이용되기까지는 밝혀지지 않은 많은 경로들을 거쳐야 하므로, 섣부른 기대감만으로 특정 성분을 과잉 섭취하는 것은 현명하지 못한 선택이 될 것이다.

술포라판 (sulphoraphane)
최근 브로콜리에서 분리된 식물성 미량영양성분(phytochemicals)의 하나로 발암원의 해독작용에 관련되는 효소의 생성 및 활성에 영향을 미쳐 항암효과를 나타낸다.

필요량

건강한 사람들이 매일 섭취해야 할 비타민 A의 양은 나이나 체격, 대사량 및 임신, 수유 등의 상황에 따라 달라질 수 있을 뿐만 아니라, 체내 보유량이 충분한지 여부에 따라서도 달라진다. 일반적으로 적절한 비타민 A 영양상태란,

- 임상적인 결핍 증상이 없고
- 생리적 기능이 정상적이며
- 여러 가지 스트레스나 섭취량이 부족할 때를 대비하여 적정량의 체내 저장분이 확보된 상태를 의미한다.

국제적 추세에 따라 2015년 개정된 한국인 영양소 섭취기준부터는 그동안 우리나라에서 비타민 A의 기본 단위로 사용된 레티놀당량(RE:retinol equivalents) 대신 레티놀활성당량(RAE:retinol activity equivalents)을 사용하였다.

RE에서 RAE로 변경하면 기름형태로 정제된 베타-카로틴의 비타민 A활성은 레티놀의 1/2이며 식이 중 베타-카로틴은 정제된 베타-카로틴의 1/6활성을 가지는 것으로 되었다.

따라서 식품 중의 베타-카로틴과 레티놀활성당량의 비율은 12 : 1, 그 외 알파-카로틴, 베타-크립토잔틴은 1/24의 레티놀활성당량이 된다.

1 레티놀활성당량(retinol activity equivalents)(μg RAE)
= 1μg(트랜스)레티놀(all-trans-retinol)
= 2μg(트랜스)베타-카로틴 보충제(supplemental all-trans-β-carotene)
= 12μg 식이(트랜스)베타-카로틴(dietary all-trans-β-carotene)
= 24μg 기타 식이 비타민 A 전구체 카로티노이드(other dietary provitamin A carotenoids)

- 성인 및 노인의 비타민 A 평균필요량을 영양상태가 좋은 사람들이 체내 비타민 A 풀을 유지하는데 필요한 섭취량에 환경 변화 시에 증가되는 필요량을 충족하기 위한 저장량을 고려하여 추정하였다.
- 비타민 A의 권장섭취량은 개인차를 고려하여 평균필요량에 2배의 변이 계수를 더하여 평균필요량의 140%로 설정되었다.
- 75세 이상의 연령은 65~74세의 비타민 A 평균필요량이 그대로 적용되었다.
- 임신부는 태아의 간에 축적되는 비타민 A 함량과 비타민 A 흡수율이 달라지는 점을 감안하였고, 수유부는 모유를 통해 분비되는 비타민 A 량을 고려하여 각각 50, 350μg RAE/일이 추가로 필요하다고 하였으며, 권장섭취량은 각각 70, 490μg RAE/일을 추가로 권장하였다.

비타민 A가 풍부한 식품

- 비타민 A의 가장 좋은 급원은 동물의 간이나 어유, 달걀, 유제품 및 비타민 A 강화마가린 등이며,
- 비타민 A 전구체인 카로티노이드는 주로 녹황색 채소와 몇몇 과일들로부터 얻을 수 있다.
- 대부분의 국가에서 레티노이드보다는 카로티노이드 형태로 비타민 A를 섭취하고 있는데 우리나라도 80% 가량의 비타민 A를 카로티노이드로 섭취하고 있다.
- 당근이나 늙은 호박, 녹색 엽채류, 옥수수, 토마토, 오렌지, 귤, 김 등이 주된 카로티노이드 공급원이다.
- 단위 무게당 또는 단위 에너지 함량당 비타민 A 함량이 가장 높은 것은 동물의 간이며, 비타민 A 전구체 함량은 당근이 가장 높다.

표 6-1. 2020 한국인 영양소 섭취기준 – 지용성 비타민

성별	연령	비타민 A(μg RAE/일)				비타민 D(μg/일)				비타민 E(mg α-TE/일)				비타민 K(μg/일)			
		평균 필요량	권장 섭취량	충분 섭취량	상한 섭취량	평균 필요량	권장 섭취량	충분 섭취량	상한 섭취량	평균 필요량	권장 섭취량	충분 섭취량	상한 섭취량	평균 필요량	권장 섭취량	충분 섭취량	상한 섭취량
영아	0~5(개월)			350	600			5	25			3				4	
	6~11			450	600			5	25			4				6	
유아	1~2(세)	190	250		600			5	30			5	100			25	
	3~5	230	300		750			5	35			6	150			30	
남자	6~8(세)	310	450		1,100			5	40			7	200			40	
	9~11	410	600		1,600			5	60			9	300			55	
	12~14	530	750		2,300			10	100			11	400			70	
	15~18	620	850		2,800			10	100			12	500			80	
	19~29	570	800		3,000			10	100			12	540			75	
	30~49	560	800		3,000			10	100			12	540			75	
	50~64	530	750		3,000			10	100			12	540			75	
	65~74	510	700		3,000			15	100			12	540			75	
	75 이상	500	700		3,000			15	100			12	540			75	
여자	6~8(세)	290	400		1,100			5	40			7	200			40	
	9~11	390	550		1,600			5	60			9	300			55	
	12~14	480	650		2,300			10	100			11	400			65	
	15~18	450	650		2,800			10	100			12	500			65	
	19~29	460	650		3,000			10	100			12	540			65	
	30~49	450	650		3,000			10	100			12	540			65	
	50~64	430	600		3,000			10	100			12	540			65	
	65~74	410	600		3,000			15	100			12	540			65	
	75 이상	410	600		3,000			15	100			12	540			65	
	임신부	+50	+70		3,000			+0	100			+0	540			+0	
	수유부	+350	+490		3,000			+0	100			+3	540			+0	

자료 : 보건복지부, 2020 한국인 영양소 섭취기준, 2020

카로티노이드

과일이나 야채의 주황색이 짙다고 해서 꼭 카로티노이드 함량이 높은 것은 아니다. 토마토의 경우 리코펜, 함량이 제일 높아 색깔이 짙지만, 리코펜은 비타민 A로 전환되지 않는다. 다만, 리코펜은 항산화력이 높고 전립선암을 예방한다고 알려져 있어 생리기능성 물질로 인기가 높다.

리코펜 (lycopene)

표 6-2. 비타민 A가 풍부한 식품

식품	함량 (μg RAE/100g)	식품	함량 (μg RAE/100g)
소 부산물, 간, 삶은 것	9,442	모시풀잎,생것	782
거위 부산물, 간, 생것	9,309	왕호장잎,생것	778
돼지 부산물, 간, 삶은 것	5,405	들깻잎, 생것	630
닭 부산물, 간, 삶은 것	3,981	고춧가루, 가루	614
꿀풀(하고초), 생것	1,725	제비쑥, 생것	591
잔대 순, 생것	1,631	시금치, 생것	588
시리얼	1,605	로즈마리, 말린 것	575
메밀 싹, 생것	1,510	고구마잎, 생것	571
골든세이지, 말린 것	1,481	순채, 생것	533
녹차잎, 말린 것	1,139	홑잎나물, 생것	525
라벤다, 말린 것	1,106	버터	524
장어, 뱀장어, 생것	1,050	미역, 말린 것	515
김, 구운 것	991	당근, 생것	460
박쥐나무잎, 생것	901	고춧잎, 생것	434
가시오갈피 순, 생것	811	호박잎, 생것	421

자료: 농촌진흥청 국립농업과학원, 2019

결핍증

야맹증 (night blindness, nyctalopia)

안구건조증 (xerophthalmia)
비타민 A 결핍으로 인해 눈의 점액 생성이 잘 이루어지지 않아 각막과 결막 등이 건조해지고 결막이 케라틴화되는 증상으로, 안구 표면이 먼지나 박테리아 감염 등에 대해 취약해져 실명할 수도 있다.

비토 반점(Bitot's spot)

- 비타민 A는 전 세계적으로 결핍되기 쉬운 영양소 중에 하나이다.
- 지구 곳곳에서 매년 50만 명 정도의 아동들이 비타민 A 결핍으로 인해 시력을 잃고, 또 이들 대부분이 사망하게 된다.
- 비타민 A 결핍증의 가장 흔한 증상은 야맹증과 안구건조증이며, 어린 아동의 경우 떨어져 나간 세포들이 결막의 가장자리에 흰 거품 형태로 축적되는 비토 반점이 나타나기도 한다.
- 임상적인 증상이 나타날 정도로 심각한 결핍 시에는 주로 혈중 비타민 A 농도가 0.35μmol/L 미만이다.
- 임상적인 결핍 증상이 없더라도 비타민 A가 부족한 상태인 아동들은 정상인 아동에 비해 높은 사망률과 감염률을 보이는데, 보통은 단백질-에너지 영양불량 상태나, 지방 섭취 부족, 지방 흡수장애, 열병 등도 함께 앓고 있다.
- 간질환이나 알코올성 간질환을 가진 사람, 알코올 중독자들도 비타민 A 저장량 고갈이 흔한 집단이며,
- 만성 설사나 췌장 부전, 만성 소화장애, 낭포성 섬유증, 지방 흡수불량 등의 경우에도 비타민 A 영양 상태에 주의를 기울여야 한다.

과잉증

비타민 A는 생체막의 안정성에 영향을 미쳐 막의 유동성을 감소시키는 인자로 잘 알려져 있으며, 결핍이나 과잉 시 모두 간 손상이 유도될 수 있다. 반대로, 만성 알코올 섭취는 비타민 A의 결핍을 유도하는 동시에 간세포막의 유동성을 증가시키기 때문에 여러 인자들의 상호작용이 예상치 못한 결과를 유도해내기도 한다.

급성 과잉증은,

- 1회 혹은 몇 차례에 걸친 엄청난 양의 비타민 A를 섭취할 때 나타나는데, 여기서 과도한 양은 어른의 경우 권장 수준의 100배 이상, 아동의 경우 권장 수준의 20배 이상을 짧은 간격을 두고 섭취하는 경우이다.
- 오심, 구토, 두통, 현기증, 시력 불선명, 근육 협조 장애나 영아의 경우 천문의 융기 등의 일시적인 현상들이 1단계 반응이며, 심한 경우 졸음, 권태감, 무력감, 의욕상실, 가려움증, 피부 박리 등의 2단계 증상이 나타날 수 있다.

만성 과잉증은 급성의 경우보다 흔해서,

- 권장 수준의 10배 이상의 양을 몇 주에서 수년까지 계속해서 섭취할 때 나타나며,
- 두통, 탈모증, 입술의 균열, 피부 건조 및 가려움증, 간장비대, 골관절 통증 등의 증상이 보고되고 있다.
- 대부분 비타민 A의 과량 섭취를 중단하면 증상이 없어지지만, 간이나 뼈, 시력의 손상 및 근육통이 영구적으로 남기도 한다.
- 임신부의 비타민 A 과다 섭취는 사산, 출생 기형, 영구적 학습 장애 등을 야기할 수 있으며, 아쿠탄과 에레티네이드 같은 비타민 A 활성을 가지고 있는 약물을 복용했을 때 기형이 발생했다는 보고도 있다.

아쿠탄(accutane ; 13-cis-retinoic acid)
에레티네이드(etretinate ; all-trans, retinoic acid ethyl ester)

일반적으로 식사를 통해 권장 수준의 10배 이상 되는 비타민 A를 섭취하는 것은 거의 불가능하며, 카로티노이드는 체내 비타민 A 수준이 높을 경우 비타민 A로 전환되는 비율이 감소하므로 카로티노이드를 과량 섭취했다고 하더라도 비타민 A 독성을 유도할 가능성은 매우 낮다. 따라서 비타민 A의 독성은 보충제를 적절치 못하게 복용하거나 불균형식을 섭취했을 때 유도된다고 볼 수 있다.

베타카로틴혈증

베타카로틴혈증 (β-carotenemia)

제거율(clearance)

균형 잡힌 식생활을 하는 정상인이라면 비타민 A 보충제가 필요 없다. 카로티노이드는 과량 섭취하더라도 독성이 없는 것으로 알려져 있지만 카로틴 함량이 높은 식품을 너무 많이 먹거나 30mg 이상 베타카로틴 보충제를 매일 섭취하면 황달처럼 피부색깔이 노랗게 변하며, 혈중 카로티노이드 농도가 증가한다. 이를 **베타카로틴혈증**이라 부르는데 정상인의 경우에는 특별한 임상적 위험이 없다. 그러나 만성적으로 알코올을 섭취시킨 영장류(비비)에게 당근을 과량 섭취시켰을 때 간세포의 조직학적 이상과 간기능 지표 효소 수치의 증가가 나타나며, 혈액의 **베타카로틴 제거율**이 낮아진다는 것이 관찰되었다. 베타카로틴 섭취를 중단해도 혈액 중 베타카로틴 함량이 낮아지는데 걸리는 시간이 몇 배로 증가되므로 베타카로틴혈증이 장기간 계속된다. 따라서 카로티노이드의 만성 퇴행성 질환에 대한 예방효과나 유해 가능성 등을 연구할 때는 다양한 임상적 조건을 고려해야 하겠다.

비타민 D

비타민 D_3 (cholecalciferol) 비타민 D의 불활성 식이형태(inactive dietary form)의 화학명

스테로이드 호르몬 (steroid hormone)

프로호르몬 (prohormone)

비타민 **D**는 비타민 D의 활성을 가진 화합물들의 총칭으로, 비타민 D_2와 비타민 D_3가 대표적이다. 다른 비타민과 달리 비타민 D는 빛의 자극을 받아 체내에서 합성될 수 있으며 (그림 6-5), 작용기전이 스테로이드 호르몬과 유사하여 프로호르몬이라 부르기도 한다.

- 햇빛을 충분히 받지 못하는 경우에는 비타민 D가 많이 함유된 식품이나 비타민 D 보충제를 섭취해야 하는데, 비타민 D_2는 식물성 급원으로부터, 비타민 D_3는 동물성 급원으로부터 각각 섭취할 수 있다.
- 비타민 D는 천연 식품 중에 널리 분포되어 있지 않기 때문에 일부 유제품에 첨가되는 경우가 많다.
- 모든 나라에서, 모든 유제품에 강화되는 것은 아니므로 유제품 선택 시 영양표시를 확인해야 한다.
- 우리나라 유제품 중에도 일부 제품에만 비타민 D가 강화되어 있다.

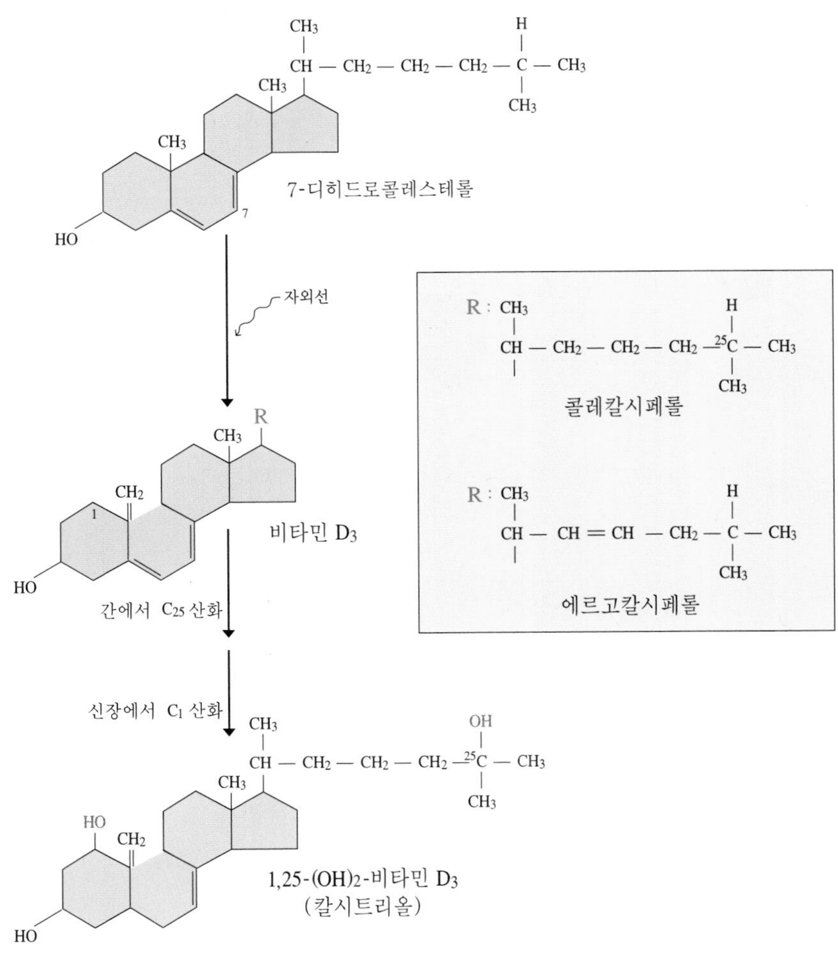

그림 6-5. 비타민 D

7-디히드로콜레스테롤(7-dehydrocholesterol) 피부에 존재하며 비타민 D의 전구체로 작용하는 콜레스테롤 화합물로 햇빛을 받으면 활성 비타민 D로 전환된다.

에르고칼시페롤(ergocalciferol, D_2)

콜레칼시페롤(cholecalcifero, D_3)

칼시트리올(calcitriol)

합 성

비타민 D는 자외선을 받아 7-디히드로콜레스테롤로부터 합성될 수 있다(그림 6-6).

- 자외선은 체내 깊숙이 침투할 수 없기 때문에 주로 피부에서 합성이 이루어진다.
- 햇빛에 과하게 노출되더라도 일부는 비타민 D로, 또 일부는 루미스테롤과 같은 비타민 D 전구 물질로 합성되었다가 이후에 비타민 D로 전환되므로 햇빛으로 인해 비타민 D 과잉증이 나타나는 일은 흔치 않다.
- 햇빛에 의해 합성되는 비타민 D의 양은 노출 시간 및 강도, 피부색, 나이 등 여러 요인에 따라 달라진다.
- 거주지의 위도, 계절, 의복에 따라서도 피부에서 합성될 수 있는 비타민 D의 양이 다르다.

루미스테롤(lumisterol)

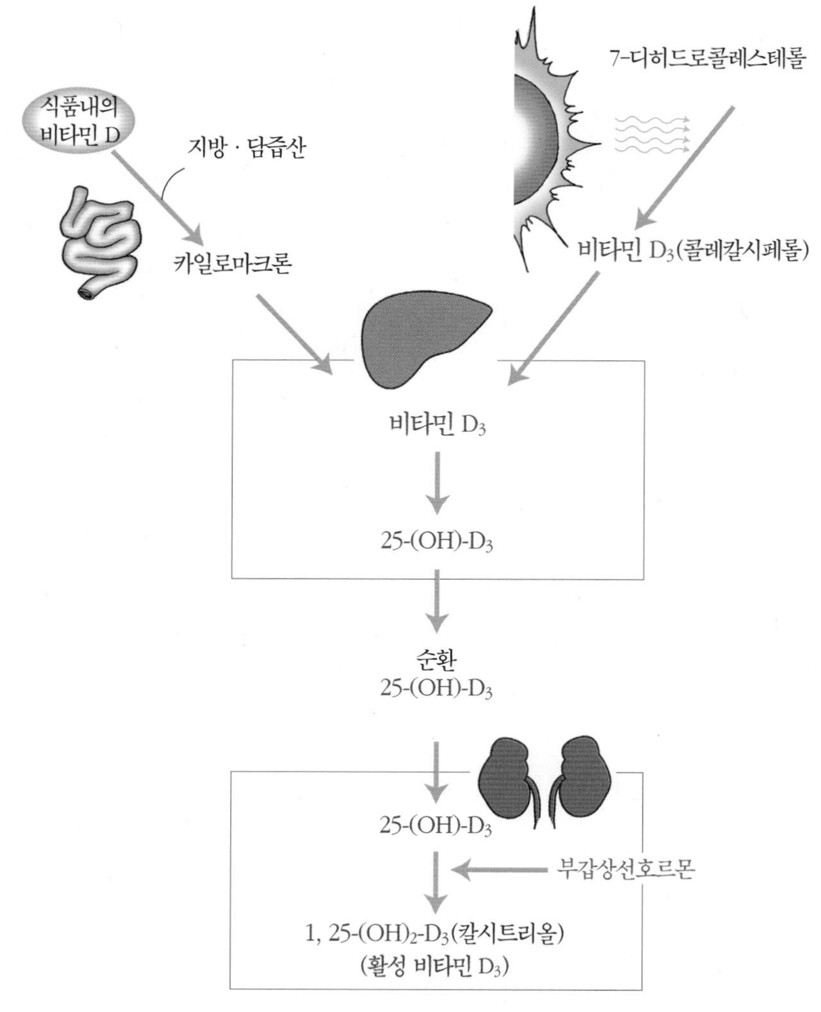

그림 6-6. 비타민 D_3의 활성화

흡수와 대사

식이 중의 비타민 D는 약 80%가 흡수되며, 주로 소장의 공장과 회장이 흡수 부위이다.

- 소장 점막으로 흡수된 비타민 D는 중성지방이나 콜레스테롤처럼 카일로미크론의 형태로 림프계를 거쳐 간으로 수송되며, 피부에서 합성된 비타민 D도 간으로 이동한다.
- 간에서 비타민 D는 **25-(OH)**-비타민 **D**로 전환되어 순환계로 들어가는데, 혈장의 25-OH-비타민 D 수준은 비타민 D의 간 저장량에 비례한다.
- 혈중 25-OH-비타민 D는 신장에서 부갑상선호르몬의 자극에 의해 **1,25-(OH)$_2$-비타민 D**(활성형 비타민 **D**)로 활성화된다.
- 활성화된 비타민 D는 체내에서 이용된 후 대부분 담즙 형태로 배설되고, 약 3% 가량은 소변을 통해 배설된다.

25-히드록시 비타민 D (25-hydroxy vitamin D)

1,25-디히드록시 비타민 D (1,25-dihydroxy vitamin D)

체내 기능

혈중 칼슘 농도 조절

비타민 D는 부갑상선호르몬과 더불어 혈장의 칼슘 항상성 유지에 기여한다(그림 6-7). 칼슘의 항상성은 뼈의 구조 유지뿐만 아니라, 혈액응고, 세포의 기능 유지나 신경 전달에도 중요하다.

부갑상선호르몬
(parathyroid hormone)

혈중의 칼슘 농도가 감소하면, 부갑상선호르몬이 분비되어 신장에서 활성형 비타민 D 형성을 촉진한다.

- 활성형 비타민 D는 소장 점막세포에서 칼슘 결합단백질과 같이 칼슘 흡수에 필요한 단백질 합성을 촉진하고 세포막의 유동성을 증가시켜 칼슘과 인이 쉽게 세포막을 통과하도록 한다.

칼슘의 흡수
(calcium absorption)

- 활성형 비타민 D는 파골세포를 통해 뼈에 축적된 칼슘이 혈액으로 용출되어 나오는 것을 촉진한다.
- 비타민 D는 뼈의 석회화를 돕는 동시에 탈석회화에도 관여하여 혈장 농도를 유지하기 위한 칼슘과 인을 제공한다.
- 뼈에 대한 비타민 D의 두가지 작용은 역설적으로 보이나, 탈석회화는 뼈의 길이 성장에 반드시 필요하며 새로운 뼈 형성에 필요한 칼슘과 인을 공급하기 위해서도 필요하다.

파골세포(osteoclast)
골의 제거 및 탈석회화에 관여하는 다핵세포로서 부갑상선호르몬의 영향으로 활성화되며, 골에 포함된 칼슘염 등을 용해시켜 세포 외액으로 방출하는 역할을 담당

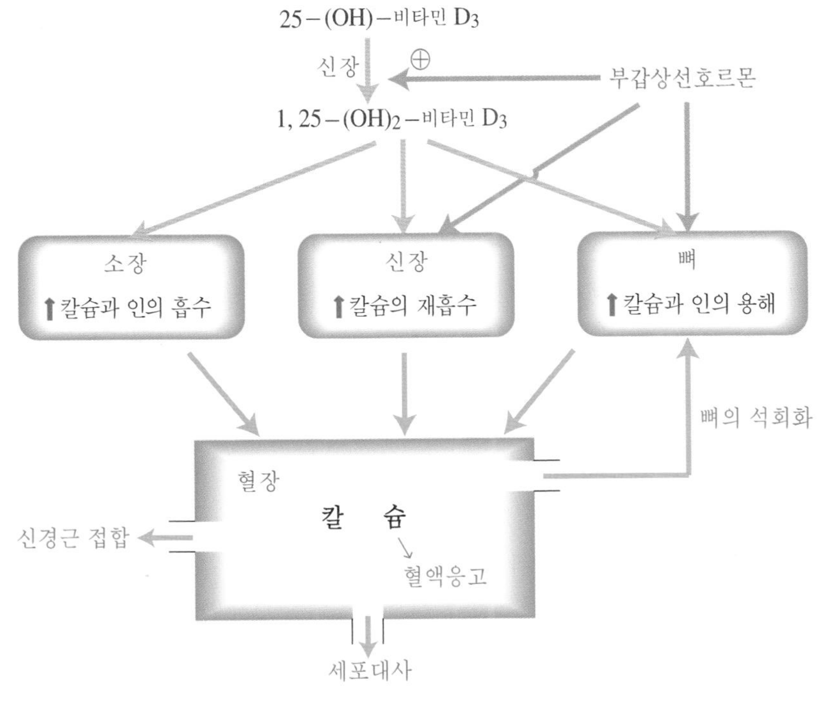

그림 6-7. 비타민 D의 기능

칼슘의 재흡수
(calcium reabsorption)

뼈의 석회화
(calcification)

신경근 접합
(neuromuscular junction)

- 비타민 D는 신장에서 칼슘의 재흡수를 촉진함으로써 배설을 감소시켜 혈장의 칼슘 농도를 증가시키고 뼈에 칼슘이 축적되도록 한다.
- 이때, 뼈와 신장에 미치는 효과는 부갑상선호르몬이 동시에 존재하여야 가능하다.
- 비타민 D가 부족하면 뼈의 석회화가 저조하여 골연화증이나 구루병이 발생하는데, 이 경우에는 칼슘과 인을 충분히 섭취한다고 해도 흡수가 원활하지 못하므로 증상을 완화시킬 수 없다.

비타민 D는 스테로이드 호르몬과 같은 방식으로 조절작용을 한다. 즉, 세포막을 통과한 비타민 D는 세포 내 수용체와 결합하여 칼슘과 인의 수송에 관여하는 단백질 유전자 발현을 촉진한다.

비타민 D의 다른 기능

- 비타민 D는 면역조절세포, 상피세포, 악성 종양세포 등 여러 세포의 증식과 분화의 조절에도 관여한다.
- 비타민 D는 비만 및 당뇨병과 연관이 있는 것으로 알려져 있다.
- 비타민 D의 부족은 면역조절 장애를 초래하여 알레르기질환 발현을 증가시킨다고 주장하는 알레르기질환에 대한 '비타민 D 가설'이 제시되고 있다.
- 근력발달, 면역, 상피세포의 분화 성숙 등에도 관여하며 비타민 D 섭취가 유방암, 결장암, 전립선암의 발생을 억제한다는 보고도 있다.
- 프로락틴, 칼시토닌을 포함한 몇몇 호르몬의 합성, 인슐린 분비나 케라틴을 형성하는 각질세포의 분화에도 비타민 D가 중요한 역할을 한다고 알려져 있다.

필요량

비타민 D는 최저 필요량에 대한 연구가 부족하고 특히 한국인을 대상으로 한 기초 연구가 거의 없으며, 햇빛에 의해 피부에서 합성되므로 권장섭취량을 설정하기가 어렵다.

한국인 영양소 섭취기준에는 비타민 D에 대해 모든 연령층에서 충분섭취량과 상한섭취량이 설정되어 있다.

- 우리나라는 계절에 따라 비타민 D 수준이 다르고 성인의 실외활동량 부족, 자외선 노출시간의 부족 등으로 2020년 성인 비타민 D의 충분섭취량을 기존의 하루 10μg으로 2015 한국인 영양소 섭취기준과 동일하게 정하였다.
- 50세 이상의 고령자 특히 폐경기 이후 여성은 골다공증 예방 및 치료, 골절 예방을 위하여 비타민 D의 보충이 의미가 있으나 뚜렷한 근거가 부족하여 성인과 동일한 10μg/일로 설정하였다.

- 65세 이상의 남자와 여자 노인은 2015년 상향 조정된 성인의 권장량과 같이 2020 한국인 영양소 섭취 기준에서도 15μg/일로 설정하였다.
- 영아의 경우 생후 9개월 동안 사용할 수 있는 양의 비타민 D를 보유하고 태어난다. 그러나 모유나 우유는 비타민 D가 충분한 식품이 아니므로 모유 영양아의 경우에는 9개월이나 그 이전부터 규칙적으로 햇빛을 받도록 하는 것이 좋다.
- 대부분의 조제분유에는 비타민 D가 첨가되어 있다.

비타민 D가 풍부한 식품

햇빛을 충분히 받지 못하여 신체에서 요구하는 만큼의 비타민 D를 합성할 수 없는 경우, 식품에서 비타민 D를 섭취하여야 한다.

- 자연식품의 경우 대부분 비타민 D가 전혀 없거나 아주 소량 함유되어 있으며 자연식품으로 비타민 D를 함유한 것은 이스트나 생선 간유 등으로 몇 가지에 제한된다.
- 식품을 통해 비타민 D를 공급 받으려면 정어리와 같이 기름기 많은 생선을 섭취하거나 강화우유, 강화시리얼 등 비타민 D를 강화시킨 식품을 선택해야 한다.
- 버터, 간, 일부 마가린 등에도 약간의 비타민 D가 함유되어 있으나 이들 식품으로부터 비타민 D를 얻기 위해서는 굉장히 많은 양을 먹어야 하므로 중요한 급원식품은 아니다.

표 6-3. 비타민 D 함유 식품

식품군	식품명	목측량	중량(g)	비타민 D(μg)
곡류 및 전분류	건포도 콘플레이크	1/4컵 1컵	28 28	1.23 1.00
고기 · 생선 · 콩류	비타민 D의 주요 급원이 아님			
달걀	난황 전란	1개(대) 1개(대)	17 50	0.68 0.68
채소류 및 과일류	비타민 D의 주요 급원이 아님			
우유 및 유제품	우유(비타민 D강화) 치즈	1컵 2장	240 28	2.50 0.08
유지, 견과 및 당류	마가린	1작은술		1.50

결핍증

비타민 D를 필요 수준으로 섭취하지 못하더라도 햇빛을 충분히 쪼이면 비타민 D를 합성해 결핍될 우려가 적다. 하지만 최근 전 세계적으로 자외선 노출 시간 감소로 비타민 D 부족이 증가하고 있다. 따라서,

- 외출을 거의 하지 않고, 실내 생활만 하는 노인이나 도시에서 공해로 일광이 차단되거나 일조량이 부족한 지역의 거주자, 야간 근무자나 지하에서 일을 하는 사람은 체내에서 합성되는 양이 부족할 수 있다.
- 이 외에도, 낭포성 섬유증인 어린이와 같은 심각한 지방 흡수 장애가 있는 경우에도 태양 광선을 충분히 쪼여 비타민 D를 잘 합성할 수 있도록 해주어야 한다.

비타민 D의 궁극적인 작용은 뼈에 칼슘과 인의 축적을 증가시켜 정상적인 뼈를 형성하고 유지하는 것이므로, 뼈에 칼슘과 인이 충분히 축적되지 못하면 뼈가 약해지고 압력을 받으면 뼈가 굽게 된다. 이러한 현상이 어린이에게 발생했을 때 이것을 구루병이라 한다.

구루병(rickets)
비타민 D 결핍으로 골격내 정상적인 칼슘의 축적이 부족하여 뼈가 물러지고 칼슘과 인의 대사가 손상됨. 특히 영유아에서 자주 볼 수 있다.

- 구루병을 가진 어린이는 골격이 제대로 형성되지 못하고, 머리, 관절, 흉곽이 커지고 골반형성이 잘되지 않으며 다리가 굽는다.
- 이러한 증상은 비타민 D의 섭취가 부족하거나 적절하게 햇빛을 받지 못했을 때 나타나며 드물게는 유전적으로 1,25-$(OH)_2$-비타민 D가 수용체에 결합되는 것이 원활하지 못하여 발생하기도 한다.
- 오늘날 발생하는 구루병은 낭포성 섬유증 등의 지방흡수 불량증과 관계된 경우가 많다.

낭포성 섬유증
(cystic fibrosis)

골연화증이란 어른에게서 발생하는 구루병을 말하며,

골연화증
(osteomalacia)
어른에게서 발생하는 구루병. 동통·압통·근무력·식욕부진 및 체중감소를 수반하는데, 비타민 D와 칼슘 결핍이 그 원인이다.

- 골연화증 환자는 골반뼈나 갈비뼈의 골절이 쉽게 발생한다.
- 골연화증은 햇빛을 충분히 받지 않거나 부적절한 식사 섭취를 하는 임신부나 다산 여성에게 발생하며 수유기간까지 이어질 수도 있다.
- 간이나 신장의 장애로 비타민 D가 활성화되지 못하여 발생할 수 있다.
- 골연화증은 신장, 위장, 담낭질환자, 소장부분 절제환자, 간경변증 환자 등에게서 자주 발생하며 비타민 D 대사와 칼슘 흡수 모두에 영향을 준다.
- 골연화증의 치료를 위해서는 햇빛에 노출시키거나 활성형 비타민 D를 처방하며 칼슘 보충제도 필요하다.

골다공증은 중년기 이후, 특히 여성에게 자주 발생한다.

골다공증
(osteoporosis)
뼈의 병적 희박화로, 연장자에게서 흔히 볼 수 있다. 뼈의 무기질 감소 범위에 따라 동통, 특히 허리통, 신장(身長)의 감소와 같은 뼈의 변형 및 병적 골절을 수반하는 수가 있다.

- 폐경기 이후에 에스트로겐 분비가 급격히 저하되면 신장에서 1,25-$(OH)_2$-비타민 D 생성이 어려워 칼슘의 흡수율이 떨어지고 혈청 칼슘 농도가 감소한다.
- 혈청 칼슘 농도의 감소는 부갑상선 호르몬의 분비를 자극하여 뼈에서 칼슘을 유출시

키므로 건강한 뼈를 유지하지 못하고 골밀도가 저하된다.

과잉증

햇빛에 의해 인체 내에서 합성되는 비타민 D의 양은 생리적으로 잘 조절되므로 건강한 사람의 경우 햇빛에 과다하게 노출되더라도 비타민 D의 독성이 유발되지는 않는다.

- 다량의 비타민 D를 장기간 복용하면 고칼슘혈증(혈중 칼슘 농도가 12mg/dL 이상), 연조직(신장, 심장, 폐, 혈관계 등)에 칼슘 축적으로 인한 비가역적인 손상, 고칼슘뇨증, 신장결석 등이 발생할 수 있다.
- 구토감, 허약감, 변비, 홍분 등의 증상이 나타날 수도 있다.
- 영아의 경우에는 비타민 D 독성이 폐동맥과 폐포를 축소시키고 얼굴 형태를 변화시키며,
- 어린이들에게는 성장 저해가 나타날 수 있다.
- 어린이들은 성인에 비해서 안전 섭취 범위가 좁으므로(표 6-1), 비타민 D 보충제를 사용할 때는 1일 충분섭취 수준의 2배를 넘지 않도록 해야 한다.
- 성인의 경우 권장 수준의 5배 이상을 계속 섭취할 경우 독성이 나타날 수도 있다고 보고되고 있다.
- 우리나라 성인의 비타민 D 상한섭취량은 100μg으로 설정되어 있다.
- 임신 가능성이 있는 여성이 비타민 D를 극단적으로 많이 섭취하면 기형이 유발될 수 있으므로 충분섭취량 이상을 섭취하지 않는 것이 좋다.
- 식품에 강화된 비타민 D의 양도 주의깊게 모니터되어야 한다.

고칼슘혈증 (hypercalcemia) 혈중 칼슘농도가 높은 상태로, 식욕저하, 기관내의 칼슘축적, 그 밖에 여러 건강문제를 발생시킨다.

고칼슘뇨증 (hypercalciuria)

비타민 E

1922년 에반스(Evans)와 비숍(Bishop)은 숫쥐에게 산패된 라드 식이를 먹여 생식에 문제를 야기하는 것을 관찰하고 식물성 기름에 숫쥐의 생식에 필수적인 성분이 있음을 알게 되었다. 이 성분을 토코페롤(toco=off-spring)이라 명명하였으며, 슈어(Sure)에 의해 비타민 **E**로 불리게 되었다.

식물성 식품에 함유된 비타민 E는 4가지의 토코페롤($\alpha, \beta, \gamma, \delta$)과 4가지의 토코트리에놀($\alpha, \beta, \gamma, \delta$)을 포함한 8개의 천연 화합물로, 이들의 구조는 메틸기의 위치와 곁가지의 불포화도에 의해 구분된다. 비타민 E로서의 활성은 물질 간에 차이가 큰데, 이 중 가장 활성이 큰 비타민은 α-토코페롤의 'd' 이성질체이다(그림 6-8).

토코페롤(tocopherol)

토코트리에놀 (tocotrienols)

메틸기 (methyl group)

곁가지(side chain)

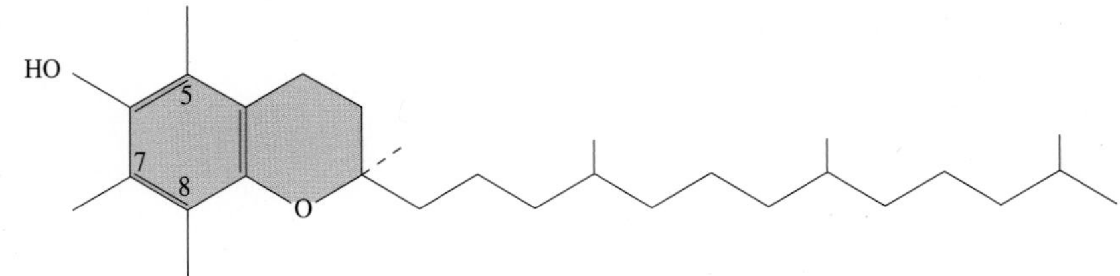

α-토코페롤(5, 7, 8번 탄소에 메틸기)
β-토코페롤(5, 8번 탄소에 메틸기)
γ-토코페롤(7, 8번 탄소에 메틸기)
δ-토코페롤(8번 탄소에 메틸기)

그림 6-8. 비타민 E

흡수와 대사

- 비타민 E도 다른 지용성 비타민과 마찬가지로 지방산이나 중성지방과 함께 식품 내에 존재하며 담즙의 도움으로 흡수된다.
- 평균적으로 30~50% 정도 흡수되며, 80%까지도 흡수될 수 있으나 과량 섭취하면 흡수율이 20%로 감소될 수 있다.
- 비타민 E는 카일로미크론에 포함되어 림프계와 흉관을 거쳐 수송되며, 지단백 형태로 다른 지방 성분과 함께 이동하여 지방조직, 세포막, 세포 내 막구조 등에 포함된다.
- 비타민 E는 막 성분이므로 다른 지용성 비타민에 비해 몸 전체에 고루 분포하고 있으며, 특히 혈장, 간, 지방조직에 많고, 세포막과 같이 다량의 지방산을 포함하는 구조에서 중요하다.

퀴논(quinone)

- 사람의 비타민 E 대사와 배설에 대해서는 많이 연구되지 않았으나, 비타민 E는 퀴논 형태로 산화되어 주로 담즙을 통해 배설되고, 소량은 소변으로 배설된다.

체내 기능

다가불포화지방산(polyunsaturated fatty acid)

유리 라디칼(free radical)
고립전자를 가지고 있어 다른 화합물로부터 전자를 구하는 화합물. 매우 강한 산화제로서 전자가 많은 세포구성물인 DNA나 세포막 등을 공격할 수 있다.

비타민 E는 항산화 작용을 하는 대표적인 영양물질로, 이는 비타민 E 결핍 시 나타나는 과산화 현상으로 알 수 있다.

- 원형질막 등 지질 이중막에 존재하는 다가불포화지방산은 세포내의 유리 라디칼에 의해 쉽게 산화되는데 비타민 E는 이러한 산화 과정을 중단시키고 유리 라디칼을 제거하므로 세포막을 보호할 수 있다.
- 비타민 E는 산화환원제로 작용하여 자신이 산화되면서 다른 물질의 산화를 방지하는 것이다.

유리 라디칼(free radicals)과 항산화 시스템

산화는 체내에서 일어나는 정상적인 대사 반응 중 하나이다. 미토콘드리아에서 영양물질(탄수화물, 단백질, 지방)을 연소시킴으로써 에너지와 함께 이산화탄소가 생성되는 것이 대표적이라 할 수 있다. 인체 내로 유입되는 산소의 대부분은 정상적인 호흡과정을 통해 물로 바뀌고 소변 등으로 배출되나, 약 2%의 산소는 불완전한 상태로 머물다가 화학적으로 반응성이 큰 유해 물질로 전환이 되는데 이를 유리 라디칼이라고 한다. 유리 라디칼은 정상적인 생화학 반응 과정 중에 생성되는 것이나 프로스타글란딘(prostaglandin)과 같은 생리조절 물질, 금속류, 방사선 등의 외부 요소, 담배 연기 등의 오염물질, 제초제 등에 의해서 생성이 증가되기도 한다.
유리 라디칼은 세포 내에서 DNA나 단백질, 지방과 같은 거대 분자를 산화시킴으로써 여러 질병을 유도할 수 있다. 이들 거대 분자가 산화되면 제 기능을 수행할 수 없는 물질로 분해될 뿐만 아니라 주위에 있는 거대 분자를 연쇄적으로 산화시켜, 세포의 사망 혹은 변이를 유도하게 되는 일이 흔하다. 따라서 산화는 암이나 순환기계 질환, 당뇨병 등의 발병에 영향을 미칠 수 있다. 피부의 주름도 자외선을 많이 쪼이면 늘어나는데 이는 자외선에 의한 산화가 원인이라고 할 수 있다. 노화는 산화의 결과에 의해서 빨라진다고도 한다.
하지만 유리 라디칼이 꼭 나쁜 것만은 아니다. 세균 등의 이물질이 침입했을 때 이들을 빠르게 섬멸하기 위해서 식세포가 사용하는 무기가 바로 이 유리 라디칼이며, 암세포를 공격하거나 혈관을 이완시키는 등의 기능을 갖기도 한다.
다행히도 우리 몸속에는 유리 라디칼을 제거하기 위한 방어시스템을 갖추고 있는데, 유리 라디칼을 포식하거나 중화시키는 식세포, 각종 효소 시스템(슈퍼옥사이드 디스뮤테이즈, 과산화수소 분해효소, 글루타티온 과산화물 분해효소 등), 항산화 물질(파이토케미컬 및 항산화 영양소) 등이 그것이다. 반면, 유리 라디칼은 스트레스, 과격한 운동, 과식, 음주, 흡연, 자외선, 방사선, 화학물질 및 환경 공해, 인스턴트식품(훈제 식품, 건조 생선, 라면, 탄산음료, 튀긴 음식, 커피, 아이스크림 등)의 과다 섭취 등에 의해 많이 생성되기도 한다.
유리 라디칼의 생성 요인이 많아지면 항산화 시스템의 요구도 높아지므로 항산화 물질 섭취에 주의를 기울여야 하며, 항산화 물질도 다양하게 섭취하여 각각의 특징에 맞게 이용되도록 하는 것이 좋다. 셀레늄은 글루타티온 과산화물 분해효소의 구성인자이며, 함황 아미노산은 글루타티온 합성에 필요한 시스테인을 공급하므로, 이들을 충분히 섭취하면 비타민 E를 절약할 수 있다고 알려져 있다. 또한 비타민 C는 산화된 비타민 E를 환원형태로 되돌려주는 역할을 하기도 한다.

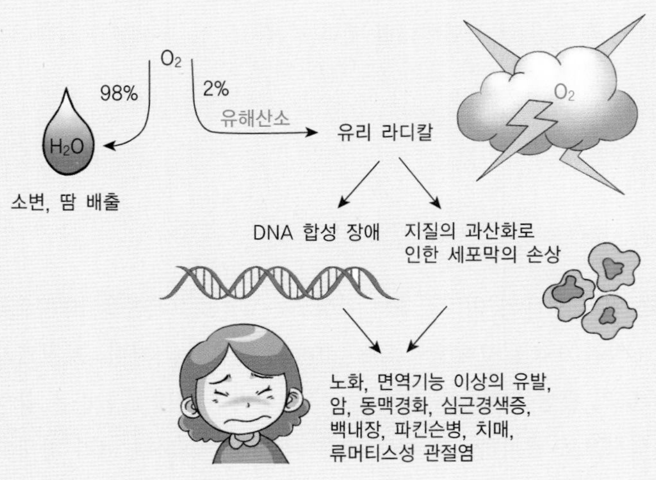

슈퍼옥사이드 디스뮤테이즈(superoxide dismutase, SOD)
망간, 구리, 아연을 함유하는 효소로 수퍼옥사이드를 분해하는 효소

과산화수소 분해효소(catalase)
$2H_2O_2 \rightarrow O_2 + 2H_2O$의 화학반응을 촉매하는 산화-환원효소

글루타티온 과산화물 분해효소(glutathione peroxidase, GP)
셀레늄을 함유하는 효소로 비타민 E와 함께 과산화물을 제거하므로써 세포막의 손상을 방지하는 항산화 효소

셀레늄(selenium)
미량원소의 하나로 비타민 E와 함께 항산화 작용을 수행하는 글루타티온 과산화물 분해효소계의 필수적인 구성물질

항산화제(antioxidant)

비타민 E와 같이 산화를 방지하는 물질을 항산화제라고 하는데, 항산화제는 다음과 같은 특징을 가진다.

- 첫째, 산화가 잘 되기 때문에 산화 촉진 물질이 있을 때 다른 물질이 산화되기 전에 먼저 산화될 수 있다.
- 둘째, 산화된 화합물 형태가 비교적 안정하여 연쇄 반응을 일으키는 일이 적다.
- 생체 내에는 비타민 C, 요산, 글루타티온 등 많은 수용성 항산화제가 존재하지만 막 성분으로 포함될 수 없는 반면 비타민 E는 막 안에 존재하면서 산화 반응을 억제하는 유일한 성분이라고 할 수 있다.

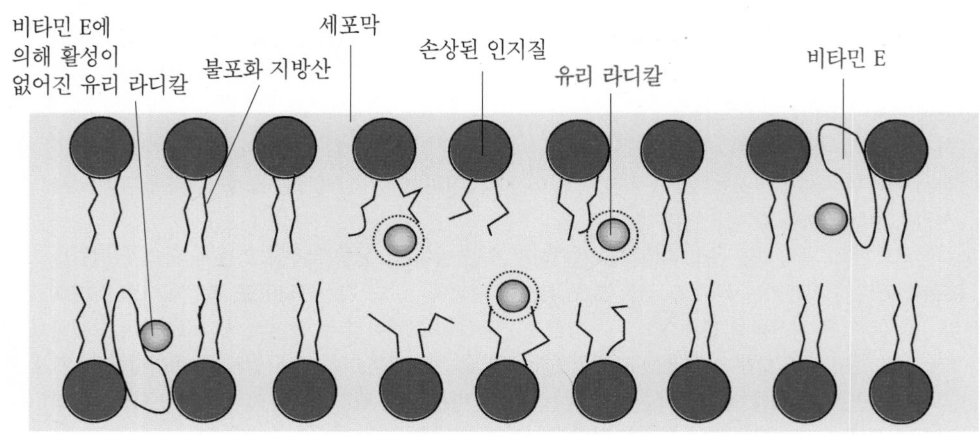

그림 6-9. 유리 라디칼 반응에서 비타민 E의 역할

항산화 관련 비타민E의 체내 기능

- 지용성 영양소의 이중결합 보호
- 노화지연
- 암의 예방 및 분변 내 돌연변이원 생성 억제
- 신경과 근육의 기능 유지 및 운동능력의 개선
- 적혈구막 보호
- 면역반응 증진
- 심혈관 질환의 예방

필요량

α-토코페롤 당량 (α-tocopherol equivalent, α-TE)

자연에 존재하는 여러 형태의 비타민 E의 활성도는 d-α-토코페롤을 100%로 간주했을 때, β-, γ-토코페롤은 각각 d-α-토코페롤의 50%, 10%의 활성을 가지며, 토코트리에놀은 α-토코트리에놀만 30%의 활성을 갖는다. 따라서 식품 내의 비타민 E 함량은 활성도를 고려하여 α-토코페롤 당량으로 표시하는데 이 수치는 식품에 존재하는 여러 형태의 비타민 E를 d-α-토코페롤을 기준으로 표시한 것이다.

한국인을 대상으로 한 대규모 섭취조사나 영양상태 평가 자료가 부족하여 비타민 E의 평균필요량을 구하기가 어렵기 때문에 한국인 영양소 섭취기준 설정 시 비타민 E는 충분섭취량을 기준으로 삼기로 하였다(표 6-1).

- 성인의 비타민 E 충분섭취량은 섭취량과 혈청 농도 자료를 근거로 남자 12mg α-TE/일, 여자 12mg α-TE/일로 설정되었다.
- 남성은 체중이 무거운 반면 여성은 체지방이 많고, 필요량이 성별에 따라 다를 것이라는 과학적 근거도 부족하기 때문에 성인 남녀의 충분 섭취량은 동일하게 설정되었다.
- 노인은 성인보다 질병예방 및 건강증진을 위해 더 많은 비타민 E를 섭취해야 한다는 주장은 있으나 과학적 근거가 부족하여 성인과 같은 수준으로 충분섭취량이 설정되었다.
- 임신기에는 필요량이 근거한다는 충분한 근거가 부족한 반면, 수유기에는 유즙으로 비타민 E가 분비되므로 비임신 여성보다 필요량이 증가한다.
- 모유의 비타민 E 함유량과 영아의 하루 모유 섭취량을 근거로 수유부의 충분섭취량은 비수유 여성의 충분섭취량에 3mg을 가산하였다.

비타민 E가 풍부한 식품

비타민 E는 식물성 기름, 밀의 배아, 땅콩, 아스파라거스 등에 많이 존재한다.

- 식품 내 비타민 E 함량은 불포화지방산과 밀접한 관계가 있는데, 특히 리놀레산의 농도와 관련이 있다.
- 곡류나 다른 종자류의 배아에는 식물성 기름이 풍부하나, 종자로부터 기름을 추출, 정제하는 과정 중에 손실이 발생하여 시판되는 식물성 기름은 대부분 가공 후 1/3 가량만 남는다.
- 밀을 밀가루로 만드는 과정에서는 배아가 떨어져 나가므로 대부분의 비타민 E가 손실되며, 이때 남은 소량도 표백과정을 거치는 동안 완전히 손실된다.
- 간을 제외한 동물성 식품은 세포막마다 비타민 E가 들어가 있다고 하더라도 그 양이 워낙 소량이어서 주요 급원이 될 수 없다.
- 비타민 E는 산소, 금속, 빛에 노출되거나 튀김 등 과도한 열처리로 쉽게 파괴되므로 식품 내의 비타민 E 함량은 수확, 정제, 보관, 조리 방법에 따라 큰 차이를 보인다.

표 6-4. 비타민 E 함유 식품

식품군	식품명	목측량	중량(g)	E(mg α-TE)
곡류 및 전분류	비타민 E의 주요 급원이 아님			
고기 · 생선 · 달걀 · 콩류	비타민 E의 주요 급원이 아님			
채소류 및 과일류	망고	1개	207	2.32
	아보카도	1개	173	2.32
	아스파라거스	4줄기	58	1.15
	배	1개	166	0.83
	사과(껍질 포함)	1개	138	0.81
	살구(통조림)	4쪽	90	0.80
	양배추(찢은 것)	1/2컵	35	0.58
	양상추	1/4포기	135	0.54
	시금치(다진 것)	1/2컵	28	0.53
	당근	1개	72	0.32
	바나나	1개	114	0.31
우유 및 유제품	비타민 E의 주요 급원이 아님			
유지, 견과 및 당류	면실유	1큰술	14	4.80
	홍화유	1큰술	14	4.60
	팜유	1큰술	14	2.60
	옥수수유	1큰술	14	1.90
	올리브유	1큰술	14	1.60
	땅콩기름	1큰술	14	1.60
	대두유	1큰술	14	1.50
	아몬드(말린 것)	24개	28	6.72
	헤이즐넛(말린 것)		28	6.70
	땅콩 버터	1큰술	16	3.00
	땅콩		28	2.65
	호두		28	0.73

결핍증

생화학적으로 활성을 갖는 비타민 E는 산화와 환원의 순환이 계속되기 때문에

- 전형적인 비타민 E의 결핍증은 성인의 경우 흔치 않다.
- 그러나 출생 시에는 상대적으로 비타민 E의 농도가 낮고, 특히 미숙아는 정상적으로 비타민 E가 체내에 축적되는 임신 마지막 한두 달을 놓치므로 비타민 E의 저장량이 많지 않고 비타민 E를 충분히 섭취하지 못하는 반면, 출생 후 성장속도는 빨라 비타민 E 저장고가 정상아에 비해 더 빨리 고갈된다.

- 비타민 E가 부족하면 세포는 쉽게 산화적 손상을 받아 적혈구 막의 다가불포화지방산이 산화되고 적혈구 막의 손상으로 세포가 소멸된다.
- 이렇게 계속 적혈구가 소실되면 산소 공급이 원활하지 못하게 되는데 이를 용혈성 빈혈이라 한다.

용혈성 빈혈 (hemolytic anemia)

- 따라서 미숙아의 경우 특수 조제분유를 공급하거나 비타민 E 보충을 따로 해주어야 한다.
- 미숙아 외에 비타민 E 결핍증이 오기 쉬운 경우는 낭포성 섬유증, 만성췌장염 등으로 지방흡수가 잘되지 않는 경우이다.
- 이 경우에는 비타민 E 부족으로 신경전달을 돕는 수초의 형성이 방해되어 신경장애가 올 수 있다.

수초(myelin)

신경장애(neurologic disorder)

과잉증

- 일반적으로 비타민 E는 매우 안전한 물질로 다른 비타민에 비해 거의 독성이 없다고 알려져 있다.
- 여러 연구 논문에 의하면 비타민 E는 일일 권장량의 50배 이상의 양을 섭취하여도 안전하다고 평가되고 있다.
- 일부 연구에서 비타민 E를 하루 500mg 이상 섭취하였을 때 면역계의 기능, 특히 백혈구의 기능이 손상된다는 것이 발견되었다.
- 고용량의 비타민 E 제제는 혈소판 응집을 감소시키는데 이는 심혈관 기능을 개선시킬 수 있는 장점이 있으나 특수 상황에서는 바람직하지 않는 결과를 초래 할 수 있다.
- 800~1,200mg의 비타민 E를 매일 복용해 온 사람이 수술 후에 출혈이 초래되었다는 보고를 고려할 때 수술 전·후에는 비타민 E 복용을 중단하는 것이 바람직할 것이다.
- 비타민 E와 항응고제는 상승효과가 있으므로 항응고제를 복용하는 환자나 비타민 K 결핍증인 사람은 비타민 E 복용 전 의사와 상의해야 한다.
- 한국인 영양소 섭취기준에서는 성인의 비타민 E 상한 섭취 수준을 540mg α-TE로 설정하였다.

비타민 K

비타민 **K**는 혈액응고에 필수적인 비타민이다. 비타민 K와 혈액응고와의 관계를 처음으로 밝힌 덴마크 학자는 '응고'의 덴마크 철자인 'koagulation'의 첫자를 따서 이 지용성 비타민을 비타민 K로 명명하였다.

응고(coagulation)

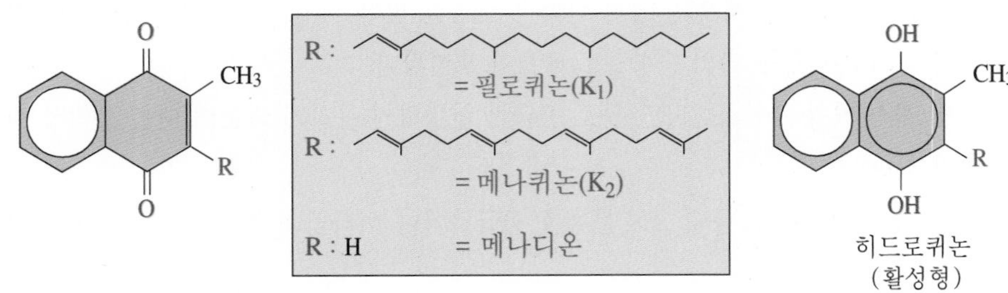

그림 6-10. 비타민 K

필로퀴논(phylloquinone, 비타민 K_1)
메나퀴논(menaquinone, 비타민 K_2)
메나디온(menadione)

비타민 K 활성을 가진 물질로는 식물에서 추출한 **필로퀴논**과 생선기름과 육류에서 발견한 **메나퀴논** 등이 있으며, 그 외 수용성을 띤 여러 가지 **메나디온** 화합물도 합성되었다(그림 6-10). 메나퀴논은 사람의 장에서 박테리아에 의해 합성되기도 한다.

흡수와 대사

전환속도(turnover rate)

- 식사에서 섭취한 비타민 K는 함께 섭취한 지방의 양, 담즙의 작용 등에 따라 흡수율이 달라진다(10~80%).
- 비타민 K는 소장에서 흡수되어 **카일로미크론**에 포함되어 간으로 간다.
- 간은 비타민 K의 주요 저장소이지만 전환속도가 빨라 체내 풀의 크기는 매우 작다.
- 간에서 비타민 K는 다른 지단백에 포함되어 몸의 여러 조직으로 운반된다.
- 간의 비타민 K는 일반적으로 필로퀴논과 메나퀴논이 절반씩 존재하나 혈청에서는 대부분이 필로퀴논의 형태로 존재한다.
- 비타민 K와 그 산화대사물은 주로 **담즙**으로 배설되나 일부는 소변으로 배설된다.
- 미네랄 오일이나 **흡수되지 않은 지방**은 비타민 K의 흡수를 방해할 수 있다.

체내 기능

혈액응고인자(clotting factor)

비타민 K는 **칼슘과 결합하는 단백질의 카르복실화**에 관여하여 **혈액응고인자** 합성이나 **뼈 형성**에 중요한 기능을 한다.

카르복실화 효소(carboxylase)
프로트롬빈(prothrombin)

- 비타민 K는 카르복실화 효소의 조효소로 작용하여 전구체 단백질 내의 **글루탐산**을 **카르복시 글루탐산**으로 전환시킴으로써 혈액응고인자인 **프로트롬빈** 합성에 관여한다.
- 간 기능이 저하되면 비타민 K 흡수가 저해되고 혈액응고인자가 형성되지 못하므로 혈액 중 프로트롬빈의 수준이 저하되고 출혈현상을 보이는데, 이 때는 비타민 K를 투여해도 효과가 없다.
- 뼈의 칼슘 축적을 위해서도 칼슘 결합 단백질이 필요한데, 이들 단백질 합성에도 비

타민 K를 조효소로 하는 카르복실화 반응이 필요하며, 소장, 신장 세포 등에서도 칼슘 결합 단백질 합성에 관여하여 칼슘의 흡수, 재흡수 등에 영향을 미칠 수 있다.

- 체내에서 비타민 K는 일단 작용하고 나면 불활성형으로 전환된다. 비타민 K가 계속적으로 이용되기 위해서는 다시 활성화되어야 하는데 와파린과 같은 약제는 재활성화 과정을 억제하여 항응고제로 사용된다.

와파린(warfarin)

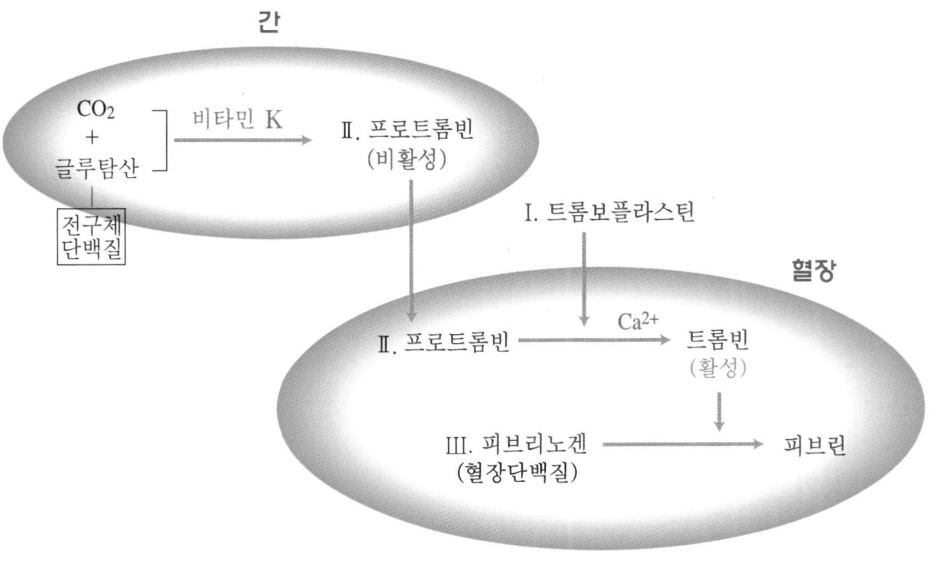

그림 6-11. 비타민 K의 기능

트롬보플라스틴(thromboplastin)
트롬빈(thrombin)
피브리노겐(fibrinogen)
피브린(fibrin)

쉬어가기 비타민K와 뼈의 발달

비타민 K 의존성 단백질인 Gla 단백질은 뼈에서도 발견된다. 뼈의 Gla 단백질은 오스테오칼신 또는 뼈기질 Gla 단백질이라 불리는데, 활성형의 비타민 D는 조골세포를 자극하여 오스테오칼신의 형성과 분비를 촉진시킨다. 이렇게 합성된 오스테오 칼신은 칼슘과 결합하고 뼈의 결정을 형성하여 뼈 발달에 관여한다. 또한 비타민 K는 소장세포에 존재하는 칼슘 결합단백질의 형성에 관여하므로 칼슘 흡수에 영향을 미칠 수 있다. 그 외에도 비타민 K는 근육, 신장 등에 존재하는 단백질의 글루탐산을 카르복실화하여 칼슘과 결합할 수 있게 한다. 신장의 Gla 단백질은 세뇨관에서 Ca의 재흡수에 관여한다.

뼈의 발달(bone development)
오스테오칼신(osteocalcin)
조골세포(osteoblast) 섬유모세포에서 발생된 세포로서 성숙되면서 뼈의 형성에 관여함
뼈기질 Gla 단백질(bone matrix Gla protein)
칼슘 결합단백질(calcium-binding protein)

필요량

비타민 K는 장내 미생물에 의해서 합성될 수 있기 때문에 결핍되는 경우가 흔치 않으며 이렇게 공급되는 양을 정확히 추정하는 것도 어렵기 때문에 비타민 K의 필요량에 대한 정확한 분석은 최근까지 거의 이루어진 바 없으나,

- 일반적으로 식이를 통하여 체중당 하루 1μg을 섭취하면 혈액응고시간을 정상적으로 유지하는 데 충분하다고 본다.
- 비타민 K의 대사는 비타민 **A**와 **E**의 섭취와 관계가 있다. 비타민 A를 과다 섭취하면 소장에서 비타민 K의 흡수가 감소하며, 비타민 E를 과다섭취하면 비타민 K에 의존적인 혈액응고인자가 감소되어 출혈이 증가한다.
- 간염이나 간경변증과 같은 간질환, 변비치료제 복용, 비타민 D의 길항작용을 하는 약물 및 광범위 항생제를 장기 투여할 경우 결핍증상이 나타날 수 있으므로 주의가 필요하다.
- 성인을 위한 충분섭취량은 건강한 사람의 비타민 K 식이 섭취량에 기초한 것으로서, 미국에서는 실제 하루 식이 섭취량을 과소평가할 가능성을 고려하여 각 그룹당 조사된 가장 높은 값을 이용하여 결정하였다.
- 우리나라에서는 한국인 영양권장량 7차 개정까지는 비타민 K의 권장량을 정하지 않았으나 2005년에 제시된 한국인 영양소 섭취기준에서 남녀 성인 각각 **75μg**, **65μg**을 충분섭취량으로 제시하였고, 2015년과 2020년에 개정된 영양소 섭취기준에서도 같은 양으로 제시하였다(표 6-1).

비타민 K가 풍부한 식품

식사로부터 공급되는 비타민 K는 주로 필로퀴논으로, 주된 급원식품은 간, 녹색채소, 브로콜리, 콩류 등이다(표 6-5). 대부분의 비타민 K는 섭취하고 하루가 지나면 체외로 빠져나가지만 식품의 비타민 K가 충분할 뿐 아니라 장내 미생물에 의해서도 합성되므로 결핍증은 흔치 않다. 또한 조리 중에 파괴되는 경우도 적다.

결핍증

비타민 K는 필요량이 적고 장관의 미생물에 의해 합성되며 여러 식품에 널리 분포되어 있으므로, 비타민 K와 관련된 다음과 같은 임상적 상황을 제외하면 정상 성인에게 거의 유발되지 않는다.

신생아 출혈 (hemorrhagic disease of the newborn)

미생물총(microflora)

신생아 출혈

- 출생 시 위장관은 무균상태이므로 비타민 K를 합성하는 미생물이 없다. 따라서 미생물총이 정상적으로 성장하여 비타민 K를 합성할 수 있을 때까지 며칠간은 비타민 K가 부족하다.
- 또한 비타민 K는 태아에게 전달되는 양이 제한적이어서 신생아 간에 저장되는 양이 적고 모유에는 비타민 K가 거의 함유되어 있지 않기 때문에 이 시기에 출혈이 발생하면 지혈 시간이 지연될 수 있다.

표 6-5. 비타민 K 함유 식품

식품군	식품명	중량(g)	비타민 K(μg)
곡류 및 전분류	밀기울 귀리(말린 것) 전밀가루	90 90 90	75 57 27
고기·생선· 달걀·콩류	소간 돼지간 닭간	60 60 60	62 53 48
채소류	순무 시금치 렌즈콩 콜리플라워 양배추 브로콜리 양상추	70 70 70 70 70 70 70	455 186 156 134 104 92 78
과일류	비타민 K의 주요 급원이 아님		
우유 및 유제품	비타민 K의 주요 급원이 아님		
유지, 견과 및 당류	대두유 옥수수유	5 5	27 3

- 모유만 공급하는 신생아의 경우에는 출혈 상황을 자세히 관찰해야 하며 응급 대처가 필요할 수 있다.

지방 흡수불량증

- 모든 지용성 비타민의 흡수에는 어느 정도의 지방과 담즙이 필요하므로 지방 흡수에 문제가 생기면 비타민 K의 흡수도 어려워 혈액응고에 걸리는 시간이 연장된다.
- 이러한 문제 때문에 일반적으로 담관 폐쇄 환자에게는 수술 전에 비타민 K를 투여한다.
- 담낭을 제거한 후에도 담즙 분비에 문제가 생기므로 비타민 K 흡수가 어렵다.

투 약

- 몇몇 약제는 비타민 K의 작용에 영향을 미치는데, 항응고제인 디쿠마롤은 비타민 K의 대사길항물질로 작용하여 혈액응고를 지연시키기 때문에 폐나 혈관의 혈전을 치료하기 위해 사용된다.

디쿠마롤(dicumarol)

- 장기간 항생제를 사용할 경우 장관의 미생물총을 감소시키므로 비타민 K의 합성량이 감소한다.

과잉증

- 비타민 K는 지용성 비타민이지만 체내에서 빨리 배설되므로 거의 독성을 보이지 않는다.
- 현재까지 고용량의 필로퀴논을 섭취하여도 부작용이 없다고 보고되고 있으며 메나퀴논 역시 독성이 없다고 여겨지고 있다.
- 합성 비타민 K인 메나디온은 영아에게서 황달과 출혈성 빈혈 같은 증상을 나타낼 수 있다.

표 6-6. 지용성 비타민의 영양상태 평가

비타민	평가 방법
비타민 A	혈청(또는 혈장)의 레티놀 농도측정 : 극심한 결핍상태 이 외에는 낮아지지 않음 상대적 용량반응시험(relative-dose-response test) 또는 그 수정형 비타민 A 보충 전후의 혈청 레티놀 측정 간장 내 레티노이드 함량 측정 : 가장 정확한 방법이긴 하나 임상적 필요성에 의한 간 생검(liver biopsy) 실시 후 시료가 남은 경우에 한함
비타민 D	혈청의 25-(OH)- 비타민 D의 농도 측정
비타민 E	적혈구를 과산화물과 함께 3시간 동안 배양하여 적혈구 파괴 정도 측정 불포화지방산을 과산화물과 함께 3시간 동안 배양하여 불포화지방산의 분해산물 측정 혈청의 비타민 E 농도 측정
비타민 K	혈액응고 시간 측정 혈중 비타민 K 농도 측정 혈중 프로트롬빈 농도 측정

표 6-7. 지용성 비타민의 기능, 풍부한 식품 및 결핍증과 과잉증

비타민		주요 기능	영양소 섭취기준	풍부한 식품	결핍증	과잉증
비타민 A		시력유지, 상피세포의 건강유지, 세포분화에 필수, 신경계 및 생식계 기능 유지, 골격 성장	남자 800μg RAE 여자 650μg RAE	동물의 간, 생선 간유, 달걀, 당근, 늙은호박, 김	야맹증, 안구건조증, 피부이상, 성장부진, 면역기능약화, 성기능장애	두통, 구토, 피부이상, 뼈 통증, 탈모증, 간비대, 췌장 비대
비타민 D	에르고칼시페롤 ;D_2	뼈의 성장과 석회화 촉진, 칼슘과 인의 흡수 촉진	10μg	생선 간유, 달걀, 비타민D, 강화 우유	구루병(어린이), 골연화증(성인), 골다공증(성인)	성장지연, 구토, 설사, 신장손상, 연조직 칼슘축적, 체중감소
	콜레칼시페롤 ;D_3					
비타민 E	토코페롤	세포의 손상을 막는 항산화제, 동물에서 생식에 관여	남자 12mg α-TE 여자 12mg α-TE	식물성 기름, 씨앗, 녹황색 채소, 마가린, 쇼트닝	용혈성 빈혈 신경파괴	근육허약, 두통, 피로, 오심, 비타민 K 대사방해
	토코트리에놀					
비타민 K	필로퀴논 ; K_1	칼슘과 결합하는 단백질의 글루탐산 잔기의 카르복실화에 관여(혈액응고 · 골 형성)	남자 75μg 여자 65μg	녹황색 채소, 간, 곡류, 과일	출혈(내출혈)	빈혈, 황달
	메나퀴논 ; K_2					
	메나디온 ; K_3					

요약

1. 지용성 비타민은 섭취나 흡수 및 대사과정이 식이 내 지방의 양이나 형태, 또는 체내의 지방 흡수 및 대사와 밀접한 연관을 가지므로, 지방의 흡수나 대사에 이상이 있으면 지용성 비타민의 흡수와 대사에도 이상이 생기게 된다.
2. 비타민 A는 레티날, 레티놀, 레티노익산의 레티노이드 화합물로 구성되어 있으며, 식물성 급원인 베타카로틴을 비롯해 몇몇 카로티노이드의 유도체들은 체내에서 산화, 또는 부분적 분해단계 등을 거쳐 비타민 A로 전환된다. 비타민 A는 시력에 관여하며, 세포분화와 면역기능 등에 관여한다. 비타민 A가 풍부한 식품은 동물의 간이나 어유, 달걀 등이고, 비타민 A의 전구체인 카로티노이드는 주로 녹황색 채소와 몇몇 과일들로부터 얻을 수 있다. 비타민 A가 부족하면 야맹증과 안구건조증 등이 나타나며, 어린 아동의 경우 비토반점 등이 나타난다. 비타민 A를 과량 섭취하면 급성 및 만성적인 과잉증, 기형발생 등의 독성이 나타나며, 섭취를 중단하면 대부분의 증상은 없어지나 간이나 뼈, 시력손상 및 근육통 등은 영구적으로 남기도 한다.
3. 비타민 D는 체내에서 상당량 합성된다. 비타민 D_3는 피부에서 콜레스테롤의 유도체가 햇빛을 받아 합성되며, 이렇게 합성된 비타민 D와 식사에서 섭취한 비타민 D는 간과 신장에서 대사되어 비타민 D의 활성형인 1,25-$(OH)_2$-비타민 D_3가 된다. 1,25-$(OH)_2$-비타민 D_3는 소장에서 칼슘의 흡수에 중요한 역할을 하며, 다른 호르몬들과 함께 혈장의 칼슘 항상성을 유지한다. 비타민 D는 어유나 강화된 우유로부터 섭취할 수 있으며, 부족하면 구루병, 골연화증, 골다공증과 같은 결핍증이 발생한다. 또한, 과잉 섭취하면 독성이 있어, 특히 어린이의 경우 보충제의 형태로 권장량의 5배 이상 섭취하면 위험하다.
4. 비타민 E는 항산화제로 작용하여 유리 라디칼에 의한 산화적 파괴로부터 세포를 보호하는 데 특히 중요하다. 식물성 기름을 많이 섭취할수록 더 많은 양의 비타민 E를 필요로 하는데, 비타민 E는 식물성 기름에 풍부하게 들어 있다. 그러나 어유는 비타민 E의 함유량이 적다. 최근, 건강한 성인이 과량의 비타민 E를 섭취했을 때 심장병과 암을 예방할 수 있는지에 대한 연구가 활발하게 진행되고 있다.
5. 비타민 K는 간에서 혈액응고 인자의 합성을 촉매하는 역할을 한다. 비타민 K는 장내 세균에 의해서 합성되고 필요량이 적으며, 여러 식품에 널리 분포되어 있어 신생아나 흡수 불량증 환자, 항생제와 같은 약품을 장기간 복용하는 경우가 아니면 쉽게 결핍증이 발생하지 않는다. 또한, 비타민 K는 지용성이지만 체내에서 빨리 배설되므로 거의 독성을 보이지 않는다.

참고문헌

1. 농촌진흥청 국립농업과학원(2011) 제8개정판 식품성분표. 2011
2. 농촌진흥청 국립농업과학원(2012) 2012 기능성 성분표 지용성 비타민 성분표
3. 보건복지부(2015) 2015 한국인 영양소 섭취기준
4. 보건복지부(2020) 2020 한국인 영양소 섭취기준
5. 질병관리청, 국민건강영양조사 제4기 2, 3차년도 및 5기 1, 2, 3차년도. 2008-2012
6. 질병관리청, 국민건강영양조사 제6기 1차년도(2013) 국민건강통계 영양부문 2014
7. Aggarwal BB, Sundaram C,Prasad S, Kannappan R(2010). Tocotrienols, the vitamin E of the 21st century: its potential against cancer and other chronic diseases. Biochem Pharmacol 80(11): 1613~1631
8. Allen S.H. · Shah J.H(1992) "Calcinosis and metastatic calcification due to vitamin D intoxication, A case report and review", In Horm Res 37: 68~77
9. Bendich A. · Olson J.A(1989) "Biological actions of carotenoids", FASEB J 3: 1927~1932
10. Beulens JW, van der AD, Grobbee DE, Sluijs I, Spijkerman AM, van der Schouw YT(2010). Dietary phylloquinone and menaquinones intakes and risk of type 2 diabetes. Diabetes care 33(8): 1699~1705
11. Brown M.L(1990) Present knowledge in nutrition, ILSI Press, pp 96~131
12. Canfield L.M. · Krinsky N.I. · Olson J.A. ed(1994) "Carotenoids in human health", Ann NY Acad Sci 691: 1~300
13. Cui YH, Jing CX, Pan HW. Association of blood antioxidants and vitamins with risk of age-related cataract: a meta-analysis of observational studies(2013). Am J Clin Nutr 98(3): 778~786
14. Duthie G.G. · Arthur J.R. · Beattie J.A.G. · Brown K.L. · Morrice P.C. · Robertson J.D. · Shortt C.T. · Walker K.A. · James WPT(1993) "Cigarette smoking, antioxidants, lipid peroxidation, and coronary heart disease", In Tobacco Smoking And Nutrition : Influence of Nutrition On Tobacco Associated Health Risks, Diana J.N. · Pryor W.A. ed., 686: 20~129
15. FAO/WHO(1989) "Requirements of vitamin A, iron, folate, and vitamin B12", FAO Food and Nutrition Series 23, Report of a joint FAO/WHO Expert Committee, FAO, Rome, pp 1~107
16. Institute of Medicine(IOM)(2001). Dietary Reference Intakes for Vitamin A, Vitamin K, Arsenic, Boron, Chromium, Copper, Iodine, Iron, Manganese, Nickel, Silicon, Vanadium, and Zinc. Washington, D.C. National Academy Press
17. Kim C-I · Leo M.A. · Lowe N · Lieber C.S(1988) "Differential effects of retinoids and chronic ethanol consumption on membranes in rats", J Nutr 118: 1097~1103
18. Kim C-I · Leo M.A. · Lowe N · Lieber C.S(1988) "Effects of vitamin A and ethanol on liver plasma membrane fluidity", Hepatology 8: 735~741
19. Lagua R.T. · Claudio V.S. · Thiele V.F(1974) "Nutrition and Diet Therapy", Reference Dictionary, 2nd ed., CV Mosby Co., St. Louis
20. Leo M.A. · Kim C-I · Lowe N · Lieber C.S(1992) "Interaction of ethanol with β-carotene : Delayed blood clearance and enhanced hepatotoxicity", Hepatology 15: 883~891
21. Leo M.A. · Kim C-I · Lieber C.S(1986) "Increased vitamin A in esophagus and other extrahepatic tissues after chronic ethanol consumption in the rat", Alcoholism : Clin Exp Res 10: 487~492
22. Leo M.A. · Lasker J.M. · Raucy J.L. · Kim C-I · Black M · Lieber C.S(1989) "Metabolism of retinol and retinoic acid by

human liver cytochrome P450 Ⅱ C 8", Arch Biochem Biophys 269: 305~312

23. Linder M.C(1991) Nutritional biochemistry and metabolism with clinical applications, Elsevier, pp 153~189
24. Napier K.M(1995) How nutrition works, Ziff-Pavis, pp 49~56, Press
25. Norman A.W(1990) "Intestinal calcium absorption : a vitamin D-hormone-mediated adaptive response", Am J Clin Nutri 51: 290~300
26. Olson J.A(1996) "Vitamin A", Present Knowledge in Nutrition, 7th ed., Ziegler E.E. · Filer Jr. L.J. ed.,ILSI Press, Washington, D.C., pp 109~119
27. Price P.A(1985) "Vitamin K-dependent formation of bone Gla protein(osteocalcin) and its function", Vitam Horm 42(1): 42~65
28. Reichei H. · Koeffla H.P(1989) "The role of vitamin D of endocrine system in health and disease", N engl J Med 13: 980~983
29. Suttie J.W(1992) "Vitamin K and human nutrition", J Am Diet Assoc 92(5): 585~590
30. Underwood B.A(1986) "The safe use of vitaminA by women during the reproductive years", International Vitamin A Consultative Group, ILSI-Nutrition Foundation, Washington D.C
31. Urano S. · Midori H.H. · Tochihi N. · Matsuo M. · Shiraki M. · Lto H(1991) "Vitamin E and the susceptibility of erythrocytes and reconstituted liposomes to osidative stress in aged diabetics", Lipid 26: 58~61
32. Wang X-D · Krinsky N.I. · Tang G. · Russel R.M(1992) "Retinoic acid can be produced from excentric cleavage of β-carotene in human intestinal mucosa", Arch Biochem Biophys 293: 298~304
33. Wang Y. · Watson R.R(1993) "Is vitamin E supplementation a useful agent in AIDS therapy?," In Prog Food Nutr Sci 17: 351~375
34. Wardlaw GM · Insel PM.ed.(2005) Perspectives in Nutrition, 6th ed., McGraw-Hill
35. Williams S.R(1993) Nutrition and diet therapy, Mosby, pp 170~193
36. Wolf G(1995) "The enzymatic cleavage of β-carotene : still controversial", Nutr Review 53: 134~137

탐구과제

1. 비타민 A의 주된 생리적 기능은 무엇인지 간단히 설명하라.
2. 베타카로틴은 어떠한 경우에 비타민 A의 '무독성 대체물' 로 쓰일 수 있는가?
3. 내분비계에서 비타민 D의 기능은 무엇인가?
4. 어떤 사람이 비타민 D가 결핍되기 쉬우며 그 이유는 무엇인가?
5. 황산화제인 비타민 E의 절약작용을 할 수 있는 영양소들에 대해 간단히 설명하라.
6. 미숙아에서 비타민 E의 보충이 필요한 이유는 무엇인가? 비타민 E의 기능과 연관지어 설명하라.
7. 비타민 K의 결핍증 발생위험이 높은 세 가지 경우는 어떤 것이며, 그 이유는 무엇인가?

CHAPTER 7
수용성 비타민

티아민

리보플라빈

나이아신

판토텐산

비오틴

비타민 B_6

엽 산

비타민 B_{12}

비타민 C

비타민 유사물질

CHAPTER

7

수용성 비타민

인류는 오래 전부터 괴혈병, 각기병, 펠라그라, 악성빈혈 등의 질병에 시달려 왔다. 20세기 초에 과학자들은 이러한 질병이 어떤 필수성분의 섭취가 부족해서 걸리게 되며, 이 성분들을 공급해주었을 때 결핍 증세로부터 회복된다는 사실을 알게 되었다. 이러한 필수 성분들이 비타민 B 복합체 또는 비타민 C라 명명된 수용성 성분들이다. 현재 8가지 비타민 B 복합체 가운데 B_6와 B_{12}를 제외하고는 다음과 같은 화학명으로 부른다.

thiamin: 비타민 B_1, 티아민
riboflavin: 비타민 B_2, 리보플라빈
niacin: 나이아신
pantothenic acid: 판토텐산
biotin: 비오틴
folate: 엽산

비타민 B 복합체의 생체내 기능은, 조효소로서 특정 이온이나 원자단을 옮겨주는 역할을 하여 대사가 정상적으로 진행되도록 돕는 것이다(그림 7-1). 식품에 함유되어 있는 비타민 B 복합체의 평균 장내 흡수율은 50~90%이며, 흡수된 비타민 B 복합체는 체내에서 조효소 형태로 전환되어 에너지 대사 및 여러 다른 화학 반응에 관여한다. 비타민 C는 몇 가지 중요한 성분들을 합성하는 과정에 필수적이며, 이러한 역할은 항산화 작용에 기인한다.
수용성 비타민은 물에 잘 용해되므로 지용성 비타민보다 체외로 쉽게 배설된다. 대부분의 수용성 비타민은 가열 조리, 알칼리 등의 조건에서 쉽게 파괴되며, 조리수에 용해되어 손실되기도 하므로, 저장 상태, 조리법 등의 선택에 있어서 주의가 필요하다.

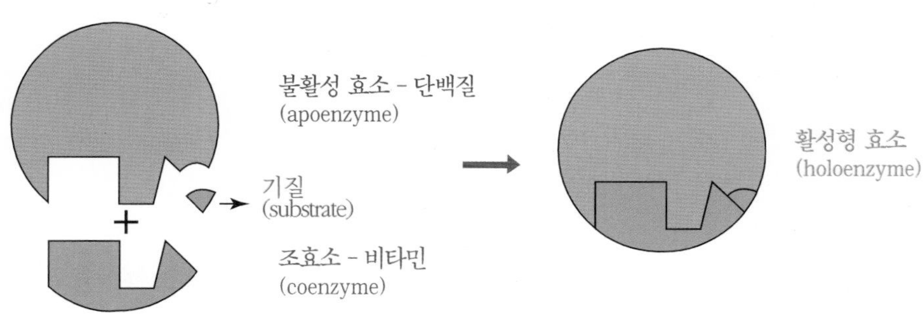

비타민 B 복합체는 조효소를 형성함으로써 효소가 제기능을 할 수 있도록 도와준다.

그림 7-1. 효소와 조효소의 상호작용

티아민

티아민은 질소를 함유하는 6원자 고리구조인 피리미딘과 황을 함유하는 5원자 고리구조인 티아졸이 메틸렌기($-CH_2-$)에 의해 연결되어 있는 구조를 가진 화합물이다(그림 7-2).

티아민(thiamin)

thio
sulfur, 황을 의미한다.

amine
질소원자를 갖는 원자단

피리미딘(pyrimidine)

티아졸(thiazole)

티아민은 장시간 가열하면 분자 내에 있는 양쪽 고리 사이의 결합이 쉽게 끊어져 비타민으로서의 기능을 잃게 된다. 또한 알칼리 조건(pH>8.0)에서도 파괴되므로 완두콩의 녹색을 선명하게 유지하거나 말린 콩을 빨리 무르게 할 목적으로 식소다를 첨가하는 것은 영양상 적절치 못하다.

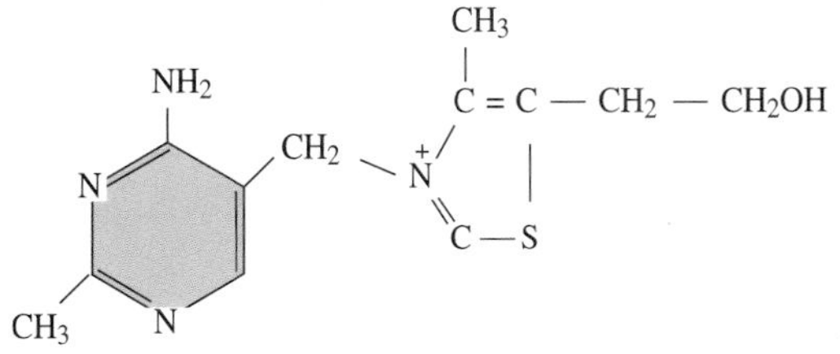

a) 티아민

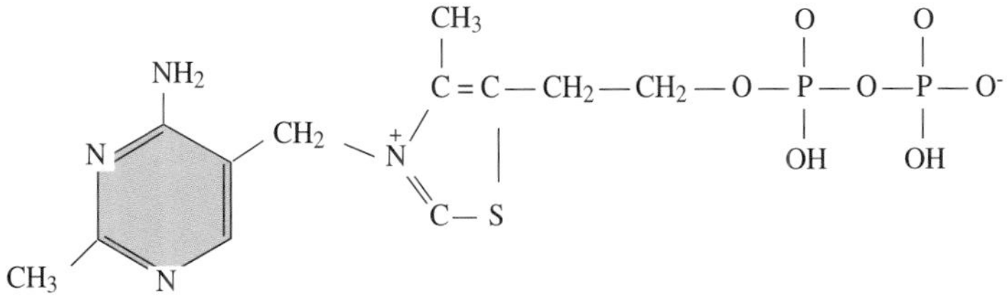

b) 티아민 피로인산

그림 7-2. 티아민과 티아민 피로인산의 구조

흡수와 대사

식품 중에 티아민은,

- 티아민 피로인산이라는 티아민의 조효소 형태로 존재하며, 소장에서 분해되어 티아민 형태로 떨어져 나온다.
- 티아민은 소장의 상부에서 능동적 운반 기전에 의해 흡수되나, 다량 섭취 시에는 일부 수동적 확산에 의해 흡수되기도 한다.
- 흡수된 티아민은 혈액을 통해, 간, 근육 등 여러 조직으로 운반되며, 티아민 피로인산화효소에 의해 TPP로 전환된다.
- 티아민은 체내 저장할 수 있는 양이 매우 적어 필요량 이상으로 많이 섭취하면 소변

티아민 피로인산(thiamin pyrophosphate, TPP)

티아민 피로인산화효소(thiamin pyrophosphokinase)

$$\text{티아민} + ATP \xrightarrow[Mg^{2+}]{\text{티아민 피로인산화효소}} TPP + AMP$$

을 통해 배설된다.

- 일정량의 티아민을 투여한 뒤, 소변으로 빠져나오는 티아민 배설량이 정상치보다 낮으면 체내 많이 잔류하였음을 의미하며, 이는 티아민의 조직 내 저장량이 충분하지 않았기 때문이라고 볼 수 있다.

체내 기능

티아민은 체내에서 조효소의 구성성분이다. 티아민의 조효소 형태는 **티아민 피로인산**으로, 티아민에 두 개의 인산기가 결합되어 있는 형태이며, TPP라고도 줄여서 부른다. TPP는 다음과 같은 반응의 조효소로 작용한다.

에너지 대사

- TPP는 에너지 대사 과정 중에 조효소로 작용하는데
- α-케토산으로부터 카르복실기를 떼어내는 **탈탄산반응**에 참여한다.
- 예를 들어, 피루브산이 아세틸 CoA로 전환되는 반응과, α-케토글루타르산이 숙시닐 CoA로 전환되는 반응에 사용되며, 이 두 과정 모두 에너지를 생성하는 과정이다(그림 7-3).
- 특히 피루브산이 아세틸 CoA로 전환되는 과정은 포도당의 호기적 산화과정에서 매우 중요하다.
- 위 과정에서 **TPP**뿐만 아니라, **FAD**, **NAD**$^+$, **CoA**, 리포산 등 다양한 영양물질들이 필요하다.
- 이처럼 티아민이 에너지 대사에 관여하므로, 티아민의 필요량은 에너지 소모량과 관련이 깊다.
- 티아민이 부족하면 혈중에 α-케토글루타르산이나 피루브산, 젖산 등이 많이 쌓여도

피루브산 탈수소효소 복합체(pyruvate dehydrogenase complex)

FAD(flavin adenine dinucleotide)

NAD(nicotinamide-adenine dinucleotide)

CoA(coenzyme A)

리포산(lipoic acid)

α-케토글루타르산 탈수소효소 복합체(α-ketoglutarate dehydrogenase complex)

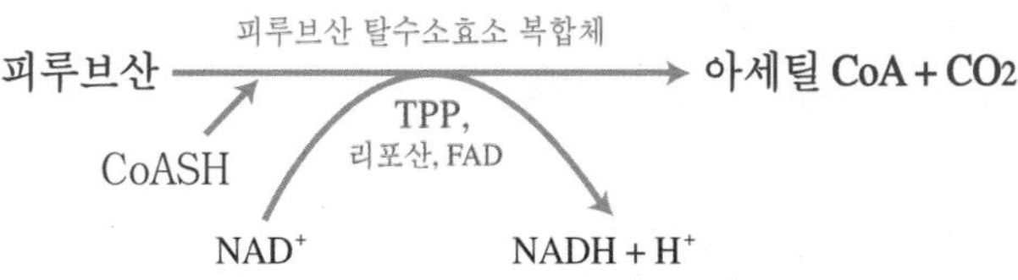

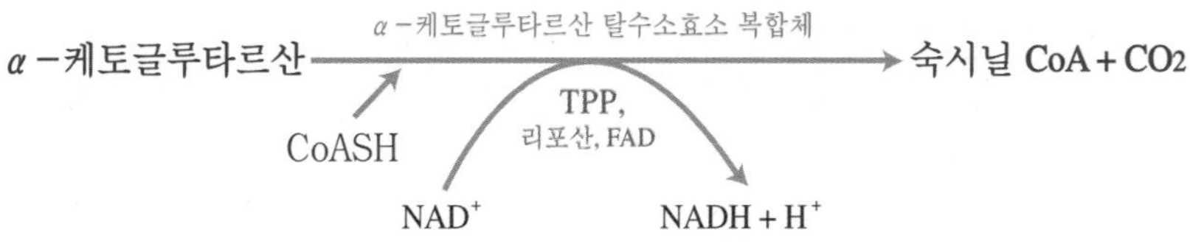

그림 7-3. TPP가 관여하는 에너지 대사과정

ATP나 아세틸 CoA 생성이 어렵기 때문에 지방산과 콜레스테롤 합성이 저해된다.

- 곁가지 아미노산의 산화 과정에도 탈탄산반응이 포함되며, 역시 TPP의 도움이 필요하다.

신경전달

- TPP는 신경조직에 에너지 공급에도 필요하고
- 신경전달물질인 아세틸콜린이나 카테콜아민 등의 합성을 도와주고 분비에 관여하기도 한다.

카테콜아민(catecholamine)

오탄당 인산 경로

- TPP는 DNA와 RNA 합성에 필요한 오탄당 인산 경로에서 케톨기 전이효소의 활성에 영향을 미친다.
- 오탄당 인산 경로는 NADPH를 합성하는 데도 중요하다.

오탄당 인산 경로(pentose phosphate pathway)

비타민의 영양상태 평가

생화학적인 방법으로 영양상태를 측정하기 위해서는 생화학 시료가 필요하며, 인체로부터 얻을 수 있는 생화학 시료는 혈액, 소변, 머리카락, 손톱 등이지만 주로 혈액과 소변이 사용된다. 경우에 따라, 간 등의 조직 시료를 얻는 경우도 있지만 이는 생검을 하고 남은 시료가 있을 때만 가능하다.
비타민의 영양상태를 평가하기 위해서 간 조직의 저장량이나 비타민이 조효소로 사용되는 효소의 활성도를 측정할 수 있다면 좋겠지만 시료를 구하기가 어렵다. 때문에 혈청의 비타민 농도를 측정하거나 적혈구나 백혈구 등, 혈액 시료에서 얻을 수 있는 세포를 분리해서 효소의 활성도를 측정하게 된다.
예를 들어, 티아민의 경우 케톨기 전이효소, 리보플라빈은 글루타티온 환원효소, 비타민 B_6는 아미노기 전이효소의 활성도를 측정함으로써 각 비타민의 영양상태를 추정할 수 있다.
티아민의 영양 상태를 측정하기 위해서, 적혈구의 케톨기 전이효소 활성도를 측정한 후에 TPP를 첨가하여 다시 활성도를 측정하여 그 차이를 백분율로 나타내는데, 이를 "**TPP 효과**"라 부른다. TPP가 충분한 상태인 경우 TPP의 첨가 전후의 활성도 차이가 별로 없는데 비해, TPP가 부족했던 경우에는 TPP 첨가에 따라 활성도가 크게 증가할 수 있기 때문에 16% 이상 상승하면 티아민의 영양상태가 저조했던 것으로 판정할 수 있다.

케톨기 전이효소(transketolase)
글루타티온 환원효소(glutathione reductase)
아미노기 전이효소(aminotransferase)
TPP 효과(TPP effect)

필요량

티아민은 탄수화물 대사를 비롯한 에너지 대사에 필수적이므로 에너지 섭취량이 많을수록 티아민이 많이 필요하다(표 7-1).

- 적혈구의 케톨기 전이효소 활성도와 티아민 소변 배설량을 적정 수준으로 유지할 수 있는 티아민 섭취량을 기준으로 티아민의 평균필요량은 성인 남자 1일 1.0mg, 여자 1일 0.9mg이다.

표 7-1. 2020 한국인 영양소 섭취기준 – 티아민, 리보플라빈, 나이아신

성 별	연 령	티아민(mg/일)			리보플라빈(mg/일)			나이아신(mg NE/일)				
		평균 필요량	권장 섭취량	충분 섭취량	평균 필요량	권장 섭취량	충분 섭취량	평균 필요량	권장 섭취량	충분 섭취량	상한 섭취량[1]	상한 섭취량[2]
영아	0~5(개월)			0.2			0.3			2		
	6~11			0.3			0.4			3		
유아	1~2(세)	0.4	0.4		0.4	0.5		4	6		10	180
	3~5	0.4	0.5		0.5	0.6		5	7		10	250
남자	6~8(세)	0.5	0.7		0.7	0.9		7	9		15	350
	9~11	0.7	0.9		0.9	1.1		9	11		20	500
	12~14	0.9	1.1		1.2	1.5		11	15		25	700
	15~18	1.1	1.3		1.4	1.7		13	17		30	800
	19~29	1.0	1.2		1.3	1.5		12	16		35	1,000
	30~49	1.0	1.2		1.3	1.5		12	16		35	1,000
	50~64	1.0	1.2		1.3	1.5		12	16		35	1,000
	65~74	0.9	1.1		1.2	1.4		11	14		35	1,000
	75이상	0.9	1.1		1.1	1.3		10	13		35	1,000
여자	6~8(세)	0.6	0.7		0.6	0.8		7	9		15	350
	9~11	0.8	0.9		0.8	1.0		9	12		20	500
	12~14	0.9	1.1		1.0	1.2		11	15		25	700
	15~18	0.9	1.1		1.0	1.2		11	14		30	800
	19~29	0.9	1.1		1.0	1.2		11	14		35	1,000
	30~49	0.9	1.1		1.0	1.2		11	14		35	1,000
	50~64	0.9	1.1		1.0	1.2		11	14		35	1,000
	65~74	0.8	1.0		0.9	1.1		10	13		35	1,000
	75이상	0.7	0.8		0.8	1.0		9	12		35	1,000
임신부		+0.4	+0.4		+0.3	+0.4		+3	+4		35	1,000
수유부		+0.3	+0.4		+0.4	+0.5		+2	+3		35	1,000

[1]니코틴산, [2]니코틴아미드

자료 : 보건복지부, 2020 한국인 영양소 섭취기준, 2020

- 권장섭취량은 개인차를 고려하여 평균필요량의 120%에 해당하는 **1.2**, **1.1mg**으로 각각 설정하였다.
- 에너지 섭취량이 2,000kcal 이하인 경우에도 티아민의 1일 섭취량은 최소 1.0mg 이상으로 유지할 것을 권장하고 있다.
- 임신기와 수유기에는 에너지 필요량이 증가되므로, 티아민 권장 수준도 증가하는데 임신부와 수유부 모두 0.4mg을 추가로 권장한다.
- 2015~2017년 국민건강영양조사 자료에 의하면 1세 이상 전체 연령군에서 티아민 보

충제를 사용하지 않는 사람들의 평균 티아민 섭취량은 1.80mg/일이었으며, 보충제를 복용하는 사람들은 하루 평균 14.21mg의 티아민을 보충제로 섭취하고 있었다.

티아민이 풍부한 식품

티아민은 여러 식품에 들어있으나 함량이 높은 식품은 몇 가지로 제한된다(표 7-2).

- 돼지고기와 두류는 티아민의 가장 좋은 급원이며, 해바라기 씨앗, 전곡, 깍지콩, 내장육, 땅콩, 종실류 등도 함유량이 높다.
- 돼지고기를 제외한 다른 육류, 우유와 유제품, 도정한 곡류, 어패류, 채소 등은 티아민 함량이 낮은 식품들이다.
- 어류에는 티아민을 파괴하는 티아민 분해효소가 들어있는데, 가열하면 활성이 제거되므로 생선을 익혀 먹을 때는 염려하지 않아도 된다.

티아민 분해효소 (thiaminase)

표 7-2. 각 식품군의 티아민 함유량

식품군	식품명	목측량	중량(g)	티아민(mg)
곡류 및 전분류	현미밥	1공기	210	0.32
	통밀빵	3조각	90	0.30
	쌀밥	1공기	210	0.08
고기 · 생선 · 달걀 · 콩류	돼지고기		60	0.55
	햄(통조림)		60	0.34
	참치	1토막	70	0.24
	쇠간		60	0.13
	대두(말린 것)		20	0.12
채소 및 과일류	오렌지	1개(중)	100	0.13
	오렌지주스	1컵	200	0.12
우유 및 유제품	우유	1컵	200	0.09
유지, 견과 및 당류	티아민의 주요 급원이 아님			

결핍증

티아민 결핍의 대표적인 임상질환은 각기병으로, 에너지 대사를 위해 필요한 조효소인 TPP가 부족하면 주로 증상이 신경계, 소화계, 심혈관계에 나타난다. 신경계 이상이 주로 나타나는 경우를 건성각기라 하고, 심혈관계 이상이 주로 나타나는 경우는 습성각기이다.

각기병(beriberi)
티아민 결핍증으로서 근육의 약화, 식욕부진, 신경조직의 퇴화, 때로는 부종을 수반한다.

건성각기 (dry beriberi)

습성각기 (wet beriberi)

티아민 결핍증에 걸리기 쉬운 그룹은,

유아각기
(infantile beriberi)

- 티아민이 결핍된 식사를 하는 수유부의 모유를 먹는 유아(유아각기),
- 백미를 주식으로 섭취하거나 지나치게 탄수화물 위주의 식사를 하는 사람, 만성적으로 알코올을 과량 섭취하는 사람 등이다.

신경계

- 건성각기의 증상은 말초신경계 마비로 인해 사지의 감각, 운동 및 반사기능에 장애가 나타나는 것을 특징으로 한다.
- 장딴지 근육에 심한 통증이 나타나며, 앉았다가 일어나는 동작을 수행하기가 매우 어렵다.
- 10일 동안 티아민을 전혀 섭취하지 않으면 초조, 두통, 피로, 우울증, 허약감 등의 결핍 증상이 나타난다. 이는 인체에 저장할 수 있는 티아민 양이 매우 적기 때문이므로 매일매일의 식사를 통해 티아민을 충분히 섭취하는 것이 좋다.

심혈관계

- 티아민 결핍 상태가 지속되면 심근이 약화되고 심부전증이 나타나며 혈관벽의 평활근이 약화되어 말초혈관이 이완된다.
- 습성각기 환자는 심부전증이 나타나므로 심전도가 비정상이며, 심장비대 및 심한 전신 부종이 나타난다.
- 각기병은 티아민 결핍에 의한 질병이지만 각기병 환자들은 대체로 다른 비타민 B 복합체도 동시에 결핍되는 경우가 많다. 그 이유는 티아민이 많이 들어있는 식품이 다른 종류의 B 비타민의 급원으로서도 중요하기 때문이다.
- 따라서 어떤 한 종류의 B 비타민이 결핍되면 다른 종류의 비타민 섭취도 부족하지 않은지 주의를 기울여야 한다.

소화계

위무력증
(gastric atony)

- 티아민이 결핍되면 식욕부진, 소화불량, 심한 변비, 위산분비 저하 및 위무력증 등의 증세가 나타난다.
- 이는 소화기관의 평활근과 분비선이 포도당으로부터 에너지를 충분히 얻지 못하기 때문에 나타나는 것이다.

베르니케-코르사코프 증후군
(Wernike-Korsakoff syndrome)

베르니케-코르사코프 증후군

- 빈곤층이나 노인들처럼 티아민 결핍이 나타나기 쉬운 대상이나, 알코올 과다 섭취 시에 주로 보고된다.
- 알코올 과다 섭취 시에는 티아민의 흡수율과 이용률이 크게 저하되며, 심한 알코올 중독자는 식사 상태도 매우 불량하기 때문에 티아민 결핍증이 흔히 나타날 수 있다.
- 안구의 불수의적인 움직임, 안근마비, 비틀거림, 정신 혼란 등이 베르니케-코르사코프

증후군의 특이적인 증상들이다.

- 알코올 중독자가 1~2주 동안 계속 술을 마실 경우 정신적 혼란과 기억상실, 팔과 다리의 협동적 조절 기능이 잘 수행되지 않는 등의 티아민 결핍 증상이 나타난다.

리보플라빈

리보플라빈(riboflavin)

리보플라빈은 수용성 영양물질 가운데 비교적 열에 대한 안정성이 높은 성장인자로 알려져 있으며 형광의 노란색을 띤다. 리보플라빈, 티아민, 나이아신은 동일 식품에 많기 때문에 리보플라빈만 단독으로 결핍되는 경우는 많지 않다.

플라빈(flavin)
리비톨(ribitol)

- 리보플라빈은 3개의 6환 고리가 연결되어 있는 형태인 플라빈에 리비톨이 결합되어 있는 구조를 갖고 있다(그림 7-4).

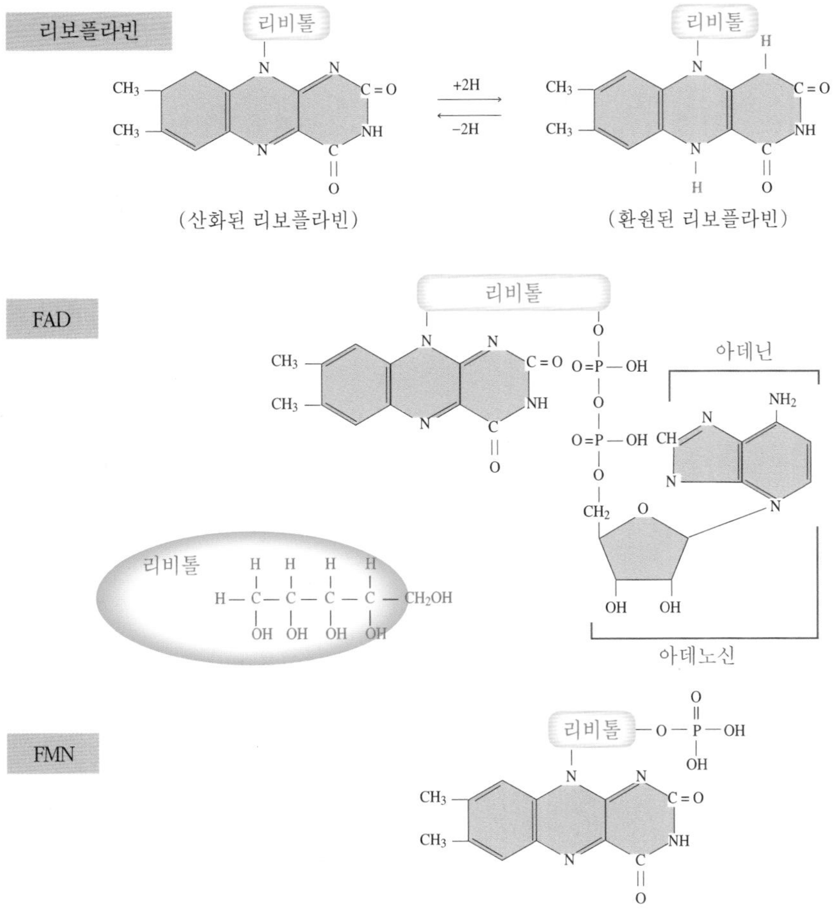

리보플라빈

(산화된 리보플라빈)

(환원된 리보플라빈)

FAD

FMN

그림 7-4. 리보플라빈과 조효소 형태인 FMN, FAD의 구조

플라빈 모노뉴클레오티드(flavin mononucleotide, FMN)

플라빈 아데닌 디뉴클레오티드(flavin adenine dinucleotide, FAD)

- 리보플라빈은 구조적으로 전자를 쉽게 내주거나 결합할 수 있는 특징을 가지고 있기 때문에 산화-환원 반응의 조효소로서 적합하다.
- 플라빈 모노뉴클레오티드와 플라빈 아데닌 디뉴클레오티드가 리보플라빈으로부터 만들어지는 조효소이다.
- 대부분 식품 중의 리보플라빈은 조효소 형태로 존재하며, 우유에는 유리 형태로 존재한다.

흡수와 대사

식품 중의 리보플라빈은,

플라보단백질(flavoprotein)

인산 분해효소(phosphatase)

- 플라보단백질 형태로 단백질에 결합되어 있기 때문에 위산과 단백질 소화효소가 필요하며, 조효소 형태로 들어 있기 때문에 인산 분해효소가 필요하다.
- 이들 효소에 의해서 완전히 유리된 리보플라빈은 소장 상부에서 능동적 운반기전에 의해 흡수된다.
- 흡수된 리보플라빈은 소장 세포에서 인산화로 FMN이 되며, 알부민과 결합되어 간으로 이동한다.
- 간, 신장, 심장 등의 조직에서 FAD로 전환된 후에 단백질과 결합하여 플라보단백질을 만든다.
- 리보플라빈은 저장량이 매우 적어 필요 이상의 리보플라빈을 섭취하면 소변을 통해 배설되는데, 리보플라빈 결핍 시에는 배설량이 1/3~1/5 가량 감소한다.
- 리보플라빈 보충제를 복용한지 2시간 후에 배설량이 최대에 이르며 이때 소변은 진한 노란색을 띤다.

$$\text{리보플라빈} + \text{ATP} \longrightarrow \text{FMN} + \text{ADP}$$

$$\text{FMN} + \text{ATP} \longrightarrow \text{FAD} + \text{PPi}$$

체내 기능

FMN과 FAD는 산화-환원 반응의 조효소로 이용된다.

- FAD는 TCA회로와 지방산의 β 산화과정에서 $FADH_2$로 환원된다.
- 예를 들어, **TCA**회로 중 숙신산이 푸마르산이 되는 과정에서 FAD는 수소이온 수여체로 작용하며, 그 결과로 만들어진 $FADH_2$는 전자전달계를 거치면서 수소 이온을 제공하여 ATP 생산에 참여한다.
- 티아민과 마찬가지로 피루브산 탈수소효소 복합체나 α-케토글루타르산 탈수소효소 복합체의 조효소로도 사용되므로 에너지 대사에 중요한 역할을 한다고 볼 수 있다.

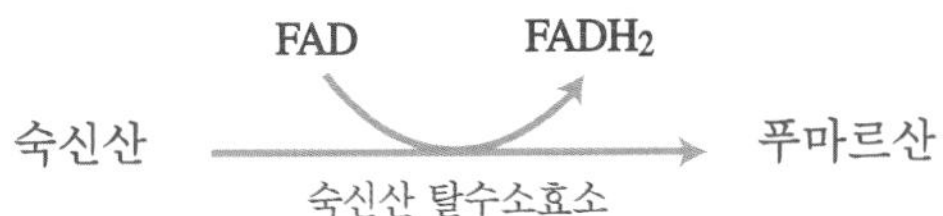

- 글루타티온 과산화효소의 활성 유지에도 관여하기 때문에 리보플라빈이 항산화제는 아니지만 항산화 작용에 기여한다.
- $FMNH_2$도 수소이온의 공여체로 작용할 수 있다.

글루타티온 과산화효소(glutathione peroxidase)

필요량

한국 성인의 리보플라빈 권장섭취량은 남, 여 각각 **1.5mg**/일, **1.2mg**/일이다.

- 운동선수들은 에너지 대사가 매우 활발하며 보통 사람들보다 지방산을 에너지원으로 많이 사용하기 때문에 성인 권장 수준의 1.5 배가량을 섭취하는 것이 좋다.
- 노인은 에너지 필요량은 감소하지만 리보플라빈 필요량은 성인과 차이가 없으며, 다량의 리보플라빈을 섭취하더라도 대부분이 배설되므로 부작용은 별로 없다.
- 알코올 중독자들은 불량한 식사로 인해 리보플라빈이 결핍되기 쉽고, 진정제인 페노바비탈을 장기 복용하는 경우 간에서 리보플라빈 분해 속도가 빨라지므로 필요량도 증가한다.
- 2015~2017년 국민건강영양조사 자료에 의하면 19~29세 성인 남성의 리보플라빈 평균 섭취량은 1.62mg/일이었으며, 평균필요량 미만 섭취 분율은 41.5%였다. 리보플라빈 보충제를 복용하는 사람들의 리보플라빈 평균 섭취량은 10.26mg이었고, 1세 이상 연령군에서 약 17.1%가 리보플라빈이 포함된 보충제를 이용하고 있었다.

페노바비탈(phenobarbital)

리보플라빈이 풍부한 식품

리보플라빈이 많이 들어있는 대표 식품으로는 우유, 요구르트, 치즈를 들 수 있다(표 7-3).

- 우유 2컵에는 약 1mg의 리보플라빈이 함유되어 있으며, 육류, 달걀 등에 비교적 많다.
- 우유와 유제품의 섭취량이 낮은 사람은 육류를 충분히 섭취해야만 리보플라빈을 필요한 만큼 섭취할 수 있다.
- 그 외에도 간, 버섯, 시금치 및 엽채류, 브로콜리, 아스파라거스, 저지방유, 탈지유 등도 상대적으로 리보플라빈의 영양밀도가 높은 식품이다.

리보플라빈은 자외선에 의해 파괴되기 쉬우므로 리보플라빈이 풍부한 식품인 우유와 유제품 등은 종이나 불투명 재질로 포장하는 것이 좋다. 우리나라 사람들은 우유와 유제품 섭취량이 충분하지 않기 때문에 리보플라빈의 경계 결핍상태가 되기 쉽다.

표 7-3. 각 식품군의 리보플라빈 함량

식품군	식품명	목측량	중량(g)	리보플라빈(mg)
곡류 및 전분류	시리얼, 현미 플레이크(강화된)	1컵	90	0.90
	통밀 플레이크	1컵	90	0.38
	쌀밥	1공기	210	0.02
	감자(삶은 것)	1개(소)	100	0.15
고기 · 생선 · 달걀 · 콩류	쇠간(볶은 것)		60	2.48
	닭간(익힌 것)		60	1.05
	고등어(익힌 것)	1토막	70	0.28
	돼지고기		60	0.19
	달걀(날것)	1개(대)	50	0.15
	닭고기		60	0.11
채소 및 과일류	시금치(날것)		70	0.25
	시금치(데친 것)		70	0.09
	오렌지	1개(중)	100	0.04
우유 및 유제품	우유	1컵	200	0.78
	탈지우유	1컵	200	0.68
	요구르트	1컵	200	0.68
유지, 견과 및 당류	리보플라빈의 주요 급원이 아님			

결핍증

리보플라빈 결핍증세 (ariboflavinosis)
- 설염(glossitis)
- 구각염(cheilosis)
- 지루성 피부염 (seborrheic dermatitis)
- 구내염(stomatitis)

리보플라빈은 장기간 동안 섭취량이 충분치 않을 때 결핍증이 나타날 수 있다.

- 리보플라빈의 결핍증상은 다른 수용성 비타민의 결핍과 동시에 나타나는 경우가 대부분이다.
- 결핍증으로 설염(그림 7-5), 구각염(그림 7-6), 지루성 피부염, 구내염, 인두염, 안질, 신경계 질환 및 정신착란 등이 있다.
- 2개월간 리보플라빈이 권장 수준의 25% 가량으로 포함된 결핍된 식사를 하면 뚜렷한 결핍 증상을 볼 수 있다.
- 설염은 혀에 염증이 생겨 통증이 심한 상태로, 나이아신, 비타민 B_6, 리보플라빈, 엽

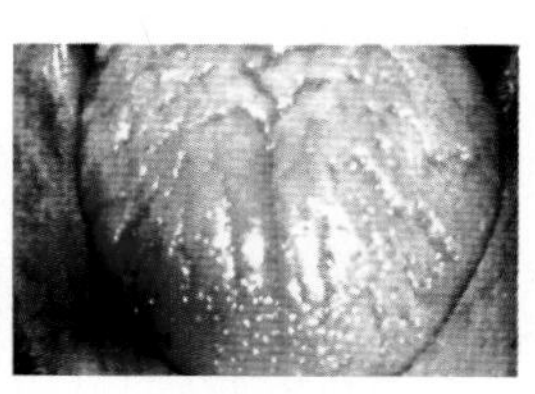

그림 7-5. 설염

그림 7-6. 구각염

산, 비타민 B_{12} 등 여러 영양소의 결핍에 의해서 나타날 수 있다. 설염은 보통 두 가지 이상의 B 비타민이 결핍되었을 때 나타나며 다른 질병으로 인한 영양 결핍으로 설염이 나타나기도 한다.

나이아신

과거에는 펠라그라를 풍토병으로 여겼으나 나이아신 결핍에 의한 질환임이 밝혀졌다. 펠라그라에 걸리면 피부염증과 설사 증상이 나타나는데 심해지면 신경장애를 보이고 결국 사망에 이른다. 그러나 트립토판이 나이아신의 전구체라는 사실이 알려지면서 펠라그라 치료가 쉬워졌다.

나이아신(niacin)

나이아신의 함량을 표시할 때 사용하는 단위는 나이아신 당량(NE)으로, 60mg의 트립토판은 1mg의 나이아신으로 전환될 수 있다. 이러한 전환과정에 리보플라빈과 비타민 B_6의 조효소가 사용된다.

나이아신 당량(niacin equivalent, NE)

나이아신은 니코틴산과 니코틴아미드의 두 가지 종류가 있으며, 각각 카르복실기 또는 아미드기를 갖고 있다(그림 7-7). 이 두 물질은 물과 알코올에 잘 용해되며 건조한 상태에서는 안정하지만 용액 상태에서는 120℃ 이상의 고온에 불안정하다.

나이아신의 조효소 형태는 니코틴아미드 디뉴클레오티드와 니코틴아미드 디뉴클레오티드 포스페이트로서, 체내 산화-환원 반응에 참여하는 주된 조효소이다.

니코틴산 (nicotinic acid, niacin)

니코틴아미드 (nicotinamide, niacinamide)

카르복실기 (carboxyl group, -COOH)

아미드기 (amide group, $-CO-NH_2$)

흡수와 대사

나이아신은 위에서 흡수되기도 하지만 대부분 소장 상부에서 흡수되며, 소량의 나이아신을 섭취하였을 때는 나트륨이온 펌프나 운반체의 도움을 받아 흡수되고 다량의 나이아신을 섭취하면 단순확산에 의해서도 흡수된다.

식이로부터 흡수된 니코틴산과 니코틴아미드는 핵산 등과 결합해 조효소 형태인 NAD^+로 전환되며, N′-메틸 니코틴아미드 등의 형태로 소변을 통해 배설된다.

니코틴아미드 디뉴클레오티드 (nicotinamide adenine dinucleotide, NAD)

니코틴아미드 디뉴클레오티드 포스페이트 (nicotinamide adenine dinucleotide phosphate, NADP)

N′-메틸 나이아신 아미드(N′-methyl niacinamide)

체내 기능

나이아신은 에너지 대사에 필수적인 NAD와 NADP를 공급한다.

NAD를 조효소로 사용하는 경우

- NADH는 탄수화물이 분해되는 해당과정이나 **TCA**회로 및 지방산 산화과정에서 전자나 수소의 공여체로 작용한다.

- 피루브산과 젖산이 필요에 따라 상호 전환되는 경우에도 NAD나 NADH를 조효소로 필요로 한다.
- 간의 세포질에 존재하는 알코올 탈수소효소도 NAD를 조효소로 사용하여 알코올을 아세트알데히드로 전환시킨다.
- NADH는 전자전달계에 전자나 수소의 공여체로 작용하여 **ATP** 생성을 유도한다.
- 세포 내 NADH가 증가하면 지방 합성을 증가시키고 지방산의 산화와 TCA회로의 진행을 감소시키는 신호로 작용한다.

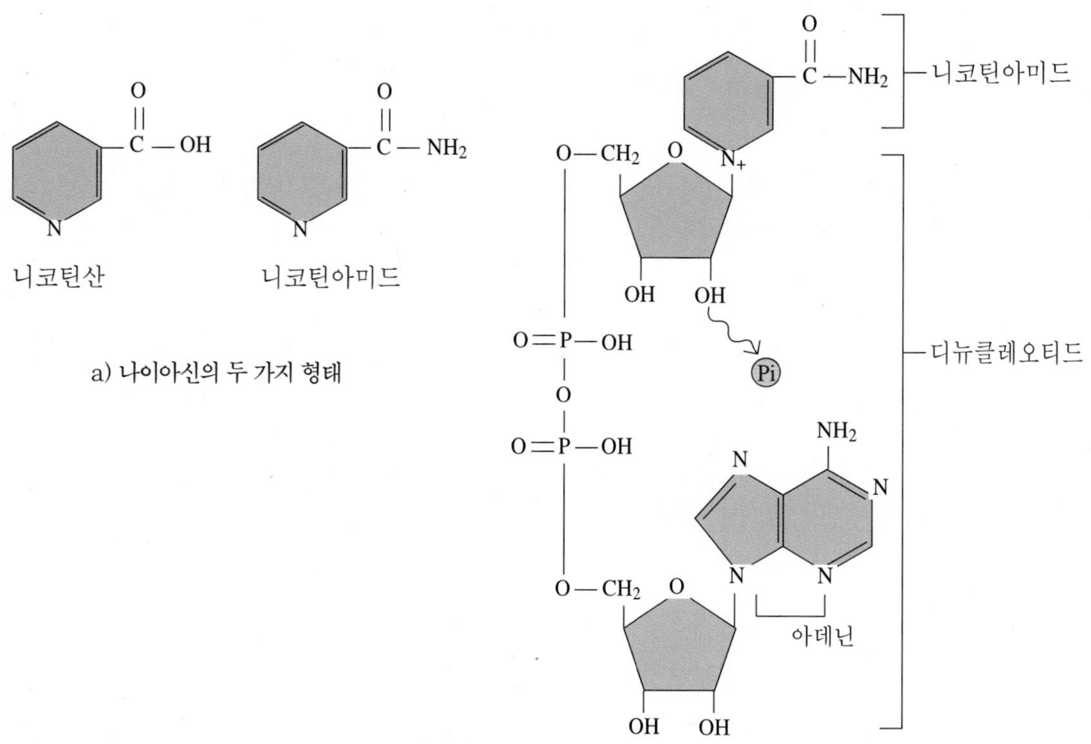

그림 7-7. 나이아신과 조효소 NAD, NADP의 구조

펠라그라(pellagra)

이탈리아 어원으로 'pelle'은 피부를 뜻하고 'agra'는 거칠음을 뜻한다. 펠라그라는 식이 중 나이아신이 결핍되었을 때나 트립토판이 풍부한 단백질의 섭취가 부족할 때 나타나는 질병으로서, 피부염(dermatitis) · 설사(diarrhea) · 정신질환(dementia) · 죽음(death)을 가져오는 4D 증상이 나타난다.

NADP를 조효소로 사용하는 경우

- NADP는 오탄당 인산 경로에 필수적인 조효소이며, 말산을 피루브산으로 전환시키는 말산 효소의 조효소이기도 하다.
- 지방산과 스테로이드 합성에는 반드시 NADPH가 요구되며 NADH로 대신할 수 없다.

나이아신은 심장병 환자들의 혈청 콜레스테롤을 낮추어주는 약리 활성도 가지고 있다.

- 니코틴산을 하루 1.5~3g(권장 수준의 95~200배가량) 섭취하면 LDL 콜레스테롤은 저하되고 HDL 콜레스테롤은 증가되어 혈청 콜레스테롤 수치를 개선시키는 효과가 있다. 기전은 확실치 않지만, 니코틴산이 지방조직 내의 cAMP를 감소시켜 지방산의 유리를 감소시키고 간조직에서 지단백질이 합성되는 것을 저하시키기 때문인 것으로 추정된다.
- VLDL 합성이 감소되면 VLDL로부터 유래되는 LDL의 숫자도 감소하므로 혈중 LDL 콜레스테롤 수준이 감소하는 것으로 보인다.
- 니코틴산은 혈관확장제로도 이용된다.
- 니코틴산 대신 니코틴아미드를 복용하는 경우에는 이와 같은 약리작용을 기대할 수 없으며, 니코틴아미드에 비해서 독성이 쉽게 나타나는 문제를 가지고 있다.

필요량

나이아신의 권장 수준은 나이, 성장, 임신, 수유, 질병, 체조직 크기, 운동량에 따라 다르다.

- 펠라그라를 예방하고 적절한 나이아신 영양상태를 유지하기 위하여 성인과 어린이의 권장섭취량은 **6.6mgNE/1,000kcal**로 제시되었다.
- 한국 성인의 권장섭취량은 남자 16mgNE, 여자 14mgNE이다.
- 노인기에도 성인과 동일한 수준으로 권장하였으며, 에너지 섭취가 감소한다고 하더라도 13mgNE 이상을 섭취하도록 하는 것이 좋다.
- 임신기에는 에너지 필요량이 증가되고 태아 성장과 모체 조직의 증가를 도모하기 위해 1일 4mgNE를 추가 권장한다.
- 수유기에는 모유를 통한 나이아신 분비량을 고려하여 1일 3mgNE를 추가 권장하고 있다.

나이아신이 풍부한 식품

에너지 함량에 비해 나이아신의 함량이 높은 식품, 즉 나이아신의 영양밀도가 높은 식품으로는,

- 버섯, 참치, 닭고기, 고등어, 아스파라거스, 땅콩 등이 있다(표 7-4).
- 우유와 달걀 등의 동물성 단백질 식품은 나이아신 함량이 낮으나 트립토판이 풍부하

표 7-4. 각 식품군의 나이아신 함유량

식품군	식품명	목측량	중량(g)	나이아신(mg)
곡류 및 전분류	수수경단		100	8.4
	찹쌀가루		90	4.5
	녹두가루		90	4.2
	메밀가루		90	4.1
	쌀밥, 현미	1공기	210	3.2
	통밀빵	3조각	90	3.0
	쌀밥, 백미	1공기	210	1.2
고기 · 생선 · 달걀 · 콩류	참치		70	9.3
	완두콩(생)		20	9.0
	닭고기(가슴)		60	7.6
	고등어(구운 것)	1토막	70	7.0
	쇠간		60	6.4
	연어	1토막	70	5.3
	쇠고기		70	3.2
	닭간		60	2.7
채소 및 과일류	표고버섯 · 참나무(말린 것)		70	7.4
	느타리버섯(삶은 것)	1접시	70	6.2
	송이버섯(생)	1접시	70	5.6
	아보카도	1개	70	2.3
우유 및 유제품	우유	1컵	200	0.2
유지, 견과 및 당류	땅콩(볶은 것)		13	2.5

여 간접적으로 나이아신을 제공할 수 있다.

- 육류와 곡류는 나이아신 함량이 비교적 높다.
- 곡류에 함유된 나이아신은 다른 물질과 결합된 나이아시노겐 상태로 존재하므로 이용률이 낮다.

나이아시노겐 (niacinogen)

- 옥수수의 나이아신 함량은 곡류와 비슷하고 다른 채소보다 높은 편이지만, 옥수수의 나이아신은 단백질과 결합되어 있기 때문에 생체이용률이 낮은 편이다.
- 옥수수를 수산화칼슘과 같은 알칼리성 용액에 담그면 단백질과 분리되기 때문에 이용률을 높일 수 있다.
- 최근에는 트립토판이나 나이아신의 함량을 증가시킨 새로운 옥수수 품종이 개발되기도 하였다.

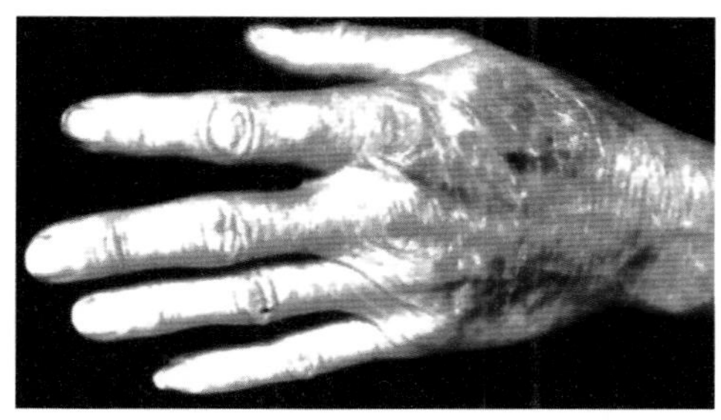

신체에 대칭적으로 피부염증이 일어나는 것이 특징이며, 일광노출로 상태가 더 악화될 수 있다.

그림 7-8. 펠라그라 환자의 피부염 증세

결핍증

나이아신 결핍에 의해 나타나는 임상적인 질환은 **펠라그라**이다.

- NAD와 NADP가 체내 대사에 널리 관여하므로, 결핍되면 신체 전반적으로 장애를 가져온다.
- 결핍증상으로는 **설사**, **피부염**, **식욕부진**, **우울**, **정신적 무력증** 등의 정신질환 증세를 나타내며 이러한 증상을 적절히 치료하지 않으면 **사망**하게 된다.
- 단백질과 나이아신 섭취가 부족한 동남아시아, 아프리카에서는 아직도 펠라그라가 발병되고 있다.
- 최근 연구에 의하면 **알코올 중독자**, **당뇨환자**, **만성 설사**, **흡수불량환자**들은 나이아신이 결핍되기 쉽다.

■ 나이아신이 결핍되기 쉬운 조건

- 알코올 중독
- 식이제한
- 피리독신 · 리보플라빈 · 티아민 결핍
- 종양
- 갑상선 기능 항진
- 스트레스
- 외상
- 만성열병
- 임신, 수유기
- 당뇨

펠라그라의 역학

펠라그라는 트립토판의 함량이 낮으면서 나이아신의 이용률도 낮은 옥수수를 주식으로 하는 아프리카, 유럽, 이집트에서 많이 발병하였다. 1941년대 나이아신이 풍부한 곡식과 단백질 공급이 풍부해지면서 미국에서 펠라그라는 빠른 속도로 사라졌으며 풍토병이라는 인식에서 벗어나게 되었다. 고단백 식사가 펠라그라를 치료한 것으로 보이는데, 이는 트립토판이 나이아신으로 전환되는 과정이 알려지면서 과학적인 설득력을 얻게 되었다. 볶은 커피에는 니코틴산이 많아 커피의 소비량이 많은 지역에서는 펠라그라 발생률이 낮다고 한다.

- 임신기에 나이아신을 충분히 섭취하지 못하면 이분 척추, 구강안면열의 발생 위험도 가 높은 것으로 보고되고 있다.

과잉증

나이아신을 과량 복용하면 피부홍조, 가려움증, 메스꺼움, 간기능 이상, 혈청 요산 증가, 혈당 증가 등의 부작용이 나타난다.

- 이들 부작용은 복용을 중지하면 회복되는 것으로 알려져 있으나, 약리효과를 위해 니코틴산을 고농도로 복용하는 경우라면 임상의사의 지시에 따라 복용 여부를 결정해야 한다.
- 과량의 니코틴산 섭취 시 나타나는 안면홍조 또는 위장관 증세를 독성종말점으로 하여 설정한 니코틴산의 상한섭취량은 35mg/일이다.
- 니코틴아미드는 니코틴산보다 인체에 유해 영향이 적으며, 식품 중에 포함되어 있는 니코틴아미드는 유해하지 않으나, 강화식품이나 보충제로 섭취할 E는 간 독성이 나타날 수 있으므로 이를 고려하여 1,000mg/일을 니코틴아미드의 상한섭취량으로 설정하였다.

비타민 B 복합체

티아민 · 리보플라빈 · 나이아신 등은 당질 · 아미노산 · 지방산 대사에 관여한다. 돼지고기는 티아민의 좋은 급원이고, 우유는 리보플라빈의 좋은 급원이고, 단백질 식품은 나이아신의 좋은 급원이다. 알코올 중독자는 이 세 가지 비타민이 결핍되기 쉬우며 특히 티아민이 결핍되기 쉽다. 나이아신은 과량을 섭취했을 때 부작용을 나타내므로 과다하게 섭취하지 않도록 주의해야 한다.

판토텐산

판토텐산 (pantothenic acid)

코엔자임 A (coenzyme A, CoA)

판토텐산은 코엔자임 **A**의 구성성분으로(그림 7-9), 에너지 대사에 필수적이다.

아실기 운반 단백질 (acyl carrier protein, ACP) 체내에서 아실기(acyl group)를 활성화시키는 운반체로서 지방산의 합성과 콜레스테롤 · 스테로이드 호르몬 합성, 피루브산과 α-케토글루타르산의 산화 작용에 관여한다.

흡수와 대사

판토텐산은 소장에서 쉽게 흡수된 후 인산화반응에 의해서 CoA를 형성한다. 혈액의 판토텐산은, 적혈구 내에서는 CoA 형태로 존재하며, 혈장에서는 CoA 형태로는 존재하지 않고 유리된 형태인 판토텐산으로 존재한다.

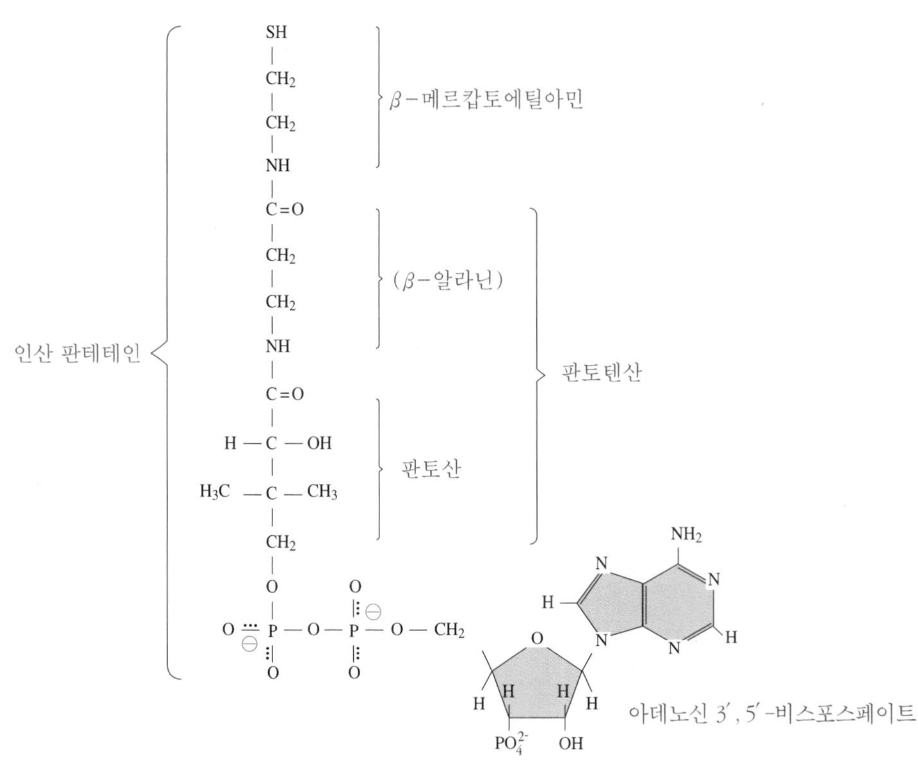

그림 7-9. 판토텐산의 체내 활성형인 CoA의 구조

인산 판테테인 (phosphopantetheine)

β-메르캅토에틸아민 (β-mercaptoethylamine)

β-알라닌(β-alanine)

판토산 (D-pantoic acid)

아데노신 3′, 5′-비스포스페이트 (adenosine 3′, 5′-bisphosphate)

체내 기능

판토텐산의 체내 조효소 형태는 **CoA**이며, CoA는 판토텐산에 ATP유도체와 시스테인이 결합되어 형성된다(그림 7-10). CoA는 영양소의 산화 및 지질 합성, 신경전달물질 합성 등 다양한 반응에 이용된다.

에너지 영양소의 산화

- 탄수화물, 지방, 단백질, 모두 아세틸 **CoA**를 합성할 수 있다.
- 미토콘드리아 내에서 아세틸 CoA는 옥살로아세트산과 결합하여 시트르산을 형성하는데 이 과정이 TCA회로의 첫 반응으로, 에너지 합성에 매우 중요하다.

옥살로아세트산 (oxaloacetate)

시트르산(citrate)

지방산의 합성

지방산의 합성 (lipogenesis)

- 아세틸 CoA는 지방산뿐만 아니라 콜레스테롤, 케톤체 등을 합성하기 위한 기본 물질이다.
- 아세틸 CoA는 이산화탄소와 결합하여 3탄소 분자인 말로닐 **CoA**를 형성하며, 아세틸 CoA에 말로닐 CoA를 계속적으로 반응시켜 지방산을 합성한다.

말로닐 CoA (malonyl CoA)

히드록시메틸글루타릴 CoA(β-hydroxy-β-methyl glutaryl CoA, HMG CoA)

- 세포 내에 아세틸 CoA 농도가 증가하면 아세틸 CoA 몇 분자가 결합하여 히드록시메틸글루타릴 CoA를 합성하는데, 이 **HMG CoA**는 세포 내 에너지 상태에 따라서 케톤체로 전환되거나 콜레스테롤 합성에 사용된다.

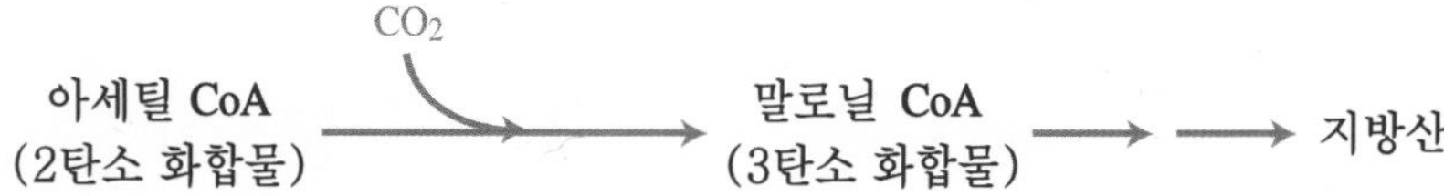

신경전달물질의 합성

아세틸 CoA와 콜린을 반응시켜 신경 말단에서 분비되는 **아세틸콜린**을 합성한다.

헴의 합성

헴(heme)

프로토포르피린(protoporphyrin)

- 헴의 구성성분인 프로토포르피린은 TCA회로의 중간물질인 **숙시닐 CoA**와 글리신, 글루탐산 등을 재료로 합성된다.
- 따라서 CoA이 부족할 경우에는 헴이 형성되지 못하여 빈혈이 나타날 수 있다.

필요량

판토텐산의 필요량은 판토텐산의 섭취량과 소변 배설량 사이의 평형을 이루는 수준을 찾는 방법으로 연구되나 식품의 판토텐산 함량을 표시한 식품성분표가 미비한 상태이고 과

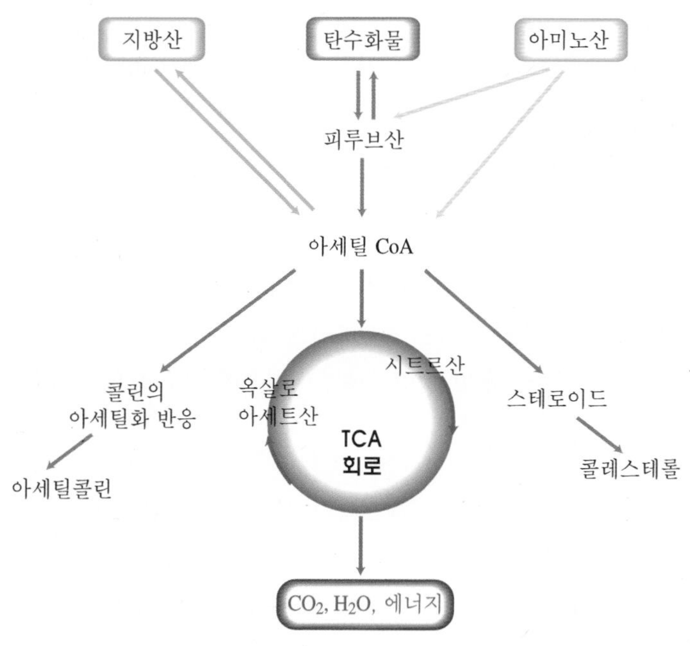

그림 7-10. 아세틸 CoA의 체내 대사 기능

표 7-5. 2020 한국인 영양소 섭취기준 – 판토텐산, 비오틴, 비타민 B_6, 엽산, 비타민 B_{12}

성별	연령	판토텐산(mg/일)	비오틴(μg/일)	비타민 B_6(mg/일)				엽산(μg DFE/일)[1]				비타민 B_{12}(μg/일)		
		충분섭취량	충분섭취량	평균필요량	권장섭취량	충분섭취량	상한섭취량	평균필요량	권장섭취량	충분섭취량	상한섭취량[2]	평균필요량	권장섭취량	충분섭취량
영아	0~5(개월)	1.7	5			0.1				65				0.3
	6~11	1.9	7			0.3				90				0.5
유아	1~2(세)	2	9	0.5	0.6		20	120	150		300	0.8	0.9	
	3~5	2	12	0.6	0.7		30	150	180		400	0.9	1.1	
남자	6~8(세)	3	15	0.7	0.9		45	180	220		500	1.1	1.3	
	9~11	4	20	0.9	1.1		60	250	300		600	1.5	1.7	
	12~14	5	25	1.3	1.5		80	300	360		800	1.9	2.3	
	15~18	5	30	1.3	1.5		95	330	400		900	2.0	2.4	
	19~29	5	30	1.3	1.5		100	320	400		1,000	2.0	2.4	
	30~49	5	30	1.3	1.5		100	320	400		1,000	2.0	2.4	
	50~64	5	30	1.3	1.5		100	320	400		1,000	2.0	2.4	
	65~74	5	30	1.3	1.5		100	320	400		1,000	2.0	2.4	
	75이상	5	30	1.3	1.5		100	320	400		1,000	2.0	2.4	
여자	6~8(세)	3	15	0.7	0.9		45	180	220		500	1.1	1.3	
	9~11	4	20	0.9	1.1		60	250	300		600	1.5	1.7	
	12~14	5	25	1.2	1.4		80	300	360		800	1.9	2.3	
	15~18	5	30	1.2	1.4		95	330	400		900	2.0	2.4	
	19~29	5	30	1.2	1.4		100	320	400		1,000	2.0	2.4	
	30~49	5	30	1.2	1.4		100	320	400		1,000	2.0	2.4	
	50~64	5	30	1.2	1.4		100	320	400		1,000	2.0	2.4	
	65~74	5	30	1.2	1.4		100	320	400		1,000	2.0	2.4	
	75이상	5	30	1.2	1.4		100	320	400		1,000	2.0	2.4	
임신부		+1	+0	+0.7	+0.8		100	+200	+220		1,000	+0.2	+0.2	
수유부		+2	+5	+0.7	+0.8		100	+130	+150		1,000	+0.3	+0.4	

1) Dietary Folate Equivalents, 가임기 여성은 400μg/일의 엽산보충제 섭취를 권장함.

2) 엽산의 상한섭취량은 보충제나 강화식품을 통해 인공합성 형태로 섭취하는 엽산섭취량에 국한하여 적용함.

자료 : 보건복지부, 2020 한국인 영양소 섭취기준, 2020

학적인 균형연구자료가 부족하기 때문에 한국인 영양소 섭취기준에서는 충분섭취량을 설정하였다(표 7-5). 성인 남녀 모두 1일 5mg 수준이며, 노인도 동일한 수준이다. 임신기에는 1mg, 수유기에는 2mg을 추가 섭취하도록 권장한다.

판토텐산이 풍부한 식품

판토텐산은 그 어원이 'everywhere'의 의미를 가지고 있을 정도로 거의 모든 식품 속에 들어있다(표 7-6).

- 판토텐산의 영양밀도가 특히 높은 식품으로는 버섯, 간, 땅콩, 달걀, 닭고기 등이 있으며, 우유, 채소, 과일에는 상대적으로 소량 함유되어 있다.
- 판토텐산은 일반 조리과정이나 저장 조건에서 안정적인 편이지만 통조림 제조 과정 중에는 열처리에 의해 파괴된다.

결핍증

판토텐산은 여러 식품 중에 존재하며, 장내 미생물에 의해서도 합성되기 때문에 임상적으로는 사람의 판토텐산 결핍 질환은 보고되지 않았다.

- 하지만 실험적으로 판토텐산이 결핍된 합성식이를 9주 이상 공급하거나 판토텐산의 길항물질을 투여하면 허약감, 무관심, 피로, 두통, 불면증, 구토, 손의 쑤심, 복통 등의

표 7-6. 각 식품군의 판토텐산 함유량

식품군	식품명	목측량	중량(g)	판토텐산(mg)
곡류 및 전분류	대두밀	1/2컵		1.00
	통밀빵	3조각	90	0.54
고기 · 생선 · 달걀 · 콩류	소간		60	3.55
	닭간		60	3.20
	달걀	1개	50	0.86
	난황	1개		0.75
	연어	1토막	70	0.74
	닭고기살		60	0.65
채소 및 과일류	아보카도	1개	100	1.68
	감자	1개(중)	100	1.12
	옥수수	1/2컵		0.72
	바나나	1개	200	0.30
우유 및 유제품	요구르트	1컵	180	0.88
	우유	1컵	200	0.76
유지, 견과 및 당류	땅콩		13	0.14

결핍증상이 관찰되며, 2차 세계대전 당시 판토텐산이 심하게 결핍된 포로들에게서 발이 화끈거리거나 발끝이 떨리고 쑤시는 통증(burning foot), 신경정신과적 이상 증상들도 보고된 바 있으며, 판토텐산 투여로 치료할 수 있었다고 한다.

- 판토텐산의 결핍증은 알코올 중독자, 당뇨환자, 궤양성 대장염 환자들에게서도 가끔 나타나는 경우가 있는데, 이 환자들은 판토텐산의 체내 이용률이 낮아지고 소변으로 배설되는 판토텐산의 양은 많았다.
- 판토텐산 결핍증은 엽산, 티아민, 리보플라빈 등과 같은 다른 B 비타민의 결핍증상에 포함되어 따로 감지 되지 못하는 경우가 많다.

비오틴

비오틴은 황을 포함하고 있는 수용성 비타민으로서(그림 7-11),

비오틴(biotin)

비오시틴(biocytin, biotinyllysine)

- 조효소 형태는 비오시틴이다.
- 하지만 실제로는 비오틴이 효소의 리신 잔기에 공유 결합된 상태로 조효소 역할을 하는 것이기 때문에 생체 내에 비오시틴이 따로 유리된 상태로 존재하는 것은 아니며, 소화과정에서 단백질 분해효소에 의해서 리신 잔기와 함께 비오틴이 분리되는 경우에는 비오시틴을 관찰할 수 있다.

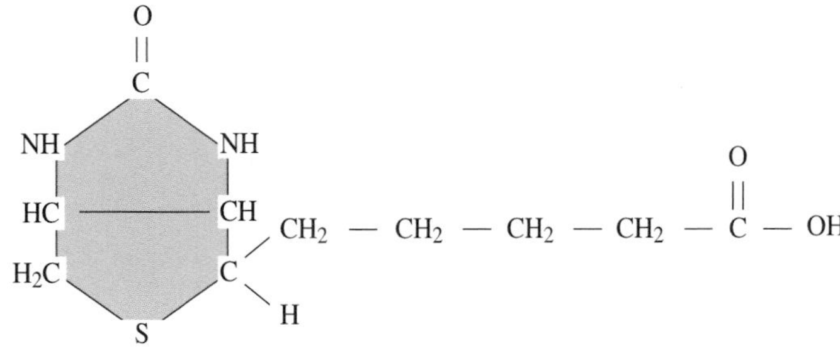

그림 7-11. 비오틴의 구조

흡수와 대사

비오틴은 주로 식품 중에 단백질과 결합되어 있기 때문에

- 비오틴 분해효소에 의해 비오틴을 단백질로부터 떨어뜨려야 흡수가 가능하다.

비오틴 분해효소(biotinidase)

- 비오시틴의 경우에도 보통은 비오틴 분해효소에 의해 리신과 비오틴으로 가수분해된 후에 유리된 비오틴이 흡수되지만, 비오시틴 상태로 흡수되는 경우도 있다.
- 흡수된 비오시틴도 혈액이나 다른 조직 중에 존재하는 비오틴 분해효소에 의해 가수

분해 된다.

- 비오틴의 흡수에 에너지가 요구되는지 아닌지는 잘 알려지지 않았으나 나트륨이온 의존성 운반체의 도움으로 흡수되며, 소량은 단순 확산에 의해서도 흡수될 수 있는 것으로 보인다.
- 흡수된 비오틴은 알부민이나 글로불린과 같은 혈장 단백질에 결합된 상태로 수송되며, 간, 뇌, 근육 등에 소량 저장될 수 있다.
- 비오틴이 세포 안으로 유입될 때는 ATP가 소모되는 능동 수송이 필요하다.

체내 기능

카르복시화 효소 (carboxylase)

비오틴은 카르복시화 효소와 같은 몇 가지 효소의 리신 잔기에 부착된 상태로, 카르복실기를 고정하는 역할을 함으로써 효소의 촉매 작용을 돕는다(표 7-7).

피루브산 카르복시화 효소 (pyruvate carboxylase)

아세틸 CoA 카르복시화 효소 (acetyl CoA carboxylase)

프로피오닐 CoA 카르복시화 효소(propionyl CoA carboxylase)

메틸크로토닐 CoA 카르복시화 효소 (β-methylcrotonyl CoA carboxylase)

표 7-7. 비오틴을 조효소로 사용하는 효소

효 소	반 응	생화학적 역할
피루브산 카르복시화 효소	피루브산 → 옥살로아세트산	포도당 신생합성
아세틸 CoA 카르복시화 효소	아세틸 CoA → 말로닐 CoA	지방산 합성
프로피오닐 CoA 카르복시화 효소	프로피오닐 CoA → 메틸말로닐 CoA	아미노산을 TCA회로 중간산물로 전환 (예: 발린 → 숙시닐 CoA)
메틸크로토닐 CoA 카르복시화 효소	메틸크로토닐 CoA → 메틸글루타코닐 CoA	류신의 이화과정

카르복실화 반응

카르복실화 반응 (carboxylation)

피루브산에 이산화탄소를 첨가하여 옥살로아세트산을 형성하는 카르복실화 반응에 참여하는 피루브산 카르복실화 효소는 비오틴을 필요로 한다. 이 반응은 주로 간에서 일어나며 포도당 신생합성의 첫반응이다.

CO_2

피루브산 —(비오틴 / 피루브산 카르복실화 효소)→ 옥살로아세트산 ⟶ ⟶ 포도당

지방산 합성과정에 필요한 효소인 아세틸 CoA 카르복실화 효소도 비오틴을 함유한 효소로 아세틸 CoA에 CO_2를 부착하는 역할을 한다.

카르복실기 전이반응

메틸 말로닐 CoA 카르복실기 전이효소는 메틸 말로닐 CoA의 카르복실기를 피루브산으로 옮겨주는 역할을 하며, 탄수화물이 프로피온산으로 발효되는 과정에 관여한다.

카르복실기 전이반응(transcarboxylation)
프로피온산(propionate)

필요량

비오틴의 평균필요량을 산출하기 위한 근거 자료가 불충분하므로 권장섭취량 대신 **충분섭취량**을 설정하였다. 성인 남녀의 비오틴 충분섭취량은 30μg/일이며, 노인과 임신부에게도 동일 수준이면 충분한 것으로 여겨진다. 다만, 수유기에는 하루 5μg을 추가로 섭취하는 것이 좋다.

비오틴이 풍부한 식품

비오틴의 영양밀도가 높은 급원식품으로는 난황, 간, 땅콩, 대두밀, 이스트, 치즈 등이 있으며, 채소류, 과일류, 육류는 좋은 급원이 아니다. 옥수수와 대두의 비오틴은 생체이용률이 100%로 높은데 비해 밀은 0%로 이용률이 매우 낮다.

결핍증

선천적으로 **비오틴 분해효소**가 분비되지 않거나 비오틴 섭취가 심각하게 적으면,

- 2~3개월 안에 피부 발진, 탈모증 등의 결핍 증상이 나타난다.
- 결핍이 심해져 증상이 악화되면 경련과 뇌손상을 가져오기도 하지만 보통은 비오틴을 보충했을 때 완전 회복이 가능하다.
- **생난백**에는 **아비딘**이라는 단백질이 들어있는데 난황에 풍부한 비오틴과 결합하여 비오틴의 흡수를 방해할 수 있다.
- 건강한 성인은 하루에 12~24개의 생달걀을 먹을 경우에나 비오틴 결핍을 가져오므로 큰 문제가 되지 않지만, 알코올 중독자는 하루에 3~4개의 생난백을 먹어도 결핍증상이 나타날 수 있다.

아비딘(avidin)

쉬어가기 비오틴이 결핍되기 쉬운 조건

- 무염산증(achlorhydria)
- 알코올 중독
- 과량의 난백 섭취
- 술폰아미드(sulfonamide) 투여
- 임신, 수유기
- 간질병

정맥영양 (total parenteral nutrition, TPN)

- 장절제 수술을 받은 환자가 장기간 정맥영양을 한 경우 머리카락이 빠지는 현상이 관찰되었으나, 하루에 200~400μg의 비오틴으로 증상이 호전되었다.
- 비오틴이 들어있지 않은 TPN을 한 달간 투여했을 때, 혈청 비오틴 농도와 백혈구의 프로피오닐 CoA 카르복시화 효소의 활성이 저하되었다는 보고도 있다.

비타민 B_6

조제유를 고온 살균하는 과정에서 비타민 $\mathbf{B_6}$가 파괴되어, 그 조제유를 먹은 영아들에게서 신경전달물질 합성이 감소되었으나 비타민 B_6를 보충해서 성공적으로 치료가 가능했다는 보고가 있었다. 이처럼 조제유를 제조할 때에는 영양소의 보존, 특히 비타민 B_6의 보유에 주의를 기울여야 한다. 피리독사민과 피리독살은 알칼리 환경에서 특히 열에 불안정하고, 비타민 B_6는 광선에 의해서도 빠른 속도로 분해되는 것으로 알려져 있다.

자연계에 존재하는 비타민 B_6 활성을 가진 물질은 피리독신, 피리독살, 피리독사민 등 세 가지이며, 이들의 인산결합체도 식품 중에 존재한다. 피리독살 **5'**-인산은 그중에서 가장 활성이 높으며 비타민 B_6의 조효소 형태로도 체내에서 가장 많이 사용된다.

동물성 식품에는 B_6가 주로 피리독살과 피리독살인산 형태로 단백질에 결합되어 있으며, 식물성 식품에는 피리독신과 피리독사민이 당과 결합된 형태로 존재한다.

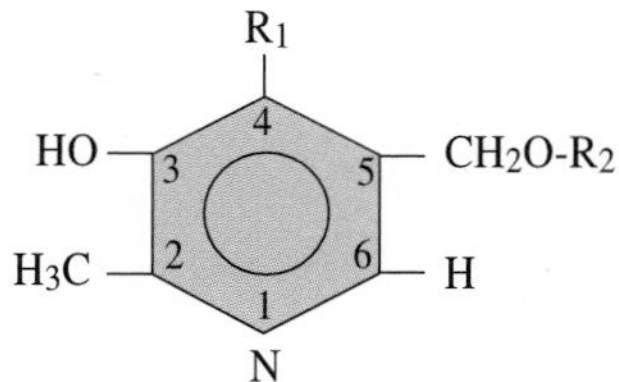

PN : R_1 = CH_2OH, PNP : R_2 = PO_3
PM : R_1 = CH_2NH_2, PMP : R_2 = PO_3
PL : R_1 = CHO, PLP : R_2 = PO_3

그림 7-12. 비타민 B_6의 여러 형태

■ 비타민 B_6 및 조효소의 종류

- 피리독신(pyridoxine ; PN)
- 피리독살(pyridoxal ; PL)
- 피리독사민(pyridoxamine ; PM)
- 인산결합체
  - 피리독신 5'-인산(pyridoxine 5'-phosphate ; PNP)
  - 피리독살 5'-인산(pyridoxal 5'-phosphate ; PLP)
  - 피리독사민 5'-인산(pyridoxamine 5'-phosphate ; PMP)

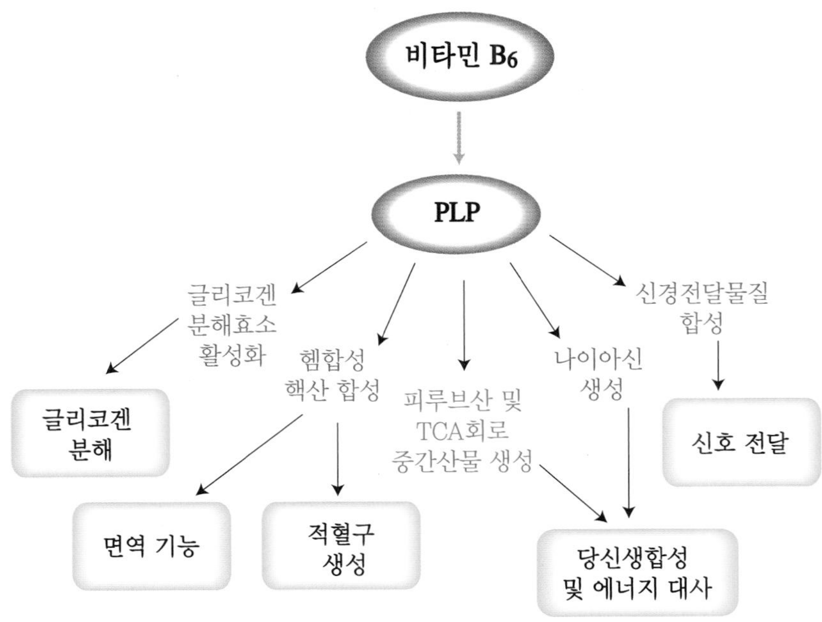

그림 7-13. PLP(피리독살 5′-인산)가 조효소로서 참여하는 생체내 반응

흡수와 대사

흡 수

- 주로 공장에서 단순확산으로 흡수되며,
- 피리독살, 피리독사민, 피리독신 순으로 빨리 흡수된다.
- 보통 소장의 장관 내에서 인산기가 제거된 후 흡수된다고 알려져 있으나 흡수되는 형태에 대해서는 논란이 많다.

이동 및 저장

- 흡수된 비타민 B_6는 간에서 피리독살인산으로 전환되며, 혈중에도 피리독살인산의 양이 가장 많다.
- 피리독살은 알부민에 결합된 상태로 혈중에 존재한다.
- 비타민 B_6의 가장 주된 저장소는 근육으로, 체내 존재하는 피리독살인산의 60% 가량은 글리코겐 분해효소에 결합되어 있다.
- 비타민 B_6는 적혈구로 들어가 피리독살인산으로 전환된 다음 헤모글로빈과 결합하기도 한다.

글리코겐 분해효소 (glycogen phosphorylase)

배 설

- 비타민 B_6는 간과 신장에서 4-피리독신산으로 전환되어 배설되고, 소량은 피리독신,

4-피리독신산 (4-pyridoxic acid, 4-PA)

피리독살, 피리독사민 형태로 배설되기도 한다.

체내 기능

생체 내에서 비타민 B_6는 주로 **피리독살인산** 형태의 조효소로 이용되며, 아미노산과 단백질 대사에 주로 관여한다. 대표적인 예는 다음과 같다.

아미노기 전이반응 (transamination)

- **아미노기 전이반응** : 글루탐산의 아미노기를 α-케토산인 피루브산이나 옥살로아세트산으로 이동시켜, 피루브산 혹은 아스파르트산과 같은 아미노산을 합성할 수 있다.

ALT(alanine transaminase)
GPT(glutamate-pyruvate transaminase)

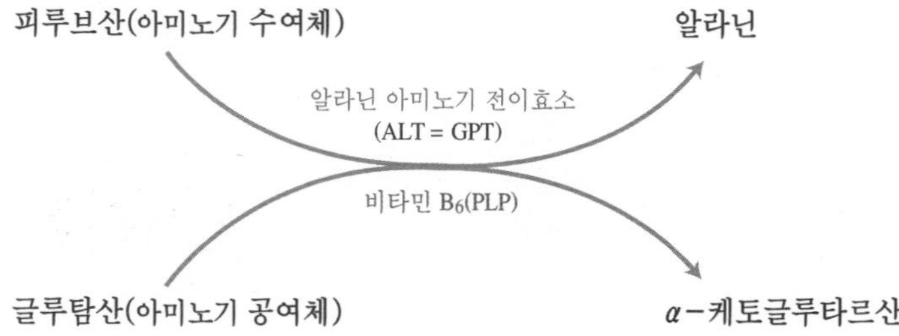

탈아미노반응 (deamination)
탈탄산반응 (decarboxylation)
γ-아미노부티르산 (γ-aminobutyrate, GABA)
노르에피네프린 (norepinephrine)
에피네프린 (epinephrine)
세로토닌(serotonin)

- **탈아미노반응** : 세린, 호모세린, 트레오닌으로부터 아미노기를 떼어내 TCA회로 중간물질 등으로 전환시킬 수 있다.
- **탈탄산반응** : 글루탐산, 티로신, 트립토판으로부터 γ-아미노부티르산, 노르에피네프린, 에피네프린, 세로토닌 등을 합성할 수 있다.

따라서 피리독살인산과 관계된 단백질 및 아미노산 대사는 다음과 같은 생화학적 역할을 할 수 있다.

- **혈구세포의 합성** : 피리독살인산은 헤모글로빈을 구성하는 **헴**을 합성하는데 필요하며, 핵산 합성에도 관여하므로 적혈구 형성은 물론, 백혈구 등 면역세포의 형성에도 필수적이다.
- **탄수화물 대사** : 아미노산으로부터 **TCA회로 중간물질**을 합성하는 반응과 글리코겐 분해효소의 활성화에도 관여한다. 따라서 에너지 생성 및 당신생합성에 중요한 영양물질이다.
- **신경전달물질의 합성** : 탈탄산효소의 조효소로 작용하여 **신경전달물질**의 합성에 관여하므로, 결핍되면 우울증, 두통, 혼란, 메스꺼움, 구토, 경기와 같은 뇌신경 장애가 발생한다. 이와 같은 사실에 근거해 **월경전 증후군** 치유 가능성이 고려되었으나 아직 정확히는 밝혀지지 않았다.

키뉴레닌 분해효소 (kynureninase)

- **나이아신 합성** : **트립토판**이 나이아신으로 전환되는 과정을 촉매하는 키뉴레닌 분해효소를 돕는 역할을 한다. 이 반응은 비타민 B_6의 영양상태를 평가하는데도 이용된다.

- 호모시스테인 대사 : 동맥경화 유발물질인 호모시스테인이 메티오닌으로 전환되는 과정을 돕는다. 따라서 노인의 경우에는 비타민 B_6, 엽산, 비타민 B_{12} 등이 부족한 식이를 섭취할 경우 고호모시스테인혈증으로 인해 심장병에 걸릴 확률이 높아진다.
- 최근에는 피리독살인산이 스테로이드 호르몬 수용체에 결합하여 호르몬의 작용에 영향을 미칠 수 있다고도 보고되었다.

고호모시스테인혈증 (hyper-homocysteinemia)

월경전 증후군(premenstrual syndrome, PMS)

월경 시작 2~3일 전에 나타나는 증세로 우울, 걱정, 부종, 두통, 감정변화를 동반한다.

월경전 증후군을 예방하기 위한 건강관리

- 무기질 섭취(칼슘, 마그네슘 적정량 섭취)
- 술, 담배, 카페인 섭취 제한
- 염분의 섭취 제한(부종감소)
- 육체적 운동 증가
- 적당한 수면

필요량

비타민 B_6는 식품에 함유된 형태에 따라서 생체이용률이 다르기 때문에 적정 섭취수준을 결정하기 위해서는 주로 이용하는 식품 급원이 무엇인지를 고려해야 한다.

- 혈장 피리독살인산 수준을 30nmol/L 정도로 유지하기 위해 필요한 섭취량과
- 우리나라 사람들이 주로 체내이용률이 60~70%로 낮은 식물성 식품으로부터 비타민 B_6를 섭취하고 있다는 점을 고려하여,
- 성인 남여의 권장섭취량을 각각 **1.5mg/**일, **1.4mg/**일로 권장하였으며,
- 노인기에도 동일한 수준을 섭취하도록 권하였다.
- 임신기에는 단백질 필요량이 증가하므로 비타민 B_6의 필요량도 함께 증가한다. 비타민 B_6는 거의 대부분의 단백질과 아미노산 대사에 사용되기 때문이다.

표 7-8. 비타민 B_6의 영양상태와 필요량에 영향을 주는 식이요인

종 류	상 태
단백질	섭취량이 증가하면 단백질 및 아미노산 대사량이 증가하므로 비타민 B_6 필요량도 증가
탄수화물	섭취량이 증가하면 혈장 피리독살인산 PLP 농도가 감소하므로 필요량 증가
생체이용률	생체이용률이 낮은 식품을 섭취하면 비타민 B_6 필요량이 증가
에너지 섭취량	에너지 섭취량이 감소하면 대사물질 배설이 증가하므로 필요량 증가

- 임신기 아미노산의 교체율과 태아의 비타민 B_6 요구량 등을 고려하여 하루 0.8mg을 추가 권장한다.
- 모유의 비타민 B_6 분비량은 수유부의 섭취량에 비례하며, 수유기에도 단백질의 필요량이 증가하므로 하루 0.8mg의 비타민 B_6 추가 섭취를 권장한다.

비타민 B_6가 풍부한 식품

사람뿐만 아니라 동물들도 비타민 B_6를 주로 근육에 저장하기 때문에,

- 육류, 생선, 가금류 등 다른 동물의 근육이 가장 좋은 공급원이다(표 7-9).
- 현미, 대두, 귀리, 밀의 배아, 밀겨, 전곡 등의 곡류도 비교적 비타민 B_6의 영양밀도가 높으며, 바나나, 해바라기씨, 브로콜리, 시금치, 감자에도 많이 들어있다.
- 비타민 B_6는 도정과정에서 손실되기 쉽고, 열, 빛, 알칼리 등에 불안정하므로 정제, 가공된 식품을 주로 섭취하는 경우에는 비타민 B_6가 결핍되기 쉽다.
- 최근 연구에 의하면, 밀 배아, 쌀겨, 보리 등에 들어있는 피리독신은 당과 결합된 글리코시드 형태이며, 흡수가 잘 되지 않아 생체이용률이 낮다(그림 7-14).

표 7-9. 각 식품군의 비타민 B_6 함유량

식품군	식품명	목측량	중량(g)	피리독신(mg)
곡류 및 전분류	시리얼, 현미		90	1.17
	군밤		70	0.53
	통밀		90	0.40
고기 · 생선 · 달걀 · 콩류	연어(훈제품)	1토막	70	0.41
	닭가슴살	1접시	60	0.38
	닭간	1접시	60	0.35
	쇠간	1접시	60	0.16
	강남콩(말린 것)		20	0.08
채소 및 과일류	바나나		200	0.62
	당근 주스	1컵	200	0.44
	군고구마		100	0.33
	아기양배추	1컵	70	0.16
	건포도		70	0.16
우유 및 유제품류	탈지분유		100	0.36
	우유	1컵	200	0.08
유지, 견과 및 당류	땅콩(말린 것)		13	0.04

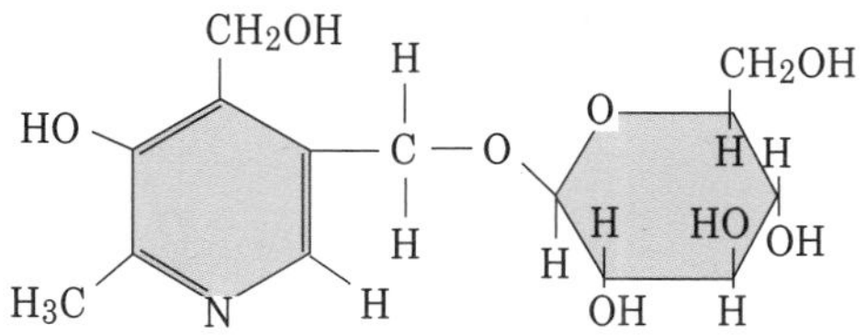

그림 7-14. 5′-O-(β-D-글루코피라노실) 피리독신 구조

결핍증

비타민 B_6 결핍증은 다른 B 비타민 결핍과 동시에 나타나는 경우가 많으며,

- 피부염, 구각염, 구내염, 간질성 혼수, 말초신경 장애, 메스꺼움, 현기증, 우울증, 신장 결석, 빈혈 등이 나타날 수 있다.
- 결핍이 심해지면 전신 경련을 포함한 신경장애가 나타날 수 있다.
- 보통은 비타민 B_6 보충으로 증상이 쉽게 완화된다.
- 알코올은 비타민 B_6의 흡수를 저해하고 조효소로 전환되는 것을 방해하기 때문에 알코올 중독자에게서 결핍증이 쉽게 나타난다.
- 간질환이 있을 때도 조효소로 전환이 잘 되지 않아 결핍되기 쉽다.

쉬어가기 **비타민 B_6가 결핍되기 쉬운 임상 조건**

- 알코올 중독
- 갑상선 기능 항진
- 요독증
- 스트레스
- 피임약 장기복용
- 임신
- 고단백 식이
- 간질환
- 고령화
- 유방암

과잉증

비타민 B_6의 과잉증이 흔한 것은 아니지만,

- 월경전 증후군, 임신기 입덧 등을 치료할 목적으로 200mg/일 이상을 수개월 혹은 수년 동안 섭취한 경우 신경장애를 유발하여, 손발 쑤심, 걸음이 비틀거림, 입주위의 감각상실, 운동실조 등의 증세가 나타날 수 있다.
- 보통 이런 신경장애는 보충제 사용 중단으로 회복되지만 회복되지 않았다는 보고도 있다.
- 비타민 B_6의 과다 섭취에 따른 독성을 우려하여 성인의 비타민 B_6 상한섭취량은 100mg/일로 설정하였다.

엽 산

엽산(folate, folic acid, pteroylglutamic acid, PteGlu)

거대적아구성 빈혈(megaloblastic anemia)

엽산은 임신부의 거대적아구성 빈혈을 치료하는 과정에서 발견된 수용성 물질로, **DNA** 합성과 세포 분열에 관여한다.

- 엽산의 작용에는 생화학적으로 비타민 B_{12}를 필요로 하기 때문에 이 두 가지 비타민은 체내 기능, 결핍증 등이 매우 유사하다.
- 엽산은 프테리딘, **para**-아미노벤조산, 하나 이상의 글루탐산이 결합된 화합물군이며, 테트라하이드로엽산이 조효소 형태이다.
- 엽산에 결합된 글루탐산의 개수가 둘 이상일 때를 폴릴폴리글루탐산이라 부르는데, 식품 중에 존재하는 엽산은 보통 3~11개의 글루탐산과 결합하고 있다.
- 글루탐산은 수소이온을 잃고 자주 음전하를 띠는데, 엽산이 글루탐산을 많이 가지고 있을수록 크기도 커지고 음전하량이 커져서 세포막을 통과하기가 어렵다. 이는 세포 안으로 들어온 엽산이 빠져나가지 못하도록 방지하는 효과가 있다.

테트라하이드로엽산(tetrahydrofolic acid, THF)

폴릴폴리글루탐산(folylpolyglutamate)

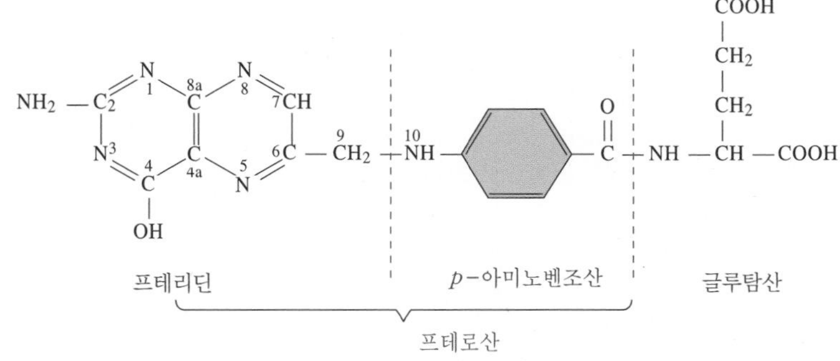

a) 엽산(프테로일모노글루탐산)

프테리딘(pteridine)

p-아미노벤조산(p-aminobenzoic acid, PABA)

프테로산(pteroic acid)

프테로일모노글루탐산(pteroylmonoglutamic acid)

b) 테트라하이드로 엽산(THF)

그림 7-15. 엽산과 THF의 구조

테트라하이드로 엽산(tetrahydrofolic acid, THF)
THF는 메틸기($-CH_3$), 포르밀기($-CH=O$), 메틸렌기($-CH_2-$), 메테닐기($-CH=$) 등의 단일탄소기를 옮겨주는 반응의 조효소로 작용한다.

흡수와 대사

소장 점막세포에는 일명 엽산 접합효소라고 부르는,

- γ-글루타밀 카르복시펩티다아제가 있어 폴릴폴리글루탐산의 글루탐산을 하나만 남기고 모두 가수분해해서 엽산의 흡수를 도와준다.
- 아연 결핍이나 만성적인 알코올 과다섭취는 엽산 접합효소의 활성을 저하시키기 때문에 엽산의 소화, 흡수를 저해한다.

엽산 접합효소(folate conjugase)

γ-글루타밀 카르복시펩티다아제(γ-glutamylcarboxy-peptidase)

식품에 함유된 엽산의 평균 흡수율은 약 50%지만,

- 강화식품에 들어있는 엽산의 흡수율은 약 85%이다.
- 보충제로 공복 시에 섭취하면 흡수율이 100%이며,
- 다른 식품과 함께 보충제를 먹으면 85% 정도 흡수된다.
- 합성한 엽산은 글루탐산이 하나만 결합되어 있는 폴릴모노글루탐산이기 때문에 글루탐산을 여러 개 결합하고 있는 천연 엽산보다 흡수율이 높아지는 것이다.
- 엽산은 화학적인 형태와 공복 여부에 따라 생체이용률에 큰 차이가 있으므로 다음과 같이 식이엽산당량을 만들어 섭취기준 설정 시 고려하고 있다.

식이엽산당량(dietary folate equivalent, DFE)

■ 식품 중 엽산 1μgDFE

강화식품 또는 식품과 함께 섭취한 보충제 중의 엽산 1μg = 1.7μgDFE
공복에 섭취한 보충제 중의 엽산 1μg = 2.0μgDFE

흡수된 엽산은 소장세포에서 **5-메틸-THF** 형태로 전환되는데,

- NADPH를 소모하여 엽산을 THF로 환원시키는 것이며,
- 메틸기, 포르밀기, 메틸렌기 등 THF에 결합하는 단일 탄소기는 포름산, 글리신, 세린, 히스티딘, 콜린 등이 제공한다.
- 엽산은 간으로 이동해서 5-메틸-THF로 활성화되기도 한다.

엽산은 담즙과 소변을 통해서 체외로 배설되며, 체내 엽산 저장량의 절반가량이 폴리글루탐산 형태로 간에 저장된다.

체내 기능

엽산은 단일 탄소기를 이동시키는데 필요한 조효소를 제공한다.

- THF는 DNA 복제와 세포분열에 필요한 티미딜산를 만드는데 필요한 탄소 분자를 이동시킨다.

티미딜산(thymidylate, dTMP)

NADPH+H^+ $NADP^+$

5,10-메틸렌-THF 디히드로엽산(DHF) → 테트라히드로 엽산(THF)

디옥시 유리딜산(dUMP) → 티미딜산(dTMP) → → DNA

티미딜산합성효소

디옥시 유리딜산 (deoxyuridylate, dUMP)
티미딜산합성효소 (thymidylate synthase)

- 엽산은 비타민 B_{12}와 대사적으로 밀접한 관계를 가지고 있는데, 호모시스테인으로부터 메티오닌을 재생하는 반응에 두 가지 비타민 모두 사용된다.
- 재생된 메티오닌은 몇 가지 중간물질을 거쳐 다시 호모시스테인으로 전환되면서 중요한 생체 분자에 탄소기를 전달하는데, 대표적인 예로 노르에피네프린을 에피네프린으로 전환하거나 세린으로부터 콜린을 합성하는 과정 등이 있다.

포름이미노-글루탐산 (formimino-glutamate, FIGLU)

- 그 외에도 히스티딘 대사의 중간 대사물질인 포름이미노-글루탐산의 대사 과정, 퓨린 고리의 생합성 과정, 글리신으로부터 세린을 합성하는 반응 등에 **THF**가 조효소로 참여한다.

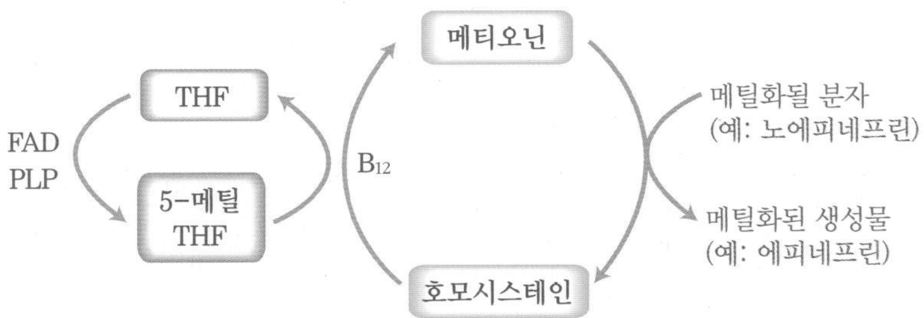

필요량

성인의 필요량은 적혈구 엽산 농도, 혈장 호모시스테인, 혈청 엽산 농도를 정상적으로 유지하기 위해 필요한 엽산 섭취량에 근거를 두고 설정되었다.

- 성인의 1일 엽산 평균필요량은 320㎍DFE/일이며,
- 이 값에 20%를 더한 **400㎍DFE**/일이 성인과 노인의 권장섭취량이다.
- 임신기에는 태아 성장과 모체 조직의 증가를 위해 엽산 요구량이 증가하므로 220㎍DFE을 추가 권장하였으며,
- 수유기에는 모유로 분비되는 양을 고려하여 150㎍DFE을 더 섭취하도록 권하였다.

엽산이 풍부한 식품

엽산이란 용어가 라틴어 folium(식물의 잎)에서 유래되었듯이,

- 시금치와 같이 짙푸른 잎채소에 특히 풍부하며, 브로콜리, 아스파라거스 등의 채소류,

간, 오렌지주스, 밀의 배아, 두류 등에 많다(표 7-10).

- 한 컵의 오렌지주스에는 100μg의 엽산이 들어 있으므로 오렌지주스를 마실 때는 비타민 C뿐만 아니라 상당량의 엽산도 취하게 된다.
- 비타민 C는 엽산이 산화되는 것도 방지해준다.
- 실제로 엽산은 산화가 쉬워 조리, 가공 중 50~90%까지도 파괴될 수 있다.
- 열에 의해서도 쉽게 파괴되며 조리수를 통한 손실량도 많으므로,
- 신선한 생과일이나 열처리를 많이 하지 않은 채소가 엽산 공급원으로 좋다.
- 채소를 끓이는 것보다는 찌거나 살짝 볶기, 전자레인지를 이용한 요리법 등이 엽산 보유율을 높일 수 있는 조리법이다.

결핍증

엽산이 결핍되었을 때 가장 먼저 혈청 엽산농도가 감소되고, 이어서 적혈구 엽산농도가 감소되며, 혈장 호모시스테인 농도는 증가된다.

- 대표적인 엽산 결핍 질환은 거대적아구성 빈혈과 이분 척추 등의 신경관 손상이다.
- 엽산 결핍에 의한 혈장 호모시스테인 농도 증가는 동맥손상으로 인한 심혈관 질환의 위험요인이 되므로 엽산 영양상태를 양호하게 유지하는 것이 중요하다.

거대적아구성 빈혈 (megaloblastic anemia)

이분 척추 (spina bifida)

표 7-10. 각 식품군의 엽산 함유량

식품군	식품명	목측량	중량(g)	엽산(μg)
곡류 및 전분류	밀배아		90	100
	통밀 식빵	3조각	90	42
고기 · 생선 · 달걀 · 콩류	닭간(익힌 것)	1접시	60	460
	쇠간(볶은 것)	1접시	60	130
	강남콩(익힌 것)	1컵		229
	완두콩(익힌 것)	1컵		51
	달걀(날것)	1개(대)	50	32
채소 및 과일류	시금치(데친 것)	1/3컵		87
	상추		70	62
	배추		70	32
	오렌지	1개	100	30
	바나나	1개	200	22
우유 및 유제품	요구르트	1컵	200	17
	우유	1컵	200	12
유지, 견과 및 당류	엽산의 주요 급원이 아님			

엽산 접합효소
(folate conjugase)

- 그 밖에도 설염, 설사, 성장장애, 정신적 혼란, 신경이상 등의 임상적 증세가 나타난다.
- 알코올은 엽산 접합효소의 작용을 저해함으로써 엽산의 흡수를 방해할 뿐 아니라, 소변을 통한 엽산배설량도 증가시키고 엽산의 장간순환도 방해한다. 따라서 알코올 중독자는 다른 B 비타민과 마찬가지로 엽산 결핍 위험군이라고 할 수 있다.

거대적아구성 빈혈

- 적혈구는 세포분열 속도가 빨라 결핍증이 일찍 나타나는데, 이것이 바로 거대적아구성 빈혈이다.
- 빈혈의 증상은 허약감, 피로, 불안정, 가슴 두근거림 등이다.
- 성숙한 적혈구로 분열되지 못해서 크기가 비정상적으로 크고, 파괴되기 쉬우며 산소 운반 능력이 떨어진다.
- 백혈구 형성과정 역시 영향을 미치며 실제로 전신의 세포분열에 지장을 초래하지만, 상대적으로 분열속도가 느리므로 적혈구 이상이 가장 쉽게 진단된다.

신경관 손상

- 임신기에는 세포분열 속도가 크게 증가하므로 DNA 합성을 위한 엽산의 요구량이 크게 증가되는 시기이고, 임신초기에 엽산이 부족하면 신경관 손상으로 인한 기형아를 출산할 확률이 높아진다.

간세포
(stem cell)

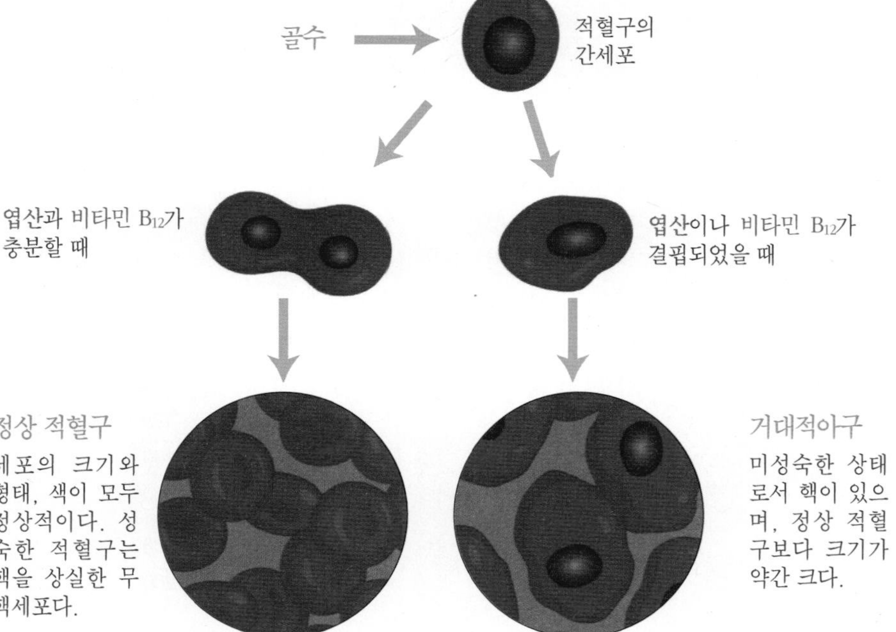

그림 7-16. 거대적아구성 빈혈

- 신경관 손상은 무뇌증, 이분 척추 등으로 나타나며, 출생 후 곧 사망하거나, 전신 마비, 배변실금, 뇌수종, 지능장애 등의 증상을 보인다.
- 이러한 손상은 영구적인 것으로 출생 이후 관리로 회복될 수 없다.
- 임신기의 엽산 부족은 조산, 사산, 저체중아, 기형아 등의 출산율을 증가시키는 등 임신에 나쁜 영향을 미친다.
- 세계보건기구에서는 신경관손상 예방을 위해 엽산이 풍부한 식사와 함께 400㎍의 엽산 보충제를 임신 전(4~12주 전)부터 임신 전기(8~12주)까지 복용하도록 권장하고 있으며, 우리나라에서도 2010년부터 가임기 여성은 400㎍/일의 엽산 보충제를 복용하도록 권장하고 있다.
- 엽산 결핍에 의한 치명적인 손상은 임신 초기에 영향을 미친다. 따라서 임신 사실을 인지한 후에 조치하는 것은 큰 의미가 없으므로 임신 전과 임신 초기에 엽산 보충을 권장한다.

무뇌증(anencephaly)

뇌수종(hydrocephalus)

과잉증

엽산은 많이 섭취하더라도 소변으로 배설되며 독성을 미치는 일이 드물지만,

- 비타민 B_{12}가 부족한 사람이 엽산을 강화식품이나 보충제 등을 통해서 과량 섭취하게 되면, **비타민 B_{12}의 결핍 상태를 진단하기가 어렵게 만드는 '간접독성'** 이 문제가 된다.
- 엽산의 대표적인 거대적아구성 빈혈은 비타민 B_{12}의 결핍에 의해서도 나타날 수 있다. 따라서 거대적아구성 빈혈로 진단되면 엽산과 비타민 B_{12}의 영양상태를 모두 고려해 봄으로써 비타민 B_{12} 결핍을 빨리 알아낼 수 있는데, 엽산을 과량 섭취하면 거대적아구성 빈혈 증세가 나타나지 않는다.
- 비타민 B_{12}의 결핍을 방치할 경우에는 신경계 손상이 진행되어 회복할 수 없는 상태에 이르게 된다.
- 따라서 엽산의 과량 보충을 삼가기 위해 한국인의 엽산 상한섭취량을 1일 1mg 수준으로 설정하고 있다.

비타민 B_{12}

비타민 B_{12}는 동물성 식품에만 존재한다는 특징을 가지고 있다. 이는 동물의 체내에 존재하는 박테리아가 주로 만들어 내기 때문이다. 따라서 채식주의자들이 특별히 주의를 기울여야 하는 영양소 중에 하나라 할 수 있다.

- 비타민 B_{12}는 코린 고리를 가지고 있으며 그 중앙에 코발트를 결합하고 있는 구조로(그림 7-17), 코발아민이라고도 부르며,

코린 고리(corrin ring)

코발아민(cobalamin)

메틸코발아민 (methylcobalamin)
5-디옥시아데노실 코발아민 (5-deoxyadenosyl cobalamin)

- 조효소 형태는 메틸코발아민과 **5**-디옥시아데노실 코발아민이다.

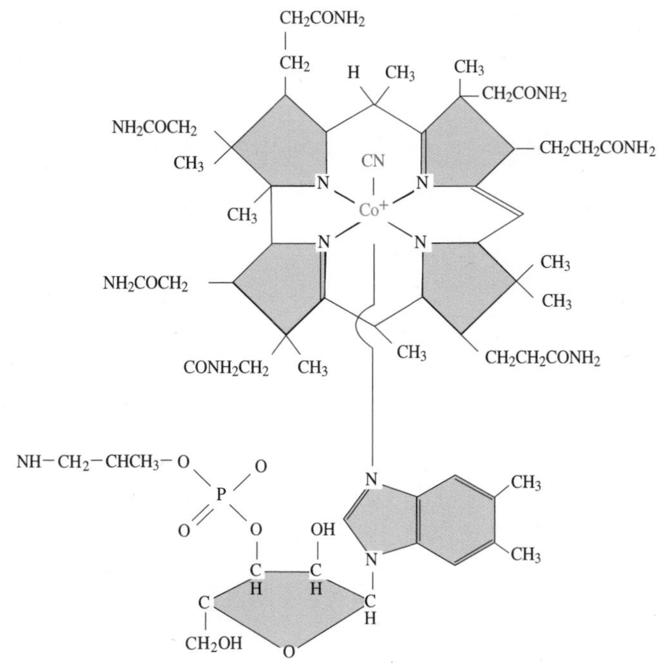

시아노코발아민 (cyanocobalamin)

그림 7-17. 비타민 B_{12}(시아노코발아민) 구조

흡수와 대사

식품 내의 비타민 B_{12}는 다른 물질과 결합한 형태이며,

- 소화과정에서 위산과 펩신에 의해 유리된다(그림 7-18).
- 유리된 비타민 B_{12}는 위에서 **R**-단백질과 결합한다. R-단백질은 침샘에서 분비되는 단백질로서, 소장 내의 박테리아가 비타민 B_{12}를 이용하지 못하도록 방지해 주는 역할을 하는 것으로 보인다.

R-단백질(R-protein) 타액선에서 분비되는 단백질로서, 비타민 B_{12}가 위를 통과할 때 보호해줌으로써 비타민 B_{12}의 장내 흡수를 증진시키는 기능이 있는 단백질이다.

- R-단백질/비타민 B_{12} 복합체는 소장에서 췌장으로부터 분비되는 트립신에 의해 분리된다.
- 유리상태의 비타민 B_{12}는 위벽세포에서 분비되는 당 단백질인 내적인자(IF)와 다시 결합한다.

내적 인자 (intrinsic factor, IF) 위의 벽세포에서 분비되는 물질로서 비타민 B_{12}의 흡수를 증진시키는 물질이다.

- 내적인자/비타민 B_{12} 복합체는 소장의 마지막 부위인 회장까지 도달한 후, B_{12}만이 흡수되어 혈액으로 들어간다.
- 이때 흡수과정에 칼슘과 담즙의 도움이 필요하다.

트랜스코발아민 Ⅱ (transcobalamin II, TC II)

- 혈액에서는 운반단백질인 트랜스코발아민 **II**와 결합한 상태로 운반된다.

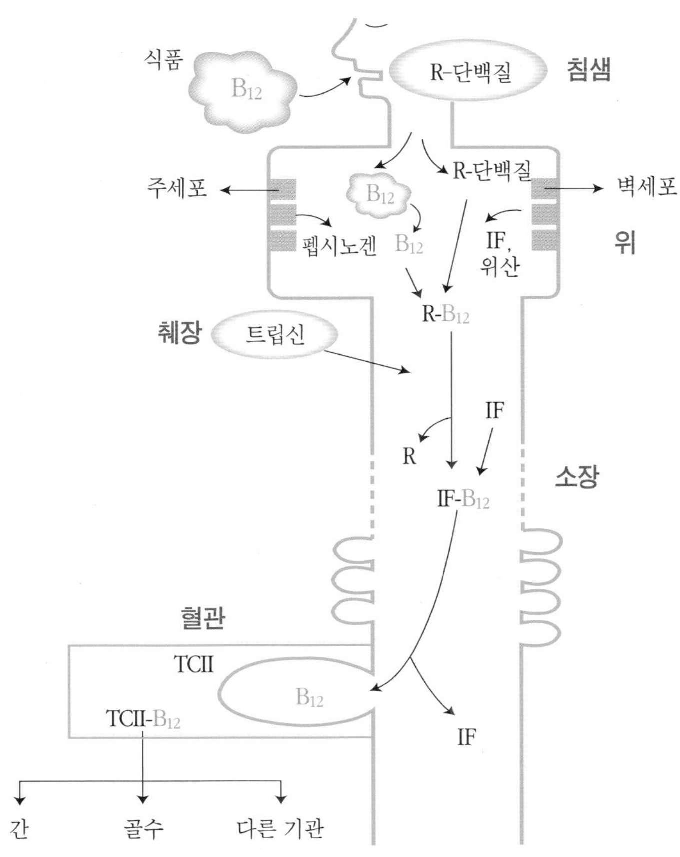

소화기관으로 분비되는 여러 인자들이 비타민 B_{12}의 흡수과정에 필요하다.

그림 7-18. 비타민 B_{12}의 흡수과정

- 비타민 B_{12}/트랜스코발아민 II 복합체는 혈액을 따라 순환하면서 간, 골수 등의 조직으로 운반된다.
- 대장 내 미생물들은 비타민 B_{12}를 합성할 수 있지만, 대장에서 합성된 비타민 B_{12}는 흡수되지 않으므로 사람은 식품으로 비타민 B_{12}를 섭취해야 한다.

식이 중의 비타민 B_{12}가 소장에서 흡수되는 양은 인체의 요구정도에 따라 다르며, 약 15~70% 정도이다. 비타민 B_{12}의 장간순환 과정도 체내 보유량을 높이는데 중요한 역할을 한다.

비타민 B_{12}를 잘 흡수할 수 없는 사람은

- 매달 1회씩 비타민 B_{12}를 주사로 투여하거나
- 젤 타입의 비타민 B_{12} 제제를 코점막에 사용하거나,
- 다량의 비타민 **B_{12}** 보충제(권장량의 약 300배)를 매주 복용하여야 한다.

장간순환 (enterohepatic circulation)

인체에 약 3~5mg의 비타민 B_{12}가 저장되며 그중 약 50%는 간에 저장되어 있다. 체내 저장된 비타민 B_{12}는 잘 손실되지 않으며, 장간순환 과정에서 재흡수되지 않는 소량의 비타민 B_{12}만이 손실될 뿐이다. 이와 같이 비타민 B_{12}는 수용성 비타민 가운데 체내 저장성이 매우 좋고 손실량이 매우 낮은 비타민이므로, 식이 중의 비타민 B_{12}를 정상적으로 흡수하지 못하는 사람이라도 결핍증인 **거대적아구성 빈혈**이 나타나기까지는 약 2~3년이 걸리며, 매달 1회의 주사만으로 결핍증을 예방할 수 있다.

쉬어가기 **비타민 B_{12} 흡수가 잘 안 되는 경우**

- 내적인자 합성 부족
- 선천적으로 R-단백질 또는 트립신이 잘 분비되지 않을 때
- 회장점막의 B_{12}수용체에 내적인자/비타민 B_{12} 복합체가 잘 결합되지 않을 때
- 소장 또는 위절제 수술 등에 의한 내적인자의 부족
- 촌충에 감염되었을 때
- 위산분비를 억제하는 제산제를 복용하여 위벽세포에서 위산분비 억제
- 무산증 환자의 내적인자 부족

체내 기능

메티오닌 합성

비타민 B_{12}가 조효소로 작용하는 여러 반응 가운데 가장 중요한 반응은 **호모시스테인**으로부터 **메티오닌**을 합성하는 반응으로서, 엽산 대사과정과 상호 연관되어 있다.

- 비타민 B_{12}는 5-메틸-THF로부터 메틸기를 전해받아 호모시스테인에게 옮겨주는 역할을 하는데,
- 비타민 B_{12}가 부족하면 엽산이 메틸화된 상태로 갇히게 되며(**메틸-트랩 이론**), 이로 인해 세포에는 **단일탄소기** 전환반응에 필요한 엽산 조효소가 부족하게 된다.
- 이로 인해 DNA 합성 등에 지장을 가져오며, 세포내 엽산 저장이 저하된다.
- 이와 같이 비타민 B_{12}가 결핍되면 2차적인 엽산 결핍상태를 가져와서 거대적아구성 빈혈이 나타나게 되므로 비타민 B_{12}와 엽산은 대사적으로 밀접하게 상호 연관되어 있다고 할 수 있다.

메틸-트랩 이론 (methyl-trap theory)

신경섬유의 수초 유지

비타민 B_{12}는 신경섬유의 절연체 역할을 하는 **수초**를 유지시켜 주는 기능이 있다.

- 비타민 B_{12}가 결핍된 사람의 수초는 부분적으로 파괴되어 있으며, 특히 척수신경의 신경섬유를 감싸는 수초가 파손되어 있는 경우가 많다.

- 비타민 B_{12}가 부족할 때 수초가 파손되는 정확한 이유는 밝혀지지 않았으나, 호모시스테인에 메틸기를 전이하여 메티오닌을 합성하는 반응이 저하되면서 수초형성에 필요한 단백질 대사에 문제를 가져오는 것으로 보고 있다.
- 이러한 수초의 파괴는 척수신경을 퇴하시켜 감각기능 손실, 보행이상, 마비 및 정신질환과 사망에 이르는 원인이 된다.

기타 기능

- 비타민 B_{12}는 메틸 말로닐 CoA를 숙시닐 CoA로 전환시키는 반응에 필요한 메틸 말로닐 CoA 뮤타아제의 조효소로 작용한다.
- 비타민 B_{12} 결핍 시 메틸 말로닐 CoA가 메틸 말론산으로 비정상적으로 분해되어 혈장과 소변 내 메틸말론산 농도가 크게 증가되므로, 임상적으로 비타민 B_{12}의 결핍증을 판정하는 데 이용되고 있다.

메틸 말로닐 CoA (methyl malonyl CoA)

메틸 말로닐 CoA 뮤타아제(methyl malonyl CoA mutase)

메틸말론산 (methylmalonic acid, MMA)

필요량

혈청 B_{12} 와 메틸말론산을 적절하게 유지하기 위해

- 성인 남녀의 평균 B_{12} 필요량이 2㎍/일로 설정되었으며, 권장섭취량은 **2.4㎍/**일이다.
- 50세 이후의 권장수준은 성인과 동일하나 위산과 내적인자 분비능력이 저하되는 것을 고려하여 비타민 B_{12} 강화식품이나 보충제를 섭취할 것을 권장한다.
- 임신기 모체의 비타민 B_{12} 영양상태는 영아의 비타민 B_{12} 상태를 결정하는 주요한 요인이며, 수유기에는 수유를 통한 비타민 B_{12} 분비량 등을 고려하여, 임신부는 하루에 0.2㎍, 수유부는 0.4㎍을 추가 섭취하도록 권장한다.
- 육류를 적정량 섭취하면 비타민 B_{12}의 권장량을 충족시킬 수 있으며,
- 권장량 수준으로 비타민 B_{12}를 섭취하는 사람으로서 흡수에 문제가 없으면 2~3년 간 사용할 수 있는 양을 간에 저장할 수 있으므로, 비타민 B_{12} 결핍증이 나타날 우려가 거의 없다.
- 비타민 B_{12}를 정상적으로 흡수할 수 있는 사람이 비타민 B_{12}가 함유되지 않은 식사를 할 경우 비타민 B_{12} 결핍증이 나타나려면 20년이 걸리며,
- 비타민 B_{12}를 흡수할 수 없는 사람의 경우 신경증세가 나타나기까지는 약 **2~3**년이 걸린다.
- 동물성 식품을 전혀 먹지 않는 채식주의자는 영양보충제, 영양강화 두유, 비타민 B_{12}가 풍부한 배지에서 배양한 특수 이스트 등을 통해 비타민 B_{12}를 공급받아야 한다.
- 노인들은 악성빈혈이 나타나기 쉬우므로 정기적으로 거대적혈구증, 혈중 비타민 B_{12}의 농도저하, 손발이 쑤시는 증세 등을 검사받아야 한다.
- 비타민 C를 과량 복용하면(권장량의 약 10배 분량) 비타민 B_{12}를 환원시켜 생리적 활

성을 떨어뜨리기 때문에 이를 고려하여야 한다.

비타민 B_{12}가 풍부한 식품

육류, **가금류**, **어패류**에 비타민 B_{12}가 풍부하게 함유되어 있다. 이 가운데 비타민 B_{12}의 영양밀도가 가장 높은 식품은 내장육(특히 간, 신장 및 심장육), 어패류, 쇠고기, 달걀, 소시지, 햄 등이며, **우유와 유제품**에도 비타민 B_{12}가 많이 함유되어 있으며 김도 좋은 급원이다(표 7-11).

결핍증

과거에는 비타민 B_{12}를 흡수할 수 없는 사람은 결국 사망하였다. 19세기 중엽 영국에서는 일종의 빈혈증세로서 발병 후 2~5년 이내에 사망하는 빈혈증을 **악성빈혈**이라 불렀다(여기에서 '악성' 이라 함은 '사망에 이른다' 는 의미임).

- 악성빈혈은 비타민 B_{12}를 잘 흡수하지 못할 때 나타난다.
- 식사 중의 비타민 B_{12}를 극도로 제한하는 경우에도 신경증세가 나타나기까지는 오랜 기간이 소요된다.
- 악성빈혈로 판정되었을 때 비타민 B_{12}를 주사하면 하루나 이틀 이내에 적혈구 형성과정과 그 외의 다른 임상적 증세가 호전되지만, **신경 퇴화**는 비타민 B_{12}를 공급해 주어도 회복되지 않는다.

악성빈혈로 인한 빈혈증세와 신경손상은 **노인층**에서 나타나는 경우가 많다.

표 7-11. 각 식품군의 비타민 B_{12} 함유량

식품군	식품명	목측량	중량(g)	비타민 B_{12}(μg)
곡류 및 전분류	비타민 B_{12}의 주요 급원이 아님			
고기 · 생선 · 달걀 · 콩류	쇠간(볶은 것)	1접시	60	49.8
	굴(날것)	1접시	60	9.6
	킹크랩(익힌 것)	1접시	60	6.9
	조개(날것)	1접시	60	6.8
	쇠고기(날것)	1접시	60	0.7
	달걀(날것)	1개(대)	50	0.5
채소 및 과일류	김(말린 것)	1장	2	1.3
우유 및 유제품	우유	1컵	200	0.9
	치즈	1장	20	0.7
유지, 견과 및 당류	비타민 B_{12}의 주요 급원이 아님			

- 노인기에는 위벽세포가 노화됨에 따라 위산과 비타민 B_{12}의 흡수에 필요한 내적인자의 합성 능력이 저하된다.
- 이 외에도 허약감, 설염, 체중감소, 식욕부진, 소화불량, 설사, 두뇌활동력 감퇴, 기억력 감퇴 등이 비타민 B_{12} 결핍으로 나타날 수 있다.

채식만 하는 수유부의 젖을 먹고 자라는 유아는 비타민 B_{12}의 결핍으로 인해 빈혈뿐 아니라 두뇌성장발달이 지연되고, 척수퇴화, 지적능력의 발달 부진 등 신경계 장애가 나타날 수 있다. 따라서 채식만 하는 사람은 반드시 비타민 B_{12}를 보충하는 것이 바람직하다.

비타민 C

비타민 C는 모든 생물 조직 내에 존재하며 대부분의 포유동물은 포도당으로부터 합성할 수 있다. 그러나 사람, 기니 피그, 원숭이, 조류, 박쥐, 생선류 등과 같이 굴로노락톤 산화효소가 없는 동물은 비타민 C를 자체 생성하지 못하므로 식품을 통해 공급받아야 한다.

굴로노락톤 산화효소 (gulonolactone oxidase)

α-D-포도당 → → → L-굴로노락톤 —(굴로노락톤 산화효소)→ L-아스코르브산

- 체내에서 비타민 C 활성을 지니는 물질로는 환원형인 L-아스코르브산과 산화형인 L-디히드로아스코르브산이 있다(그림 7-19).
- 이 두 형태는 상호 전환되면서 환원작용을 하지만 디히드로아스코르브산이 더 산화되면 비가역적 반응 산물인 디케토굴론산이 생성된다.
- 디케토굴론산은 생리활성이 없으며 수산이나 다른 L-트레오닌산으로 분해된다.

아스코르브산 (ascorbate)

디히드로아스코르브산 (dehydroascorbate)

디케토굴론산 (diketogulonic acid)

비타민 C는 건조상태나 산성용액에서는 비교적 안정하나 수용액에서는 열, 알칼리 등에

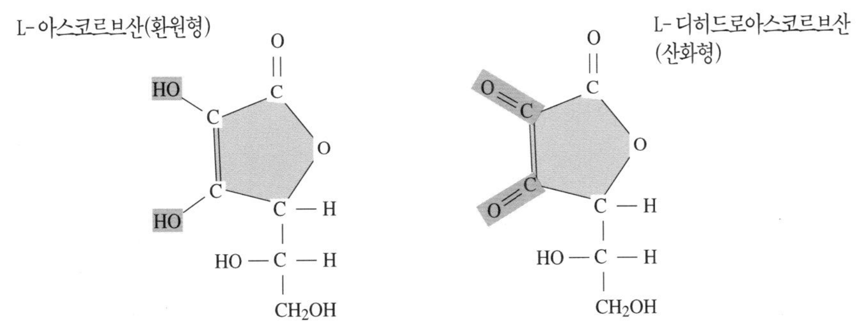

그림 7-19. 비타민 C의 구조

의해 쉽게 파괴된다. 또한 산소가 존재할 때 가열하면 분해속도는 온도에 비례적으로 빨라진다.

흡수와 대사

비타민 C는 소장에서 능동수송에 의해 대부분이 흡수되며 소량은 단순확산으로 흡수된다.

- 소장의 하부에서 주로 일어나는 흡수는 비타민 섭취량에 따라 흡수율이 변화하는데, 소량 섭취할 경우는 빠른 속도로 흡수되지만 과량 섭취할 경우 흡수율이 감소한다(표 7-12).
- 혈청 비타민 C 농도는 비타민 C 섭취량에 영향을 받을 수 있지만 과량을 섭취했다고 하더라도 보통은 정상범위를 넘지 않고 일정하게 유지된다(표 7-13).

흡수된 비타민 C는 각 조직으로 이동하는데,

표 7-12. 하루 섭취량에 따른 비타민 C의 흡수효율성

하루섭취량(mg/day)	흡수효율성(%)
180	70
1,500	50
12,000	16

표 7-13. 혈장내 비타민 C 함량(mg/100 mL)

결 핍	정 상
≤ 0.2	0.8~1.4

- 비타민 함량이 가장 높은 곳은 부신피질, 뇌하수체, 수정체이며
- 그 다음으로 간, 폐, 췌장, 지라, 신장이다.
- 비타민 C 섭취량이 100mg/일 정도로 보통 수준일 때 대부분 수산으로 전환되어 요로 배설되며, 섭취량이 혈청을 과포화시킬 정도로 많으면 비타민 C 형태 그대로 배설된다(표 7-14).
- 펙틴, 아연, 구리, 철 함량이 높은 식품 중의 비타민 C는 흡수율이 낮은 것으로 나타났다. 이들 물질이 흡수를 방해하거나 흡수되기 전 비타민 C를 산화시키기 때문인 것으로 추정하고 있다.

표 7-14. 소변으로 배설되는 비타민 C의 형태

1일 섭취량(mg)	배설 형태
30	아스코르브산 7% 대사물질 93%
200	아스코르브산 87% 대사물질 13%

체내 기능

비타민 C는 수소 또는 전자 공여자로서 탄수화물, 지방, 단백질 대사과정에서 필수적인 역할을 한다(표 7-15). 수용성 환경에서 강력한 환원제로 작용하는 비타민 C는 여러 가지 수산화반응에 조효소로 쓰인다.

- 비타민 C는 산화형태의 철이온(Fe^{3+})에 전자를 주어서 환원형태의 철이온(Fe^{2+})으로 환원시킴으로써 위와 같은 반응을 돕는 것이다.
- 콜라겐 형성, 도파민, 노르에피네프린, 세로토닌 등의 신경전달물질의 합성, 카르니틴과 스테로이드 합성, 철의 흡수, 면역기능, 상처회복과 그 밖에 엽산, 아미노산, 뉴클레오티드, 콜레스테롤, 포도당 대사에도 관여한다.

표 7-15. 비타민 C의 생화학적 기능

중요 기능	기타 기능
콜라겐 합성(프롤린과 리신의 수산화 반응) 카르니틴 합성 도파민의 수산화 반응 펩타이드의 아미드 형성 반응	중금속에 의한 독성 예방 콜레스테롤 분해 면역기능 엽산 조효소의 환원상태 유지 철 흡수 · 분포 · 저장

콜라겐 합성

결합조직을 구성하는 중요한 단백질인 콜라겐은

- 골격의 유기질을 형성하는 단백질로서 전체 체단백의 1/3을 차지하고,
- 골격과 혈관벽 유지, 상처회복에도 중요한 역할을 한다.
- 비타민 C는 콜라겐 합성에 필요한 효소인 수산화효소를 활성화시키는 작용을 한다.
- 이 효소는 아미노산인 프롤린과 리신을 수산화시켜 히드록시프롤린과 히드록시리신을 형성하는데, 이들은 콜라겐의 구조적 안정화에 중요한 역할을 한다.
- 콜라겐 합성에서 비타민 C의 역할은 프롤린에 수산기를 전해주는 수산화 효소의 철분을 환원형인 Fe^{2+}으로 유지시키는 역할이다.

결합조직

신체조직의 모든 구조를 유지해주는 조직으로서 힘줄과 골격이 이에 속하며, 동맥이나 정맥같은 혈관도 결합조직으로 이루어져 있다.

히드록시프롤린 (hydroxyproline)

히드록시리신 (hydroxylysine)

항산화 활성

비타민 C는 세포내의 중요한 수용성 항산화제로 작용하며, 비타민 E와 함께 유리 라디칼 제거제로 중요한 역할을 한다.

- 세포의 대사과정에서 생성되는 유리 라디칼을 제거하는 역할을 한다.
- 지질과산화를 방지하고 산화된 비타민 E를 환원시켜 주기 때문에 비타민 **E**의 절약작용에도 관여한다.

- 비타민 C는 테트라히드로 엽산의 환원상태를 유지시켜 엽산이 산화, 분해되는 것을 막아 준다.
- 하지만 과량의 항산화 물질은 산화 촉진제로 작용할 수 있으므로 주의가 필요하다는 보고들이 있다.

철 흡수

비헴철(nonheme iron)

비헴철은 환원형일 때 잘 흡수된다. 비타민 C는 3가의 철이온을 환원시켜서 소장의 약알칼리성 환경에서 쉽게 용해될 수 있도록 하기 때문에 철 흡수를 도와줄 수 있다.

면역기능

비타민 C는 면역계에 중요한 역할을 하며 화학적 해독작용에도 관여하므로 질병상태나 약품 복용 시에 비타민 C의 필요량이 증가할 수 있다.

카르니틴 합성

트리메틸리신(trimethyllysine)
카르니틴(carnitine)

트리메틸리신은 수산화반응에 의해 카르니틴으로 전환되며, 이 과정에 아스코르브산이 필요하다. 지방산을 세포질로부터 미토콘드리아 기질로 이동시키기 위해서는 적당량의 카르니틴이 필요하므로, 카르니틴의 합성은 지방대사에 매우 중요하다. 특히 이 반응은 근육조직에서 중요하다.

세포 구성 물질 합성

부신수질 호르몬인 노르에피네프린, 에피네프린 합성에 비타민 C와 구리를 함유한 효소가 관여하며, 트립토판이 신경전달물질인 세로토닌으로 전환될 때에도 비타민 C가 관여한다. 그 외에도 헤모글로빈, 티록신, 담즙산, 스테로이드 호르몬, 퓨린 생합성에 비타민 C가 필수적이다. 이 반응은 모두 수산화반응에 의해 진행된다.

필요량

백혈구의 비타민 C는 비타민 C의 저장량을 잘 반영해주는 지표로서 농도가 증가할수록 산화스트레스 손상에 대한 보호효과도 증가한다. 호중구의 비타민 C 농도를 적정수준으로 유지할 수 있는 비타민 C 섭취량을 근거로,

- 비타민 C 평균필요량을 75mg/일로 산정하고, 이 값에 변이계수를 고려하여 **100mg/**일을 우리나라 성인 남녀의 권장섭취량으로 설정하였다(표 7-16).
- 노인기에 비타민 C 필요량이 감소한다는 근거가 없으므로 노인의 권장섭취량도 동일하게 100mg/일로 정하였다.

2015~2017년 국민건강영양조사 자료에 의하면 식사와 보충제로 섭취하는 비타민 C 평균

섭취량이 19~29세 남성 101.4mg/일, 여성 118.9mg/일이고, 30~64세 성인군은 젊은 성인보다도 섭취량이 높았다. 그러나 50~64세 여성을 제외하고는 모든 성인 연령군에서 비타민 C 평균필요량인 75mg/일 미만을 섭취하는 인구비율이 50%를 넘었다.

- 알코올 중독자나 저소득층 사람들, 치아를 상실한 노인들에게서 섭취량 저하에 따라 비타민 C가 결핍되기 쉽다.
- 여성보다 남성의 혈청 비타민 C 농도가 낮으며, 흡연자의 혈청 비타민 C의 함량이 비흡연자에 비해 유의적으로 낮게 나타나고 있다.
- 미국에서는 흡연자들에게 하루에 35mg을 더 섭취할 것을 권장하고 있다.

표 7-16. 2020 한국인 영양소 섭취기준 – 비타민 C

성 별	연 령	비타민C(mg/일)			
		평균 필요량	권장 섭취량	충분 섭취량	상한 섭취량
영아	0~5(개월)			40	
	6~11			55	
유아	1~2(세)	30	40		340
	3~5	35	45		510
남자	6~8(세)	40	50		750
	9~11	55	70		1,100
	12~14	70	90		1,400
	15~18	80	100		1,600
	19~29	75	100		2,000
	30~49	75	100		2,000
	50~64	75	100		2,000
	65~74	75	100		2,000
	75이상	75	100		2,000
여자	6~8(세)	40	50		750
	9~11	55	70		1,100
	12~14	70	90		1,400
	15~18	80	100		1,600
	19~29	75	100		2,000
	30~49	75	100		2,000
	50~64	75	100		2,000
	65~74	75	100		2,000
	75이상	75	100		2,000
임신부		+10	+10		2,000
수유부		+35	+40		2,000

자료 : 보건복지부, 2020 한국인 영양소 섭취기준, 2020

- 임신기에는 모체 혈액의 비타민 C 농도가 증가되고 태아에게 비타민 C가 이동되므로 이를 보충하기 위해서 하루 10mg을 추가로 권장한다.
- 수유기에는 모유로 분비되는 비타민 C를 고려하여 하루에 40mg을 추가 권장한다.

비타민 C가 풍부한 식품

비타민 C는 쉽게 산화되므로 준비, 조리 및 가공과정, 계절적 변화에 민감하다.

- 비타민 C의 영양밀도가 높은 식품으로는 풋고추, 콜리플라워, 브로콜리, 케일, 양배추, 피망, 시금치, 고춧잎, 토마토 등의 채소와, 키위, 오렌지, 딸기 등 과일이 있다(표 7-17).
- 달걀, 우유 및 유제품에는 소량 들어 있고 곡류에는 거의 없다.
- 토마토의 색이 진할수록 비타민 C 함량이 높은 편이므로 선택 시 고려하도록 한다.
- 채소나 과일에 있는 천연방부제인 이소아스코르브산은 비타민 C 활성은 없지만 항산화제로서 작용한다.

이소아스코르브산 (iso-ascorbate)

표 7-17. 각 식품군의 비타민 C 함유량

식품군	식품명	목측량	중량(g)	함량(mg)
곡류 및 전분류	생고구마 · 찐 고구마	1개(중)	140	24
	찐 감자	1개(중)	130	16
고기 · 생선 · 달걀 · 콩류	비타민 C의 주요 급원이 아님			
채소 및 과일류	딸기	1컵	200	154
	오렌지 주스	1컵	200	124
	레몬 주스	1컵	200	112
	레몬	1개	100	70
	풋고추	1/2컵	70	64
	귤	1개	100	55
	토마토	1개	200	44
	브로콜리	1/2컵	70	41
	갓김치	1접시	50	28
	키위	1개	100	27
	열무김치	1접시	50	11
	콩나물	1접시	70	7
우유 및 유제품	탈지우유	1컵	200	4
유지, 견과 및 당류	비타민 C의 주요 급원이 아님			

결핍증

비타민 C가 결핍되면,

- 정상적인 콜라겐 합성이 방해되므로 신체 전체에 분포되어 있는 결합조직에 변화를 주어, 연골과 근육조직이 변형되기도 한다.
- 모세혈관이 약해져서 쉽게 멍이 들고
- 골격형성이 방해되어 성장지연 현상을 가져온다.
- 장기간(1달 이상) 비타민 C 결핍식이를 섭취할 때 괴혈병이 나타나며, 괴혈병의 주요 증상은 팔꿈치나 다리 주변의 피부모낭에 나타나는 점상출혈과 허약 등이다.
- 다른 증상으로는 결합조직이 부실해져 치아와 잇몸에 변형이 오는데, 잇몸이 붓고 피가 나고 뼈의 통증과 골절, 설사 혹은 우울증 증세를 동반한다.
- 이러한 경우 비타민 C를 충분히 공급하면 쉽게 치유된다.

괴혈병(scurvy) 비타민 C 결핍 식이를 장기간 섭취하면 나타나는 증세로서 피부 점상출혈, 잇몸의 부종과 출혈, 관절 통증을 동반함

점상출혈 (pinpoint bleeding, petechiae)

비타민 C 결핍이 일어나기 쉬운 임상조건

- 알코올 중독
- 흡연
- 노령화
- 수술 환자
- 식이 섭취 부족
- 스트레스
- 갑상선 기능 항진
- 암환자

과잉증

일반 식품을 통한 섭취량 수준에서는 유해영향이 나타나지 않지만,

- 강화식품이나 보충제로 과량의 비타민 C를 섭취할 경우 오심, 구토, 복부팽만감, 복통, 설사 등의 위장관 증세를 유발하며,
- 그 밖에도 수산 배설 및 신결석, 요산 배설량 증가, 과도한 철 흡수, 비타민 B_{12} 수준 저하 등의 유해영향이 보고 되었다.
- 위장관 증세를 독성종말점으로 선택하여 한국 성인 비타민 C 상한섭취량을 2,000mg/일로 설정하였다.
- 철의 대사와 저장에 장애가 있는 혈색소증 환자와 신결석 소인이 있는 사람의 경우 비타민 C 유해영향이 쉽게 나타날 수 있으므로 과량 섭취하지 않도록 한다.
- 과량의 비타민 C 섭취 시 대부분이 대변이나 요를 통해 배설되므로, 당뇨나 혈변을 조사하는 임상실험 결과에도 영향을 미칠 수 있다.

수산결석 (oxalate kidney stone)

혈색소증 (hemochromatosis)

표 7-18. 수용성 비타민의 생화학적 영양상태 평가법

비타민	장 소	평가방법	정상 수준
티아민	적혈구	트랜스케톨라아제 활성 티아민 2인산 효과(TPP-effect)	126~214 IU < 15%
리보플라빈	적혈구	글루타티온 환원효소 활성계수 리보플라빈 농도	0.9~1.2 > 15 μg/100mL cells
나이아신	소변	N′-메틸 나이아신아미드 농도 2-피리돈/N′-메틸 나이아신아미드	0.5~1.59 mg/g 크레아티닌 1.3~4.0
비타민 B_6	혈장 적혈구	PLP 농도 알라닌 아미노기 전이효소 활성 아스파르트산 아미노기 전이효소 활성	> 30 nmol/L < 1.25 < 1.80
엽 산	혈청 적혈구	엽산 농도 엽산 농도	> 6 ng/mL > 160 ng/mL
비타민 B_{12}	혈장 소변	비타민 B_{12} 농도 메틸말론산 배설량	200~900 pg/mL 1.5~2 mg/24시간
비타민 C	혈청 백혈구	비타민 C 농도 비타민 C 농도	0.2~0.4 mg/dL 7~15 mg/dL

비타민 유사물질

비타민 유사물질
콜린(choline)
카르니틴(carnitine)
이노시톨(inositol)
타우린(taurine)
리포산(lipoic acid)

체내 대사를 정상적으로 유지시키기 위해서는 콜린, 카르니틴, 이노시톨, 타우린, 리포산과 같은 비타민 유사물질들이 필요하다. 이 물질들은 체내에서 합성될 수 있으며, 대부분이 필수아미노산 등과 같은 인체에 필수적인 물질로부터 합성된다.

건강한 정상 성인의 경우는 비타민 유사물질이 결핍될 우려가 없으나, 조산아처럼 조직성장이 급속히 이루어지는 시기나 일부 질병에 걸리면 결핍될 우려가 높아질 수도 있다. 영아용 조제분유와 정맥영양액에 첨가할 필요성이 있으며, 현재 대부분의 조제분유에는 비타민 유사물질을 첨가하고 있다.

콜 린

콜린(choline)
콜린이라는 명칭은 불어로 담즙을 의미하는 단어인 'chole'로부터 유래했다.

콜린은 상추, 땅콩, 간, 커피, 콜리플라워 등 식물성 식품과 동물성 식품에 널리 분포되어 있으므로 섭취량이 부족할 우려는 매우 적다. 콜린은 간조직에서 세린으로부터 합성되는데, 비타민 **B_6**, **B_{12}** 및 엽산을 필요로 하며, 메티오닌으로부터 메틸기를 받아 합성된다.

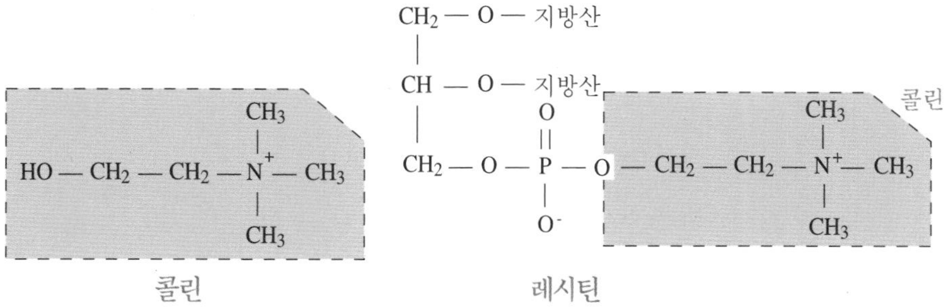

CH_2 — O — 지방산
|
CH — O — 지방산
|
CH_2 — O — P(=O)(O^-) — O — CH_2 — CH_2 — N^+(CH_3)$_3$

콜린

HO — CH_2 — CH_2 — N^+(CH_3)$_3$

콜린　　　　　　　레시틴

그림 7-20. 콜린과 천연유화제인 레시틴의 구조

콜린은 메틸기 공여체로 작용할 수 있으며 콜린은 신경전달물질인 아세틸콜린과 지단백, 세포막, 담즙의 구성성분인 레시틴(포스파티딜콜린)의 구성물질이다.

레시틴(포스파티딜콜린, lecithin, phosphatidyl choline)

무콜린 식이 (choline-free diet)

실험동물에게 무콜린 식이를 먹였을 때 지방간과 간 조직 괴사증세가 나타나는 것으로 보아, 콜린을 충분히 합성하지 못하는 것으로 추정된다. 콜린 성분이 부족한 정맥영양을 실시한 환자에게서도 실험동물과 유사한 간기능 장애가 나타났으며, 정상인에게 무콜린 식이를 주었을 때에도 간기능 장애가 나타났다. 따라서 콜린이 사람에게 필수적인 영양소라고 추정하고 있으며, 많은 연구가 진행 중이다.

대부분의 사람들은 콜린을 충분량(600~1,000mg) 섭취하고 있으며, 미국에서는 성인의 충분섭취량을 남자 550mg/일, 여자 425mg/일로 설정하였으나 한국인의 권장 수준은 아직 설정되지 않았다.

지나친 콜린(하루에 약 20~30g) 섭취는 생선 비린내 같은 체취와 구토 · 설사 등의 유해영향을 나타낸다. 또한 콜린은 대사과정에서 니트로소 아민류로 전환될 수 있으므로, 위암 발생률을 증가시킬 수도 있다. 이를 근거로 미국에서는 상한섭취량을 3.5g/일로 설정하였다.

콜린과 레시틴

콜린 결핍으로 인한 간기능 장애는 알코올 중독자에게서 나타나는 지방간과는 다르므로, 알코올에 의한 지방간은 콜린이나 레시틴으로 치료 할 수 없다. 알츠하이머병이나 다른 노인성 치매와 같은 신경질환을 레시틴으로 치료해보려고 시도하고 있으나 아직도 그 효과는 확실히 밝혀지지 않은 상태이다.

카르니틴

카르니틴은 간에서 아미노산인 리신과 메티오닌으로부터 합성되는 화합물로서, 지방산이 미토콘드리아로 들어가기 위해 사용하는 운반체이며, 미토콘드리아의 대사산물인 유기산이 과량 생성되었을 때 이를 제거해 주는 과정에도 참여한다.

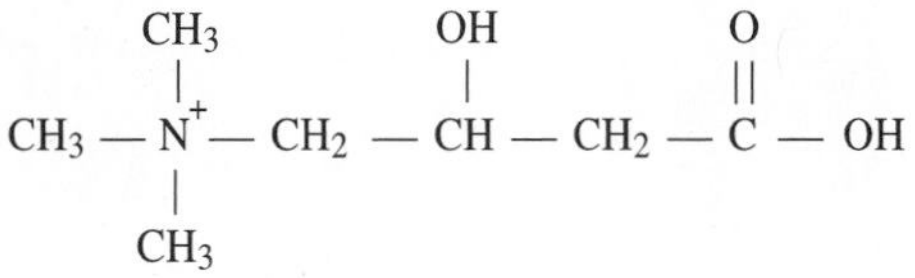

$$CH_3-N^{+}(CH_3)_2-CH_2-CH(OH)-CH_2-C(=O)-OH$$

그림 7-21. 카르니틴의 구조

사람은 동물성 식품을 통해 카르니틴을 섭취하거나 체내에서 생합성과정을 통해 필요량을 얻고 있다. 심한 영양실조 상태의 어린이나 성인의 혈중 카르니틴 농도는 정상치보다 낮다. 단백질의 섭취량이 부족한 경우 카르니틴 합성에 필요한 아미노산의 공급이 부족해지므로 지방산 대사에 지장이 생긴다. 간경화증 환자의 간에서는 카르니틴 합성능력이 저하되므로 카르니틴 섭취량을 증가시켜야 한다.

육류와 우유, 유제품은 카르니틴의 주된 급원이며, 식물성 식품에는 거의 함유되어 있지 않으므로 채식주의자의 카르니틴 섭취량은 매우 낮다. 그러나 채식주의자들의 혈중 카르니틴 농도는 정상으로 알려져 있다. 건강한 정상인이 카르니틴을 필수적으로 섭취해야 하는가는 확실치 않지만, 질병이나 심한 외상으로부터 회복되는 시기나 조산아는 외부로부터 카르니틴을 공급받아야 한다.

이노시톨

이노시톨(inositol)
미오-이노시톨(myo-inositol)

이노시톨의 9가지 이성질체 가운데, **미오-이노시톨**이라 불리는 구조만이 인체에서 영양적 가치를 나타낸다. 이노시톨은 포도당과 유사한 화학구조를 갖는 화합물로서 체내에서 합성된다.

이노시톨 3인산(inositol triphosphate, IP_3)
이노시톨 인산(inositol phosphate)

체세포에서 이노시톨은 **이노시톨 3-인산** 형태로 세포질에 주로 존재하며, 일부는 세포막의 인지질 구성성분으로 존재한다. 이노시톨 인산은 인지질에서 떨어져 나와 호르몬의 자극을 세포 내로 전달하는 **2차** 전령으로서 작용한다.

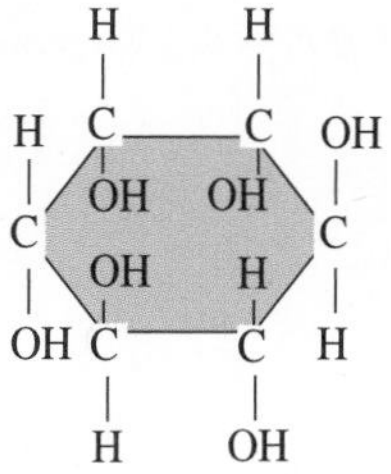

그림 7-22. 이노시톨의 구조

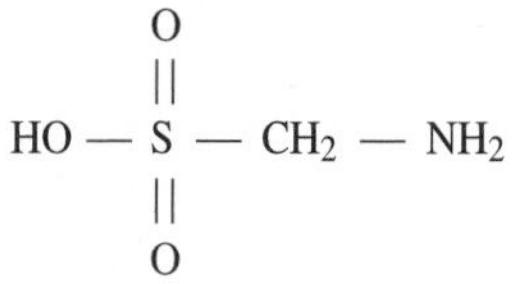

$$HO-S(=O)_2-CH_2-NH_2$$

그림 7-23. 타우린의 구조

동물성 식품에는 이노시톨이 유리된 형태와 인지질 형태로 존재하며, 식물성 식품에는 피틴산의 일부로 존재한다.

고혈당 상태에서는 이노시톨의 운반이 저하되며, 다발성 경화증, 신부전증, 암질환 등의 경우 이노시톨이 비정상적으로 대사되므로 외부로부터 공급받아야 한다.

타우린

타우린(taurine)

타우린은 **함황 아미노산**인 시스테인과 메티오닌으로부터 합성된다. 타우린은 근육, 혈소판, 신경조직에 많이 있으며, **담즙산염**에도 결합되어 있다.

확실한 작용기전이 밝혀지지는 않았지만,

- 눈의 광수용기 기능,
- 혈구내의 **항산화** 작용, 폐조직의 **산화방지** 작용,
- **중추신경 기능**에 참여하며,
- 혈소판 응집, 심장수축, 인슐린 작용, 세포분화 및 성장에도 관여한다.

타우린은 **동물성 식품**에만 존재하지만, 채식주의자들에게도 타우린의 결핍증이 나타나지 않는 점으로 보아 인체가 타우린을 충분량 합성할 수 있는 것으로 추정된다. 따라서 건강한 사람들은 타우린의 섭취에 대하여 걱정할 필요가 없다.

낭포성 섬유증 (cystic fibrosis)

낭포성 섬유증이 있는 어린이에게 타우린을 보충해 주었을 때 성장이 향상되었다는 보고가 있다. 이는 타우린이 담즙산염을 형성함으로써 지방의 흡수율을 증진시킨 결과로 추정된다. 조산아에게도 타우린을 보충해 주면 지방 흡수가 촉진된다.

리포산

리포산(lipoic acid)

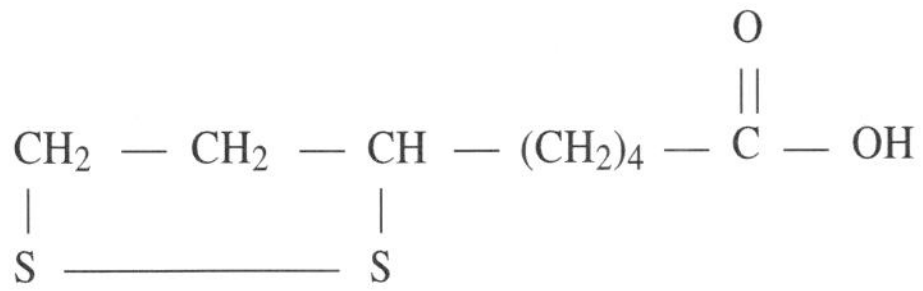

리포산(그림 7-24)은 피루브산이 아세틸 CoA로 전환되는 반응과 같이 기질로부터 CO_2분자를 제거할 때 필요하다. 건강식품점에서는 리포산을 판매하고 있으나, 사람은 리포산을 충분량 합성할 수 있다.

O
||
CH_2 — CH_2 — CH — $(CH_2)_4$ — C — OH
|　　　　　　　|
S ———————— S

그림 7-24. 리포산의 구조

■ **허위 비타민**

일부 건강식품 신봉자들이 비타민이라고 선전하는 여러 가지 물질들은 실제로는 그다지 중요한 기능이 없다. 일부 다른 하등 동물들의 성장촉진에 효과가 있었다 할지라도 인체에는 효과가 없는 경우가 대부분이다. 이들 가짜 비타민으로 널리 알려진 물질들은 파라아미노벤조산(para-aminobenzoic acid), 라에트릴(비타민 B_{17}, laetrile), 바이오플라보노이드(비타민 P, bioflavonoids), 판감산(비타민 B_{15}, pangamic acid) 등으로, 이것들을 비타민이라 부르는 것은 옳지 않다. 현재까지 필수적인 영양소로 알려져 있는 모든 영양소를 함유한 정맥영양액을 공급받은 사람들에게서 수년간 영양결핍증이 나타나지 않았다는 사실로부터 판단할 때, 앞으로 새로운 비타민이 발견된다는 것은 거의 불가능하리라 본다.

표 7-19. 수용성 비타민 요약

비타민	조효소	생화학적 기능	풍부한 식품	결핍증	과잉증
티아민	TPP	탈탄산반응(해당과정, TCA회로) 펜토오스 인산회로 신경계에서의 기능	돼지고기, 전곡, 내장육, 깍지강남콩, 땅콩, 두류	각기병(허약 · 피로 · 다리의 감각상실 · 보행불능 · 부종 · 심부전증 · 식욕부진)	100~500mg 섭취 시 구토증 이 외에는 다른 이상이 없음
리보플라빈	FAD, FMN	산화-환원 반응(TCA회로 · 전자전달계), 지방분해	우유, 요구르트, 치즈, 육류, 달걀, 간, 버섯, 시금치 및 엽채류	구내염, 구각염, 설염, 구순염, 눈부심	부작용이 거의 없음
나이아신	NAD, NADP	산화-환원 반응(해당과정 · TCA회로 · 지방합성 및 분해)	참치, 닭고기, 간, 육류, 버섯, 땅콩, 완두콩, 밀기울	펠라그라(설사, 피부염, 치매, 죽음) 설염, 홍분, 정신이상	100mg 이상 섭취 시 피부발진, 십이지장궤양, 간 이상
판토텐산	CoA	아실기 전달(아세틸화반응 : TCA 회로 · 지방합성 및 분해)	난황, 간, 치즈, 버섯, 땅콩, 진녹색 채소 등 대부분 식품에 들어 있음	피로, 무관심, 두통, 불면증, 구토, 복통	밝혀지지 않았음
비오틴	비오시틴	CO_2 운반(당으로부터 에너지생성, 지방산 합성)	난황, 간, 이스트, 땅콩, 치즈(소화기관 내의 미생물에 의해 합성)	빈혈, 식욕감퇴, 구토, 설염, 근육통, 피부 건조증	밝혀지지 않았음
비타민 B_6	PLP	단백질 · 지방의 체내 이용률 향상, 신경전달물질 합성	육류, 닭고기, 연어, 바나나, 해바라기씨, 감자, 시금치, 밀배아	피부염, 설염, 발작, 두통, 구토, 빈혈	신경파괴, 과량복용 시 습관성
엽산	THF	DNA와 RNA 합성, 아미노산의 합성, 적혈구의 성숙	시금치, 짙푸른 잎채소, 간, 내장육, 오렌지주스, 밀배아, 아스파라거스, 멜론	거대적아구성 빈혈, 설염, 설사, 성장장애, 정신질환, 신경관 결함	부작용이 거의 없음(비타민B_{12} 결핍 조기 발견의 기회상실)
비타민 B_{12}	메틸코발아민, 아데노실코발아민	엽산 대사과정 관여, 신경기능의 유지	동물성 식품, 특히 내장육, 굴, 조개류	악성빈혈(거대적아구성 빈혈 · 신경계 손상)	부작용이 거의 없음
비타민 C		항산화제, 수산화 반응(콜라겐 형성 · 혈관유지 · 면역기능 향상)	감귤류, 오렌지, 자몽, 토마토, 딸기, 레몬, 콩, 양배추, 고추	괴혈병(피로 · 식욕감퇴 · 상처치유 지연 · 점상출혈 · 잇몸출혈 · 체중감소)	신장결석, 철의 과대흡수, 설사, 임상 실험 오차 유발

요약

1. 티아민은 당질 대사과정에서 매우 중요한 역할을 한다. 신경조직은 당질을 주된 에너지원으로 사용하므로 티아민이 결핍되면 신경조직에 기능장애가 일어난다. 티아민은 알코올 중독자에게서 결핍되기 쉬운 영양소로서, 돼지고기 · 두류 · 강화곡류 등이 티아민의 좋은 급원이다.
2. 리보플라빈은 TCA회로, 전자전달계, 지방 분해과정에서 중요한 역할을 하므로 에너지대사에 필수적인 비타민이다. 리보플라빈만 단독으로 결핍되는 경우는 매우 드물며, 리보플라빈의 결핍증은 구내염과 설염 등이다. 우유와 유제품에 리보플라빈이 많이 함유되어 있다.
3. 나이아신은 에너지 영양소들의 여러 가지 대사과정에서 필수적인 조효소로 작용한다. 결핍되면 심한 피부염 · 설사 · 정신질환이 나타나며, 증세가 더 진행되면 사망하게 된다. 알코올 중독이나 빈곤으로 인해 부실한 식사를 할 때 나이아신이 결핍되기 쉽다. 단백질이 풍부한 식품에는 나이아신도 풍부하다.
4. 판토텐산은 지방대사 및 TCA 회로를 포함한 여러 대사과정에 필요하다. 식품 중에 널리 분포되어 있으므로 판토텐산의 결핍증은 좀처럼 잘 나타나지 않는다.
5. 비오틴은 포도당 합성 및 지방산 합성과정에서 조효소로 작용하며, DNA 합성과정에도 필요하다. 따라서, 비오틴이 결핍되면 빈혈, 피부염, 설염 등의 증세가 나타난다. 알코올 중독 시 비오틴이 결핍되기 쉬우며 일부 장내세균에 의해 합성되어 체내에서 이용된다. 달걀, 치즈, 땅콩 등에 풍부하다.
6. 비타민 B_6는 단백질 대사과정, 특히 불필수아미노산의 합성과정에 필수적이며, 신경전달물질의 합성과정 및 그 외 많은 대사작용에 필요하다. 비타민 B_6가 결핍되면 두통, 빈혈, 메스꺼움, 구토증세가 나타난다. 동물성 단백질이 풍부한 식품, 콜리플라워와 브로콜리 등에 비타민 B_6가 많이 함유되어 있으며, 권장량의 100배 이상 섭취하면 신경장애 등의 부작용이 나타난다.
7. 엽산은 RNA와 DNA 합성과정에서 중요한 역할을 한다. 엽산이 결핍되면 세포가 정상적으로 분열되지 않아서 빈혈, 설염, 설사 및 성장장애가 나타난다. 임신 중에는 엽산의 필요량이 증가되며, 알코올 중독자에게서 결핍증이 나타나기 쉽다. 짙푸른 엽채류, 내장육, 오렌지주스 등이 엽산의 좋은 급원이다. 조리과정에서 손실되기 쉬우므로 지나친 가열조리를 삼가야 그 손실량을 줄일 수 있다.
8. 비타민 B_{12}는 엽산의 정상적인 대사와 신경세포의 절연체 역할을 하는 수초 유지에 필요한 비타민이다. 따라서, 결핍되면 엽산이 결핍되었을 때와 마찬가지로 빈혈증세가 나타나며, 더 진행되면 신경이 퇴화된다. 동물성 식품에 많이 함유되어 있으므로 동물성 식품을 상용하는 사람에게는 결핍증이 잘 나타나지 않으나, 비타민 B_{12}를 잘 흡수하지 못하는 사람들은 매월 1회의 정맥주사를 통해 공급해 주어야 한다. 식물성 식품에는 비타민 B_{12}가 함유되어 있지 않으므로 채식주의자도 비타민 B_{12}를 보충해야 한다.
9. 비타민 C는 결합조직을 구성하는 주된 단백질인 콜라겐을 합성할 때 필요한 성분이다. 비타민 C가 결핍되면 상처가 잘 회복되지 않으며 피부의 점상출혈, 잇몸출혈 등의 특징적인 증세를 보이는 괴혈병이 나타난다. 또한, 비타민 C는 철분의 흡수율을 증진시키며 일부 호르몬과 신경전달물질의 합성과정에도 관여한다. 신선한 과일과 채소, 특히 감귤류에 풍부하나 가열조리에 의한 손실률이 높다. 과일과 채소를 충분히 섭취하지 않는 노인들이나 알코올 중독자들에게서 결핍증이 나타나기 쉽다. 다량의 비타민 C를 섭취하면 설사증세가 나타난다.
10. 체내에서 발견되는 비타민 유사물질들은 세포내에서 아미노산이나 포도당으로부터 합성된다. 질병에 따라서는 비타민 유사물질들을 필요량만큼 충분히 합성할 수 없으므로, 이때에는 섭취량을 증가시켜야 한다. 조산아나 정맥영양을 실시하는 경우에는 콜린, 카르니틴, 타우린의 필요량이 증가한다는 보고가 많다.

참고문헌

1. 강순아(1995) 모체의 비타민 B_6 섭취 상태가 조산아의 비타민 B_6 영양상태에 미치는 영향, 한국영양학회지 28: 321~330
2. 김기남 · 김영주 · 박혜숙 · 장남수(2003) 임신부의 혈청 호모시스테인 수준 및 MTHFR 유전자형이 임신결과에 미치는 영향, 한국영양학회지 36: 389~396
3. 김영남 · 나현주(2001) 우리나라 식품수급표 자료를 분석한 티아민, 리보플라빈, 나이아신의 주요 급원식품, 한국영양학회지 34: 809~820
4. 김을상 · 김수빈 · 이동환(1999) 제왕절개 분만 수유부의 모유 티아민, 리보플라빈의 분비량과 영아의 섭취량, 한국영양학회지 32: 83~88
5. 농촌진흥청 국립농업과학원(2011) 제8개정판 식품성분표
6. 농촌진흥청 국립농업과학원(2012) 2012 기능성 성분표 지용성 비타민 성분표
7. 민혜선 · 김천길(1996) 사춘기 여학생의 혈액엽산수준에 관한 연구, 한국영양학회지 28: 104~1119
8. 보건복지부(2015) 2015 한국인 영양소 섭취기준
9. 보건복지부(2020) 2020 한국인 영양소 섭취기준
10. 안홍석 · 정은영 · 김수연(2002) 일부 여대생의 혈장 호모시스테인 함량과 비타민 B_6, B_{12} 및 엽산 영양상태, 한국영양학회
11. 임민영 · 남윤성 · 김세웅 · 장남수(2004) 불임 여성의 비타민 B 영양상태 및 혈청 호모시스테인 수준, 한국영양학회지 37: 115~122지 35: 37~44
12. 임화재(1996) 식이섭취와 소변분석을 통한 부산지역 학령전 아동의 리보플라빈 영양상태에 관한 연구, 한국영양학회지 35: 970~981
13. 장남수 · 김은정 · 김성윤(2000) 농촌지역 알코올 의존자들의 비타민 B_6 및 엽산의 영양상태, 한국영양학회지 33: 257~262
14. 장남수 · 강명화 · 백희영 · 김익환 · 조용 · 박상철 · 신영우(1993) 임신부 · 수유부의 혈청 엽산과 철 수준에 관한 연구, 한국영양학회지 26: 67~75
15. 질병관리청, 국민건강영양조사 제4기 2, 3차년도 및 5기 1, 2, 3차년도. 2008-2012
16. 질병관리청, 국민건강영양조사 제6기 1차년도(2013) 국민건강통계 영양부문 2014
17. 현태선 · 김기남 · 김영남 · 정은희 · 최미숙 · 한경희(2001) 식품영양가표 개정에 따른 남녀 대학생의 엽산섭취량 및 급원식품의 차이, 한국영양학회지 34: 797~808
18. Alhadeff LC, Gualtieri T, Lipton M(1984) Toxic effects of water-soluble vitamins. Nutr Rev 42(2): 33~40
19. Anderson SH, Vickey CA, Nicol AC(1986) Adult thiamin requirements and the continuing need to fortify processed cereals. Lancet 2: 85~89
20. Bailey AL, Finglas PM, Wright AJ, Southon S(1994) Thiamin Intake, erythrocyte transketolase(EC 2.2.1.1) activity and total erythrocyte thiamin in adolescents. Br J Nutr 72: 111~125
21. Bamji MS, Chowdhury N, Ramalakshmi BA, Jacob CM(1991) Enzymatic evaluation of riboflavin status of infant. Eur J Clin Nutr 45: 309~313
22. Blakely RL, ed(1986) Folate and pterins, vol 1 & 3. New York : John Wiley & Sons
23. Combs GF(1992) The vitamins : fundamental aspects in nutrition and health, San Diego : Academic Press
24. Ferroli CE, Trumbo PR(1988) Bioavailability of vitamin B6 in young and older man. Am J Clin Nutr 60: 68~71

25. Food and Nutrition board : Institute of Medicine(1998) Dietary Reference Intakes for Thaimin, Riboflavin, Niacin, Vitamin B_6, Folate, vitamin B_{12}, Pantothenic acid, Biotin, and Choline. National Acdemy Press, Washington DC
26. Gershoff SN(1993) Vitamin C(ascorbic acid): new roles, new requirments? Nutr Rev 51(Nov): 313
27. Gibson G, Nielsen P, Mukytyn V, Carlson K, Blass J(1989) "Regionally selective alterations in enzymatic activities and metabolic fluxes during thiamin deficiency", Neurochem Res 14: 17~24
28. Gregory JF(1997) 3rd. Bioavailability of folate. Eur J Clin Nutr 51: S54~S59
29. Sauberlich HE, Kretsch MJ, Skala JH, Johnson HL, Taylor PC(1987) Folate requirement of and metabolism in non-pregnant woman. Am J Clin Nutr 46: 1016~1028
30. Herbert V, The 1986 Herman Award Lecture(1987) Nutrition science as a continually unfolding : the folate and vitamin B_{12} paradigm. Am J Clin Nutr 48: 387~402
31. Hilton EB, Savage DG, Brust JC, Garrett TJ, Lindendaum J(1991) Neurologic aspects of cobalamin deficiency. Medicine 70: 229~245
32. Horwitt MK, Harvey CC, Hills OW, Liebert E(1950) Correlation of urinary excretion of riboflavin with dietary intake and symptoms of ariboflavinosis. J Nutr 41: 247~264
33. Horwitt MK, Harper AEW, Henderson LM(1981) Niacin-tryptophan relationships for evaluating niacin equivalents. Am J Clin Nutr 34: 423~427
34. Iyengar GV, Wolf WR, Tanner JT, Morris ER(2000) Content of minor and trace elements and organic nutrients in representative mixed total diet composites from the USA. The Science of the Total Environment 256: 215~22
35. Kang SA(1992) Vitamin B_6 status of mothers: Relation to condition of newborn and the neonate. Am J Clin Nutr 56: 548~558
36. Lee W, Davis KA, Rettmer RL, Labbe RF(1988) Ascorbic acid status: biochemical and clinical considerrations. Am J Clin Nutr 48: 286~290
37. Leklem JE, Reynolds RD, ed(1988) Challenges and directions in the research for clinical applications of vitamin B6. Clinical physiological application of vitamin B6 Plenum Press, New York
38. Levine M · Morita K(1985) Ascorbic acid in endocrine systems. Vitam Horm 42: 2~64
39. Link SL · Henderson LM(1984) Vitamin B6 metabolism. Ann Rev Nutr 4: 455~470
40. Machlin LJ ed(1991) Handbook of Vitamins, 2nd ed., Marcel Dekke, New York
41. Min H, Kim C, Seo J(1999) Evaluation of plasma folate and total homocysteine in Korean alcolholics. J Community Nutr, 1: 60~65
42. National Research Councila(1989) Recommended Dietary Allowances, 10th ed., National Academy, Washington D.C
43. Nichols HK, Basu TK(1994) Thamin status of the elderly: dietary intake and thiamin phosphate response. J Am Coll Nutr 32: 2237~2248
44. Oldham H(1962) Thiamin requirements of women. Ann NY Acad Sci 19: 542~549
45. Olson A, Hodges RE(1987) Recommended dietary intakes(RDI) of vitamin C in humans. Am J Clin Nutr 145: 693~703
46. Pietrzik K, Prinz R, Reusch K, Bung P, Mallmann P, Chronides A(1992) Folate nutrition and pregnancy outcome. Ann NY Acad Sci 669: 371~373
47. Rivers JM(1987) Safety of high-level vitamin C ingestion. Ann NY Acad Sci 498: 445~454
48. Rivlin RS(1975) Riboflavin, Plenum Press, New York
49. Rose RC(1985) Intestinal transport of vitamins. J Inherited Metab Dis 8(suppl): 13~16

50. Rush D(1994) Periconceptional folate and neural tube defect. Am J Clin Nutr 59(suppl): 511S~516S
51. Russel RM, Suter PM(1993) Vitamin Requirements of elderly people: an update. Am J Clin Nutr 58: 4~14
52. Sauberlich HE · Leach AR(1985) Bioavaiability of vitamins. Prog Food Nutr Sci 9: 1~33
53. Selhub J, Miller JW(1992) Am J Clin Nutr 55: 131~138
54. Shils ME, Young VR ed(1994) Modern nutrition in health and disease, 8th ed., Lea & Febiger, Philadelphia
55. Simko MD and others. eds(1984) Nutrition Assessment, Aspen Publishers, Rockville, Md
56. Wardlaw GM, Insel PM, ed(2005) Perspectives in Nutrition, 6th ed., McGraw-Hill
57. Williams SR(1993) Nutrition & Diet Therapy: 195~219, 7th ed., Mosby
58. Ziegler EE, Filer LJ Jr, eds(2001) Present knowledge in nutrition. 8th ed. Washington, DC: ILSI Press

탐구과제

1. 수용성 비타민 가운데 다량 섭취 시 유해영향을 나타내는 비타민을 들고, 어떤 유해영향이 나타나는지 설명하라.
2. 생체내에서 생성될 수 있는 비타민 B는 어느 것이며, 어떻게 합성되는지 설명하라.
3. 세포에서 에너지 생성과정을 도식화하고, 비타민 B들이 관여하는 반응과정을 설명하라.
4. 정제과정 중 곡류에서 유실될 수 있는 비타민은 어느 것이며, 강화과정 중 첨가할 수 있는 비타민들은 어느 것인가?
5. 비타민 B들의 흡수를 촉진시키는 요인과 흡수를 방해하는 요인이 무엇인지 설명하라.
6. 각 비타민 B의 생체내 중요 기능을 설명하라.
7. 비타민 B_6의 영양상태에 영향을 주는 요인들을 나열하라.
8. 동물성 식품을 섭취함으로써 보충할 수 있는 비타민은 무엇인지 그 반응과정을 설명하고, 이 비타민이 부족할 때 나타나는 증세를 설명하라.
9. TPP를 조효소로 요구하는 효소 반응식을 제시하라.
10. 인체에 나타나는 티아민 결핍증세의 특징을 설명하라.
11. 인체의 티아민 영양상태를 평가하는 방법을 설명하고 결핍상태를 판정할 때 사용되는 기준을 설명하라.
12. 알코올 과음이 티아민 영양상태에 미치는 영향을 설명하라.
13. FAD 또는 FMN을 필요로 하는 플라보단백질에 의한 효소반응의 일반적인 특성을 설명하라.
14. 리보플라빈이 결핍되었을 때 나타나는 증세를 설명하라.
15. 리보플라빈이 부족되기 쉬운 식사의 예를 들고, 그 이유를 설명하라.
16. 인체의 리보플라빈 영양상태를 평가하는 방법을 설명하고, 이때 결핍상태를 판정할 때의 기준에 대하여 설명하라.
17. 거대적아구성 빈혈환자의 병인이 엽산 결핍인지 아니면 비타민 B_{12} 결핍인지를 구별하는 검사방법을 설명하라.
18. 엽산이 관여하는 체내 주된 생화학적 기능을 설명하라.
19. 인체의 엽산 결핍을 판정할 때 사용되는 방법을 설명하라.
20. 엽산, 비타민 B_6 및 비타민 B_{12}와 호모시스테인혈증의 위험에 대하여 설명하고, 호모시스테인혈증과 관련되는 질병에 대하여 설명하시오.
21. 식품을 통해 섭취한 비타민 B_{12}가 체내에서 소화, 흡수되는 과정을 설명하라.
22. 혈액학적인 엽산 결핍증세와 비타민 B_{12} 결핍증세가 비슷한 이유를 설명하라.

CHAPTER

8

다량 무기질

칼 슘

인

마그네슘

나트륨

칼 륨

염 소

황

CHAPTER

8

다량 무기질

체내의 여러 생리기능을 조절, 유지하는데 중요한 역할을 하는 무기질은 그 필요량에 따라 다량 무기질과 미량 무기질로 나뉜다. 일반적으로 하루에 100mg 이상 필요로 하는 무기질을 다량 무기질이라고 하며, 칼슘, 인, 마그네슘, 나트륨, 칼륨, 염소, 황이 이 군에 속한다.

마그네슘이나 망간 같은 무기질은 효소의 작용에 필수적이며, 나트륨, 칼륨, 염소 등은 체내 전해질 균형이나 신경자극의 전달, 근육 수축 등에 관여하고 있다. 칼슘과 인은 골격의 형성과 성장 발달에 매우 중요하다.

무기질은 식품 내에 함유된 양뿐만 아니라 생체이용률(bioavailability)에 의해 체내로 흡수되고 이용되는 정도가 다르다. 생체이용률에 영향을 끼치는 주요인 중의 하나는 무기질에 대한 생리적 요구이다. 이 외에 무기질과 무기질 간의 상호작용, 비타민과 무기질 간의 상호작용, 식이섬유와 무기질 간의 상호작용 등이 영향을 미친다.

마그네슘, 칼슘, 철, 구리 등의 다가 이온은 크기나 전하량이 비슷하므로 흡수 시 서로 경쟁하여 생체이용률이나 대사에 영향을 준다. 비타민 D는 칼슘의 흡수를 돕고 비타민 C는 철의 흡수를 증진시킨다. 비타민 중에는 구조나 기능 유지를 위해 특정 무기질을 필요로 하는 것도 있다. 또한 식이섬유는 무기질의 흡수를 방해하므로 지나치게 많은 양을 섭취하는 것은 좋지 않다.

이 장에서는 구체적으로 다량 무기질의 역할과 이용에 있어서 고려해야 할 점 등을 알아보고자 한다.

그림 8-1. 다량 무기질

칼슘

인체 내 가장 많이 존재하는 무기질은 칼슘으로, 치아와 골격 유지에도 중요하지만 생리 기능을 조절하는 역할도 담당한다.

칼슘(calcium, Ca)

흡수와 대사

칼슘의 흡수는 다른 식이요인이나 여러 조절호르몬의 영향을 받는다. 칼슘은 위산에 의해서 가용화된 상태가 되며 주로 소장에서 흡수되는데, 소장 상부의 능동수송은 활성형 비타민 **D**의 영향을 받는다. 활성형 비타민 D가 칼슘결합 단백질의 합성을 조절하기 때문이다. 칼슘 중 4% 가량은 대장에서 흡수되기도 한다.

능동수송(active transport)

수동수송(passive transport)

비타민 D 의존형 칼슘 결합단백질(vitamin D-dependent calcium binding protein)

칼슘의 흡수는 개인의 칼슘 및 비타민의 보유 상태, 연령, 임신, 수유 상태 등에 따라서도 영향을 받는다.

- 청소년이나 성인은 칼슘 섭취량의 20~40%가 흡수되지만
- 골격 발달이 왕성한 성장기 어린이는 75%까지도 증가하며,
- 임신 기간의 흡수율은 60%까지도 높아질 수 있다.
- 일반적으로 노년기가 되면서 흡수율이 떨어지는데, 여성은 폐경이 되면서 20% 수준으로 급격히 떨어지는 것을 볼 수 있다. 이는 에스트로겐 분비가 감소하기 때문이다.

에스트로겐(estrogen)

이 외에도, 부갑상선호르몬 분비, 비타민 **C**에 의한 칼슘의 가용화, 포도당 및 유당 등에 의해 흡수율이 증가되거나 과량의 인산, 피틴산, 수산 등의 식물성 성분들이나 과량의 인 섭취, 흡수되지 않은 유리 지방산, 차 등에 함유된 탄닌 등에 의해 흡수율이 감소된다(표 8-1).

표 8-1. 칼슘 흡수에 영향을 미치는 인자

흡수를 증진시키는 인자	흡수를 방해하는 인자
소장 상부의 산성 환경	소장 하부의 알칼리성 환경
정상적인 소화관 운동 및 활성	위산 완화제
비슷한 비율의 식이 칼슘과 인	칼슘에 비해 과량의 인, 철, 아연
비타민 D	피틴산, 수산, 흡수되지 않은 지방산
생리적인 칼슘 요구량의 증가 (성장 및 칼슘결핍)	비타민 D 결핍 폐경
부갑상선 호르몬	노령
유당	탄닌
포도당	과량의 식이섬유
비타민 C	운동 부족
에스트로겐	스트레스

내인성 칼슘 (endogenous calcium)

또한 과량의 식이섬유 섭취, 운동 부족과 스트레스도 칼슘의 음의 평형을 초래한다.

칼슘이 결핍되어 체내 보유 수준이 낮아지면 생리적인 요구도가 증가하기 때문에 흡수율이 높아지며, 다른 무기질들이 많으면 칼슘이온의 용해도 등에 영향을 미쳐 흡수율이 저하된다.

칼슘은 대변, 소변, 피부를 통해 배설된다.

- 대변 중 칼슘은 소화관으로 분비된 담즙, 소화액에 섞여 빠져나온 것 중 재흡수되지 않은 양과 식이 칼슘 중 흡수되지 않은 것을 모두 포함하고 있다.
- 혈중 칼슘은 신장에서 여과되더라도 99.8% 재흡수되기 때문에 소변으로 배설되는 양은 0.2%에 불과하다.
- 동물성 단백질 섭취가 많거나 혈중 포도당이나 아미노산 양이 증가하면 소변의 칼슘 배설량이 증가하고, 부갑상선호르몬이 분비되면 재흡수 비율이 높아지기 때문에 배설량이 감소한다.

흡수된 칼슘은 99% 이상 뼈를 구성하며, 세포외액에 주로 존재한다. 세포내에 저장되어 있는 칼슘은 소포체나 핵 같은 곳에 붙어 있다가 대사적으로 필요할 때만 세포질로 방출된다.

혈액 중의 칼슘은 항상 일정한 농도를 유지하고 있는데(10mg/dL), 부갑상선호르몬, 비타민 **D** 및 칼시토닌 등이 농도 조절에 관여하는 주요 인자이다(6장의 비타민 D 대사 참조).

- 부갑상선호르몬은 부갑상선에서 합성되며, 혈액의 칼슘 농도가 저하되었을 때 분비된다. 신장에서 비타민 **D**의 활성화와 칼슘 재흡수에 영향을 미치며, 뼈의 분해를 촉진한다.

활성형 비타민 D (1,25-dihydroxy cholecalciferol, 1,25-$(OH)_2$-vitamin D)

- 활성형 비타민 **D**는 소장에서 칼슘과 인의 흡수를 촉진하며, 부갑상선호르몬의 작용을 도와 신장에서의 칼슘 재흡수와 뼈의 분해를 유도한다.
- 칼시토닌은 갑상선의 C 세포에서 합성되며, 혈액 칼슘 농도가 상승할 때 분비되어 조골세포를 자극, 뼈의 석회화를 돕는다.
- 글루코코르티코이드는 조골세포의 활성을 저하시켜 뼈의 손실을 가져오며, 소장에서 칼슘의 흡수에 장애를 주기도 한다.
- 갑상선호르몬은 뼈의 분해를 촉진시키기 때문에 갑상선 기능 부전, 혹은 갑상선 기능 항진이 발생할 경우 골격에 영향을 미친다.
- 이 외에 성장호르몬, 인슐린, 에스트로겐 등은 활성형 비타민 D 농도 상승이나 골격 성장에 기여한다.

체내 기능

성인의 경우 체내 칼슘 보유량은 약 1.2kg으로, 이 중 99%가 골격과 치아를 구성하며 나머지 1%가 주로 세포외액에 존재하면서 여러 대사 과정에 관여한다.

골격의 구성

우리의 뼈는 겉 보기엔 비활성적인 것 같지만 끊임없이 분해와 재생 과정을 거치는 상당히 활발한 조직이다.

- 조골세포는 콜라겐, 점성 다당류 등 뼈기질을 분비하고 석회화를 유도하여 뼈조직을 늘리는 세포이며,

뼈의 생성 (bone formation)

뼈의 분해 (bone resorption)

조골세포(osteoblasts)

콜라겐(collagen)

석회화(calcification)

인산칼슘복염 (hydroxyapatite) 칼슘과 인산으로 만들어진 염으로, 골격의 단백질 기질에 침착되어 뼈에 강도와 경도를 주는 뼈를 구성하는 주된 요소

뼈의 재생성과정 (bone remodeling) 파골세포에 의해 뼈가 분해되고 조골세포에 의해 새로운 뼈가 생성되는 일련의 과정

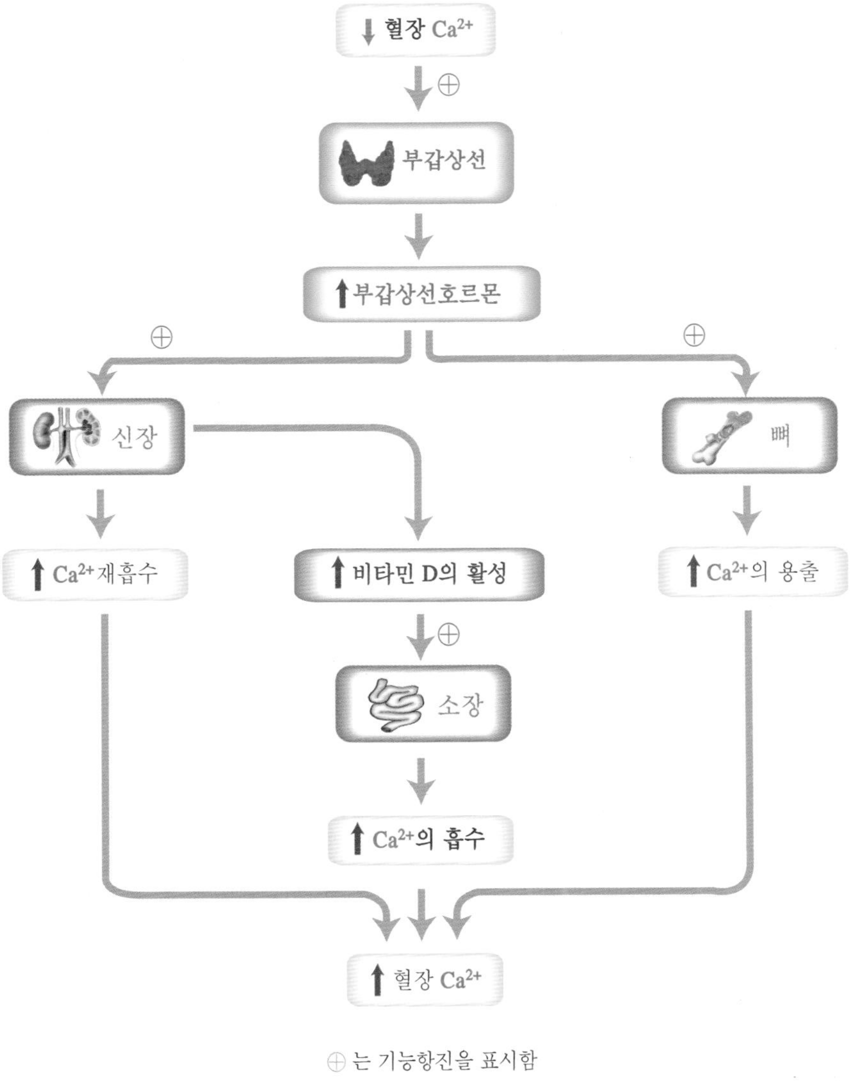

그림 8-2. 부갑상선호르몬과 비타민 D의 혈장 칼슘 농도 조절

파골세포(osteoclast)

히드록시아파타이트 (hydroxyapatite, $Ca_{10}(PO_4)_6(OH)_2$)

치밀골(compact bone, cortical bone) 뼈의 주로 겉부분을 구성하는 것으로 치밀하고 단단한 뼈

해면골 (spongy bone, trabeculae bone) 장골의 끝이나 등뼈, 골반 등의 안쪽을 구성하는 뼈

- 파골세포는 무기질을 용해하고 기질을 분해해 뼈를 분해하는 역할을 한다.
- 뼈의 주된 구성요소는 비결정상인 인산칼슘염과 수산화칼슘염의 복합체로, 인산칼슘 복염인 **히드록시아파타이트**이다.
- 조골세포 혹은 파골세포의 활성화에는 부갑상선호르몬, 활성형의 비타민 D, 칼시토닌, 에스트로겐, 여러 가지 아이코사노이드 등의 조절물질이 작용한다.
- 치밀골과 해면골로 구성된 골격은 칼슘의 저장고로도 중요한 의미를 갖는다(그림 8-2).
- 혈중 무기질 농도에 예민하게 반응하는 것은 주로 모세혈관과 접해있는 해면골로, 혈중 칼슘 농도가 높으면 석회화가 이루어지고, 칼슘이 부족할 때는 해면골로부터 빠져나가게 된다.
- 우선적으로 칼슘을 공급하는 부분은 골반과 척추이다.
- 정상적인 골격대사와 골질량을 유지하기 위한 가장 중요한 생리적인 요인은 혈액의 칼슘 농도이다. 혈액의 칼슘 농도가 저하되면 부갑상선호르몬에 의해 뼈로부터 칼슘이 용출된다.

대사 조절 기능

- 혈액응고 : 혈중 칼슘이온은 여러 가지 혈액응고 단백질을 활성화하는데 작용하므로 칼슘 없이는 혈액응고가 이루어지지 않는다.
- 신경전달 : 신경세포에서 활동전위가 축삭의 말단 부위까지 도달하면 세포외액의 칼슘이온이 세포 내로 유입되어 신경전달물질의 방출을 돕는다. 칼슘은 다른 이온들이 신경세포 내외로 이동하는데도 관여한다.

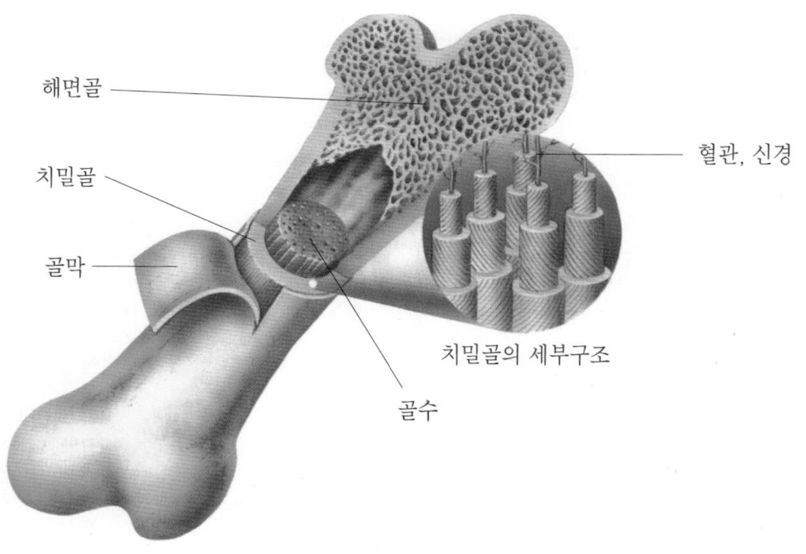

그림 8-3. 뼈의 구조

- 근육 수축 및 이완 : 칼슘이온이 방출되면서 근육 단백질인 액틴과 미오신이 결합하며, 이 두 단백질의 결합에 의해 근육이 수축된다.
- 세포 내 대사 작용 : 칼슘이온이 칼슘결합 단백질인 칼모듈린에 결합하면, 특정 단백질의 활성을 변화시킬 수 있기 때문에 여러 대사에 영향을 미칠 수 있다.

액틴(actin)
미오신(myosin)
칼모듈린(calmodulin)

질환의 예방

- 소장 내 칼슘은 지방산 혹은 담즙산과 결합하여 체외로 배설될 수 있기 때문에 대장암, 고지혈증 등을 예방하는 효과가 있는 것으로 보고 되고 있다.

표 8-2. 2020 한국인 영양소 섭취기준 – 칼슘, 인, 마그네슘

성 별	연 령	칼슘(mg/일)				인(mg/일)				마그네슘(mg/일)			
		평균 필요량	권장 섭취량	충분 섭취량	상한 섭취량	평균 필요량	권장 섭취량	충분 섭취량	상한 섭취량	평균 필요량	권장 섭취량	충분 섭취량	상한 섭취량*
영아	0~5(개월)			250	1,000			100				25	
	6~11			300	1,500			300				55	
유아	1~2(세)	400	500		2,500	380	450		3,000	60	70		60
	3~5	500	600		2,500	480	550		3,000	90	110		90
남자	6~8(세)	600	700		2,500	500	600		3,000	130	150		130
	9~11	650	800		3,000	1,000	1,200		3,500	190	220		190
	12~14	800	1,000		3,000	1,000	1,200		3,500	260	320		270
	15~18	750	900		3,000	1,000	1,200		3,500	340	410		350
	19~29	650	800		2,500	580	700		3,500	300	360		350
	30~49	650	800		2,500	580	700		3,500	310	370		350
	50~64	600	750		2,000	580	700		3,500	310	370		350
	65~74	600	700		2,000	580	700		3,500	310	370		350
	75이상	600	700		2,000	580	700		3,000	310	370		350
여자	6~8(세)	600	700		2,500	480	550		3,000	130	150		130
	9~11	650	800		3,000	1,000	1,200		3,500	180	220		190
	12~14	750	900		3,000	1,000	1,200		3,500	240	290		270
	15~18	700	800		3,000	1,000	1,200		3,500	290	340		350
	19~29	550	700		2,500	580	700		3,500	230	280		350
	30~49	550	700		2,500	580	700		3,500	240	280		350
	50~64	600	800		2,000	580	700		3,500	240	280		350
	65~74	600	800		2,000	580	700		3,500	240	280		350
	75이상	600	800		2,000	580	700		3,000	240	280		350
	임신부	+0	+0		2,500	+0	+0		3,000	+30	+40		350
	수유부	+0	+0		2,500	+0	+0		3,500	+0	+0		350

*식품외 급원의 마그네슘에만 해당
자료 : 보건복지부, 2020 한국인 영양소 섭취기준, 2020

- 나트륨의 흡수를 방해하기 때문에 혈압 감소에도 기여하는 것으로 보인다.
- 하지만 이러한 칼슘의 효과는 확증된 것이 아니므로 이들 질환의 예방을 칼슘 섭취에만 의존해서는 안 되며, 과잉 섭취하지 않도록 주의가 필요하다.

필요량

한국인 영양소 섭취기준에서 성인 남녀(19~49세)의 칼슘 권장섭취량은 남자 **800mg**, 여자 **700mg**이다(표 8-2).

- 폐경기 이후 여성의 경우 만성질환 및 골다공증 예방을 위해 800mg을 권장하였고, 50~64세 남자 성인은 750mg, 65세 이상 노인은 700mg으로 설정하였다.
- 임신기와 수유기에는 추가 섭취할 필요가 없다.
- 고칼슘뇨증 및 신결석 등 칼슘의 과잉 섭취로 인한 유해 작용을 예방하기 위해서 상한섭취량이 설정되었는데, 식사와 보충제를 통해서 섭취할 수 있는 양을 모두 합해 19~49세 성인은 1일 2,500mg을, 50세 이후에는 남녀 2,000mg을 넘지 않도록 해야 한다.

요인가산법 (factorial method)
체중증가량, 골격보유량 및 불가피손실량 등 대사의 주요 요인을 고려하여 최소필요량을 결정하는 방법

칼슘이 풍부한 식품

식품 중의 칼슘

- 우유, 치즈, 요구르트 같은 유제품은 칼슘의 함량도 높고 흡수율도 높은 중요 급원이며, 빵이나 과자 등 만드는 과정에서 우유가 첨가되는 제품도 칼슘 함량이 높다.
- 우리나라 노인들의 경우에는 유제품의 섭취가 낮은 편이므로 뼈째 먹는 생선류, 해조류, 두부 등의 식품이 칼슘의 주요 급원이 된다.
- 녹색채소나 콩, 곡류도 칼슘 섭취에 기여하나 칼슘의 흡수를 방해할 수 있는 인자도 많으므로 상대적인 흡수율을 고려해야 한다.

Ca의 생체이용률 (bioavailability)

흡수율(%)	식 품
≥50	콜리플라워, 케일, 겨자녹채, 배추, 브로콜리, 순무잎, 칼슘강화 식품과 음료
=30	우유, 칼슘강화두유, 치즈, 요구르트
=20	아몬드, 참깨, 고구마
≤5	시금치, 근대

칼슘보충제

칼슘섭취를 증가시키기 위해서는 칼슘보충제를 사용하기에 앞서 식사 형태를 바꾸는 시도를 해 보는 것이 바람직하다.

- 칼슘보충제의 사용은 다른 무기질의 흡수를 저해할 수 있기 때문이다.
- 칼슘보충제는 식이로 섭취하는 칼슘이 부족한 사람, 특히 우유나 유제품을 좋아하지 않거나 유당불내증이 있어 유제품 섭취를 꺼리는 경우에 유용하다.
- 뼈가루나 조개껍데기를 갈아서 칼슘보충제로 사용하는 경우에는 뼈에 함께 오염되어 있을 수 있는 납 등의 중금속을 섭취할 수 있다는 점을 고려해야 한다.

표 8-3. 칼슘이 풍부한 식품

식품군	급원식품	1회 분량	중량(g)	칼슘 함량(mg)
곡류	백미	1공기	90	5
	빵	1쪽	100*	26
	과자		30*	41
	라면(조리)		250	120
고기 · 생선 · 달걀 · 콩류	건멸치	1/4컵(소)	15	373
	미꾸라지(생)		60	720
	굴		80	342
	홍어		60	183
	달걀	1개(중)	60	31
	대두	2큰술	20	32
	두부	1/5모	80	51
채소류	들깻잎		70	207
	상추		70	85
	미역(건)		10	111
	채소음료	1/2컵	100	95
	콩나물	1/3컵(익힌것)	70	37
	배추김치	1접시	40	20
	열무김치	1접시	40	54
우유 · 유제품류	우유	1컵	200	226
	요구르트(호상)	1/2컵	100	141
	치즈(가공치즈)	1장	20*	125
	아이스크림		100	80
유지, 당류	깨	1/2큰술	5	13.8

* 표시 : 0.3회
자료: 농촌진흥청, 국립농업과학원, 2019

결핍증

칼슘 섭취량이 부족할 경우, 혈액의 칼슘 농도를 정상으로 유지하기 위해 소장의 칼슘 흡수와 신장에서의 재흡수가 촉진되고, 뼈의 분해가 이루어진다. 칼슘의 섭취량은 충분하더라도 칼슘의 흡수가 불량하여 결핍증이 유도될 수도 있다.

칼슘 섭취량이 장기간 부족하면

- 부갑상선호르몬이 분비되며, 이에 따라 비타민 D가 활성화되고 소장에서의 흡수율이 증가된다.
- 일반적으로 칼슘의 섭취량과 흡수율은 반비례한다.

- 심한 칼슘 결핍은 실험동물의 성장을 저해했다는 보고가 있으나 사람에게 크게 영향을 미친다는 뚜렷한 연구 결과는 없다.
- 20세 이전, 특히 아동기의 칼슘 섭취량은 최대 골질량에 영향을 미치기 때문에, 이 시기에 칼슘 섭취가 부족하면 골격의 무기질량이 상대적으로 적고, 골격 손실이 발생하는 시기가 빨라질 수 있다.

골감소증 (osteopenia) 정상적인 뼈의 분해에 비해 뼈의 생성부족으로 인한 골질량의 감소 또는 이로 인한 질환

테타니(tetany)

- 골감소증이 유발되는데, 이는 정상적인 뼈의 분해에 비해 뼈의 생성이 부족해서 나타나는 증상 혹은 질환이다.
- 혈액의 칼슘이온 농도가 감소하면서 근육이 계속적인 신경 자극을 받아 경련이 나타나기도 하는데, 이를 **테타니**라 한다.
- 칼슘 결핍 시에는 칼슘의 흡수율을 높이기 위해 비타민 D의 필요량이 증가하므로 2차적인 비타민 D의 결핍증이 나타날 수도 있다.

골연화증 (osteomalacia) 뼈 구성 무기질의 부족으로 뼈가 약화된 현상. 비타민 D 결핍과도 관계되며 동통, 압통, 근무력증 등을 수반한다.

- 골연화증이나 구루병은 칼슘 부족보다는 비타민 **D** 부족에 의해 나타나는 것으로 보인다.

골다공증 (osteoporosis) 뼈의 조성은 비교적 정상이나 전체적으로 골질량이 감소된 현상으로, 골절이 되기 쉬우며 골격의 형태 변형, 치아 손상을 동반한다.

구루병(rickets)

골다공증은 노령화에 따른 골격대사 이상, 또는 골격 칼슘 대사의 불균형으로 뼈의 절대량이 1/3이상 감소되는 증후군으로,

- 어떤 연령층에서도 발생할 수 있으나 노인과 폐경 후 여성에게 흔하다.

쉬어가기 좋은 영양 급원

비타민과 무기질은 같은 식품군에 해당하는 식품이라고 하더라도 식품의 종류에 따라서 함유량에 큰 차이를 보인다. 부족한 영양소의 섭취량을 보충하기 위해서 적절한 식품 급원을 제시할 수 있어야 하는데, 적절한 급원이란 무엇일까?
우선 기준량당 특정 영양소의 함유량이 높아야 할 것이다. 하지만 함량만큼이나 중요한 고려 사항이 또 있다. 한 번에 얼마만큼 먹을 수 있느냐(1회 분량)와 자주 섭취할 수 있느냐(빈도), 흡수 효율이 높으냐(생체이용률) 등이 그것이다.
예를 들어, 무말랭이와 우유에 들어있는 칼슘을 비교해 보도록 하자. 우선 무말랭이 100g 당 칼슘 함량은 310mg, 우유는 100mg이므로, 무말랭이가 더 좋은 급원이라고 생각할 수 있을 것이다. 그러나 1회 분량을 비교해 보자. 무말랭이를 한 번에 얼마나 먹을 수 있을 것인가, 하루 세끼를 먹는다고 하더라도 하루 종일 얼마나 먹을 수 있을 것인가? 우유는 1회 분량인 1팩이 200mL로 200g으로 추산할 수 있다. 무 70g을 1회 분량으로 감안하고 무말랭이를 만들었을 때의 양으로 계산하면 5g이 채 되지 않는다. 세끼를 계산하여 하루 먹을 수 있는 양은 15g이라 했을 때, 우유와는 큰 차이를 보인다고 할 수 있겠다. 무말랭이도 우유와 마찬가지로 자주 먹을 수 있다. 하지만 무말랭이를 매일 매끼니 먹게 된다면 한 번에 섭취하는 양은 점점 더 줄어갈 것이다.
마지막으로 생체이용률이다. 우유에는 당 성분과 인단백질에 결합되어 있는 등, 칼슘의 흡수를 도와줄 수 있는 여러 인자가 있어 유리한 생체이용률을 예측할 수 있지만, 무말랭이에는 식이섬유나 피틴산, 수산 등 칼슘과 염을 형성하여 흡수를 방해하는 인자들이 함께 들어 있다.
칼슘의 우수한 급원으로 어떤 식품을 선택할 것인가?

- 골다공증이 여성에게 많이 나타나는 것은 여성이 남성보다 골질량이 적고 손실이 빨리 되는 동시에 수명은 길기 때문이다. 또한 폐경 후 에스트로겐 분비 감소에도 영향을 받는다.
- 골절이 자주 나타나는데 노인은 골반뼈 골절이 흔하며, 폐경 후 여성은 척추뼈 파열골절이 주로 나타난다.

과잉증

건강한 성인의 경우 1일 2,400mg 정도의 칼슘 섭취는 무해하다. 경우에 따라서는 이 정도 과량의 칼슘으로 변비가 생기는 수도 있고, 결석이 잘 생기는 사람의 경우에는 신장결석 위험도가 증가될 수도 있으나 그다지 큰 문제가 되는 것은 아니다. 그러나 고칼슘 섭취는 칼슘의 이용효율을 저하시키고 철과 아연 등 다른 미량무기질의 흡수를 저해할 수 있다. 또한 제산제의 복용과 함께 우유 섭취가 지나치게 많으면 우유-알칼리증이 생길 수도 있다. 이 경우에는 혈액 내 칼슘이 크게 증가해 우리 몸의 여러 곳에 침착되어 지엽적인 조직 파괴를 일으킨다. 그러나 하루에 2,000mg 정도를 넘지 않는 한 이런 문제점을 걱정할 필요는 없다.

우유-알칼리증 (milk-alkali syndrome)

인

인은 칼슘과 함께 골격을 구성하는 중요한 원소이며, 여러 효소의 성분으로 작용한다. 인은 많은 식품에 함유되어 있어 섭취 부족보다는 과다 섭취 가능성이 높다. 칼슘과 인의 흡수 및 이용을 고려하여 칼슘과 인의 섭취 비율을 1 : 1로 하는 것이 바람직하다.

인(phosphorus, P)

흡수와 대사

소 화

인산은 식품 중에 유기 화합물의 인산염 형태로 존재하며, 세포 내의 인지질이나 인을 포함한 단백질과 같은 화합물의 구성성분이다. 이런 인산을 함유하는 유기인산염은 장에서 소화되어 무기인으로 유리된 후 장내 세포로 이동한다.

알칼리 조건에서는 인산염은 불용성이므로 산성인 위와 소장 상부가 인의 흡수과정에 중요한 역할을 담당한다.

채식 위주의 식사를 하는 사람들은 상당량의 인을 피틴산의 형태로 섭취하게 된다. 사람은 피틴산을 잘 소화하지 못하므로 곡류같이 피틴산이 많이 들어 있는 음식을 조리할 때는 물에 담가 이를 제거한다.

피틴산(phytic acid)

흡 수

소장에서 유리된 인은 비교적 쉽게 흡수된다.

- 성인은 보통 식사로부터 50~70%의 인을 흡수하며 섭취가 저조할 경우에는 90% 이상의 흡수율도 나타낸다.
- 인의 흡수는 생리적 요구량이 많아지는 성장기, 임신기, 수유기 등에는 증가한다.
- 인의 섭취량이 너무 많으면 칼슘의 흡수가 저해되므로, 흡수율을 최적으로 하기 위해서는 칼슘과 인의 섭취 비율을 **1 : 1** 정도로 하는 것이 바람직하다.
- 이 외에 알루미늄이나 마그네슘이 들어 있는 제산제를 사용하면 이런 무기질들이 장에서 인과 결합하기 때문에 인의 흡수를 감소시킬 수 있다.

저 장

인체에 여섯 번째로 많은 원소인 인은 우리 몸 모든 세포에 존재한다. 인을 보유하는 데 가장 중요한 조직으로는 골격의 히드록시아파타이트(85%)와 골격근(14%)이다.

배 설

인은 주로 신장을 통해 소변으로 배설된다.

- 인의 사구체 여과율이 혈중 인의 농도에 따라 달라지기 때문에, 인의 배설량은 0.1~20%까지 그 범위가 넓다.
- 혈청 인의 농도가 신장에서 인의 재흡수를 조절하는 주요 요소가 된다.
- 신장에서 인의 재흡수를 조절하는 데는 부갑상선호르몬의 영향이 가장 크며, 혈청 내 부갑상선호르몬의 농도와 인의 배설량 간에는 양의 상관관계가 있다.
- 그 외에 산독증과 이뇨제 사용 시 인 배설량은 증가하고, 인슐린, 갑상선호르몬, 성장호르몬의 분비가 저하되거나 알칼리혈증, 저칼륨혈증일 때 감소한다.
- 대변을 통해서 배설되는 1일 내인성 인의 양은 250~300mg이다.

산독증(acidosis)
알칼리혈증(alkalosis)
저칼륨혈증(hypokalemia)

인의 항상성

항상성(homeostasis)

신장은 인의 재흡수율을 조절하며 인의 항상성을 유지하는 주요 기관이다. 식품을 통한 인의 섭취가 적을 경우 소장에서는 인의 흡수를 증대시키고 신장은 재흡수를 증가시켜 소변으로의 유출을 최소화한다. 이 과정에는 활성형 비타민 **D**와 부갑상선호르몬이 필수적이다.

체내 기능

골격의 구성

인의 체내 보유량은 성인 남자의 경우 660~700g 정도이다. 이 중 85%가 칼슘과 결합하여 골격과 치아를 구성한다. 골격 무기질 내의 인과 칼슘의 비는 보통 1 : 2를 이루고 있다.

신체의 구성성분

인은 DNA, RNA 등 핵산의 구성성분이며, 모든 세포막과 지단백질의 형성에 필요한 인지질을 구성하는 필수 요소이다.

인지질(phospholipid)

비타민 및 효소의 활성화

인은 나이아신, 티아민, 비타민 B_6 등 여러 비타민의 활성화에 필요하다. 또한 인산화와 탈인산화에 의해 효소들의 활성화가 이루어지기도 한다. 예를 들어, 글리코겐 분해효소는 인산화 되어야 글리코겐을 포도당 6-인산으로 분해할 수 있으며 탈인산화로 활성이 소멸된다.

인산화 (phosphorylation)

탈인산화 (dephosphorylation)

에너지 대사

ATP, 포스포크레아티닌, 포스포에놀 피루브산 등은 탄소 기질에 인산을 결합시킴으로써 고에너지를 일시적으로 보유, 혹은 저장하기 위한 물질들이다.

포스포크레아틴 (phosphocreatine)

포스포에놀피루브산 (phosphoenol pyruvate)

완충 작용

인은 혈액과 세포 내에서 인산과 인산염의 형태로 산과 염기의 평형을 조절하는 중요한 완충 작용을 한다.

필요량

우리나라 성인의 인 섭취량은 1일 600~1,500mg 수준으로 칼슘 섭취량에 비해 월등히 많으며 칼슘과 인의 섭취 비율은 1 : 2 정도이다. 한국인 영양소 섭취기준에서 성인의 인 섭취 기준은 혈청 무기인산을 지표로 하고 흡수율을 감안하여

- 성인 남녀 모두 **700mg**으로 설정되었다.
- 임신, 수유기에는 모체의 칼슘 흡수율을 높이기 위해 칼슘과 인의 섭취비율이 중요시 되는데, 입덧하는 시기 이외 임신기 동안 음식의 섭취량 증가로 인 섭취량도 정상인 섭취량보다 많아지므로 특별히 가임기 여성보다 증가시킬 필요가 없다.
- 상한섭취량은 9~74세 3,500mg, 75세 이상은 3,000mg으로 설정하였다.

인이 풍부한 식품

인은 거의 모든 식품에 들어 있다(표 8-4).

- 일반적으로 **단백질**이 풍부한 식품인 어육류와 난류, 우유 및 유제품 그리고 곡류에 많이 함유되어 있으며, 특히 가공식품과 탄산음료에 많다.
- 육류, 가금류, 생선 중의 인의 함량은 칼슘 함량보다 15~20배나 많으며, 난류, 곡류, 견과류, 두류에는 칼슘보다 2배 정도 많다.
- 녹황색 채소나 동물의 뼈에는 인보다 칼슘 함량이 더 많다.
- 동물성 식품에 함유된 인은 유기물 형태로 존재하며 장에서 쉽게 가수분해되어 유리 형태인 무기인으로 흡수되므로 생체이용률이 높다.
- 식물성 식품 중의 인은 피틴산의 형태로, 쌀이나 밀에 함유된 인의 80%가 피틴산에 들어 있다.

표 8-4. 인이 풍부한 식품

식품군	급원식품	1회 분량	중량(g)	인 함량(mg)
곡류	현미	1공기	90	248
	백미	1공기	90	86
	찹쌀	1공기	90	136
	보리	1공기	90	145
	감자	1개(중)	140	87
고기 · 생선 · 달걀 · 콩류	돼지고기, 목살	7~8쪽	60	110
	닭고기	2조각(중)	60	151
	쇠고기, 등심	7~8쪽	60	79
	멸치	1/4컵(소)	15	280
	오징어		80	216
	새우		80	312
	고등어	2토막	70	203
	명태	3토막	60	121
	달걀	1개(중)	60	115
	두부	1/5모	80	126
	대두	2큰술	20	114
채소류	배추김치	1접시	40	20
우유 · 유제품류	우유	1컵	200	168
	치즈, 가공	1장	20*	171
	요구르트(호상)	1/2컵	100	105

* 표시 : 0.3회

자료 : 농촌진흥청, 국립농업과학원, 2019

결핍증

- 인은 거의 모든 식품에 함유되어 있어 사람에게서 결핍증이 발생하는 일은 드물다.
- 동물이나 사람에게 장기적으로 인이 결핍되면 식욕부진, 근육 약화, 뼈의 약화 및 통증 등이 초래된다.
- 특히 조산아인 경우 부적절한 인이나 칼슘의 공급으로 인해 구루병이 생길 수 있다. 그 밖에도 당뇨병, 알코올 중독, 신장병 등이 있거나, 인과 결합하는 물질이 들어있는 제산제를 장기 복용하게 되면 저인산혈증이 나타날 수 있다.

저인산혈증 (hypophosphatemia)

과잉증

장기간 인을 칼슘의 2배 이상 섭취하면

- 고인산혈증, 저칼슘혈증, 또는 이에 따른 이차적인 부갑상선호르몬의 증가를 유도함으로써 골격 손실을 유도할 수 있다.
- 비골격조직의 전이성 석회화, 골다공증 등을 가져올 수 있다.
- 조산아에게 골격 성장을 위해 다량의 인을 공급하는 경우, 마그네슘 등 다른 무기질의 흡수를 방해할 수 있다.
- 영아에게 인 함량이 높은 조제분유를 사용할 경우에는 저칼슘혈증 및 테타니 발생 가능성을 고려해야 하지만, 과량의 인을 장기간 섭취하지 않는 한 큰 문제가 되지는 않는다.
- 이러한 부반응을 예방하기 위해 인의 1일 상한섭취량은 3,500mg으로 설정하였으며 임신부는 인의 흡수율이 증가하므로 3,000mg으로 하였다.

마그네슘

마그네슘은 식물색소인 엽록소의 구성원소이므로 식물성 식품은 마그네슘이 풍부한 급원이 된다. 체내 존재하는 마그네슘의 60%는 경조직인 골격과 치아의 구성성분으로 탄산이나 인과 복합체를 형성하고 있다. 나머지 마그네슘은 혈액이나 연조직에 2가의 양이온(Mg^{2+})상태로 존재한다.

마그네슘 (magnesium, Mg)

흡수와 대사

마그네슘은 주로 소장에서 흡수된다.

- 섭취하는 식품 내에 존재하는 마그네슘의 30~40%가 흡수되나, 마그네슘의 섭취가 부족할 경우 흡수율은 80%까지 증가한다.

■ 알칼리제제를 다량으로 섭취할 경우 흡수율이 감소한다.

알도스테론(aldosterone)

뼈 속의 마그네슘은 혈액으로 유출되는 비율이 낮으며 혈중 마그네슘의 조절은 주로 신장을 통해 이루어진다. 마그네슘의 배설은 대부분 담즙을 통해서 일어나고, 1/3은 소변으로, 나머지는 대변으로 배설된다. 마그네슘은 알도스테론에 의해 신장에서 배설이 증가하는데, 알코올이나 이뇨제도 마그네슘의 배설을 증가시킨다.

체내 기능

골격과 치아의 구성성분

체내 존재하는 마그네슘의 60%는 탄산이나 인산과 복합체를 이루어 골격과 치아의 표면을 구성한다.

여러 효소의 보조인자와 활성제로 작용

헥소오스인산화효소 (hexokinase)
포스포프락토오스 인산화효소 (phosphofructokinase)
아데닐산인산화효소 (adenylate kinase)
아실화(acylation)
티올인산화효소 (thiokinase)
아미노산아실합성효소 (amino acid acyl synthetase)
글루타민합성효소 (glutamine synthetase)
인산분해효소 (phosphatase)
피로인산분해효소 (pyrophosphatase)

인산기 전이반응을 촉매하는 헥소오스인산화효소, 포스포프락토오스인산화효소, 아데닐산인산화효소 등과 코엔자임 **A**의 아실화를 촉매하는 티올인산화효소, 아미노산의 활성화를 촉매하는 아미노산아실합성효소, 이 외에 글루타민합성효소 등의 보조인자로 작용하며, 인산염과 피로인산염을 가수분해하는 효소인 인산분해효소와 피로인산분해효소의 활성제로 작용한다.

ATP의 구조적인 안정유지 및 에너지 대사에 관여

ATP 의존성 인산화반응에서 마그네슘은 ATP와 1 : 1의 비율로 2가의 복합체를 형성하여 ATP를 구조적으로 안정시킨다(그림 8-4).

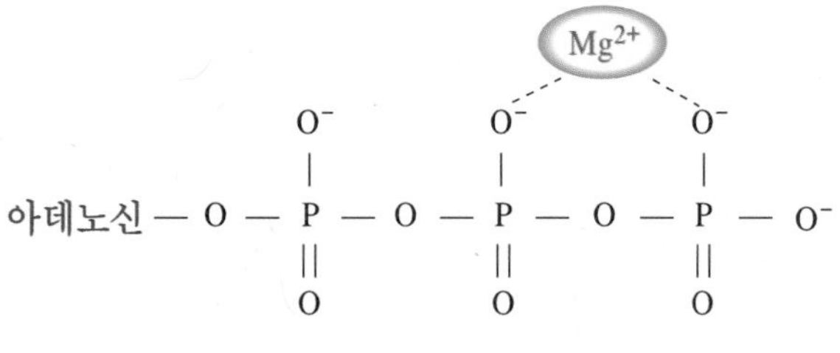

```
                                      Mg2+
                                   .´      `.
                  O⁻             O⁻           O⁻
                  |              |            |
아데노신 — O — P — O — P — O — P — O⁻
                  ||             ||           ||
                  O              O            O
```

그림 8-4. Mg-ATP복합체의 구조

신경자극의 전달과 근육의 긴장 및 이완작용 조절

마그네슘은 칼슘, 칼륨, 나트륨과 함께 신경자극전달과 근육(심근, 내장근)의 수축 및 이완작용을 조절하는 네 가지 양이온 중의 하나로,

- 마그네슘과 칼슘은 서로 상반된 작용을 한다.
- 칼슘은 근육을 긴장시키고 신경을 흥분시키는 반면, 마그네슘은 신경전달물질인 아세틸콜린의 분비를 감소시키고 분해를 촉진하여 신경을 안정시키고 근육의 긴장을 이완시킨다.
- 마그네슘은 마취제나 항경련제의 성분으로 이용되기도 한다.

기타 기능

- 마그네슘은 단백질 합성과정에서 단백질의 합성장소인 리보솜의 응집과, 70S 리보솜에 전령 RNA가 부착하는 데 관여하며, **DNA**의 합성과 변형 DNA 합성효소에도 관여한다.
- 마그네슘은 호르몬이 전하는 메시지를 세포내에 전달하여 대사나 기타 세포내 반응이 일어나게 하는 2차 전령자인 **cAMP**의 생성에 관여한다.
- 마그네슘은 치아 에나멜층에 존재하는 칼슘에 대한 안정성을 증가시켜 충치를 예방한다.

전령 RNA (messenger RNA)

DNA 합성효소 (DNA polymerase)

2차 전령자 (second messenger)

필요량

마그네슘의 경우에는 한국인 영양소 섭취기준 설정에 이용할 만한 적합한 생화학적 지표 연구가 거의 없다. 따라서 미국에서 수행한 마그네슘 평형실험 결과를 이용하여 영양소 섭취기준을 마련하게 되었다. 성인의 1일 평균필요량은 체중에 따라 다르기 때문에 연령에 따른 차이를 보이며, 구체적인 수치는 표 8-2에 나타내었다.

식품 자체에 존재하거나 식품에 강화시킨 마그네슘의 경우에는 유해한 영향이 보고 되지 않았으나 하제 등 약리적 목적으로 사용되는 식품 외의 마그네슘은 섭취로 인한 부반응의 가능성이 있어 1일 350mg 이상 섭취하지 말도록 상한섭취량을 설정하였다.

마그네슘이 풍부한 식품

- 마그네슘은 엽록소의 구성성분이므로 식물성 식품은 마그네슘의 좋은 급원이다(표 8-5).
- 코코아, 견과류, 대두, 전곡 등은 특히 마그네슘이 풍부한 식품이다.
- 전곡과 시금치 등에는 마그네슘은 많으나 피틴산이 함유되어 있어 마그네슘의 흡수를 저해한다.
- 콩 및 콩제품을 많이 섭취하는 우리나라 사람들에게는 마그네슘이 결핍될 일이 거의 없다.
- 유제품, 초콜릿, 육류에도 마그네슘이 들어 있다.

표 8-5. 마그네슘이 풍부한 식품

분 류	식품명	1회 분량	중량(g)	마그네슘 함량(mg)
곡류	현미	1컵	90	90
	백미	1컵	90	21
	감자	1개(중)	140	28
고기 · 생선 · 달걀 · 콩류	대두	2큰술	20	42
	돼지고기	7~8쪽	60	13
	쇠고기	7~8쪽	60	18
채소류	시금치	1/3컵(데친 것)	70	59
	콩나물	1/3컵(데친 것)	70	19
	들깻잎	1/3컵(데친 것)	70	106
	열무김치	1접시	40	14
	배추김치	1접시	40	10
	깍두기		40	12
	건미역		10	90
음료 · 우유 · 주류	과일음료	1/2컵	100	15
	우유	1컵	200	20
	맥주	1캔	375	23

자료 : 농촌진흥청, 국립농업과학원, 2019

결핍증

칼슘과 달리 마그네슘은 자연계에 널리 분포되어 있고, 골격에서 서서히 혈액으로 이동되므로, 마그네슘의 고갈은 서서히 진행된다. 그러나 마그네슘의 섭취가 부족하거나, 다량이 체외로 방출되면, 혈청 마그네슘은 갑자기 저하된다. 이로 인해 세포외액의 다른 무기질과의 균형이 깨지며, 신경자극전달과 근육의 수축 · 이완작용이 제대로 조절되지 않아 **신경이나 근육에 심한 경련**이 일어난다.

경련(convulsion)

신경, 폐, 심장이 제대로 작용하기 위해서는 마그네슘이 필요하다. 동물의 경우 마그네슘이 부족하면 매우 초조하고 불안해 하며, 나아가 경련을 일으키고 사망하는 수도 있다. 사람의 경우 마그네슘 결핍은 **심부전**을 일으키고, 허약 · 근육통 · 발작 등을 수반하며, 갑작스런 **심장마비**를 일으키기도 한다.

발작(seizure)

이 외에도 마그네슘의 결핍은,

- 심한 **구토나 설사**로 인해 일상식사를 통한 마그네슘의 흡수가 충분하지 못하거나,
- 무더운 **기후**에서 여러 주일 동안 심하게 땀을 흘린 경우,
- 마그네슘 배설을 증가시키는 티아지드계 이뇨제를 사용했을 때도 나타난다.
- 아연을 지나치게 많이(권장량의 10배) 섭취할 경우 마그네슘의 흡수율이 상당히 감소

티아지드(thiazide)

하여 마그네슘 결핍증이 생길 수 있다.

- 알코올 중독자의 경우는 영양소의 섭취가 적절하지 못할 뿐만 아니라 알코올이 소변으로 배설되는 마그네슘의 양을 증가시키므로, 마그네슘이 결핍될 우려가 있다.
- 이들에게는 흔히 신경성 근육 경련, 즉 마그네슘 테타니 증세가 나타난다.

마그네슘 테타니 (magnesium tetany)

과잉증

- 마그네슘 과잉증은 정상적인 식사를 하는 건강인에게는 발생하지 않는다.
- 신장이 일차적으로 혈액 내 마그네슘 수준을 조절하기 때문에, 마그네슘의 과잉증은 신장기능의 이상과 밀접한 관계가 있다.
- 고마그네슘혈증은 허약, 구역질과 함께 불쾌감을 일으키고, 호흡이 느려지고 혼수상태가 되며, 심하면 죽음을 초래한다.
- 노인의 경우 고마그네슘혈증은 신장기능 장애를 일으키므로 특히 위험하다.

나트륨

나트륨은 세포외액의 주된 양이온이며, 체중의 0.15~0.2%를 차지하고 있다(체중이 70kg인 경우 약 105g 정도). 이 중 50%는 세포외액에, 40%는 골격에, 약 10%는 세포내에 존재한다. 혈액에서는 대부분 혈청에 존재하며, 310~340mg/dL(136~145mEq/L)를 수준이다.

나트륨(sodium, Na)

흡수와 대사

식품 중의 나트륨은 대부분 소장에서 에너지를 필요로 하는 능동수송에 의해 흡수되며, 약 5%만이 대변을 통해 배설된다.

나트륨 의존형 능동수송기전 (sodium dependent active transport)

- 소장에서 나트륨의 흡수는 포도당, 염소와 함께 흡수될 때 촉진된다.
- 흡수된 나트륨은 체내 정상수준을 유지하는데 필요한 양만 혈액에 잔류하고, 여분의 나트륨은 주로 신장을 통해 배설된다.
- 나트륨의 섭취량이 많으면 소변으로 배설되는 나트륨 양이 증가하며, 섭취량이 적으면 배설량도 감소한다.
- 날씨가 더우면 피부를 통하여 땀으로 0.5~3g/L의 나트륨을 배설한다.
- 나트륨은 담즙이나 췌액 등의 소화액에도 포함되어 있으나 대부분 재흡수된다.
- 장기간의 저염식이나 발한으로 인해 나트륨이 많이 손실되면 체내 나트륨 보유량이 감소한다.
- 혈중 나트륨 농도가 감소하면 부신피질 호르몬인 알도스테론에 의해 신장에서 나트

륨의 재흡수가 촉진된다(그림 8-5).

인체 내 나트륨은 땀으로 인한 손실량이 매우 많다고 해도 고갈되는 것은 흔하지 않다.

- 우리가 섭취하는 음식물에 충분량의 나트륨이 함유되어 있고, 체내에도 상당량 보유하고 있기 때문이다.
- 그러나 발한에 의한 수분손실이 체중의 3%(약 2~3kg)를 초과할 경우에는 나트륨 손실량을 보충해주어야 한다.
- 대부분 짠 음식을 제공해줌으로써 체내 나트륨량을 충분히 정상으로 되돌릴 수 있다.
- 지구력을 필요로하는 운동선수(마라톤, 테니스, 축구 등)의 경우 나트륨과 다른 전해질의 손실을 막기 위해 경기 동안 스포츠 음료를 섭취할 필요가 있다.
- 땀 속의 나트륨 농도(약 2g/L)는 혈중 농도(약 3g/L)의 2/3 수준이지만 짭잘한 맛을 내는 것은 수분이 증발함에 따라 나트륨이 농축된 결과이다.

체내 기능

삼투압의 정상유지

세포 내외의 삼투압은 주로 나트륨이온(Na^+)과 칼륨이온(K^+)에 의해 조절된다. 세포외액의 나트륨과 칼륨이온의 비율은 28 : 1로 유지되고, 세포내액의 비율이 1 : 10수준이며, 혈장 및 세포내의 삼투압은 300mOsm/L를 나타낸다.

산과 염기의 평형유지

나트륨이온은 체내에서 수소이온과 교환이 가능한 염기로, 염소이온, 중탄산이온(HCO_3^-)과 함께 산 · 염기 평형에 관여한다.

정상적인 근육의 자극반응을 조절

나트륨이온은 근육에 전기화학적 자극을 전달함으로써 정상적인 근육의 흥분성과 과민성을 유지한다.

신경자극의 전달

휴지상태
(resting state)

휴지전위
(resting potential)

탈분극
(depolarization)
신경세포, 근육세포에서 활동전위를 일으키도록 세포막 전위가 뒤바뀌는 현상

신경세포막에 신경자극이 전혀 없는 상태를 휴지상태라 하며, 이때의 세포막 내외의 전위차를 휴지전위라 한다. 휴지상태에서 세포내액에는 칼륨이온이, 세포외액에는 나트륨이온이 주요 양이온이며, 상대적으로 세포외액에 양이온이 더 많기 때문에 세포 외부는 양전하, 세포 내부는 음전하를 띤다고 간주한다.

이렇게 극이 나뉘어진 휴지상태에 자극이 주어지면, 나트륨이온이 농도차에 의해 세포내로 이동하게 되며 이러한 이동은 세포막에 탈분극을 일으킨다. 이러한 세포막 전위의

레닌(renin)

안지오텐시노겐(angiotensinogen)

안지오텐신(angiotensin)

안지오텐신 전환효소(angiotensin converting enzyme, ACE)

알도스테론(aldosterone)

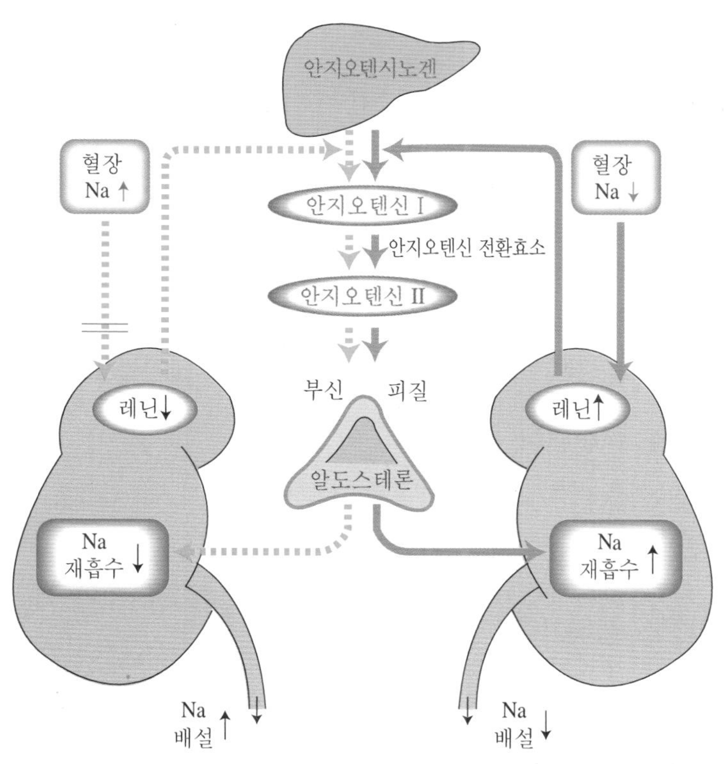

그림 8-5. 전해질 배설의 조절

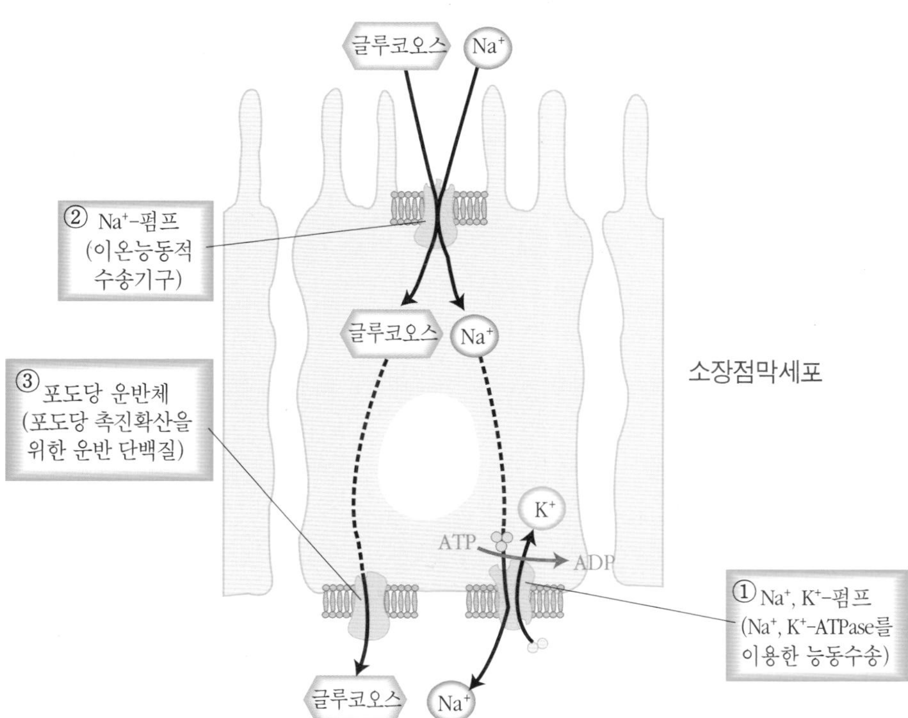

① Na^+, K^+ 펌프 ② Na^+ 펌프 ③ 포도당 운반체

그림 8-6. 나트륨에 의한 포도당 흡수 촉진

활동전위
(action potential)

일시적인 변화를 활동전위라 한다. 이어 칼륨이온이 세포막 밖으로 이동하여 세포막 전위를 휴지전위상태로 되돌려 놓는다. 이를 재분극이라 한다.

단일 활동전위가 나타나는 동안 세포막을 가로지르는 나트륨이온과 칼륨이온의 양은 소량이지만 수많은 활동전위가 통과하고 나면 나트륨과 칼륨의 세포내 농도 차이가 점점 줄어들면서 세포막 전위차가 사라지게 된다. 이를 막기 위해 신경세포는 **Na^+-K^+** 펌프를 이용하여 1분자의 ATP를 소모할 때마다 3분자의 나트륨이온을 세포 밖으로, 2분자의 칼륨이온을 세포내로 이동시킨다. 이러한 펌프작용으로 나트륨과 칼륨이온의 신경세포내($K^+ > Na^+$)와 신경세포외($K^+ < Na^+$)에서의 농도가 정상적으로 유지된다(그림 8-6, ①).

Na^+-K^+ 펌프
(Na^+-K^+ pump)

다른 영양소의 흡수에 관여

당질과 아미노산은 흡수 시 소장 점막세포를 통과하기 위해서 Na^+ 펌프를 반드시 이용한다(그림 8-6, ②).

나트륨의 영양소 섭취기준

2018년 국민건강영양조사에 따르면, 한국인의 나트륨 섭취량은 1일 평균 3,255mg으로 매우 많은 양을 섭취하고 있어서 섭취량을 줄일 필요가 있다.

나트륨 필요량 추정을 위한 지표로는 나트륨 평형, 혈청 나트륨 농도, 혈장 레닌 활성도, 혈압상승, 혈중 지질 농도, 인슐린 저항성 등이 있으나 우리나라의 경우 평균필요량을 산출할 만한 자료가 충분치 못하여 충분섭취량만이 제시되었다.

나트륨의 1일 충분섭취량은 충분한 일반인들에게 건강메시지를 전달하고 만성질환인 고혈압, 심혈관계 질환을 예방하며 식품가공적인 측면에서 바람직한 섭취수준을 제시하는데 의미가 있다. 건강한 성인의 1일 나트륨 충분섭취량은 1,500mg이며, 임신 · 수유부의 충분섭취량은 비임신부와 동일하다(표 8-6).

나트륨의 상한섭취량은 충분한 자료가 확보될 때까지 설정이 유보된 상태이나 생활습관병의 예방차원에서 과잉섭취에 대한 대책마련이 요구되므로 WHO/FAO에서 제시한 식이 관련 만성질환 예방을 위한 목표섭취량을 참고하여 우리나라는 만성질환위험 감소섭취량으로 일일 **2,300mg**을 제시하였다.

Na, 만성지환위험 감소섭취량: 2,300mg

일일 섭취량을 2,300mg 이하로 감소시키라는 의미가 아니라 일일 2,300mg보다 많이 섭취하고 있는 경우 전반적으로 섭취량을 줄이면 만성질환 위험을 감소시킬 수 있다는 의미의 섭취기준

나트륨이 풍부한 식품

나트륨의 주요 급원은 소금을 함유한 식품이며(표 8-7),

- 육류에는 채소, 과일, 콩류 등에 비해 비교적 많은 나트륨이 함유되어 있다.
- 식품을 가공할 때는 맛과 저장성을 고려해 소금을 첨가하므로, 젓갈, 감자칩, 장조림 등 가공 식품은 나트륨 함량이 높으며,
- 간장, 된장, 불고기 양념소스, 토마토케첩, 굴소스, 자장 등 조리할 때 흔히 사용하는

표 8-6. 2020 한국인 영양소 섭취기준 – 나트륨, 칼륨, 염소

성 별	연 령	나트륨(mg/일)		칼륨(mg/일)	염소(mg/일)
		충분섭취량	만성질환위험감소섭취량	충분섭취량	충분섭취량
영아	0~5(개월)	110		400	170
	6~11	370		700	560
유아	1~2(세)	810	1,200	1,900	1,200
	3~5	1,000	1,600	2,400	1,600
남자	6~8(세)	1,200	1,900	2,900	1,900
	9~11	1,500	2,300	3,400	2,300
	12~14	1,500	2,300	3,500	2,300
	15~18	1,500	2,300	3,500	2,300
	19~29	1,500	2,300	3,500	2,300
	30~49	1,500	2,300	3,500	2,300
	50~64	1,500	2,300	3,500	2,300
	65~74	1,300	2,100	3,500	2,100
	75 이상	1,100	1,700	3,500	1,700
여자	6~8(세)	1,200	1,900	2,900	1,900
	9~11	1,500	2,300	3,400	2,300
	12~14	1,500	2,300	3,500	2,300
	15~18	1,500	2,300	3,500	2,300
	19~29	1,500	2,300	3,500	2,300
	30~49	1,500	2,300	3,500	2,300
	50~64	1,500	2,300	3,500	2,300
	65~74	1,300	2,100	3,500	2,100
	75 이상	1,100	1,700	3,500	1,700
임신부		1,500	2,300	+0	2,300
수유부		1,500	2,300	+400	2,300

자료 : 보건복지부, 2020 한국인 영양소 섭취기준, 2020

조미료에도 소금이 많이 들어 있다.

- 베이킹파우더와 화학조미료 외에 발색제로 사용하는 아질산 나트륨, 보존제로 사용되는 벤조산 나트륨 등과 같은 첨가물이 들어 있는 식품에도 나트륨이 들어 있다.
- 가공하지 않은 식품이나 소금을 첨가하지 않은 음식만 먹을 경우, 나트륨 섭취량은 1일 500~1,000mg 정도이다.
- 2013년도 한국인의 1일 평균 식염섭취량은 약 10g으로, 이를 나트륨 섭취량으로 전환하면 약 4,000mg으로 목표섭취량의 2배를 섭취하고 있다. 이를 통해 식염이 나트륨 섭취량에 기여하는 바가 상당히 크다는 것을 알 수 있다.

베이킹파우더(baking powder)

화학조미료(monosodium glutamate, MSG)

아질산 나트륨(sodium nitrate)

벤조산 나트륨(sodium benzoate)

표 8-7. 나트륨 함유 식품

식품군	급원식품	1회 분량	중량(g)	나트륨 함량(mg)
곡류	송편(팥)		150	699
	송편(검정콩)		150	695
	라면(스프 포함)	1개	120	466
	국수		210	830
	메밀국수		210	956
	빵	1개	100	516
	크로와상, 버터	1개	80	595
고기 · 생선 · 달걀 · 콩류	돼지고기 등심	7~8조각	60	29
	햄/소시지/베이컨	2조각(얇게)	30	228
	어묵	2조각(얇게)	30	210
	달걀(생것)	1개(중)	60	79
	멸치		15	357
	어패류젓		15	1774
채소류	건미역		10	754
	배추김치	1인분	40	219
	총각김치	1인분	40	277
	깍두기	1인분	40	200
우유	우유	1컵	200	72
	치즈	1장	20	186
기타	소금(식용)	1작은술	1	334
	간장	1작은술	5	274
	청국장	2작은술	10	308
	된장	2작은술	10	434
	쌈장	2작은술	10	262
	고추장	1작은술	5	124

자료 : 농촌진흥청, 국립농업과학원, 2019

살리실산염 (salicylate)

- 살리실산염 등의 **진통제**나 **감기약**, **항생제**나 **안정제** 등에도 나트륨이 들어 있으며,
- **치약**, **수돗물**에도 나트륨이 들어 있으므로 나트륨 제한이 요구될 때는 음식뿐만 아니라 다각도의 통제가 필요하다.

표 8-8은 나트륨 섭취 습관을 알아보기 위해 흔히 사용하는 평가지이다. '자주' 혹은 '규칙적으로'에 표한 항목 수가 많을수록 나트륨 섭취량이 많다는 것을 의미한다. 그러나 표에 있는 각 항목의 습관을 갖고 있다고 하더라도 그것이 꼭 나트륨 섭취 정도와 같음을 의미하지는 않는다. 이를테면 대부분의 천연치즈는 비교적 나트륨 함량이 적절한 반면 가공치즈나 커티지 치즈는 훨씬 많다.

표 8-8. 나트륨 섭취 습관을 평가하는 설문지

당신은 얼마나 자주	드물게	때때로	자주	규칙적(매일)
1. 훈제 혹은 가공육류(햄, 베이컨, 소시지, 프랑크푸르트소시지, 혹은 다른 인스턴트 식사용 가공육)를 섭취하는가?	□	□	□	□
2. 통조림 채소나 냉동채소의 국물도 함께 사용하는가?	□	□	□	□
3. 상업적으로 가공 조리된 반조리식품이나 통조림 수프를 사용하는가?	□	□	□	□
4. 치즈, 특히 가공치즈를 먹는가?	□	□	□	□
5. 가염 견과류, 팝콘, 콘칩, 감자칩 등을 먹는가?	□	□	□	□
6. 채소 조리 시 조리수에 소금을 첨가하는가?	□	□	□	□
7. 소금, 샐러드 드레싱, 양념(간장, 스테이크소스, 케첩, 겨자 등)을 조리하는 동안 혹은 식사 시 첨가하는가?	□	□	□	□
8. 맛보기 전에 먼저 음식에 소금을 첨가하는가?	□	□	□	□
9. 식품을 살 때 나트륨 함량표시를 확인하는가?	□	□	□	□
10. 외식을 할 경우, 소스를 곁들인 음식이나 짠 음식을 선택하는가?	□	□	□	□

■ 미국 FDA에 의한 나트륨 관련 용어 정리

- sodium-free 혹은 salt-free : 1단위당 5mg 이하의 Na 함유
- very low sodium : 30g 혹은 2큰술 이상 제공할 경우 1단위당 Na가 35mg 이하, 1단위의 크기가 이보다 작을 경우는 식품 50g당 35mg 이하의 Na 함유
- low sodium : 30g 혹은 2큰술 이상 제공할 경우 1단위당 Na 140mg이하, 혹은 1단위의 크기가 이보다 작을 경우는 식품 50g당 140mg 이하의 Na 함유
- reduced or less sodium : 1단위당 동일 식품의 나트륨 함량보다 적어도 25%가 적은 경우
- light in sodium : 1단위당 동일 식품의 나트륨 함량에 비해 50%가 적은 경우

나트륨 섭취량을 줄이기 위해서 다음과 같은 방법을 사용해 보자.

- 첫째, '자주' 혹은 '규칙적으로'에 해당되는 항목을 줄임으로써 나트륨 섭취량을 줄일 수 있다. 그렇다고 일상 식이에서 그러한 식품을 갑자기 빼버릴 필요는 없다. 각 식품군에서 저나트륨 식품을 선택하고, 고나트륨 식품과 저나트륨 식품 간에 균형을 맞추는 것이 바람직하다.
- 둘째, 조림보다는 구이를 이용하는 등 조리법을 달리한다.
- 셋째, 외식을 할 경우 나트륨이 많이 첨가된 식품은 피한다. 이를테면 소스는 따로 주문해서 직접 첨가하되 소량 첨가한다.
- 넷째, 저염식이에 적응하도록 한다. 나트륨 섭취량을 줄이고자 결심한 사람들은 결국에는 저염식이에 적응하게 된다. 이를 테면 무염식이는 처음에는 상당히 밋밋하고 맛

역치(threshold)

이 없지만 시간이 경과함에 따라 혀의 소금에 대한 역치가 낮아지게 되어 적은 양의 소금으로도 짠맛을 느끼게 된다.

- 다섯째, 전반적으로 식이 중의 나트륨 함량을 서서히 줄이면서 대신 **마늘**, **레몬즙**, **향료** 등의 향신료를 첨가하면 독특한 향미로 입맛을 돋울 수 있다.

결핍증

나트륨은 대부분의 식품에 약간씩 함유되어 있으므로 나트륨 결핍증은 드물다. 그러나 소금을 첨가하지 않고 채소를 먹는 **채식주의자**들의 경우를 포함해서 **심한 설사**, **구토**, **땀**, **부신피질의 기능부전** 등에 의해 체내 나트륨 함량이 감소하면, 세포외액 내 삼투압이 감소하므로 혈액량이 감소하여 혈압이 떨어지게 된다.

열사병(heat exhaustion)

나트륨 결핍증은 성장저해, 식욕부진, 모유분비의 감소, 근육경련, 메스꺼움, 설사, 두통 등의 증세를 나타낸다. 열사병의 경우 지나치게 많은 땀배출로 염분이 고갈되는데, 이때는 충분량의 물과 함께 소금을 주어야 한다.

과잉증

- 나트륨을 과잉으로 장기간 섭취하면 고혈압과 부종이 나타난다.
- 과다한 나트륨 섭취는 수분평형을 조절하기 위해 혈액의 부피를 증가시킨다.
- 혈액이 증가하면 Na^+-K^+ 펌프의 활성이 감소되어 세포내액의 나트륨 농도가 높아진다.

노르에피네프린(norepinephrine)

- 따라서 심근의 수축이 증가하고, 혈관의 수축작용에 관련된 부신수질호르몬인 노르에피네프린의 분비가 증가되어 말초혈관의 저항이 상승함으로써 고혈압을 일으킨다.
- 이 외에도 나트륨의 과잉섭취는 위암 및 위궤양의 발병률을 증가시킨다는 보고가 있다.

칼 륨

칼륨(potassium, K)

칼륨은 칼슘, 인 다음으로 체내에 많이 존재하는 무기질로, 체내 함량은 나트륨의 2배 정도로 135~250g이 수준이다. 이 중 95%가 세포내액에 양이온의 상태로 존재한다. 대부분의 칼륨은 세포내에 존재하기 때문에 혈청 칼륨량은 칼륨의 섭취상태에 크게 영향을 받으며, 체조직이 파괴될 경우 혈청 칼륨량이 상승하게 된다.

흡수와 대사

- 식이 칼륨의 90% 이상이 소장에서 **단순확산**으로 흡수되며, 소화액에 포함된 상당량의 칼륨도 대부분은 재흡수된다.
- **신장**은 칼륨의 균형을 유지시키는 주된 조절기구로, 알도스테론에 의해 칼륨의 배설이 촉진된다.
- 이 외에도 이뇨제, 알코올, 커피 및 설탕의 과다 섭취도 칼륨 배설을 촉진한다.
- 대변과 땀으로 배설되는 양은 매우 적다.

체내 기능

수분과 전해질의 평형유지

칼륨은 **세포내액**의 주된 양이온으로, 세포외액의 주된 양이온인 **나트륨**과 함께 체액의 삼투압과 **수분평형**의 유지에 관여한다.

산, 염기의 평형유지

칼륨이온은 **나트륨**, **수소 이온**과 함께 산과 염기의 평형에 영향을 미친다.

근육의 수축과 이완 작용에 관여

칼륨은 나트륨, 칼슘과 함께 **신경**이나 **근육**의 흥분과 전기화학적 자극의 전달, 근육 섬유의 수축 등을 조절하며, **심장근육**의 **이완**을 유도한다.

당질 및 단백질 저장에 관여

- 체내에서 **글리코겐**이나 **단백질**을 합성할 때는 적절한 양의 세포내액을 함께 저장하여 농도를 일정 수준으로 유지한다.
- 칼륨은 세포내액의 주 양이온 성분이므로 글리코겐과 단백질이 합성될 때는 칼륨의 세포 내 유입 속도도 증가하며, 이들 유기물이 분해되면 칼륨도 유리되어 나온다.

필요량

칼륨도 나트륨과 마찬가지로 평균필요량 설정에 요구되는 과학적 연구 결과가 충분하지 않아 미국의 영양소 섭취기준을 참고로 충분섭취량이 설정되었다. 성인의 경우에는 1일 충분섭취량이 3,500mg이며, 임신기 동안은 성인과 동일하지만 수유기에는 모유로 분비되는 양을 고려하여 400mg을 추가 섭취하도록 권하였다.

칼륨이 풍부한 식품

- 칼륨은 모든 동식물성 식품 내에 널리 분포되어 있으므로 정상적인 식사를 할 경우 충분량을 섭취할 수 있으며 에너지 섭취량이 증가하면 칼륨 섭취량도 증가한다.
- 에너지 1kcal당 1mg 이상의 칼륨을 제공하는 식품으로는 시금치 등과 같은 녹엽채소, 단호박, 오렌지, 오렌지 주스, 고구마, 감자, 토마토, 콩류 등이며 우유, 전곡류, 바나나, 육류도 좋은 급원이다(표 8-9, 8-10).

결핍증

칼륨은 모든 동식물성 식품 내에 널리 분포되어 있고, 섭취한 칼륨의 90%를 소장에서 흡수하므로, 칼륨 섭취부족으로 인한 칼륨 결핍증은 매우 드물다.

아래와 같은 상태에서는 칼륨 결핍증이 나타날 수 있다.

- 지속적인 구토나 설사 시
- 계속적으로 칼륨이 제한된 식품을 섭취할 때
- 알코올 중독증

표 8-9. 칼륨이 풍부한 식품

식품군	식품명	1회 분량	중량(g)	칼륨 함량(mg)
곡류	감자	1개(중)	140	469
	고구마(생)	1/2개(중)	70	265
	백미	1공기	90	80
고기 · 생선 · 달걀 · 콩류	닭고기		60	233
	돼지고기, 등심	7~8쪽	60	195
	쇠고기(살코기)	7~8쪽	60	149
	대두	1/3컵	20	361
채소류	시금치		70	553
	배추		70	232
	토마토	1/3개(중)	150	375
과일류	참외	1/2개(중)	150	675
	바나나	1개(중)	100	346
	복숭아, 백도	1/2개(중)	100	188
우유 · 유제품류	우유	1컵	200	286
	요구르트(호상)		100	174

자료 : 농촌진흥청, 국립농업과학원, 2019

표 8-10. 칼륨이 적은 식품과 많은 식품

식품군	적은 식품	많은 식품
곡류	식빵, 호밀빵, 쌀밥	감자, 고구마
고기 · 생선 · 달걀 · 콩류	달걀 두부	돼지고기(등심), 쇠고기, 연어, 고등어, 조개류
채소류	오이, 양파	시금치, 당근, 버섯
과일류	사과, 배, 파인애플	바나나, 오렌지, 귤, 멜론, 토마토, 참외
우유 · 유제품류		우유
유지, 견과 및 당류	진저에일, 콜라, 홍차, 사이다	밤, 호두, 땅콩 등 견과류 초콜릿, 커피

- 티아지드, 푸로세미드 등의 칼륨 소모성 이뇨제를 복용하는 경우 이 약제들은 혈압을 조절하기 위해 사용되는 이뇨제로서, 전해질과 함께 물의 배설이 유도되므로 혈액량이 감소하여 혈압이 강하된다. 하지만 칼륨을 포함한 여러 전해질의 손실이 불가피하므로 고칼륨 함유 식품(예 : 과일, 과일주스, 야채 등)을 섭취해야 한다. 의사 처방에 따라 염화칼륨 보충제를 복용하기도 한다.
- 신경성 식욕감퇴(거식증) 혹은 신경성 식욕증진(폭식증)에 의한 부적절한 식이와 빈번한 구토 시
- 에너지 섭취량이 극히 적은 식사를 하는 경우
- 강도 높은 운동을 수행하는 운동선수
- 저칼륨혈증은 생명을 위협하는 상태로서, 식욕감퇴, 근육경련, 어지러움, 무감각, 변비 등을 초래하며, 심장박동이 불규칙해지고 혈액 펌프능력이 감소한다.

티아지드(thiazide)
푸로세미드(furosemide)
고칼륨혈증(hyperkalemia)
염화칼륨(potassium chloride)
신경성 거식증(anorexia nervosa)
신경성 폭식증(bulimia nervosa)
극도의 열량제한식(very low calorie diets)
저칼륨혈증(hypokalemia)

과잉증

- 일반적으로 신장기능이 정상이면 일상 식사에서 섭취하는 정도로는 고칼륨혈증이 발생하지 않는다.
- 신장 부전으로 칼륨이 정상적으로 배설되지 않으면 고칼륨혈증이 나타난다.
- 과량의 칼륨은 심장기능을 방해하여 심장박동을 느리게 하므로 빨리 치료하지 않으면 결국 심장박동이 멈추게 된다. 따라서 신장기능이 저하된 경우 칼륨섭취에 대해 관심을 갖고 조절하는 것이 매우 중요하다.
- 고칼륨혈증은 근육과민, 혼수, 불규칙적인 심장운동, 호흡곤란, 사지마비 등의 증상을 나타낸다.

염 소

염소(chloride, Cl)

염소는 세균을 살균하기 위해 가스상태로 식수에 흔히 사용하는 **강한 소독제**이며 주로 **식염** 형태로 나트륨과 함께 섭취한다. 생체 내에서는 주로 이온 상태로 존재하는데 **세포외액**에 가장 많이 존재하는 대표적인 **음이온**이다.

흡수와 대사

염소이온은 나트륨이나 칼륨과 함께 소장에서 쉽게 흡수되며, 주로 **신장**을 통해 배설되는데, 나트륨과 마찬가지로 **알도스테론**에 의해 조절된다. 일부는 땀으로 배설된다.

체내 기능

벽세포(parietal cell)
인산염(phosphate)
탄산염(carbonate)

- 염소는 체액의 **삼투압유지**와 **수분평형**에 관여하며,
- 수소이온과 결합하여 위의 벽세포에서 분비되는 위액(위산)을 만들며, 타액 아밀로오스 분해효소를 활성화시킨다.
- 염소이온은 인산염, 탄산염, 황산염, 유기산, 단백질과 마찬가지로 **산과 염기의 평형** 유지에 직접적으로 관여한다.
- 백혈구가 이물질을 공격할 때와 같은 **면역반응**에 관여하며, **신경자극전달**에도 관여한다.

필요량

염소의 경우에도 나트륨과 칼륨과 마찬가지 이유로 충분섭취량이 설정되었으며 성인의 경우 1일 2.3g이다(표 8-6).

염소가 풍부한 식품

일반적으로 나트륨과 결합하여 소금의 형태로 존재하므로 나트륨이 풍부한 대부분의 식품에 함께 함유되어 있다(표 8-11, 8-12).

결핍증

식사를 통한 소금섭취량이 너무 높기 때문에 염소 결핍증은 흔하지 않다. 그러나 장기간의 빈번한 구토 등으로 위액이 소실될 때 염소의 상실은 나트륨의 상실을 상회하기 때문에 혈장 내 염소 함량이 저하되어 **저염소 알칼리혈증**이 유발될 수 있다.

표 8-11. 식품별 소금 함량에 따른 나트륨과 염소 함량

식품군	급원식품	1회분량	중량(g)	소금 함량(g)	나트륨(mg)	염소(mg)
곡류	라면	1봉지	120	1.2	466	698
	식빵	1인분	100	1.1	434	651
육류	자반 고등어	1토막	60	2.7	1,080	1,620
	소시지		30	0.5	197	295
	어묵	2조각(얇게)	30	0.5	206	308
	햄, 로스	3조각(얇게)	30	0.8	300	450
	베이컨	3조각(얇게)	30	0.5	212	318
채소	배추(소금절임)	1인분	40	0.5	212	318
	단무지	1인분	40	1.1	448	671
	오이지	1인분	40	1.4	578	866

* 나트륨과 염소 함량은 소금 1g당 나트륨 40%, 염소 60%로 계산한 수치임

자료 : 농촌진흥청, 2019

표 8-12. 우리나라 음식(1회분)의 소금 함량과 나트륨, 염소 함량

급원식품	1회 분량(g)	소금 함량(g)	나트륨(mg)	염소(mg)
소시지 볶음	128	1.8	716	1,073
햄버거	100	1.2	498	747
돼지고기 볶음	90	1.3	526	789
달걀국	450	3.1	1,236	1,854
쇠고기무국	400	2.7	1,067	1,601
열무김치	70	1.6	621	932
무생채	45	0.5	180	270
콩나물국	150	0.7	279	419
배추김치	40	0.6	232	348
갈비탕	220	0.7	286	429
된장찌개	100	1.3	505	758
시래기된장국	400	3.4	1,377	2,065
쇠고기미역국	650	4.8	1,909	2,863
멸치조림	10	4.7	1,896	2,844
잡채	60	1.0	414	621
표고버섯볶음	150	1.4	575	862
양송이볶음	150	1.3	516	774
오징어볶음	200	2.4	961	1,442
닭볶음	650	2.5	1,015	1,523

* 나트륨과 염소의 함량은 염분 1g당 나트륨 40%, 염소 60%로 계산한 수치임

자료 : 농촌진흥청 농식품종합정보시스템

식욕부진(anorexia)
허약(weakness)
심한 발작(convulsion)

또한 1970년대 미국에서, 한 유아용 이유식에 염소가 불충분하게 첨가됨으로써 그 제품을 이용한 유아들이 식욕부진, 허약, 성장불량, 심한 발작 등을 비롯해 이상현상을 나타낸 사건이 있었다. 이는 우리가 섭취하는 식품 중에 일반적으로 풍부하다고 생각되는 영양소에 대한 적절한 관심을 기울이지 않았을 때 어떤 일이 발생할 수 있는가에 대해 경종을 울린 사건이었다.

과잉증

염소이온은 그 자체가 나트륨이온의 작용을 증가시킴으로써 **고혈압**의 원인으로 작용할 수 있다. 한 연구결과를 보면 염소이온을 과잉섭취할 때 체내에 저장되는 경향이 있으며, 이에 화학반응의 균형을 이루기 위해 양이온인 나트륨이온을 체내에 보유하게 된다. 따라서 정확한 기전은 아직 밝혀지지 않았지만 고혈압과 상당히 관련이 있다.

황

황(sulfur, S)

대부분의 무기질이 체내에서 주로 이온 형태로 작용하는 것과 달리, 체내에 존재하는 대부분의 **황**은 비타민이나 아미노산의 구성성분으로 존재한다. 황은 우리 신체의 모든 세포 내에서 발견되며 체중의 약 0.25%를 차지한다.

흡수와 대사

- 식품 중의 황은 대부분이 **유기물의 상태**(예: 함황 아미노산)로 소장벽을 통해 흡수되며 소량 들어 있는 무기형태는 거의 흡수되지 않는다.
- 세포내에서 함황 아미노산은 황산을 생산하는데, 이는 신속히 중화되어 무기염(SO_4^{2-})의 형태로 체외로 배출된다.
- 소변으로 배설되는 85~90%의 황은 무기염의 상태이고, 소변으로 배설되는 질소와 황의 비는 보편적으로 13 : 1이다.
- 저단백식사를 할 때는 황의 배설량이 감소한다.

체내 기능

체조직 및 생체내 주요물질의 구성성분

메티오닌(methionine)
시스테인(cysteine)
시스틴(cystine)

- 황은 **함황 아미노산**인 메티오닌, 시스테인, 시스틴, 타우린의 구성성분으로, 결체조직, 피부, 손톱, 모발 등에 다량 함유되어 있다.

- 뇌, 건, 골격, 피부, 심장판막 등에서 발견되는 콘드로이틴 황화염과 같은 점성다당류의 구성성분이며, 간, 신장, 활액막, 뇌의 백질 같은 곳에 풍부히 함유되어 있는 황지질의 구성성분이다.
- 황은 췌장호르몬인 인슐린, 항응혈성 물질인 헤파린, 조효소로 작용하는 티아민, 비오틴, 리포산, 코엔자임 **A**를 구성하며, 생체 내 산화 · 환원 작용을 하는 글루타티온의 성분이다.

건(tendon)
콘드로이틴 황산염(chondroitin sulfate)
점성다당류(mucopolysaccharide)
황지질(sulfolipids)
인슐린(insulin)
헤파린(heparin)
리포산(lipoic acid)
황산염(sulfate, SO_4^{2-})

글루타티온(glutathione)
함황 아미노산인 시스테인 외에 글리신과 글루탐산을 함유하는 트리펩타이드로 적혈구내에 다량 들어 있으며, 체내 방어물질 중 한 가지이다.

산, 염기 평형에 관여

세포외액에 존재하는 황의 이온화 형태인 황산염은 체내에서 산과 염기 평형에 관여한다.

페놀류, 크레졸류 등의 해독작용

활성형의 황산염은 페놀류, 크레졸류 등과 같은 인체에 해로운 물질과 결합하여 비독성물질로 전환시킨 후 소변으로 배설시킨다.

페놀(phenol)
크레졸(cresol)

필요량

황의 필요량이 아직까지 결정된 바 없으며, 메티오닌과 시스테인이 풍부한 식사를 하고 있는 한 신체가 필요로 하는 양을 충분히 공급받을 수 있다.

황이 풍부한 식품

황이 풍부한 식품은 함황 아미노산이 비교적 많은 식품으로서, 육류, 우유, 달걀, 콩류 등이 있다(표 8-13).

표 8-13. 황이 풍부한 식품

식품군	식품명	1회 분량	중량(g)	황 함량(mg)
곡류	밀가루	5큰술	30	57
	통밀	8~9큰술	90	144
	보리	8~9큰술	90	135
	옥수수	1/2개(중)	70	84
	고구마	1/2개(중)	70	28
고기 · 생선 · 달걀 · 콩류	돼지고기	7~8쪽	60	180
	쇠고기(로스)	7~9쪽	60	162
	닭고기	2조각(중)	60	153
	정어리	1토막	60	186
	콩가루	5큰술	30	123
	대두	2큰술	20	44
	연어	1토막	60	132
	달걀	1개(중)	60	84
	아몬드		10	38
	땅콩		10	15
채소류	무	1/3컵(익힌 것)	70	28
과일류	사과	1/2개(중)	100	10
우유 · 유제품류	치즈	1장	20	46

표 8-14. 다량 무기질의 영양상태 평가법

영양소	평가방법	정상수준
칼슘	(혈액) 혈장 또는 혈청의 칼슘 농도	8.6~10.5 mg/dL (이온 4.6~5.2 mg/dL)
	(소변) 24시간 동안 채취한 소변	100~300 mg/day
인	(혈액) 공복 후 혈청 또는 혈장의 인 농도	2.5~4.5 mg/dL
마그네슘	(혈액) 혈청 중 마그네슘의 농도	1.6~2.6 mg/dL
	(소변) 24시간 동안 채취한 소변	36.0~207.0 mg/dL

표 8-15. 다량 무기질 요약

영양소	주요 기능	대 사	풍부한 식품	결핍증	과잉증
칼슘	골격구성, 혈액응고, 신경전달, 근육수축, 세포대사	흡수 : 20~40%, 어린이, 임신부 증가, 노인 감소 배설 : 대변, 소변, 피부	우유, 유제품, 뼈째 먹는 생선, 녹색채소, 칼슘강화식품	골다공증 및 골격손실의 위험도 증가	위약군의 경우 신장결석 발생
인	골격구성, 세포의 구성성분, 대사중간물질, 산·염기 평형	흡수 : 50~70%, 칼슘 : 인=1 : 1 이상적 배설 : 주로 소변	유제품, 어육류, 제빵류, 탄산음료, 곡류	특별한 것은 없지만 골격 손상 가능성	신부전증이 있는 사람에게서 골격의 손실 가능
마그네슘	골격치아 및 효소의 구성성분, 신경과 심근에 작용	흡수 : 부갑상선호르몬이 흡수 촉진, 과량의 지방·인산염·칼슘은 흡수 저해 배설 : 신장이 조절	전곡, 녹황색채소, 견과류, 초콜릿, 콩류	허약, 근육통, 심장기능약화, 신경장애	신장기능 이상일 경우, 허약 증세 야기
황	세포단백질 및 비타민의 구성성분, 약물해독, 산·염기평형	흡수 : 함황아미노산의 구성요소 배설 : 신장	단백질 식품	결핍증이 발견되지 않음	흔치 않음
나트륨	세포외액의 양이온, 신경자극전달, 삼투압조절, 산·염기 평형, 포도당 흡수	흡수 : 쉽게 이루어짐 배설 : 주로 신장(알도스테론, 산·알칼리 균형에 의해 조절)	식탁염, 가공식품, 양념류, 스낵과자류, 베이킹파우더, 육류	근육경련, 식욕감퇴	취약군의 경우 고혈압, 요중 칼슘 손실 증가
칼륨	세포내액의 양이온, 산·염기 평형, 삼투압조절, 신경자극전달, 글리코겐 형성에 관여	흡수 : 소화액에 분비, 재흡수 배설 : 신장(혈중 농도 따라 알도스테론에 의해 배설 증가)	시금치, 호박, 바나나, 오렌지주스, 채소, 과일류, 우유, 육류, 콩류, 전곡	불규칙한 심장박동, 식욕상실, 근육경련	신장기능 이상시 심장박동이 느려짐
염소	세포외액의 음이온, 위액형성, 신경자극전달, 위액형성	흡수 : 쉽게 이루어 짐 배설 : 신장	식염, 가공식품	유아의 경우 혼수상태	위약군의 경우 나트륨과 결합해서 고혈압 야기

요약

1. 체내 칼슘의 대부분은 골격을 구성하며, 그 밖에도 혈액응고, 근육의 수축과 이완, 신경자극전달 등 세포대사에 중요한 역할을 한다. 칼슘의 효율적인 흡수를 위해서는 약산성의 산도와 활성형 비타민 D가 필요하다. 과량의 인이나 식이섬유는 칼슘의 흡수율을 감소시킨다. 혈액 내 칼슘의 조절은 섭취량이나 저장량과는 관계없이 부갑상선호르몬에 의해 주로 이루어진다.
2. 골질량의 감소로 생기는 골다공증은, 골격구성에 필요한 칼슘을 지속적으로 충분히 섭취함으로써 그 위험도를 낮출 수 있다. 우유, 유제품, 뼈째로 먹는 생선 그리고 칼슘이 강화된 몇 가지 식품들이 칼슘의 좋은 급원이다. 탄산칼슘염 같은 칼슘보충제는 식이칼슘을 보충해줄 수 있고 흡수도 잘 되지만 지나치게 과량인 경우에는 다른 무기질의 흡수를 저해할 수 있다.
3. 인의 흡수율은 매우 높으며, 활성화된 비타민 D에 의해 흡수가 촉진된다. 혈액 내 인의 농도는 소변으로 배설되는 인의 양에 의해 조절된다. 인은 골격을 구성할 뿐만 아니라 세포막이나 ATP를 구성하며, 여러 가지 효소 기능에도 필요하다. 인의 섭취부족으로 인한 결핍증은 거의 없으며, 오히려 칼슘이 부족한 경우 과다한 인의 섭취는 골격 손상을 일으킬 수 있다. 유제품 · 가공식품 · 육류 등은 인이 풍부한 식품이고, 거의 모든 식품에 인이 들어 있다.
4. 마그네슘은 엽록소의 구성성분으로 대부분 식물에서 발견된다. 마그네슘은 적절한 신경자극전달과 심장기능을 위해 필요하다. 또한 마그네슘은 많은 효소의 보조인자로 작용한다. 마그네슘의 좋은 급원은 전곡, 채소류, 콩류, 견과류, 씨앗 등이다. 티아지드계 이뇨제를 사용하는 사람과 알코올 중독자는 결핍증 발병 위험률이 가장 높다. 마그네슘 과잉증은 대개 신장기능에 이상이 있는 사람에게서 나타나기 쉽다.
5. 황은 일부 비타민과 아미노산의 구성성분으로, 약물해독과 단백질 구조에 중요한 역할을 한다. 우리가 섭취하는 단백질은 체내 요구를 충족시키기에 충분한 황을 제공한다.
6. 나트륨은 세포외액의 주된 양이온으로 체액의 평형유지와 신경자극전달에 중요한 역할을 한다. 나트륨은 식이 중에 풍부하며, 섭취한 대부분의 나트륨은 쉽게 흡수되기 때문에 나트륨 결핍은 흔하지 않다. 집에서 음식을 조리할수록 나트륨의 섭취량은 보다 더 잘 조절될 수 있다.
7. 칼륨이온은 세포내액의 주된 양이온이다. 나트륨이온처럼 체액의 평형유지와 신경자극의 전달에 중요하다. 칼륨 결핍증은 부적절한 칼륨 섭취와 지속적인 토사로 발생할 수 있으며, 이뇨제의 사용으로도 야기된다. 칼륨 결핍증은 식욕상실, 근육경련, 혼수, 심부전을 초래한다. 엽채류, 멜론, 토마토, 감자 등이 칼륨이 풍부한 급원이다. 과잉섭취는 신장기능장애를 수반한다.
8. 염소이온은 세포외액의 주된 음이온이며, 위산의 일부로서 소화에 관여하고, 신경자극전달, 면역체계반응에 작용한다. 일반적으로 식이소금의 섭취량이 높기 때문에 염소의 결핍증은 흔하지 않다.

참고문헌

1. 구재옥 · 곽충실 · 최혜미(1991) 'Effects of dietary protein levels and sources on calcium and phosphorus metabolism in young Korean women', 한국영양학회지 24(2): 124~131
2. 구재옥 · 최혜미(1988) '한국여성의 단백질 및 칼슘섭취가 칼슘대사에 미치는 영향', 한국영양학회지 21(2): 99~112
3. 모수미 · 이연숙 · 구재옥 · 손숙미(2021) [4판]식사요법, 교문사
4. 보건복지부(2020) 한국인 영양소 섭취기준
5. 성낙응(1989) 임상영양학, 중앙문화사
6. 이기열 · 문수재(1997) 최신영양학, 수학사
7. 이인모(1995) 인체생리학, 형설출판사
8. 전세열 · 강지용 · 하태익 · 최운정(1996) 식사요법, 광문각
9. Brody T(1999) Nutritional biochemistry, 2nd ed. Academic Press Inc.
10. Fischbach F(1996) A manual of laboratory & diagnostic tests, 5th ed., Lippincott, Philadelphia
11. Gropper SS · Smith JL · Groff JL(2005), Advanced nutrition and human motabolism, 4th ed., Wadsworth(A Division of Thompson Learning Inc.) pp 378~410
12. Hui YH(1985) Principles and issues in nutrition, World Science Publising company, pp 226~239
13. Hunt SM · Groff JL(2005) Advanced nutrition and human metabolism(4th.ed), West Publishing Company, pp 277~281 · pp 372~373
14. Linder MC(1985) "Nutrition and Metabolism of the Major minerals", Nutritional biochemistry and metabolism with clinical applications, Linder MC ed., Elsevier, pp 133~141
15. Marks DB and others(1996) Basic medical biochemistry, Williams & Wilkins, Philadelphia
16. (1996) "Present Knowledge in Nutrition", Nutrition Reviews, 7th ed., The Nutrition Foundation Inc., Washington D.C
17. Robinson CH · Lawler MR(1997) Normal and therapeutic Nutrition, 15th ed., pp 109~112
18. Sherwood L(1993) Human physiology, 2nd ed., West Publishing Company, St. Paul
19. Shils ME and others(1994) Modern nutrition in health and disease, 8th ed., Lea & Febiger, Philadelphia
20. Wardlaw GM · Insel PM ed(2005) Perspectives in nutrition, 6th ed., McGraw-Hell
21. Whiting SJ(1994) "Safety of some calcium supplements questioned", Nutrition Review 52(3): 95
22. Whitney En, Cataldo CB, Rolfes SR(2002), Understanding normal and clinical nutrition, 6th ed., Wadsworth, pp 396~427
23. Williams SR(2001) Basic Nutrition and diet therapy, Mosby, pp 114~127

탐구문제

1. 칼슘의 흡수에 관여하는 인자들에는 어떤 것이 있으며 흡수에 영향을 주는 기전은 무엇인가?
2. 칼슘의 항상성은 어떻게 이루어지며, 이의 중요성에 대해 설명하라.
3. 가장 적절한 칼슘과 인의 섭취 비율은 얼마이며, 이 균형이 깨어졌을 때 나타날 수 있는 문제점은 무엇인가?
4. 세포내액과 세포외액에서의 나트륨이온과 칼륨이온의 비율을 써라.
5. 다량무기질 중 황의 결핍증이 흔치 않은 이유를 설명하라.
6. 칼슘과 마그네슘의 기능면에서 공통점과 차이점을 설명하라.
7. 소금의 섭취량을 줄이기 위해 주변에서 어떻게 노력하고 있는지 알아보고, 소금 섭취량을 줄일 수 있는 방법을 생각해보자.

CHAPTER

9

미량 무기질

CHAPTER

9

미량 무기질

미량 무기질은 하루 필요량이 매우 소량(100mg 이하)이며, 체내에 존재하는 전체 무기질 중에서 1% 이하로 존재하는 무기질을 일컫는다. 인체의 생명 유지에 필수적인 미량 무기질에는 철, 아연, 구리, 요오드, 불소, 셀레늄, 망간, 크롬, 몰리브덴과 코발트가 있다. 또한 필수적으로 여겨지지만 아직 필수성이 입증되지 않은 미량 무기질로는 실리콘, 니켈, 바나듐, 주석, 알루미늄과 붕소가 있다.

미량 무기질은 체내에 매우 소량 존재하고 식품이나 체조직 중의 함량 측정이 어려워서 필요량이나 권장량을 정하기 힘들다. 미국과 유사하게 우리나라에서도 2005년, 영양섭취기준(Dietary Reference Intakes)의 개념으로 철, 아연, 구리, 요오드, 셀레늄 등의 미량 무기질에 대해 평균필요량, 권장섭취량, 상한섭취량 등을 설정하였으며, 망간, 불소에 대해서는 충분섭취량, 상한섭취량을, 크롬은 충분섭취량을 설정하였고 2015년에 개정하였다.

미량 무기질의 흡수는 식품에 함유된 양뿐 아니라 생체이용률에 따라 달라진다. 철, 아연, 구리 등은 식이의 여러 구성성분 및 체내 요구량에 따라 흡수되는 정도가 다르다. 따라서 식사로 섭취하는 양이 많더라도 흡수율이 낮으면 체내에서 이용할 수 있는 미량 무기질의 양이 적으므로 문제가 된다.

식물성 식품에 함유된 미량 무기질은 대체로 흡수가 낮은 편이나 동물성 식품에 함유된 무기질은 흡수율이 높다. 미량 무기질의 함량은 식물이 자란 토양에 함유된 무기질의 양에 따라서도 크게 달라진다. 또한 서로 간에 상호작용으로 다른 무기질의 흡수에 영향을 미친다.

따라서 미량 무기질을 적정량 섭취하기 위해서는 각각의 무기질을 충분히 섭취하는 방법도 필요하지만, 이보다는 여러 식품을 다양하게 섭취하는 것이 중요하다.

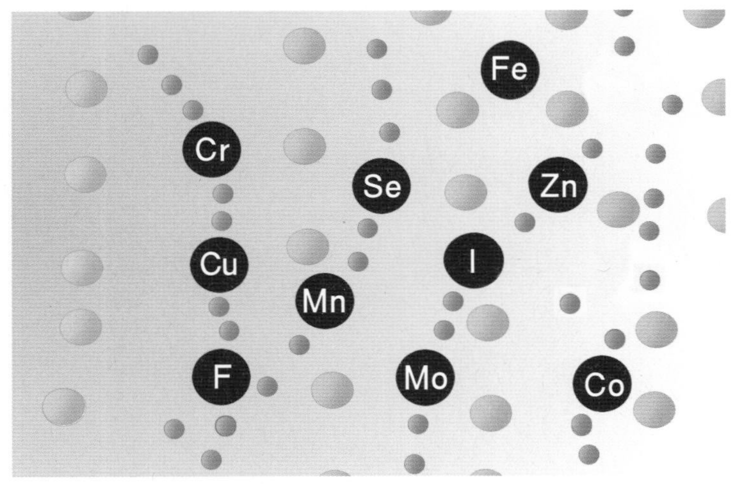

그림 9-1. 미량 무기질

철

철(iron, Fe)

철은 모든 생명체에서 발견되고, 체중 1kg당 45mg을 함유하고 있어 성인의 경우 체내에 약 3~4g 존재하는 미량 영양소이다. 철은 체내에서 산소를 조직으로 이동 · 저장하는데 관여하고, 여러 효소의 보조인자로 작용하는 등 그 중요성이 오래 전부터 알려졌으나 아직도 **철결핍증**은 세계적으로 흔하다. 특히 개발도상국가에서는 철 요구량이 높은 성장기의 어린이들과 가임기의 여성 인구의 과반수가 철결핍증에 걸려 있고, 이들 중 상당수는 철결핍성 **빈혈** 등 훨씬 심각한 질환으로 고생하고 있다.

흡수와 대사

흡 수

- 철은 소장의 상부인 십이지장과 공장에서 주로 흡수된다.
- 철의 흡수율은 낮아서 식이에서 흡수되는 정도는 **10~15%** 정도이며,
- 철결핍증인 경우 건강한 사람에 비해 흡수율이 높다.
- 철의 흡수율은 함께 섭취하는 음식물의 종류에 따라서도 달라진다.
- 철의 흡수율에 영향을 주는 인자는 다음과 같다(표 9-1).

표 9-1. 철 흡수에 영향을 주는 요인

철 흡수 증진인자	철 흡수 방해인자
헴철 저장 철량의 저하 육류, 어류, 가금류 비타민 C 위산	피틴산, 옥살산 등 식물성 식품의 성분 차의 탄닌 등 폴리페놀 성분 저장 철량의 증가 다른 무기질 위산분비의 저하 위장질환, 감염

철 흡수를 증진시키는 인자

- 헴철

식이 내의 철은 주로 **헴철**과 **비헴철**의 두 가지 형태로 존재하며, 형태에 따라 철의 흡수율이 다르다.

- **동물성 식품**의 철 중 40%는 헴철이고 나머지 60%는 비헴철이다.
- 곡류, 채소 등의 식물성 식품에는 모두 비헴철의 형태만 존재한다.

헴철(heme iron)
주로 헤모글로빈과 미오글로빈의 구성성분으로 존재하는 철의 형태이다. 동물조직에 존재하는 철의 대부분은 헴철인데 육류의 철 중 약 40%를 차지하고 비교적 쉽게 흡수된다.

비헴철(nonheme iron)
주로 채소나 곡류, 다른 여러 종류의 식물성 식품에 존재하는 철의 형태로서 헴철을 제외한 모든 철의 형태이다. 고기 등의 동물세포에도 헴철과 함께 존재하기도 하는데, 동물성 식품 중 특히 달걀이나 우유에는 헴철이 없다.

- **헴철의 흡수율**은 약 **20%** 정도로, 비헴철이라고 분류되는 원자형태의 철이나 이온형(3가철; Fe^{3+}, 혹은 2가철; Fe^{2+})에 비해 약 2배 이상 높다.

3가 철이온 (ferric iron, Fe^{3+})

2가 철이온 (ferrous iron, Fe^{2+})

철의 흡수기전은 헴철과 비헴철이 완전히 다르다. 헴철의 경우, 단백질과 분리된 **헴은 철이 결합된 형태 그대로 빨리 흡수**되고, 일단 흡수된 헴은 소장의 흡수세포에서 철과 분리된다. 이에 비해 **비헴철**은 일단 소장벽의 흡수세포에 도달하면 세포막의 **수용체와 결합**하여 흡수세포 내로 이동한다.

- 양질의 철식품으로 **어육류**(쇠고기, 돼지고기, 가금류, 어패류 등)가 꼽히는데, 이는 철의 함량이 많고 흡수율이 높을 뿐 아니라, 같이 섭취하는 비헴철의 흡수도 증대시키기 때문이다.
- 헴철을 포함하고 비헴철의 흡수를 증대시키는 어육류를 미국에서는 육류, 어류, 가금류(MFP)로 구분하여 지칭하기도 한다.

MFP (meat, fish, poultry)

- 우리나라의 식이 패턴은 전통적으로 **식물성 식품**을 많이 포함하고 있어 철 섭취량은 비교적 충분한 편이지만, 흡수율이 낮은 **비헴철**이 많기 때문에(총철 섭취량의 약 93%) **생체이용률**은 약 **9%**로 낮은 편이다.

생체이용률 (bioavailability)

- 근래에는 식이형태가 많이 서구화되어감에 따라 동물성 식품의 섭취가 늘고, 자연히 식이 중의 헴철 함량이 늘어 철의 생체이용률도 높아지고 있는 추세이다.

■ 체내 요구량 증가 및 저장 철의 저하

인체의 **철 요구량**이 높으면 흡수율은 증가한다.

- 체내 요구량이 증가되는 경우는 **임신**, **수유**, **성장기**를 들 수 있으며,
- 여성이나 어린이들에게서 철 요구량이 높다.
- 철 영양상태가 불량한 경우에도 **저장 철**의 양이 줄어들고 흡수율이 높아진다.

■ 유기산

비타민 C나 **시트르산** 등의 **유기산**은 철 흡수를 증가시킨다.

- 비타민 C는 원자형태나 3가의 철이온을 흡수되기 좋은 형태인 2가의 철이온으로 전환시켜 철의 흡수율을 높이고,
- 시트르산은 철과 킬레이트를 형성함으로써 흡수율을 증가시키는 것으로 알려져 있다.
- 따라서 비헴철의 함량이 높은 식품이나 철영양제는 비타민 C 등과 함께 섭취하는 것이 생체이용률을 높이는 방법이다.

킬레이트(chelate)
단백질과 같은 극성물질과 금속 이온이 복합체를 형성한 것이다.

■ 위산

위산은 철이온이 쉽게 용해되게 한다.

- 2가의 철이온을 안정화시켜 불용성의 3가 철이온이 되는 것을 막고,
- 3가의 철이온을 2가 이온으로 전환시키므로 철흡수율을 높이는 데 중요한 역할을 한다.

- 따라서 위산분비에 이상이 생기면 철 흡수율이 현저히 떨어지고 쉽게 철 결핍이 될 수 있다.

철 흡수를 저해하는 인자

■ 불용성 분자를 형성하는 식이성분

철흡수를 방해하는 식이성분은 철과 결합하여 **불용성 분자**로 만들거나 소장점막의 흡수세포막을 통과할 수 없는 **분자량이 큰 형태**로 만드는 인자들이다.

- 대표적으로 **인산염**, 콩류와 곡류에 많이 함유된 **피틴산**, 시금치에 많이 함유된 **옥살산**, 식물성 식품의 구성요소인 **식이섬유** 등이 있다.
- 차에 많이 함유된 **탄닌** 성분도 철(비헴철)과 결합하여 흡수율을 낮추므로 차나 커피를 식사 시 함께 섭취하는 것은 피하는 것이 좋다.
- 최근 연구결과에 의하면, 습관적으로 차를 섭취하는 경우 탄닌에 대해 결합력이 매우 큰 타액단백질이 다량 생산되어 탄닌과 결합함으로써 탄닌 성분이 영양소와 결합하지 못하게 막아준다고 한다.

피틴산(phytic acid)
옥살산(oxalic acid)

■ 다른 무기질

소장 점막세포의 세포막에 존재하며 비헴철(Fe^{2+})흡수에 관여하는 단백질 수송체는 DMT1(divalent metal transporter 1)으로서,

- 장내에 존재하는 2가의 양이온들(Fe^{2+}, Ca^{2+}, Zn^{2+}, Mn^{2+})은 모두 DMT1에 의해 흡수된다.
- 따라서 장내에 존재하는 **다른 무기질들의 양**에 따라 철 흡수율이 영향을 받으며,
- 소장내에 존재하는 칼슘이나 아연 등의 함량이 높으면 철 흡수가 저해된다.
- 칼슘 보충제를 1일 300mg 이상 사용할 때 철 흡수가 저해되었다고 한다.
- 영양제나 철분제 혹은 칼슘제의 복용이 필요할 경우, 이들을 함께 복용하는 것보다 하루 중 다른 시간에 복용하는 것이 좋다. 같은 의미에서 요즘 시판되는 칼슘과 철이 함께 첨가된 음료 등은 여러 무기질 간 흡수 경쟁을 고려할 때 효용성이 낮을 가능성이 높다.

수송체(transporter)

■ 저장 철량이 높은 상태

체내에 저장 철량이 풍부하면 소장점막을 통해 흡수되는 철의 양이 감소됨으로써 철의 과다공급을 막는다. 남성이나 폐경기 이후의 여성은 철의 소모가 적거나 상대적으로 체내 저장량이 높아서 철의 흡수가 대체로 낮다.

■ 위산 분비의 저하

위산 분비가 저하되면 철이 2가형으로 전환되지 못하여 흡수가 낮아진다.

■ 감염 및 위장 질환

감염 상태나 설사, 지방변 등 흡수불량 상태에서 철의 흡수가 저해된다.

이렇듯 철은 흡수율이 매우 낮으며, 함께 섭취하는 식품 중 여러 요소의 영향을 받기 때문에 실제로 흡수되는 철의 양을 평가하기가 매우 어렵다. 외국의 경우 전체적인 식이 구성요소와 인체의 철 요구량을 고려한 철 생체이용률의 산출방법이 설정되어 있으며 식품 내 철의 절대량보다는 생체이용률을 계산함으로써 철 섭취를 측정하고 있다. 이러한 산출 방법은 우리나라의 식이 패턴에는 정확하게 적용되지 않기 때문에 우리 실정에 맞는 산출 방법을 설정하는 것이 시급한 과제이다.

이 동

소장에서 흡수된 철은 인체의 철 요구량이 많으면 혈액으로 이동되고, 체내 철 영양상태가 양호하여 요구량이 적으면 소장의 흡수세포에 남게 된다.

트랜스페린(transferrin)
혈액에 존재하는 철을 운반하는 단백질

- 혈액으로 들어온 철은 철 운반 단백질인 트랜스페린에 결합하여 필요한 곳으로 이동하며,
- 소장세포에 저장되는 경우에는 아포페리틴과 결합하여 페리틴의 형태로 된다.
- 페리틴과 형태로 저장된 철은 체내 요구량에 따라 혈액으로 이동하거나
- 그대로 저장되어 있다가 소장세포가 수명을 다하여 떨어져 나갈 때 함께 대변으로 배설된다.
- 이렇듯 소장은 2~5일간의 짧은 기간 동안 철의 저장소로서 역할을 한다.

체내 철 영양상태는 철 흡수율에 중요한 영향을 미친다.

- 체내 철 영양상태가 양호할 경우, 혈액내 트랜스페린은 대부분 철과 결합되어 있어서 소장세포로 흡수된 철은 혈액의 트랜스페린과 결합하지 못하고 소장세포 내의 페리틴에 결합되었다가 배설된다.
- 반면에 체내 철의 양이 부족할 경우, 포화되지 않은 트랜스페린의 양이 많아져 소장세포에서 흡수된 철은 대부분 혈액으로 이동하며, 철 흡수율도 증가하게 된다(그림 9-2).

저 장

체내에서 사용되고 남은 철은 대부분이 비장과 간에 페리틴의 형태로 저장되고 소량이 골수에 저장된다. 그러나 저장량은 성별, 연령별 혹은 개인의 철 영양상태에 따라 차이가 있다.

- 페리틴은 소장세포에도 존재하는 철저장 단백질로서 한 분자에 약 4,000개의 철 원자가 결합할 수 있다.

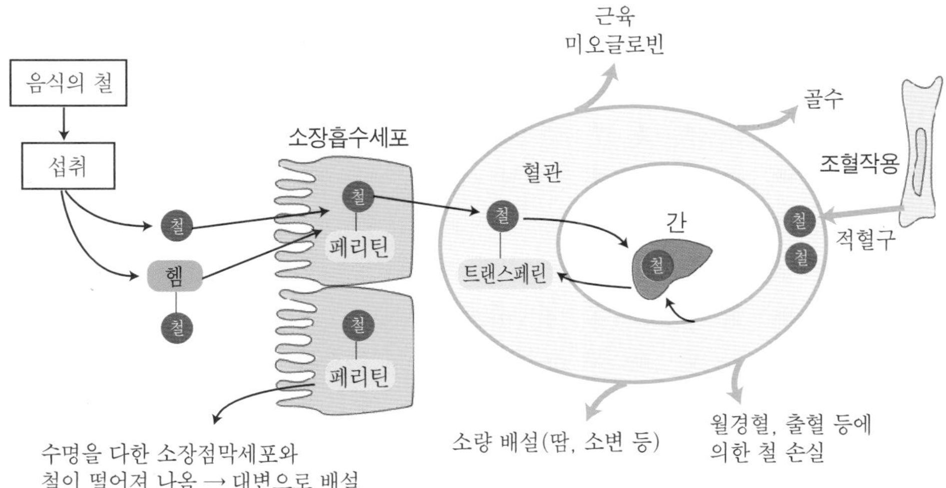

소장 점막세포에서 철은 페리틴과 결합한다. 체내 철의 영양상태에 따라 철이 흡수되기 전에 소장의 점막세포가 탈락하면 철은 흡수되지 못한다. 이는 체내에서 철의 흡수를 조절하는 기전으로 특히 비헴철의 경우에 그렇다.

그림 9-2. 철의 흡수 및 이동 저장

- 체내 철 함량이 페리틴의 수용 능력을 넘게 되면 철은 간에서 헤모시데린 형태로 저장된다.
- 체내에 존재하는 철은 대부분 단백질과 결합하고 있는데,
- 철이 자유로운 이온 형태로 존재할 경우 매우 활성이 강한 촉매로 작용하여 산화 스트레스를 가중시키고 체세포의 파괴를 초래하기 때문에
- 인체는 여러 종류의 철 결합 단백질을 보유하여, 가능한 한 철이 자유로운 이온형태로 존재하지 못하도록 한다.

헤모시데린(hemosiderin)
난용성의 철저장 단백질, 체내 철이 페리틴으로 저장되고 남은 상태일때 간에 철을 저장하는 형태이다.

골수에서의 조혈 작용

- 적혈구는 골수에서 에리트로포이에틴이라는 호르몬의 자극으로 생성된다.
- 에리트로포이에틴은 혈중 산소 농도가 낮거나 출혈이 있을 때, 혹은 적혈구가 일산화탄소와 결합되었을 때 신장에서 분비된다.
- 골수의 줄기세포로부터 분화되어 적아구가 생성되고, 헤모글로빈 축적량이 늘어나면서 핵을 잃고 완전한 적혈구로 성숙한다.
- 엽산이나 비타민 B_{12}가 부족한 경우 헤모글로빈 합성과 상관없이 적아구가 적혈구로 성숙하지 못하고 성숙한 적혈구 부족에 따른 빈혈(거대적아구성 빈혈)이 나타난다.
- 철 부족 시에는 적아구는 정상적으로 성숙하지만 헤모글로빈이 적절하게 합성되지 못하기 때문에 철 결핍에 의한 소구성 빈혈이 된다.
- 적혈구는 핵이 없는 무핵세포로서 단백질 합성에 필요한 유전 정보를 지닌 핵산

에리트로포이에틴(erythropoietin)
골수에서 적혈구의 합성과 분리를 촉진시키는 호르몬으로, 대부분은 신장에서 만들어진다.

줄기세포(stem cell)

(DNA)이 없기 때문에 약 120일 정도로 수명이 짧다.

- 적혈구의 수명이 짧기 때문에 손실되는 철을 보충하기 위해 철은 늘 요구량만큼 섭취해야 한다.
- 성인의 경우 1일 20~25mg의 철이 헤모글로빈을 합성하는 데 사용되며, 식이와 저장철(페리틴이나 헤모시데린)로부터 공급된다.

철은 수명을 다한 적혈구에서 빠져나온 뒤 새로운 적혈구를 형성하는 데 재사용된다.

- 수명이 다한 적혈구는 간이나 지라에서 파괴되며,
- 이때 분리된 철은 철 운반 단백질인 트랜스페린과 결합한다.
- 이렇게 적혈구에서 빠져나온 철은 페리틴과 결합하여 저장되거나,
- 골수로 가서 다시 헤모글로빈을 형성하여 적혈구를 만드는 데 사용된다(그림 9-2).

배 설

식이로 섭취한 철의 대부분(약 90%)은 대변으로 배설되고 소량만이 소변으로 배설된다.

- 분해된 적혈구의 헤모글로빈을 이루는 철은 약 90% 이상이 재사용되므로 일단 체내로 흡수된 철은 거의 배설되지 않는다.
- 소량의 철이 배설되는 경로는 수명이 다하여 떨어져 나가는 소장 점막세포와 함께 대변으로 배설되거나, 소변, 땀, 피부를 통해 배설된다.
- 또는 출혈 시 적혈구의 손실로 체외로 방출된다.

헤모글로빈 농도 (hemoglobin concentration)

헤마토크리트 (hematocrit)

혈청 페리틴 농도 (serum ferritin)

혈청 철 함량 (serum iron)

총철결합능력 (total iron binding capacity, TIBC)

트랜스페린 포화도 (transferrin saturation)

적혈구 프로토포르피린 함량 (erythrocyte protoporphyrin)

표 9-2. 철 영양상태 판정의 지표

지 표	정 의	정상범위(성인)
헤모글로빈 농도	혈액의 산소운반 능력에 대한 지표로 혈액 중 헤모글로빈치	남자 : 14~18g/dL 여자 : 12~16g/dL
헤마토크리트	총혈액에서 적혈구가 차지하는 %	남자 : 40~54% 여자 : 37~47%
혈청 페리틴 농도	조직내 철 저장 정도(페리틴)를 알아보기 위한 민감한 지표로 혈청 페리틴 농도를 측정	100±60㎍/L
혈청 철 함량	혈청 중 총 철 함량(주로 트랜스페린과 결합)	115±50㎍/dL
총철결합능력	혈청 트랜스페린과 결합할 수 있는 철의 양을 측정	300~360㎍/dL
트랜스페린 포화도	철과 포화된 트랜스페린의 % (혈청철(μmol/L)÷총철결합능력(μmol/L))×100	35±15%
적혈구 프로토포르피린 함량	헴의 전구체로, 철 결핍으로 인해 헴의 생성이 제한될 때 적혈구에 프로토포르피린이 축적됨	0.62±0.27 μmol/L(적혈구)

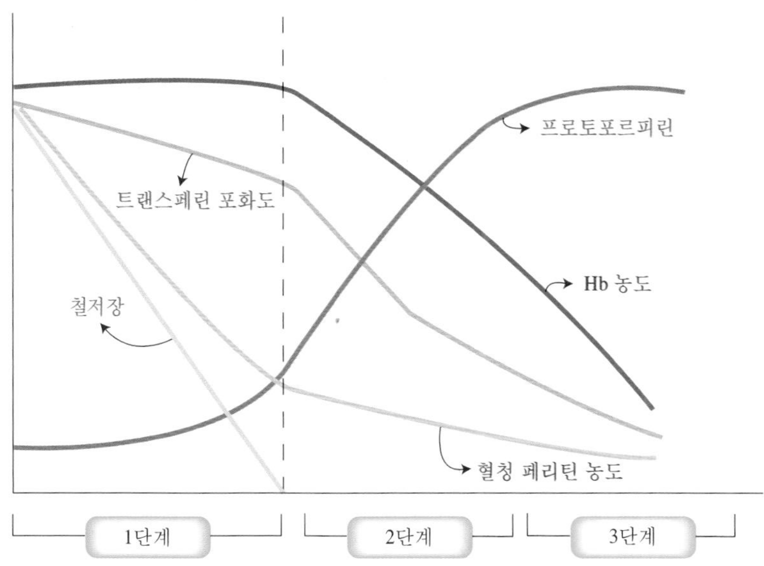

그림 9-3. 체내 철량의 감소에 따른 철영양상태 판정 지표들의 변화

- **가임기**의 여성은 정기적인 월경혈로 손실되므로 철은 요구량이 남성보다 높은 유일한 영양소이다.

혈액 내 페리틴은 체내 철 저장량이 줄어들면 함께 저하되므로, 철 결핍증의 초기 단계인 체내 저장량의 저하를 찾아내기 위해서는 혈청 페리틴 농도(15μg/L 이하)를 측정하는 것이 적합하다(표 9-2, 그림 9-3). 그림 9-3에서 보듯이 철 결핍 상태의 2단계에서는 **생화학적 기능의 저하**가 시작되면서 **트랜스페린 포화도**가 감소하고(15% 이하), 적혈구 **프로토포르피린**은 증가한다. 가장 많이 사용되는 **헤모글로빈 농도**와 **헤마토크리트**는 철 결핍의 마지막 단계에서나 변화가 감지되므로 단계별로 진행되는 철 결핍증을 알아보는 예민한 지표는 아니다.

철결핍성 빈혈의 경우 헤마토크리트가 정상치인 34~37% 정도를 밑돌게 되며, 혈중 헤모글로빈 농도는 10~11g/dL 이하로 떨어진다. 보통 헤모글로빈 농도와 헤마토크리트치가 함께 감소하면 저색소 적혈구가 생성된 것으로, 철결핍성 빈혈로 볼 수 있다. 이 경우 각각의 적혈구 크기도 감소하기 때문에 **소구성 저색소성 빈혈**이라고 한다(그림 9-4).

2019년도 국민건강영양조사 결과, 10세 이상 인구의 7.7%가 빈혈이었고, 여자의 빈혈률(12.0%)이 남자(3.4%)보다 높았다. 남자는 60대 이상 성인과 노인에게서 빈혈이 많았고, 여자의 경우 40대(21.1%)와 70세 이상(21.7%)에서 높았다. WHO에서 제시한 철결핍성 빈혈증의 판단은 표 9-3과 같다.

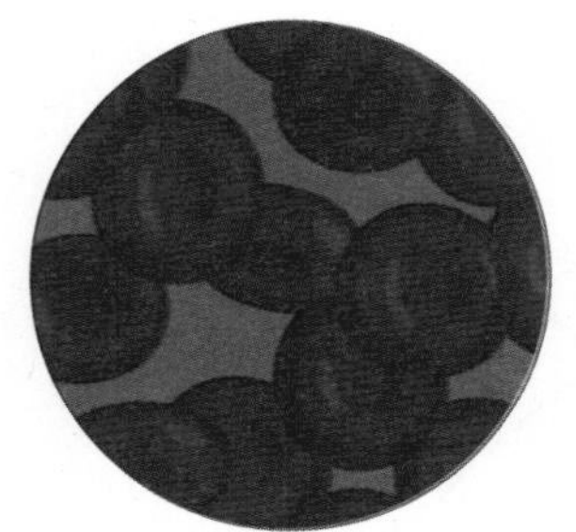

a) 정상혈구세포

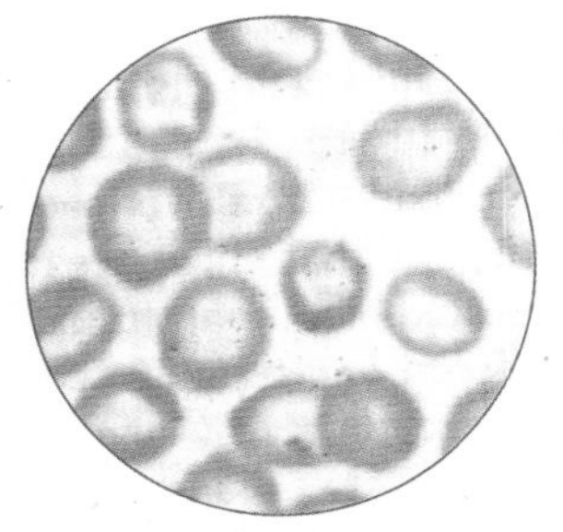

b) 철결핍성 빈혈

a) 크기와 색이 정상
b) 소구성, 저색소성 빈혈
헤모글로빈 함량이 낮아서 세포 크기가 작고 색이 옅다.

그림 9-4. 정상과 빈혈 상태의 혈구의 비교

표 9-3. 철결핍성 빈혈증의 판단 (WHO 기준)

연령층	헤모글로빈 농도(g/dL)	헤마토크리트(%)
6개월~6세	≤11	≤33.0
6세~14세	≤12	≤36.0
성인 남자	≤13	≤39.0
성인 여자	≤12	≤38.0
임신부	≤11	≤33.0

헴(heme)
포르피린고리(porphyrin ring)의 중앙에 2가의 철이 결합된다.

헤모글로빈(hemoglobin)
산소 및 이산화탄소의 운반에 관여하는 단백질로, 4개의 소단위로 구성되어 있으며, 각 단위마다 철을 함유한 헴이 있다.

미오글로빈(myoglobin)
헴을 함유한 근육 단백질로 산소를 저장한다.

페리틴(ferritin)
혈액과 조직에서 철의 저장에 관여하는 단백질

시토크롬계 효소(cytochromes)

과산화수소분해효소(catalase)

과산화효소(peroxidase)

체내 기능

산소의 이동과 저장에 관여

- 체내에 존재하는 철의 약 70%는 적혈구에서 **헤모글로빈의 헴** 성분을 형성하는데 사용되고, 5%는 근육의 **미오글로빈** 성분으로 존재한다(그림 9-5).
- 나머지 20%는 간, 지라, 골수에 **페리틴** 형태로 저장되어 있고, 5%는 **산화효소**의 구성성분으로 분포한다.
- 헤모글로빈을 구성하는 철은 폐로 들어온 **산소**를 각 조직의 세포로 **운반**하고, 세포에서 생성되는 **이산화탄소**를 폐로 **운반**하여 방출한다.
- 미오글로빈은 근육조직 내에서 **산소를 일시적으로 저장**하는 역할을 담당한다.

효소의 보조인자로 작용

- 철은 미토콘드리아의 **전자전달계**에서 산화·환원과정에 작용하는 **시토크롬계 효소**의 구성성분으로, 에너지 대사에 필요하다.
- 이 외에도 과산화수소분해효소나 과산화효소, NADH 탈수소효소, 숙신산 탈수소효

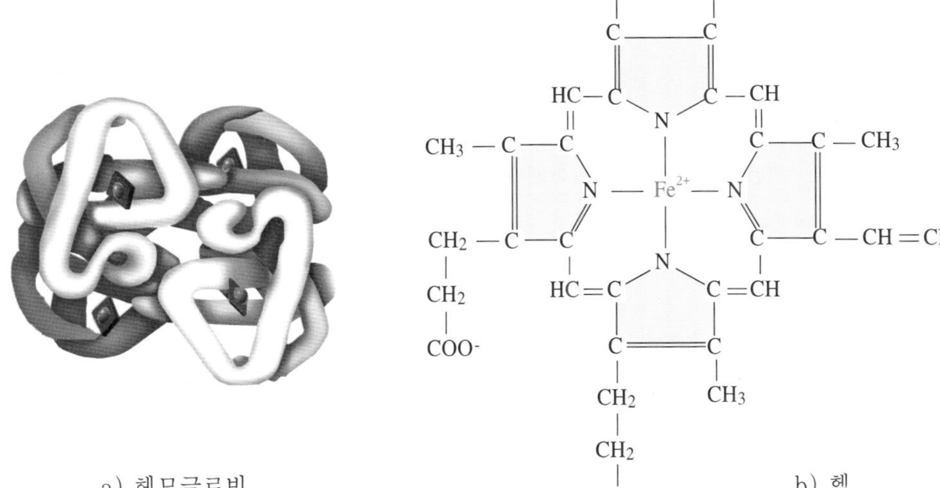

그림 9-5. 헤모글로빈 및 헴의 구조

소와 같은 효소의 보조인자로 작용한다.

- 신경전달물질(도파민, 에피네프린, 노르에피네프린, 세로토닌 등)이나 콜라겐 합성에 필요한 효소의 보조인자로도 작용한다.
- 철은 정상적인 면역 기능 유지에 관여하고, 약물의 독성을 제거하는 역할도 한다.

필요량

2020년 한국인 영양소 섭취기준에서는 철의 평균필요량, 권장섭취량, 상한섭취량을 설정하였고, 5개월 이하의 영아는 충분섭취량, 상한섭취량을 정하였다(표 9-4).

체내로 흡수된 철은 잘 배설되지 않으나,

- 성인의 경우 매일 대변, 땀, 피부로 배설되는 기본적인 손실량이 체중 1kg당 0.014 mg/일 정도이며, 성인 남자(19~29세 기준 체중 68.9kg)의 경우 0.97mg에 해당된다.
- 우리나라의 식사에서 철의 평균 흡수율을 12%로 보면 식사 중의 철 평균필요량은 약 8mg, 개인차를 위한 계수(15%)를 고려할 때 철의 권장섭취량(19~64세 남자)은 **10mg**이다.
- 65세 이상 남자의 경우 체위가 다소 줄어드는 점을 반영하여 철의 권장섭취량은 9mg이다.
- 성인 여자의 경우 19~49세의 연령층은 1일 평균 철 손실량이 1.29mg(기본적 손실량 1일 0.79mg, 월경에 의한 손실량 0.5mg)이다. 철의 흡수율을 12%로 산정하면 철의 평균필요량은 19~49세 여자의 경우 11mg, 권장섭취량은 **14mg**이다. 50~64세 성인 여자,

65~74세 노인 여자의 경우 평균필요량 6mg, 권장섭취량은 8mg이다.

- 75세 이상 노인 여자의 경우 체위 감소를 고려하여 철의 평균필요량은 1일 5mg, 권장섭취량은 7mg으로 산정하였다.
- 임신부는 수요증가율을 가산하여 가임기 여성에 비해 평균필요량은 1일 8mg을, 권장섭취량은 10mg을 추가하도록 하였다.
- 수유부의 경우 월경으로 인한 손실량은 감소하지만 임신과 출산 시의 철의 손실을 수유기 중에 회복함을 고려하여 평균필요량, 섭취권장량을 성인 여자와 동일하게 산정하였다.

표 9-4. 2020 한국인 영양소 섭취기준 - 철, 아연, 구리

성별	연령	철(mg/일)				아연(mg/일)				구리(mg/일)			
		평균 필요량	권장 섭취량	충분 섭취량	상한 섭취량	평균 필요량	권장 섭취량	충분 섭취량	상한 섭취량	평균 필요량	권장 섭취량	충분 섭취량	상한 섭취량
영아	0~5(개월)			0.3	40			2				240	
	6~11	4	6		40	2	3					310	
유아	1~2(세)	4.5	6		40	2	3		6	220	290		1,700
	3~5	5	7		40	3	4		9	270	350		2,600
남자	6~8(세)	7	9		40	5	5		13	360	470		3,700
	9~11	8	11		40	7	8		19	470	600		5,500
	12~14	11	14		40	7	8		27	600	800		7,500
	15~18	11	14		45	8	10		33	700	900		9,500
	19~29	8	10		45	9	10		35	650	850		10,000
	30~49	8	10		45	8	10		35	650	850		10,000
	50~64	8	10		45	8	10		35	650	850		10,000
	65~74	7	9		45	8	9		35	600	800		10,000
	75 이상	7	9		45	7	9		35	600	800		10,000
여자	6~8(세)	7	9		40	4	5		13	310	400		3,700
	9~11	8	10		40	7	8		19	420	550		5,500
	12~14	12	16		40	6	8		27	500	650		7,500
	15~18	11	14		45	7	9		33	550	700		9,500
	19~29	11	14		45	7	8		35	500	650		10,000
	30~49	11	14		45	7	8		35	500	650		10,000
	50~64	6	8		45	6	8		35	500	650		10,000
	65~74	6	8		45	6	7		35	460	600		10,000
	75 이상	5	7		45	6	7		35	460	600		10,000
임신부		+8	+10		45	+2.0	+2.5		35	+100	+130		10,000
수유부		+0	+0		45	+4.0	+5.0		35	+370	+480		10,000

자료 : 보건복지부, 2020 한국인 영양소 섭취기준, 2020

- 한국인 영양소 섭취기준에서 철의 상한섭취량은 1일 45mg으로 하였는데, 이는 위장 장애를 일으키지 않는 수준, 즉 70mg/일을 최저독성량으로 하고 이를 불확실계수(1.5)로 나눈 수치이다.

철이 풍부한 식품

- 철의 급원으로 가장 좋은 식품은 대부분 헴철을 함유하고 있는 육류, 어패류, 가금류이다(표 9-5).
- 다음으로 좋은 급원은 곡류, 콩류 및 진한 녹색채소 등이다.
- 곡류는 종류에 따라 함량에 차이가 크지만, 곡류는 주로 주식으로 이용되므로 섭취량이 많아서 철의 주요 급원이 된다.
- 철 함량과 흡수율이 낮은 식품군으로 우유와 유제품을 꼽을 수 있다.
- 우유 및 유제품에 포함되어 있는 칼슘은 장내에서 철 흡수를 저해하는 요인으로 작용한다.

결핍증

철의 결핍은 세 단계로 진행된다.

- 우선 섭취량이 결핍되기 시작하는 첫 단계에서는 체내 철 저장량이 감소되나 생리적 변화는 없다.
- 두 번째 단계에서는 철결핍으로 적혈구 생성이 줄어들지만 임상적인 빈혈단계는 아니다.
- 세 번째 단계에서는 생리적 기능에 변화가 오며 철결핍성 빈혈증상이 나타난다.

철 저장량이 완전히 고갈되고 섭취량도 부족해 헤모글로빈 형성을 위한 철 요구량에 미치지 못하게 될 경우 적혈구의 조혈량이 줄어들게 된다. 적혈구의 수가 줄면 혈액으로 운반되는 산소량이 줄게 되고 빈혈증세가 나타난다. 빈혈증의 원인 중 가장 주된 것은 철결핍증으로 인한 빈혈이다.

- 철결핍성 빈혈의 원인으로는 식이로 섭취하는 철 부족, 궤양, 치질, 대장암 등의 내출혈이나, 월경혈의 과다 출혈, 위절제수술 후 혹은 다른 식이 요인으로 인한 철 흡수 저하, 감염 · 관절염 등의 질병으로 인한 철의 재사용 저하를 들 수 있다.
- 성별과 관계없이 철결핍성 빈혈이 특히 많이 나타나는 시기는 영유아기와 사춘기이다.
- 가장 흔한 시기가 생후 6개월에서 2살까지인데, 그 이유는 급격한 성장으로 인한 총혈량의 증가와 근육의 발달 때문이다. 이유기를 거치면서 식습관이 잘 형성되지 못하면 에너지 섭취가 부족하고 철 섭취도 감소한다.

표 9-5. 철 함유 식품

식품군	식품명	1회 분량	중량(g)	철(mg)
곡류	시리얼(콘플레이크)	0.3그릇	30	1.5
	보리쌀	1공기	90	2.7
	국수	1대접	90(건면)	1.9
	현미	1공기	90	1.9
	식빵	1쪽	35*	0.4
	백미	1공기	90	0.5
고기 · 생선 · 달걀 · 콩류	맛조개		80	12.5
	굴		80	6.4
	닭고기(간)	1접시	60(생)	6.1
	쇠간	1접시	60(생)	6.1
	건뱅어	2큰술	15	3.0
	콩(검정콩, 노란콩, 말린 것)	2큰술	20	2.5
	쇠고기(사태)	1접시	60(생)	2.1
	두부	1/5모	80	1.8
	청어	1토막	60	1.6
	돼지고기(등심)	로스용 6쪽	60(생)	1.2
	달걀	1개(중)	60	1.0
	닭고기	1접시	60(생)	0.7
채소류	쑥	1/3컵	70(생)	7.6
	호박나물	1/3컵	70(생)	6.4
	무청, 조선무청	1접시	70	4.1
	근대	1/3컵	70(생)	3.5
	미나리	1/3컵	70(생)	2.9
	시금치	1/3컵	70(생)	1.8
	다시마	1접시	70(생)	1.7
	도라지	1접시	50(생)	1.1
	당근	1접시	70	0.9
	김치, 배추김치	1접시	40	0.2
과일류	사과	1/2개	100	0.8
	딸기	15개	150	0.8
	귤	1개	100	0.4
우유 · 유제품류	호상 요구르트	1/2컵	100	0.5
	치즈	1장	20*	0.2
	우유	1컵	200	0.2
유지 · 당류	들깨	1작은술	5	0.8

*표시 : 0.3회

- 여성의 경우는 생리가 시작된 후의 가임기 동안 계속 철결핍성 빈혈에 걸릴 확률이 높다.
- 임신 시에는 빈혈증상을 나타내지 않는 경우라도 철결핍으로 인해 임신부의 체내 철 함량이 충분하지 못한 경우 조산이나 사산의 확률이 높아지므로 철 영양관리가 특히 중요하다.
- 철결핍성 빈혈의 임상적 증상으로 피부색이 창백해지며, 손톱이 움푹 패이고, 피로, 허약, 호흡곤란, 체온조절 이상, 식욕부진 등을 느끼게 된다. 그리고 충분한 양의 적혈구가 생성되지 못하여 피로가 쌓인다.

움푹 패인 손톱 (spoon shaped nail)

- 성장기 어린이가 철 결핍성 빈혈이 될 경우 신장과 체중의 발달에 지장이 생기고 행동과 학습능력의 발달도 저하되는 등 육체 및 정신의 전반적인 성장장애가 초래된다.
- 철이 결핍되면 빈혈증상이 나타나기 전부터 학습능력이나 작업 능률, 면역기능 등이 저하되기 시작한다.
- 출혈이나 헌혈 등 혈액의 유출은 체내 보유된 철의 손실을 초래한다. 보통 500mL 정도의 혈액 손실은 200~250mg의 철 손실을 의미하며, 이 정도의 손실을 보충하려면 수개월이 소요된다.
- 보통 건강한 사람의 경우 1년에 2~4번 정도의 헌혈은 건강에 지장을 초래하지 않으나, 여성은 남성보다 헌혈 후 회복기를 길게 잡아야 한다.

과잉증

- 철의 과잉증은 영양 보충제나 철분제를 과잉 복용할 때, 혹은 과잉의 알코올 섭취로 인한 간 손상의 경우 저장 능력보다 체내 철 축적이 초과되어 나타난다.
- 혈색소증은 유전적 질환으로 철이 과도하게 흡수되며, 간이나 혈액에 주로 축적되고 근육, 심장, 췌장에도 축적된다.

혈색소증 (hemochromatosis)

- 치료하지 않으면 간이나 심장 등의 기관에 손상이 오고 당뇨병, 심부전으로 발전한다.

아 연

아연은 체내에 1.5~2.5g 정도로 소량 존재하지만 생체내 여러 효소의 구성성분이 되고, 핵산의 합성이나 면역 작용에 관여하는 등 필수적인 미량 원소이다. 인체에서 아연의 결핍증이 보고된 것은 그리 오래된 일이 아니다. 1960년대 초반 이란을 비롯한 중동 아시아 지역의 청소년들에게서 성장부진, 왜소증, 생식기의 부전증이 나타났는데, 이것이 아연 결핍에 의한 것이었다.

흡수와 대사

흡수 및 이동

- 아연은 대부분 소장에서 흡수되며 소량만이 위나 대장에서 흡수된다.
- 아연의 흡수 기전은 잘 알려져 있지 않으나, 소장 내강에 있는 아연의 농도에 따라 아연의 농도가 낮을 때는 촉진확산으로, 농도가 높을 때는 단순확산으로 운반된다.
- 장세포 내에서 아연은 **메탈로티오네인**이라는 단백질의 합성을 유도하며 이와 결합하는데 아연의 흡수 정도에 영향을 미친다.
- 메탈로티오네인과 결합한 아연은 소장 세포내에서 이용되거나 혈관으로 이동된다.
- 수일 내에 혈액으로 이동되지 못한 아연은 소장점막세포와 함께 배설된다.
- 혈액에서 아연은 알부민이나 α-2-마크로글로불린과 같은 단백질과 결합하고, 이 중 1/3 정도는 문맥혈을 거쳐 간으로 운반되고, 나머지는 신체의 다른 부분으로 이동되어 사용된다(그림 9-6).

촉진확산 (carrier-mediated transport)

단순확산 (passive transport)

메탈로티오네인 (metallothionein) 아연 또는 구리와 결합하는 단백질

알부민(albumin)

α-2-마크로글로불린 (α-2-macroglobulin)

생체이용률

아연의 **생체이용률**은 식이의 구성 요소나 개인의 건강 상태에 따라 다르다. 어떤 식이성분은 아연의 흡수를 방해하기도 하고, 어떤 것은 가용성의 화합물을 형성하여 아연 흡수를 촉진시킨다.

- 일상 식사나 한 가지 식품만을 보더라도 그 구성 성분이 다양하므로 이로부터 아연의 생체이용률을 알아내기는 어렵다.
- 일반적으로 볼 때, 식이내 포함된 아연의 **10~30%** 정도가 흡수된다.

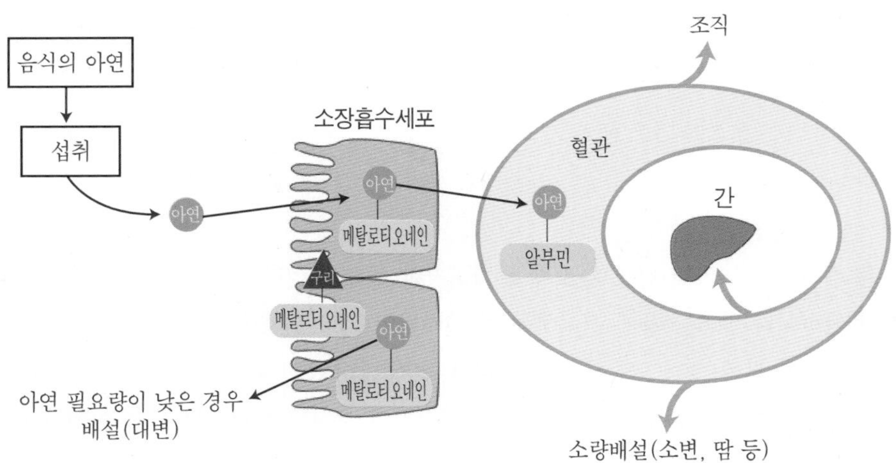

그림 9-6. 아연의 대사

- 육류나 패류, 간 등의 단백질 식품은 아연 흡수를 저해하는 성분이 상대적으로 적어서 아연의 좋은 급원이라 할 수 있다.
- **시스테인**이나 **히스티딘**과 같은 아미노산은 아연과 가용성 화합물을 만들어 아연의 흡수 및 체내 보유를 높인다.
- 이에 비해 **식물성 식품**이나 식물성 단백질은 아연의 흡수를 저해하는데, 이는 주로 피틴산이 아연과 **불용성의 화합물**을 형성하기 때문이다.
- **식이섬유**는 아연의 흡수를 저해한다.
- 인체를 대상으로 한 연구에서 쇠고기와 식이섬유가 풍부한 시리얼 내 아연의 생체이용률을 조사한 바에 의하면, 쇠고기에 함유된 아연의 생체이용률이 시리얼에 비해 4배나 높았다고 한다.
- 아연은 철이나 구리 등 물리 · 화학적 성질이 비슷한 다른 무기질과 경쟁적으로 흡수된다.
- 많은 양의 아연을 투여했을 때 **구리의 생체이용률**이 떨어지는데, 이는 아연의 섭취가 높아짐에 따라 **메탈로티오네인**에 구리와 아연이 경쟁적으로 결합하여 흡수되기 때문이다(그림 9-6).

메탈로티오네인 (metallothionein)

- 다량의 철을 경구 투여하였을 때 아연의 흡수가 상당히 저해되었는데, 이 효과는 철을 식사와 함께 투여하거나 아미노산인 히스티딘과 철과 함께 증가시켰을 때에는 나타나지 않았다.
- 이 외에 식이의 칼슘이나 인의 섭취가 증가될 때 아연의 흡수나 체내 보유가 저해된다.
- 그리고 장염과 같이 흡수를 저해하는 소화기계 질환이 있는 경우 아연의 흡수가 낮아진다.

배 설

아연은 **대변**, **소변**, 그리고 피부 등을 통해 배설된다.

- 아연의 90% 이상은 대변으로 배설되는데, 이는 흡수되지 않은 식이 아연과 내인성 아연의 배설로 볼 수 있다.
- 식이내 아연의 함량은 대변이나 피부로 배설되는 양에 영향을 미치는 반면, 소변으로 배설되는 양은 별 변화가 없다.

아연의 흡수 저하

아연의 흡수는 나이가 들어감에 따라 감소한다. 한 보고에 의하면 노인의 아연 흡수는 20대의 젊은이에 비해 절반 정도로 나타났다. 그러나 두 그룹 간에 아연의 평형은 비슷했던 점으로 미루어, 노인의 경우 내인성 아연의 손실이 적기 때문에 흡수가 적어도 아연의 평형이 유지된다고 볼 수 있다. 또한 만성적인 음주자의 경우 정상인에 비해 아연의 흡수 능력이 떨어진다.

- 소변으로의 배설량은 하루에 400~600㎍ 정도로 소량이며, 소변을 통한 배설량은 소변의 양과 크레아티닌 배설 정도와 관련이 있다.
- 피부나 땀 등으로 손실되는 양은 하루 1mg 정도이다.

체내 기능

생체내 여러 금속효소의 구성요소

금속효소(metalloenzyme) 금속 이온이 효소에 단단히 결합되어 있는 효소로 탄산 탈수효소, 시토크롬 등이 있다.

탄산 탈수효소(carbonic anhydrase)

말단 카르복실기 분해효소(carboxypeptidase)

젖산 탈수소효소(lactate dehydrogenase)

슈퍼옥사이드 디스뮤테이즈(superoxide dismutase, SOD)

- 아연은 생체내 200여 종 이상 되는 효소의 구조적 성분이며, 체내에서 주요한 대사과정이나 반응을 조절한다.
- 아연을 함유한 효소에는 이산화탄소의 운반자로 작용하는 탄산 탈수효소, 단백질 분해효소인 말단 카르복실기 분해효소, 탄수화물의 대사에 관여하는 젖산 탈수소효소, 유리기를 제거하여 세포의 산화적 손상을 방지하는 슈퍼옥사이드 디스뮤테이즈(SOD) 등이 있다.

생체막의 구조와 기능에 관여

아연은 생체막의 구조와 기능을 정상적으로 유지시키는 역할을 한다. 아연이 부족하면 생체막이 산화적 손상을 입으며 특정 물질의 수용체나 물질 운반에 장애가 생긴다.

면역기능에 관여

T세포 의존성 B세포(T-dependent B-cell)

IL-2(interleukin-2)

아연은 전반적인 면역기능의 유지에 관여하며 특히 T세포의 발달과 림프세포의 분화, T세포 의존성 B세포의 기능과 IL-2에 관계한다. 따라서 아연이 부족한 경우 감염성 질환에 대한 면역력 약화와 설사 등이 유발되는 것으로 알려지고 있다.

기타작용

아연은 DNA나 RNA와 같은 핵산의 합성에 관여하고, 단백질의 대사와 합성을 조절한다.

필요량

아연의 필요량 설정은 평형 유지나 내인성 손실로 인한 양을 대치하는 데 요구되는 양에 근거를 두고 있다.

- 우리나라의 경우 아연 영양상태나 이용률에 대한 자료가 부족하므로 외국의 대사실험 자료에 근거하여 위장관, 소변, 정액 등으로 손실되는 아연량을 계산하였는데, 성인 남자(19~29세)의 경우 1일 3.4mg, 성인 여자(19~29세)는 2.8mg이다.
- 이에 식사의 아연 흡수 이용률 40%를 적용하여 19~29세 성인 남자의 1일 평균필요량은 9mg, 30~64세 성인 남자는 8mg, 19~49세 성인 여자의 1일 평균필요량은 7mg, 50~64세 성인 여자의 경우 6mg으로 설정되었다.

- 권장섭취량은 이에 10%의 변이계수를 적용하여 성인 남자(19~64세)는 1일 **10mg**, 성인 여자(19~64세)는 **8mg**으로 하였다.
- 임신 · 수유부의 경우 임신기에 추가로 필요한 아연량, 모유로 분비되는 아연량을 고려하여 임신부는 성인 여자에 비해 1일 2.5mg을, 수유부는 5mg을 추가로 섭취하도록 권장하고 있다.
- 한국인 영양소 섭취기준에서 아연의 상한섭취량은 1일 35mg으로 설정하였는데, 이는 아연의 최대무독성량이 1일 50mg이고, 아연 섭취에 대한 개인차가 큰 점을 고려하여 불확실계수는 1.5로 설정한 자료에 근거한 것이다.

아연이 풍부한 식품

아연의 주된 급원은 동물성 식품이다.

- 쇠고기를 비롯한 육류, 간, 굴, 게, 새우 등의 패류 등이 아연의 좋은 공급원이다.
- 따라서 단백질 급원 식품에 아연 함량이 높다고 할 수 있다.
- 곡류 등의 식물성 식품은 이에 비해 아연 함유량이 적지만, 식물성 식품 중 전곡류, 콩류 등은 절대적인 섭취량이 많아서 비교적 아연의 좋은 급원이라 할 수 있다.
- 특히 곡류중에는 배아나 외피에 많이 함유되어 있으나 도정하는 과정에서 상당량이 손실된다(표 9-6).

결핍증

아연이 결핍될 수 있는 상태나 원인을 보면, 식이에서의 섭취부족이나 흡수율의 저하, 손실이나 배설의 증가, 체내요구량의 증가로 나눌 수 있다.

식이에서 아연의 섭취부족과 관련된 요인으로는,

- 거식증이나 단백질 에너지 영양불량과 같은 저영양 상태, 식물성 식품 위주의 식사(채식주의), 정맥영양 등의 처방 식이를 받는 경우가 있다.
- 아연의 섭취는 적당하더라도 흡수율이 저하된 경우, 장의 감염상태나 수술 후 간질환이 있을 때, 또는 아연 흡수에 영향을 주는 식이내 다른 성분의 영향으로 아연의 흡수율이 낮아졌을 때에도 아연의 결핍이 유발된다.
- 아연의 손실이나 배설이 증가하는 요인으로는 신부전 등의 신장질환과 장질환이 있으며, 체내 조직의 급속한 합성 등 아연의 이용이 증가될 때에도 아연의 부족이 나타난다.

아연이 결핍되면

- 성장이나 근육발달이 지연되고 생식기 발달이 저하된다.
- 면역기능 또한 저하되고, 상처의 회복이 지연되며, 감염성 질환에 대한 저항력이 감

표 9-6. 아연 함유 식품

식품군	식품명	1회 분량	중량(g)	아연(mg)
곡류	귀리	1공기	90	3.39
	보리쌀	1공기	90	1.92
	현미	1공기	90	1.85
	메밀국수(건면)	1그릇	90	1.48
	백미	1공기	90	1.05
	식빵	1쪽	30	0.21
	시리얼	0.3그릇	30*	0.08
고기 · 생선 · 달걀 · 콩류	굴		80	14.50
	돼지고기(간)	1접시	60(생)	3.28
	쇠고기(양지)	1접시	60(생)	3.06
	가재		80	2.70
	쇠갈비	1접시	60(생)	2.29
	갑오징어		80	2.58
	쇠간	1접시	60(생)	2.05
	게		80	1.81
	돼지고기(갈비)	1접시	60(생)	1.42
	닭고기	1접시	60(생)	1.30
	장어	1토막	60(생)	1.01
	대두, 노란콩(말린 것)	2큰술	20	0.97
	새우	7~8마리(중)	80	0.89
	달걀	1개(중)	60	0.86
	두부	1/5모	80	0.70
	가다랭이	1토막	60(생)	0.49
	강낭콩(말린 것)	2큰술	20	0.57
	고등어	1토막	60(생)	0.43
채소류	비름	1/3컵(익힌 것)	70	1.09
	파슬리	1/2컵(익힌 것)	70	1.04
	양송이	1/2컵(익힌 것)	70	0.56
	시금치	1/3컵(익힌 것)	70	0.46
	아스파라거스	1/2컵(익힌 것)	70	0.43
	토마토	1/2개	70	0.10
	가지	1/3컵(익힌 것)	70	0.08
과일류	사과	1/2개	100	0.19
	바나나	1개	100	0.14
	귤	1개	100	0.09
우유 · 유제품류	호상요구르트	1/2컵	100	1.10
	치즈	1장	20*	0.55
	우유(가공, 보통지방)	1컵	200	0.76
유지 · 당류	아연의 주요 급원이 아님			

*표시 : 0.3회

소되고 식욕부진 및 미각과 후각의 감퇴가 따른다.

- 이 외에도 눈에 이상이 생겨 암적응능력이 저하되는 등 신체의 기능이 저하된다.
- 아연 결핍증은 성장기 어린이에서 흔히 만성 혹은 급성설사를 유발하는데 이로 인해 섭취한 영양소의 흡수가 더욱 저하되므로 만성적 영양결핍증을 악화시키는 악순환이 반복된다.
- 유아기에 발생하는 유전병의 일종으로 아연의 대사이상과 관련된 장성말단피부염이 있는데, 이는 위장 및 피부질환을 일으키며 장에서 아연이 흡수되고 이동되는 데 장애를 초래한다.

아연의 결핍증은 아연 보충으로 극복될 수 있다. 저영양상태의 어린이에게 아연을 보충하면 설사를 멈추고 체중증가와 함께 정상적인 성장이 이루어지며 체조직 합성이 촉진된다. 아연 보충제는 성장지연의 정도가 심각한 경우 그 효과가 더 크다.

과잉증

- 아연을 과다하게 섭취할 때 다른 무기질, 즉 철이나 구리의 흡수가 저해되며 이에 따라 빈혈 증세가 나타날 수 있다.
- 아연을 하루 2g이상 과잉섭취할 때에는 구토, 설사, 식욕저하, 소화기계 장애, 면역기능의 감소 등 부작용이 따르므로 유의해야 한다.
- 아연의 과다섭취는 HDL을 낮춘다는 보고로 미루어 볼 때, HDL은 혈관내 콜레스테롤을 제거하는 역할을 하여 심장병 발병률을 낮추는 바람직한 물질이므로 아연을 필요 이상으로 과잉 섭취하는 것은 피하도록 한다.
- 건강한 사람의 경우 일상 식사를 통해 아연을 적절히 섭취하는 것이 가장 바람직하다.

구 리

구리는 체내에서 여러 효소의 성분으로 존재하며, 그 기능이나 대사면에서 철과 유사한 점이 많은 미량 원소이다. 성인의 경우 체내에 약 100~150mg 들어 있고, 주로 간이나 뇌, 신장, 심장에 존재한다.

구리(copper, Cu)

흡수와 대사

구리는 주로 소장에서 흡수되고 위에서도 소량 흡수된다.

- 식사로 섭취한 구리는 약 **10~55%**가 흡수되며, 흡수 정도는 섭취량이나 체내 구리

요구량에 따라 다르다.

- 섭취량이 많아 장내에 구리 농도가 높을 때는 단순확산으로 흡수되어 상대적으로 흡수율이 낮고,
- 장내의 농도가 낮을 때는 운반체에 의한 촉진확산으로 흡수되며 흡수율이 증가한다.
- 구리는 아연과 마찬가지로 메탈로티오네인과 결합하여 소장의 흡수세포를 통과하고 문맥으로 이동한다.

흡수된 후에는 주로 알부민에 의해 이동되며, 대부분은 간에서 저장되고 일부는 신장으로 간다.

- 간으로 들어간 구리는 몇 시간 내에 α-글로불린과 결합하여 세룰로플라스민의 일부가 된다.

세룰로플라스민 (ceruloplasmin)

- 구리는 세룰로플라스민의 형태로 혈액을 통하여 필요 조직으로 이동되며, 세룰로플라스민이 세포막의 수용체와 결합한 후 구리가 해리되어 세포내로 유입된다.

식이 내 칼슘, 철, 카드뮴, 납, 몰리브덴, 유황, 아연 등이 과다하게 많은 경우 구리의 이용률이 저하된다. 사용되고 남은 구리는 다시 간으로 되돌아와 담즙을 통해 대변으로 배설되고, 소량은 소변과 땀을 통해서 배설된다.

체내 기능

구리는 철 대사에 작용하며 결합조직의 건강을 돕는다. 또한 우리 인체 내에서 몇몇 효소의 구성성분이 된다.

철의 흡수 및 이용을 돕는 작용

페로옥시데이즈 (ferroxidase)

- 철은 흡수되는 과정에서 소장세포의 세포막을 통과하려면 3가의 형태(Fe^{3+})가 되어야 하는데, 구리를 포함하는 세룰로플라스민이라는 단백질은 2가의 철이온(Fe^{2+})을 3가(Fe^{3+})로 산화시키기 때문에 페로옥시데이즈라는 이름으로도 불린다.
- 세룰로플라스민은 철이 체내 철결합 단백질과 결합되기 위해서도 3가의 철(Fe^{3+})로 산화시키는 작용을 한다.
- 따라서 구리는 철의 흡수와 이동을 돕고 저장된 철이 헤모글로빈 합성장소로 이동하는데 관여하여 헤모글로빈의 합성을 돕는다.

결합조직의 건강에 관여

교차결합(cross-link)

구리는 결합조직을 구성하는 콜라겐과 엘라스틴이 교차결합하는데 작용하는 효소의 일부분이다. 따라서 구리는 골격형성과 심장순환계의 결합조직을 정상으로 유지하는 데 기여한다. 실제로 구리가 결핍된 실험동물에서 혈관을 튼튼하게 하는 콜라겐 합성이 부족해

혈관이 파괴되는 경우가 관찰된다.

여러 금속효소의 구성성분

구리는 매우 다양한 효소들의 구성성분으로 중요한 역할을 하는데

- 미토콘드리아내 전자전달계의 마지막 효소인 시토크롬 산화효소의 일부분으로 ATP의 형성에 기여한다.
- 신경전달물질인 노르에피네프린과 도파민을 형성하는 효소의 보조인자로 작용한다.
- 이 외에도 항산화효소인 SOD와 연결되어 세포의 산화적 손상을 방지하는 역할을 한다.

시토크롬 산화효소(cytochrome C oxidase)

기 타

구리는 면역체제의 일부로 작용하며, 혈액응고와 콜레스테롤 대사에 관여한다.

필요량

- 구리의 평균필요량을 추정할 때 구리의 고갈 및 보충 실험에서 혈청 구리 농도, 혈청 세룰로플라스민 농도, 적혈구 SOD 활성도, 혈소판의 구리 농도 등 여러 지표를 이용한다.
- 우리나라 사람을 대상으로 한 연구가 부족하여 미국과 캐나다의 연구를 토대로 설정한 미국인 섭취기준 700㎍/일을 참고하였다.
- 한국인 영양소 섭취기준에서는 체중의 차이를 고려하여 19세 이상 성인 남자의 구리 평균필요량을 1일 650㎍, 권장섭취량을 **850㎍**(변이계수 15% 적용)으로 정하였다. 19세 이상 성인 여자의 구리 평균필요량은 1일 500㎍, 권장섭취량은 650㎍이다.
- 임신부의 경우 태아 성장과 양수, 모체에 필요한 구리의 양을 고려하여 평균필요량은 1일 100㎍을 추가한 600㎍으로 하였고, 권장섭취량은 130㎍을 추가하도록 하였다.
- 수유부는 모유로 분비되는 구리의 양을 고려하여 평균필요량은 1일 370㎍을, 권장섭취량은 480㎍을 추가 섭취하도록 설정하였다.
- 구리의 상한섭취량은 1일 10mg까지 섭취할 때 유해한 영향이 나타나지 않는다는 여러 자료에 근거하여, 미국과 동일하게 1일 10mg으로 설정하였다.

구리가 풍부한 식품

- 구리가 풍부한 식품은 내장고기인 소간, 돼지간, 견과류, 두류, 굴, 가재, 패류 등의 해산물을 들 수 있다(표 9-7).
- 이 외에 코코아나 초콜릿, 버섯, 곡류의 배아, 말린 과일, 바나나, 토마토, 감자 등에 상당량 함유되어 있다.
- 그 밖의 과일이나 채소, 우유에는 매우 적은 양의 구리가 함유되어 있다.
- 특히 식물성 식품 내의 함량은 그 식물이 자라난 토양의 성질에 따라 달라질 수 있다.

표 9-7. 구리 함유 식품

식품군	식품명	1회 분량	중량(g)	구리(mg)
곡류	현미	1공기	90	0.32
	오트밀	1공기	90	0.30
	국수	1그릇(건면)	90	0.25
	백미	1공기	90	0.21
	보리	1공기	90	0.20
	밀	1공기	90	0.19
	바게트		80	0.09
	감자	1개(중)	140	0.32
고기 · 생선 · 달걀 · 콩류	굴		80	2.80
	새우, 자건품		80	2.40
	쇠간	1접시	60(생)	1.66
	게		80	0.73
	돼지간	1접시	60(생)	0.59
	모시조개	5~6개(중)	80	0.34
	대두	2큰술	20	0.33
	완두콩	2큰술	20	0.19
	청어	1토막	60	0.15
	두부	1/5모	80	0.15
	가다랭이	1토막	60	0.10
	고등어	1토막	60	0.07
	닭고기살	1접시	60(생)	0.05
	돼지고기	1접시	60(생)	0.05
	쇠고기	1접시	60(생)	0.05
	잣(볶은 것)	1작은술	5	0.07
	아몬드	1작은술	5	0.06
채소류	버섯	1접시	70	1.25
	토마토	1/2개	70	0.13
	당근	1/2개	70	0.06
과일류	아보카도	1개	100	0.32
	바나나	1/2개	100	0.20
	사과	1/2개	100	0.09
	딸기	15개	150	0.06
우유 · 유제품류	구리의 주요 급원이 아님			
유지 · 당류	참깨	1작은술	5	0.08
	땅콩버터	1작은술	5	0.03
기타	코코아	1작은술	5	0.22

결핍증

구리의 결핍증상은 드문 편이나

- 모유가 아닌 **우유**를 먹는 영아나 **조산아**에게서 발생하는데 이는 모유에 비해 우유에 함유된 구리의 생체 이용률이 훨씬 낮기 때문이다.
- 영양불량에서 회복되는 상태의 영유아나 환자들에게서 발생하기 쉽다.
- 환자의 경우는 장기 **수술**에서 회복되는 단계이거나 장기간 **장관영양**을 공급받는 환자, 또는 다량의 **위산 제거제**를 복용하는 경우에 구리의 흡수가 잘 되지 않거나, 구리섭취량 자체가 적어서 발생하기 쉽다.
- 이 외에도 아연 섭취량이 매우 높은 경우 구리 결핍증이 발생할 수 있다.

장관영양(total parenteral nutrition, TPN)

구리 결핍증의 증세로는

- **심장질환**, **성장장애**, 빈혈증, **백혈구의 감소**, **뼈의 손실** 등을 들 수 있다.
- 동물실험 결과를 보면 경증의 구리 결핍 시 혈청의 **콜레스테롤 농도가 상승**되는데, 특히 아연 섭취가 높은 경우 현저하였고,
- 역학조사 결과 식이 아연 대 구리의 비와 **심혈관 질환** 발생 간에 양의 상관관계가 있음이 나타났다.

뼈의 손실(bone loss)

과잉증

한번에 다량(10~15mg 이상)의 구리를 섭취할 경우 구토증 등 부작용이 나타난다. 따라서 구리 결핍으로 인해 처방이 필요할 경우 **소량으로 나누어** 섭취해야 한다. 장기간에 걸쳐 다량 섭취하면 구리 과잉증이 나타날 수 있으며, 이때의 증상은 복통, 오심, 구토, 설사로 시작하여 심할 경우 혼수, 결뇨, 간세포 손상, 혈관 질환 및 사망에 이를 수 있다.

구리가 담즙을 통해 배설되지 않는 경우 간이나 뇌, 신장, 각막 등에 축적되어 기관이 손상되는 경우가 있는데 이는 유전적인 원인으로 발생하는 윌슨병의 증세로서 심한 경우 구리의 과잉증으로 정신장애를 초래하는 경우가 있다.

윌슨병(Wilson's disease)

요오드

요오드(iodide, I_2)

요오드이온(iodine, I^-)

요오드는 식품 중에 요오드이온 형태로 존재하는데, 이 이온의 형태가 필수적인 미량 영양소이다. 요오드는 체내에 15~20mg 정도 있으며, 이 중 70~80%는 **갑상선**에 존재하고 나머지는 근육, 피부, 골격, 다른 내분비 조직 등에 분포한다. 요오드는 **갑상선호르몬**의 주성분으로 요오드의 결핍 시 **갑상선종**에 걸린다.

갑상선종 (simple goiter)
체내 요오드가 부족하여 갑상선호르몬인 티록신을 제대로 생성하지 못해 생기는 질병으로 갑상선이 비대해진다.

갑상선종

갑상선종은 예로부터 토양에 요오드 함량이 낮은 지역이나 바다로부터 멀리 떨어져서 해조류의 섭취가 저조한 지역에서 많이 발생하는 풍토병으로 인식되어 왔다. 이 질병은 미국의 오대호 부근, 라틴 아메리카, 동남 아시아, 태평양 북서지역, 알프스 지역, 아프리카 일대에서 주로 발견된다. 최근 요오드의 결핍은 많이 사라졌지만 여러 보건기관이나 단체에서는 요오드의 결핍을 퇴치하기 위해 계속 노력하고 있다.

흡수와 대사

식이에 함유된 요오드는 소장에서 요오드이온 형태로 흡수되고, 단백질과 결합하여 갑상선으로 이동한다. 요오드의 약 30%는 혈류에서 갑상선 세포로 선택적으로 흡수되며, 나머지는 섭취된 다음 2~3일간 체내에서 머물다가 소변으로 배설된다.

혈장 갑상선호르몬 농도가 감소하면,

갑상선자극 호르몬 (thyroid-stimulating hormone, TSH)

- **뇌하수체**에서 **갑상선자극 호르몬**이 분비되어
- 갑상선 세포의 **요오드 유입**을 촉진한다.
- 갑상선호르몬의 합성, 분비가 증가한다.

티로글로불린 (thyroglobulin)

- 갑상선호르몬은 당단백질인 **티로글로불린**과 결합한 상태로 갑상선에 남아있거나 혈장단백질과 결합하여 표적기관으로 이동한다.
- 여분의 갑상선호르몬은 주로 소변으로 배설되고 소량만 담즙으로 배설된다.

쉬어가기 **영양상태 평가**

요오드의 영양상태를 알아보는 방법으로는 소변 배설량을 측정하거나 혈액내 티록신(T4)이나 갑상선자극 호르몬(TSH)을 측정하고, 동위원소(131I)를 이용하여 요오드의 흡수를 알아보기도 한다. 혈장의 요오드 농도는 매우 낮아서 측정하기 어려울 뿐 아니라 임상적으로 중요하지 않다.
소변의 요오드 함량은 식사 중의 요오드 양을 반영하며, 또한 요오드의 결핍상태나 크레틴병의 존재 유무를 파악하는 데에도 유용하다. 24시간 소변을 수집해야 정확한 방법이지만 대규모의 영양조사에서는 실제적이지 못하다. 소변을 1회 받아 측정하는 경우 크레아티닌에 대한 양(μg/g)으로 표시하며, 요오드의 배설량이 50μg/g 크레아티닌 미만인 경우 요오드 결핍의 위험 수준으로 간주한다. 요오드의 배설량이 25~50μg/g 크레아티닌인 경우 갑상선호르몬의 형성이 제대로 안 되고, 25 μg/g 크레아티닌 이하인 경우 크레틴병에 걸릴 위험이 있는 것으로 본다.
갑상선의 기능을 알아보기 위하여 혈청내 T3나 T4, TSH의 농도를 측정하는데, 티록신(T4)의 정상 범위는 4.5~12μg/dL이다.

체내 기능

갑상선호르몬의 성분 및 합성

요오드는 체내 대사율을 조절하고 성장 발달을 촉진하는 갑상선호르몬인 트리요오드티로닌과 테트라요오드티로닌의 구성성분이다(그림 9-7).

트리요오드티로닌 (triiodothyronine, T_3)
테트라요오드티로닌 (tetraiodothyronine, T_4, 티록신)

- 갑상선호르몬은 아미노산인 티로신에서 합성되며, 요오드는 활성형의 호르몬이 되도록 하는데 필수적이다.
- 갑상선호르몬은 산소의 이용이나 포도당을 이용하는 효소계의 반응 속도를 높여서 세포내 물질의 산화를 촉진시키거나 기초대사율을 조절하고 체온 조절에도 관여한다.
- 따라서 요오드는 간접적으로 체내 대사에 지대한 영향을 준다고 볼 수 있다.

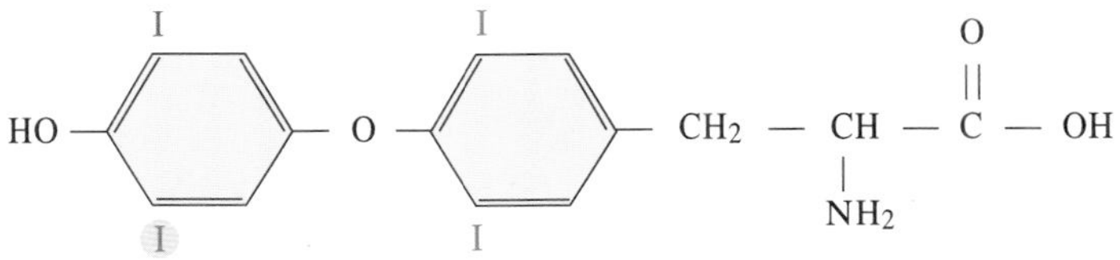

T_3: 트리요오드티로닌, (3I)
T_4: 테트라요오드티로닌(3I + I)
그림 9-7. 갑상선호르몬의 구조

갑상선은 호르몬 형성에 필요한 요오드를 얻기 위해 혈류에서 요오드를 받아서 지속적으로 축적한다. 그러나 식이를 통한 요오드의 섭취가 부족하면 혈액에서 요오드를 보다 더 얻으려고 함에 따라 갑상선이 비대해지며 요오드 결핍증세를 나타나게 된다.

필요량

갑상선종을 방지하기 위해서는 최소한 하루 50~75㎍의 요오드를 섭취하는 것이 좋다.

- 우리나라 사람들의 요오드 섭취기준을 결정할 만한 근거 자료는 부족하나, 한국인 영양소 섭취기준에서는 3~5세 유아의 권장섭취량을 90㎍/일로, 성인과 노인의 권장섭취량을 150㎍/일로 정하였다(표 9-8). 이는 WHO/UNICEF/ICCIDD의 요오드 섭취권장수준을 참고한 것이다(1~6세 6㎍/kg/일, 7~11세 4㎍/kg/일, 12세 이상 2㎍/kg/일).
- 임신부는 성인 여자의 1일 권장섭취량에 90㎍, 수유부는 190㎍ 추가된 양을 섭취하도록 권장한다.
- 한국인을 위한 요오드의 상한섭취량은 단순 고이터를 가진 사람들의 평균 소변 요오드 배설량에 관한 연구를 근거로 최저유해용량 3,600㎍에 불확실계수(1.5)를 적용하여 남녀 동일하게 2,400㎍으로 설정하였다.

ICCIDD (The International Council for the Control of Iodine Deficiency Disorders)

표 9-8. 2020 한국인 영양소 섭취기준 – 요오드, 불소, 셀레늄, 망간, 몰리브덴

성별	연령	요오드(μg/일)				불소(mg/일)		셀레늄(μg/일)				망간(mg/일)		몰리브덴(μg/일)		
		평균필요량	권장섭취량	충분섭취량	상한섭취량	충분섭취량	상한섭취량	평균필요량	권장섭취량	충분섭취량	상한섭취량	충분섭취량	상한섭취량	평균필요량	권장섭취량	상한섭취량
영아	0~5(개월)			130	250	0.01	0.6			9	40	0.01				
	6~11			180	250	0.4	0.8			12	65	0.8				
유아	1~2(세)	55	80		300	0.6	1.2	19	23		70	1.5	2	8	10	100
	3~5	65	90		300	0.9	1.8	22	25		100	2.0	3	10	12	150
남자	6~8(세)	75	100		500	1.3	2.6	30	35		150	2.5	4	15	18	200
	9~11	85	110		500	1.9	10	40	45		200	3.0	6	15	18	300
	12~14	90	130		1,900	2.6	10	50	60		300	4.0	8	25	30	450
	15~18	95	130		2,200	3.2	10	55	65		300	4.0	10	25	30	550
	19~29	95	150		2,400	3.4	10	50	60		400	4.0	11	25	30	600
	30~49	95	150		2,400	3.4	10	50	60		400	4.0	11	25	30	600
	50~64	95	150		2,400	3.2	10	50	60		400	4.0	11	25	30	550
	65~74	95	150		2,400	3.1	10	50	60		400	4.0	11	23	28	550
	75이상	95	150		2,400	3.0	10	50	60		400	4.0	11	23	28	550
여자	6~8(세)	75	100		500	1.3	2.5	30	35		150	2.5	4	15	18	200
	9~11	80	110		500	1.8	10	40	45		200	3.0	6	15	18	300
	12~14	90	130		1,900	2.4	10	50	60		300	3.5	8	20	25	400
	15~18	95	130		2,200	2.7	10	55	65		300	3.5	10	20	25	500
	19~29	95	150		2,400	2.8	10	50	60		400	3.5	11	20	25	500
	30~49	95	150		2,400	2.7	10	50	60		400	3.5	11	20	25	500
	50~64	95	150		2,400	2.6	10	50	60		400	3.5	11	20	25	450
	65~74	95	150		2,400	2.5	10	50	60		400	3.5	11	18	22	450
	75이상	95	150		2,400	2.3	10	50	60		400	3.5	11	18	22	450
임신부		+65	+90			+0	10	+3	+4		400	+0	11	+0	+0	500
수유부		+130	+190			+0	10	+9	+10		400	+0	11	+3	+3	500

자료 : 보건복지부, 2020 한국인 영양소 섭취기준, 2020

요오드가 풍부한 식품

요오드강화염 (iodized salt)

- 요오드는 미역, 김, 다시마, 파래 등의 해조류나 해산물에 풍부하다(표 9-9).
- 미국이나 캐나다 등 서구 여러 나라에선 소금에 요오드를 첨가한 **요오드강화염**을 판매한다.
- 미국에서는 요오드를 첨가하는 경우 소금 1g당 76μg의 요오드를 첨가하며, 소량만 사용하더라도 하루 섭취량(75~200μg)을 쉽게 채울 수 있다.
- 식물성 식품의 경우 요오드의 함량은 낮은 편이나, 토양 내 요오드 함량과 가공과정 등에 따라 함유량이 다르다.

표 9-9. 요오드 함유 식품

식품군	식품명	1회 분량	중량(g)	요오드(μg)
곡류	밀, 귀리	1공기	90	8
	백미, 쌀겨, 보리	1공기	90	4
고기 · 생선 · 달걀 · 콩류	대구, 청어	1토막	60(날것)	198
	메기	1토막	60(날것)	71
	해산물		80	53
	콩(말린 것)	2큰술	20	23
채소류	해초	6g(말린 것)	70(날것)	43,680
	시금치	1/3컵(익힌 것)	70(날것)	39
	채소		70	21
우유 · 유제품류	우유	1컵	200	28
기 타	요오드강화염	2작은술	10	760

결핍증

요오드 결핍의 가장 보편적인 원인은 식사로부터 요오드를 적게 섭취하는 것이다. 경증이나 중등도의 결핍 시 **갑상선 기능이** 저하되며, 만성적으로 결핍된 상태에서는 단순갑상선종이 발생하는데 이는 갑상선이 커지는 증상이다. 이때 그대로 두면 기관지에 압박이 가해지고 호흡곤란의 증세가 있으나 요오드를 공급해 치료하면 갑상선의 크기가 점점 감소하여 회복된다.

임신기간 중 산모의 요오드 섭취가 부족하면 태아의 뇌가 제대로 발달하지 못하고 출생 후 정신박약, 성장지연, 왜소증 등의 **크레틴증**에 걸릴 수 있다. 크레틴증에 걸리면 신체의 성장이 이루어지지 못할 뿐 아니라 정신적 발달이 지연되고 청각과 언어 구사에 장애가 생기며, 보행 능력이 떨어지고 갑상선기능부전이 나타난다. 이런 경우에는 요오드를 첨가한 식물성 기름을 경구 투여하거나 주사하기도 한다.

크레틴증(cretinism)

갑상선기능부전 (hypothyroidism)
성인은 여성에게 많고, 기초대사율이 감소하며 권태감, 무기력, 추위에 대한 민감증, 월경불순 등의 증상을 수반한다. 영아에서는 중증인 상태에서 크레틴병을 야기한다.

과잉증

- 해조류를 아주 많이 섭취하는 경우를 제외하고 일반 식품으로 나타날 만큼 섭취하는 것은 쉽지 않고, 일상식사에서는 하루 1mg 이하로 요오드가 공급된다.
- 보충제 등을 이용하여 요오드를 과다하게 복용하면 **갑상선기능항진증**이나 **바세도우씨병**이라고 하는 **갑상선중독증**이 생긴다.
- 이는 갑상선호르몬의 분비와 작용이 활발해져 기초 대사율이 증가함으로써 자율신경계에 장애를 유발한다.

갑상선기능항진증 (hyperthyroidism)

바세도우씨병 (Basedow's disease)

갑상선중독증 (thyrotoxicosis)

- 갑상선기능항진증은 보통 40세 이상의 연령층에서 발생하므로 주의를 요하고, 발생한 경우 약물치료를 받아야 한다.

불 소

불소(fluoride, F)

20세기 초반의 역학조사를 통해 불소 부족과 충치 발생률 간의 상관성이 보고되면서 불소를 치아건강의 중요한 요소로 여기게 되었으며 식수에 불소를 첨가하는 사례도 늘어났다.

불소는 체내에서 95% 정도는 뼈와 치아에 존재한다. 뼈에 함유된 불소의 농도는 연령 및 섭취량에 따라 증가한다.

흡수와 대사

- 불소는 소장에서 주로 흡수되며, 흡수율은 80~90% 가량이다.
- 배설은 주로 소변을 통해 이루어지는데 연령이 증가함에 따라 배설량도 많아진다.

체내 기능

충치 예방 및 억제

불소는 충치 발생을 억제한다.

- 설탕 등 구강 내 탄수화물은 미생물에 의해 분해되면서 산을 형성하는데, 충치는 이러한 산에 의해서 유도된 치아 부식이다.

히드록시아파타이트(hydroxyapatite)
플루오르아파타이트(fluorapatite)

- 뼈나 치아를 구성하는 무기염인 히드록시아파타이트 결정에 수산기 대신 불소가 치환되면 플루오르아파타이트를 만들 수 있는데, 이 성분은 산에 대한 저항성이 높아 충치 예방에 효과적이다.
- 또한 불소는 충치를 일으키는 박테리아의 효소 작용을 억제한다.

골다공증과의 관계

불소 공급이 충분한 지역에서는 상대적으로 골다공증 발생률이 낮았다고 보고되고 있으며, 불소가 뼈에서 무기질이 빠져나오는 것을 방지하는 것으로 알려지고 있다.

필요량

- 수돗물에 불소를 첨가하게 되면 보통 한 컵당 0.2mg의 불소를 섭취하게 되므로 전체 불소 섭취량에 절대적으로 영향을 미치며, 그 외의 섭취량은 0.5~3mg 정도이다.
- 식수와 식품 등에서 섭취하는 불소의 충분섭취량은 체중 1kg당 0.05mg을 기준으로,

성인의 경우 1일 2.6~3.4mg 수준이다(표 9-8).

- 임신 · 수유부의 경우 성인 여자에 비해 불소의 섭취량을 높여야한다는 근거가 부족하여 성인 여자와 동일하게 설정하였다.
- 불소를 과잉 섭취하는 경우 치아나 골격에 불소침착증이 유발됨을 고려하고 최대무해용량 10mg/일, 불확실계수 1.0을 적용하여, 불소의 상한섭취량은 1일 10mg으로 설정하였다.

불소가 풍부한 식품

- 불소는 해조류, 고등어, 정어리, 연어 등의 어류, 불소가 첨가된 식수, 차 등으로 공급된다(표 9-10).
- 대부분은 식사나 식수로부터 공급되지만 불소첨가한 치약이나 치과에서 불소를 도포하는 과정에서도 공급된다.

표 9-10. 불소 함유 식품

식품군	식품명	1회 분량	중량(g)	불소(μg)
곡류	밀배아	1공기	90	220
	전밀	1공기	90	70
고기 · 생선 · 달걀 · 콩류	고등어	1토막	60(생)	1,140
	정어리	1토막	60(생)	660
	연어	1토막	60(생)	360
	새우	7~8마리(중)	80	360
	청어(훈제)	1토막	60(생)	230
	게		80	180
	닭고기	1접시	60(생)	90
	달걀	1개(중)	60	84
	쇠고기	1접시	60(생)	70
	돼지고기	1접시	60(생)	40
	대두(말린 것)	2큰술	20	30
채소류	해조류(말린 것)		6	1,960
	시금치	익혀서 1/3컵	70	70
	파슬리		70	60
우유 · 유제품류	치즈	1장	20*	33
유지 · 당류	불소의 주요급원이 아님			
기타	차	1잔	100	3,200

*표시 : 0.3회

결핍증

- 불소가 부족하면 충치가 쉽게 발생하고, 노인이나 폐경기 여성의 경우 골다공증의 위험이 높아진다.
- 구강 건강에서 불소는 치아가 형성되는 과정에서 가장 중요한 역할을 한다.
- 불소가 함유된 치약을 사용하거나 불소 첨가된 음료수를 이용하면 어린이들의 충치를 예방하는 데 효과가 높다.

과잉증

불소증(fluorosis) 뼈나 치아에 불소가 과다하게 침착되어 생기는 반점 모양의 변색을 말한다.

- 장기간 불소를 하루 20mg 이상 섭취하면 치아에 반점이 생기고 약해지는 불소증이 유발된다.
- 어린이들은 치아의 발달 시기에 생기기 쉬우며 성인의 경우 뼈에도 영향을 미치게 되어 변색되거나 부러질 수 있다.
- 골다공증이 심한 경우 이를 치료할 목적으로 불소를 하루 20mg 이상 사용하기도 하는데, 이런 경우 위장장애나 통증 등 심각한 부작용이 따를 수 있다.

셀레늄

알칼리병 (alkali disease)

셀레늄은 인체내에서 주로 간, 신장, 심장, 비장에 분포되어 있는 미량 원소이다. 1930년대 셀레늄이 많은 토양에서 자란 식물을 섭취한 가축에서 알칼리병이라는 만성 중독증이 나타났고, 그 후 셀레늄에 대한 연구가 진척되었다. 인체에서 이 원소의 중요성이 인식된 것은 1970년대 후반의 일이며, 1980년대 후반 미국에선 10차 개정된 영양권장량에 셀레늄의 권장량을 포함시키기에 이르렀다.

흡수와 대사

- 식품 중의 셀레늄은 대부분 메티오닌과 시스테인의 유도체와 결합하고 있다.
- 이 물질들은 쉽게 흡수되며, 특히 셀레노메티오닌의 경우 거의 모두 흡수된다.
- 전체 섭취량의 80%는 소장에서 흡수되며, 다른 미량 무기질보다 생체이용률이 높다.
- 동물 조직에서 셀레늄은 역시 셀레노메티오닌이나 셀레노시스테인의 형으로 존재한다.
- 셀레늄 배설량의 60%는 소변으로 배설된다.
- 섭취량이 많을 때는 호흡을 통해 배출되기도 하나, 대변을 통한 배설이 조절되었다는 증거는 없다.
- 따라서 생리적 조건하에서 체내 셀레늄의 수준은 소변을 통한 배설로 조절된다고 하겠다.

체내 기능

글루타티온 과산화효소의 성분으로 항산화 작용

셀레늄은 항산화효소인 글루타티온 과산화효소의 성분으로 작용한다. 글루타티온 과산화효소는 환원형의 글루타티온을 이용하여 독성의 과산화물을 알코올 유도체와 물로 전환시킴으로써 과산화물(주로 과산화수소)에 의해 세포막이나 세포가 파괴됨을 방지한다. 따라서 셀레늄은 세포를 산화적 손상으로부터 보호하는 역할을 한다(그림 9-8).

글루타티온 과산화효소 (glutathione peroxidase)

과산화물(peroxide)

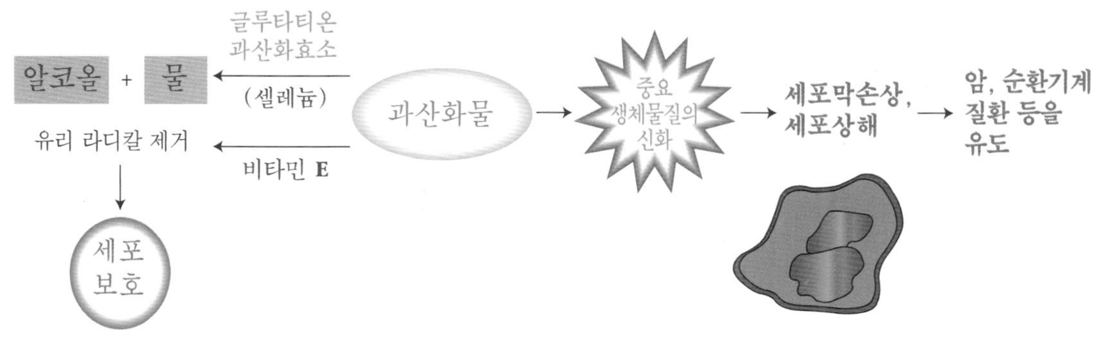

그림 9-8. 셀레늄의 작용

비타민 E의 절약 작용

셀레늄은 비타민 E와 마찬가지로 유리 라디칼의 작용을 억제시킨다. 셀레늄은 세포질에서 과산화물을 파괴하는 역할을 하는 반면 비타민 E는 세포막에서 이미 생성된 유리 라디칼이 더 이상 작용하지 못하게 한다. 따라서 셀레늄이 충분한 경우 항산화작용에 요구되는 비타민 E를 절약하는 작용을 한다.

유리 라디칼 (free radical)

기타 기능

셀레늄은 치아의 단백질 간질에 들어 있는 등 구조적 성분이기도 하다. 또한 셀레늄은 유리 라디칼의 생성을 줄일 수 있으므로 암을 예방하는 데 도움이 될 것으로 사료된다. 이 외에 셀레늄은 갑상선호르몬을 활성화시키는 데 관여한다.

필요량

- 우리나라 19세 이상 성인의 셀레늄 평균필요량은 글루타티온 과산화효소의 활성을 최대화하는 섭취량에 기초하여 1일 50㎍으로 정하였으며, 권장섭취량은 평균필요량의 120% 수준인 **60㎍**으로 하였다. 이는 미국의 19세 이상 성인의 평균필요량 45㎍/일, 권장섭취량 55㎍/일보다 약간 높은 수준이다.

- 임신부는 태아에 필요한 셀레늄 양, 수유부는 모유로 분비되는 셀레늄 양을 고려하여 성인 여자의 권장 섭취량에 각각 1일 4㎍, 10㎍씩 추가하여 섭취하도록 권장한다.
- 셀레늄의 상한섭취량은 식품과 보충제로 섭취하는 총량에 대해 설정하며, 1일 400㎍으로 설정하였다.

셀레늄이 풍부한 식품

- 셀레늄은 육어류, 내장류, 패류, 종실류, 견과류에 풍부하게 함유되어 있다(표 9-11).
- 곡류의 경우 셀레늄 함량에 차이가 나는데, 그 이유는 이런 식물이 자란 토양에 따라 그 함량이 다르기 때문이다.

표 9-11. 셀레늄 함유 식품

식품군	식품명	1회 분량	중량(g)	셀레늄(㎍)
곡류	밀배아	1공기	90	100
	전밀	1공기	90	57
	전밀빵	3쪽	100	48
	식빵	1쪽	35*	10
	쌀	1공기	90	18
	브랜 플레이크	1그릇	30*	3.3
	콘플레이크	1그릇	30*	1.3
고기 · 생선 · 달걀 · 콩류	가재		80	83
	참치	1토막	60(생)	43
	가자미	1토막	60(생)	36
	게		80	41
	굴		80	39
	대구	1토막	60(생)	27
	닭고기	1접시	60(생)	25
	쇠고기(sirloin)	1접시	60(생)	20
	달걀	1개(중)	60	10
	콩(말린 것)	2큰술	20	7
	땅콩		10	10
채소류	셀레늄의 주요 급원이 아님			
과일류	셀레늄의 주요 급원이 아님			
우유 · 유제품류	우유(탈지우유)	1컵	200	26
	우유	1컵	200	6
	치즈		20*	1
유지 · 당류	버터	1작은술	5	8

* 표시 : 0.3회

- 채소 및 과일류에는 셀레늄의 함량이 낮다.

결핍증

심근장애 (cardiomyopathy)

케샨병 (Keshan's disease)

- 셀레늄이 결핍되면 근육이 손실되거나 약해지고 성장 저하, 심근장애가 발생한다.
- 이러한 증상은 장관외영양으로 셀레늄의 공급이 충분하지 못한 경우에도 나타난다.
- 중국의 케샨 지방에서 처음 보고된 **케샨병**은 셀레늄의 결핍에 의한 질병으로, 어린이나 가임기의 젊은 여성에게서 발생한 울혈성 심장병을 말한다.
- 급성인 경우엔 갑작스런 심장 기능의 부전이 오며, 만성화된 경우에는 심장 비대나 기능저하 등이 나타난다.
- 혈액과 머리카락의 셀레늄 함량도 낮아지고 비타민 E 부족상태에 이르게 된다.
- 셀레늄을 공급하면 심장병의 진전을 막을 수는 있지만 일단 발병하면 완치는 어려운 실정이다.

셀레늄의 영양상태와 만성퇴행성 질환의 관련성을 연구한 역학조사가 실시되었으나 셀레늄의 영양불량과 암 발생률 간의 관계가 불분명해 이에 대한 결론을 내리기 어렵다. 동물 실험결과 또한 셀레늄이 암 유발을 억제한다고도 하고 암화과정을 촉진한다고도 보고되고 있으므로, 셀레늄을 암 예방 및 치료에 사용하는 것은 주의를 기울여야 할 것이다.

과잉증

- 셀레늄을 과잉 섭취했을 때의 유독증상은, 토양의 셀레늄 함량이 높은 지역에서 재배한 식품을 섭취한 경우나 보충제의 과잉 섭취 시 보고되고 있다.
- 과잉 섭취 시의 증상으로는 구토, 설사, 손톱과 발톱의 변화, 피로, 피부손상, 신경계의 손상 등이 있다.
- 또한 발진이나 간경변도 생길 수 있다.

기타 미량원소

망 간

망간(manganese, Mn)

성인의 체내에는 대략 20mg의 망간이 있으며 주로 간, 골격, 췌장, 뇌하수체에 존재한다. 세포내에서는 핵이나 미토콘드리아와 같은 소기관에 존재한다.

흡수와 대사

- 망간은 성인의 경우 식이에서 5% 정도로 소량만이 흡수된다고 추정되나, 식이 내의 망간 함량이 증가함에 따라 흡수 효율은 줄어든다.
- 망간은 소장에서 흡수되는데 처음에는 소장내강 내에서 흡수되고 점막세포를 따라 이동하는 두 단계를 거친다.
- 망간은 결합 부위에 대해 철이나 코발트 같은 다른 금속과 경쟁적으로 흡수되므로 이런 이온이 존재하면 흡수가 저해된다.
- 흡수된 망간은 α-2-마크로글로불린과 결합하여 문맥을 거쳐 간으로 이동한다.
- 철과 마찬가지로 망간의 일부는 3가 이온으로 산화되고 혈장내 이동 단백질인 트랜스페린이나 망간을 이동시키는 단백질인 트랜스망가민과 결합하여 간 이외의 다른 조직으로 이동한다.

트랜스망가민 (transmangamin)

- 망간은 거의 대부분이 담즙을 통해 대변으로 배설되며 매우 소량만 소변으로 배설된다.
- 체내의 망간 상태는 담즙을 통해 배설되는 양으로 조절된다.

체내 기능

금속효소의 구성 요소

피루브산 카르복실화효소 (pyruvate carboxylase)
아르기닌 분해효소 (arginase)
글루타민 합성효소 (glutamine synthetase)

- 망간은 금속효소의 성분으로 존재하며 피루브산 카르복실화효소, 아르기닌 분해효소, 글루타민 합성효소와 슈퍼옥사이드 디스뮤테이즈의 보조인자로 작용한다.
- 피루브산 카르복실화효소는 피루브산에서 당질을 합성하는 첫단계에 관여하는 효소로, 망간이 부족하면 이들 효소의 활성이 떨어진다.
- 슈퍼옥사이드 디스뮤테이즈는 슈퍼옥사이드 유리기를 파괴하는 작용을 하여 지질의 과산화를 방지한다. 아르기닌 분해효소는 요소 형성 반응을 촉매한다.
- 글루타민 합성효소는 체내에서 암모니아를 제거하는 반응을 촉진시키며, 특히 뇌에 고농도로 존재한다.

여러 효소를 활성화시키는 기능

가수분해효소 (hydrolase)
인산화효소(kinase)
탈카르복실화효소 (decarboxylase)
전이효소(transferase)

망간에 의해 활성화되는 효소에는 가수분해효소, 인산화효소, 탈카르복실화효소 및 전이효소 등이 있다. 이들의 작용에 따라 당질이나 단백질, 지질의 대사에 관여하고 뼈나 연골조직의 형성에 기여한다. 망간에 의해 활성화되는 효소는 망간에만 특정적인 것은 아니며 다른 금속, 특히 마그네슘에 의해서도 활성화된다.

망간의 필요량 및 풍부한 식품

- 사람에게 필요한 망간의 양은 비교적 낮다. 망간의 경우 평균필요량과 권장섭취량을 설정할 수 있는 과학적 근거가 부족하여 전 연령층에서 모두 충분섭취량으로 제시하였다.

- 2020 한국인 영양소 섭취기준에 따르면 12세 이상 전 연령층에서 망간의 충분섭취량은 남자 4.0mg, 여자 3.5mg이다.
- 망간의 상한섭취량은 19세 이상 성인과 노인의 경우 11mg이다. 이는 망간의 용량-반응 평가 연구에서 식품으로 하루 11mg의 망간을 섭취했을 때 특별한 독성증세가 없었다는 연구 결과를 근거로 한 것이다.
- 망간은 식물성 식품에 비교적 많이 함유되어 있다. 호두, 땅콩 등의 견과류, 귀리, 쌀겨, 전곡류, 도정하지 않은 곡류로 만든 시리얼, 콩류 등이 좋은 급원이다.
- 반면 도정한 곡류, 어류나 육류, 유제품에는 소량만이 함유되어 있다.
- 피틴산(phytic acid)이 많은 전곡류, 종실류, 콩류나 옥살산(oxalic acid)이 많은 양배추, 시금치 등은 망간흡수를 저해할 수 있다.
- 차 종류는 망간의 급원이나 차의 탄닌이 망간흡수를 저해할 수 있고, 철, 칼슘, 인 등의 무기질 섭취는 체내 망간보유율을 낮출 수 있다.

결핍증과 과잉증

- 동물실험결과 망간이 결핍되었을 때 성장장애, 생식장애 뿐만 아니라 뼈와 연골의 형성에 변화가 생기고, 지질 및 당질 대사의 이상 등이 나타난다.
- 망간은 식물성 식품에 널리 존재하고 인체는 소량만 요구되므로 일반인에게서 망간의 결핍증은 잘 나타나지 않는다.
- 몇몇 사례 연구나 실험결과를 보면, 망간 결핍 시 체중이 감소하고 머리카락이나 손톱 및 발톱이 잘 자라지 않으며 피부염이나 저콜레스테롤혈증이 관찰되었다.
- 망간 결핍 시 뼈가 약해지거나 골다공증, 관절질환 등 골격계 질환이 발생하기도 한다.
- 망간의 과잉증은 탄광에서 일하는 근로자나 망간에 장기간 노출된 인부에게서 관찰된다.
- 증상으로는 심한 정신적 장애, 환상, 과행동증, 근육 조절의 이상을 보이며 불안정해지거나 성격이 포악해지는 수가 있다.
- 간이나 중추신경계에 망간이 과다하게 축적되면 파킨슨병과 유사한 신경근육계 증세가 나타난다.

과행동증 (hyperactivity)

파킨슨병 (Parkinson's disease)

크 롬

동물실험을 통하여, 크롬이 당내성인자의 주요 활성 성분이며 아세트산에서 지방산과 콜레스테롤의 합성을 촉진한다는 것이 알려졌다. 그러나 인체에 대한 크롬의 중요성이 인식된 것은 그리 오래되지 않았다. 크롬은 체내에 6mg 정도로 소량 존재한다.

크롬(chromium, Cr)

당내성인자(Glucose tolerance factor, GTF) 크롬과 니코틴산 및 아미노산의 복합체로, 조직의 수용체와 반응하는 인슐린의 작용을 촉진시키는 물질

흡수와 대사

크롬이온은 +2가에서 +6가의 형으로 존재할 수 있는데 이 중 흔한 형태는 +2, +3, +6가의 이온이다. 3가의 크롬이 6가의 형태보다 잘 흡수되지 않는다. 무기 크롬의 흡수는 식이 섭취정도에 따라 다르나 2%보다 적은 수준이다. 생물학적으로 활성이 있는 크롬인 당내성인자는 무기 크롬보다 쉽게 흡수되지만 체내를 빨리 통과하여 사용되지 않는 일이 많다.

크롬의 흡수나 **생체이용률**에는 여러 가지 식이 요인이 영향을 미친다.

- 크롬은 옥살산이 존재할 때나 철이 결핍된 상태일 때, 식이로 섭취하는 크롬의 양이 적을 때 흡수가 증가된다.
- 식이 요인 외에 크롬 흡수는 생리적인 요인에도 영향을 받으며, 화학적으로 유도된 당뇨병의 경우에 흡수가 증대되고 나이가 들어감에 따라 흡수가 감소된다.
- 크롬은 혈청 **트랜스페린**이나 알부민과 결합하여 이동하는데, 주로 트랜스페린과 결합한다. 따라서 트랜스페린이 철으로 포화되었을 때 크롬의 이동이나 체내 보유가 줄어든다.
- 크롬은 체내에 고루 분포하고, 흡수된 크롬은 주로 신장을 통해 **소변**으로 배설되는데 건강한 성인의 경우 배설량은 하루 0.2㎍ 정도이다.
- 소량은 머리카락, 땀, 담즙의 형태로 배설된다.
- 크롬은 신장의 세뇨관을 통해 4/5이상이 재흡수된다.

체내 기능

당내성인자의 성분으로 당질 대사에 관여

인슐린작용강화제 (insulin-potentiating substance)

크롬은 **당내성인자**라고 하는 유기 복합체의 필수적인 성분으로 **인슐린** 작용을 강화하며, 이에 따라 탄수화물, 지질, 단백질의 대사에 관여하는 필수 영양소이다. 크롬의 대표적 기능은 세포내로 포도당이 유입되도록 돕는 것이다.

지질 대사에 관여

크롬은 지질 대사에도 관여하는데 크롬 보충 시 **혈청 콜레스테롤**이 감소하고 **HDL 콜레스테롤**이 약간 증가한다고 한다.

핵산 구조의 안정화

크롬은 아연 등의 미량 무기질처럼 DNA나 RNA 같은 **핵산**의 구조를 안정화시키는 데 기여한다. 따라서 유전정보의 변이를 어느 정도 억제하고, 암의 발생을 낮추는 역할이 있는 것으로 사료된다.

크롬의 필요량 및 풍부한 식품

- 한국인의 크롬 평균필요량을 결정할 수 있는 연구결과가 부족한 실정이다. 이에 미국 성인의 일반 식사에 함유된 크롬양을 기준으로 연령대별 에너지필요추정량에 대비, 산출하여 성인의 크롬 충분섭취량을 설정하였다.
- 한국인 영양소 섭취기준에 따르면 성인 남자와 노인의 크롬 충분섭취량은 하루에 각각 30㎍, 25㎍, 성인 여자와 노인은 20㎍이다.
- 크롬이 풍부한 대표적 식품으로는 간, **달걀 전밀**, **밀겨**, **밀배아** 등 **도정하지 않은 곡류**, 육류, **이스트**가 있다.
- 크롬의 함량이 적은 식품에는 과일과 채소, 여러 해산물, 유제품, 가공 식품 등이 포함된다.
- 크롬을 섭취하기 위해서는 도정한 곡류 대신 **전곡류**를 먹는 것이 바람직하다.

쉬어가기 크롬의 영양상태 평가

크롬의 영양상태를 알아보기 위해서는 혈청이나 혈장내 농도, 머리카락과 소변의 함량으로 측정한다. 성인의 혈청내 크롬의 정상 수준은 0.14~0.15ng/mL, 혈장은 0.26~0.28ng/mL이며, 이보다 월등히 낮은 경우 크롬 결핍으로 본다. 머리카락 내 크롬이 200ng/g 이하인 경우 초기 크롬 결핍상태로 간주한다.

결핍증과 과잉증

- 크롬은 자연계에 널리 분포하므로 결핍증은 흔하지 않다. 그러나 동물실험 결과에 의하면 크롬이 결핍된 경우 **당내성**이 떨어진다.
- 인체에서 크롬이 결핍되는 경우는 오랜 기간 장관외영양으로 영양을 공급받는 경우인데, 동물에서와 같이 당내성과 인슐린에 대한 반응이 떨어지고 혈당이 상승하며 당뇨가 나타난다.
- 이 외에도 크롬이 결핍될 때 **성장이 지연**되고, 혈중 **콜레스테롤**과 **중성지질 수준**이 증가하거나 동맥에 혈전이 생기는 등 지질 대사에 이상이 온다. 또한 각막이 손상되거나 불임 등의 증상도 나타난다.
- 크롬의 영양상태를 조기에 정확하게 측정하는 방법이 아직 개발되지 않아 초기의 결핍증세는 발견되지 않는 경우가 많다.
- 크롬의 과잉증은 **산업체**에서 크롬에 많이 노출된 근로자나 페인트공에게서 나타난다. 산업체에서 공기 중의 6가 크롬에 과다하게 노출되는 경우 알레르기성 피부염, 피부 궤양증, 기관지암 등의 발생이 증가한다.

- 3가 크롬은 아주 과다하게 섭취한 경우를 제외하고는 독성을 찾아보기 어렵다.
- 3가 크롬은 흡수율이 낮아 독성을 나타내려면 아주 과량을 섭취했을 때만 가능하다.

몰리브덴

몰리브덴 (molybdenum, Mo)

동물과 인체의 정상적인 성장에 필요한 **몰리브덴**의 양은 다른 미량 원소에 비해 매우 소량이다. 유전적 결함으로 이 원소가 결핍되면 대사 이상이 생긴다는 연구결과에 따라, 몰리브덴을 필수 원소로 인식하게 되었다.

흡수와 대사

- 식이로 섭취한 몰리브덴은 25~80% 정도가 흡수된다. 특히 식이 내의 몰리브덴의 함량이 낮을 때 장의 흡수 효율이 증가한다.
- 몰리브덴이 흡수되는 과정은 확실치 않지만 능동수송과 확산을 통해 이루어지는 것으로 추정된다.
- 몰리브덴의 흡수는 몰리브덴과 여러 식이 요인과의 상호작용에 영향을 받는다.
- 몰리브덴은 **철과 구리 등의 무기질과 상호작용**이 크며, 특히 구리와 경쟁적으로 흡수된다.
- 체내에서 간과 신장에 비교적 몰리브덴이 많이 함유되어 있다. 이 원소는 흡수된 후 빨리 전환되고, 신장을 통해 몰리브덴의 이온형으로 **소변**으로 제거된다. 따라서 몰리브덴의 항상성은 흡수를 조절하는 것보다는 배설에 의해 유지된다.
- 소량은 담즙으로 배설된다.

체내 기능

잔틴 탈수소효소 (xanthine dehydrogenase)

- 몰리브덴은 잔틴 탈수소효소나 잔틴 산화효소, 알데히드 산화효소 등 여러 **효소의 보조인자**로서 대사 작용에 관여한다.
- **잔틴 산화효소**는 **잔틴**을 요산으로 전환시키는 효소이다. 조직이 손상된 경우에는 탈수소효소형에서 산화효소형으로 변한다.
- 또한 알데히드 산화효소의 보조인자로도 작용하여 알데히드를 카르복실산으로 바꾸는 반응에도 관여하며, 피리미딘과 퓨린 화합물의 산화를 억제한다.

몰리브덴의 필요량 및 풍부한 식품

- 몰리브덴의 평균필요량은 균형연구 결과를 토대로 19~64세 성인 남자는 하루에 25μg, 성인 여자는 20μg, 65세 이상 노인 남자는 23μg, 노인 여자는 18μg으로 설정하였다. 권장섭취량은 평균필요량의 120%로 설정하며 19~64세 성인 남자는 하루에 30μg, 성인 여자는 25μg, 65세 이상 노인 남자는 28μg, 노인 여자는 22μg이다.

- 몰리브덴의 상한섭취량은 최저유해용량(1,500㎍/일), 불확실계수(2)와 성인의 평균체중을 적용하여 설정하였고, 19~49세 성인 남자는 하루에 600㎍, 50세 이상 남자는 550㎍, 19~49세 성인 여자는 하루에 500㎍, 50세 이상 여자는 450㎍으로 설정되어 있다.
- 식품 내 함량은 식품이 자란 환경, 토양에 따라 차이가 있다.
- 몰리브덴의 좋은 급원으로는 밀배아, 전곡류, 말린 콩, 간 등의 내장육, 우유 및 유제품 등이다.
- 반면 어류, 채소 및 과일, 당류, 유지류에는 몰리브덴의 함량이 적다.

결핍증과 과잉증

정상적인 식사를 하는 사람에게서는 몰리브덴의 결핍은 관찰되지 않지만, 정맥영양을 공급받는 환자들에게서는 결핍증세가 나타난다. 그 증세를 보면, 심장 박동의 증가, 호흡곤란, 부종, 허약증세와 혼수가 나타난다.

몰리브덴은 비교적 독성이 적은 원소로서, 매우 많은 양을 경구 투여해야만 항상성에 문제가 생긴다. 인체에서 발견된 과잉증으로는 혈액내 요산이 증가하고 이에 따라 통풍이 생기는 것이다.

표 9-12. 미량 무기질 요약

종 류	주요 기능	대 사	권장섭취량	풍부한 식품	결핍증	과잉증
철	헤모글로빈 · 미오글로빈 성분, 골수에서 조혈작용을 도움, 효소의 구성성분, 면역기능 유지에 관여	흡수 : 10~20% -증진인자 : 위산, 헴철, 동물성식품(육류 · 어류 · 가금류), 비타민 C, 체내요구 증가 시 -저해인자 : 비헴철, 피트산, 옥살산, 폴리페놀성분, 다른 무기질, 위산분비 저하 시, 체내저장량 충분 시 이동 : 트랜스페린 저장 : 페리틴, 헤모시데린 배설 : 대변, 소변, 땀, 피부, 체내조직, 출혈	10mg (성인남자) 14mg (19~49세 여자) 8mg (50~64세 여자)	육류(쇠간), 어패류, 가금류, 콩류, 시리얼, 녹색채소	체내철량감소, 철결핍성 빈혈(피부창백 · 피로 · 허약 · 호흡곤란 · 식욕부진 유발 · 어린이의 경우 성장장애)	혈색소증(심장 · 췌장 등에 철 축적되며 심부전 · 당뇨병 등 유발 가능)
아연	200여개 효소의 구성요소. 성장 · 면역 · 생체막 구조와 기능의 정상 유지에 기여, 핵산의 합성에 관여	흡수 : 메탈로티오네인과 소장에서 결합하여 흡수, 식이아연의 10~30% 흡수 -증진인자 : 육류, 패류 등의 동물성 식품 -저해인자 : 피틴산, 식물성식품, 식이섬유, 다른 무기질(철 · 구리 등), 노령의 경우 이동 : 알부민 등의 단백질에 의해 배설 : 주로 대변으로 배설되나 소변과 피부	10mg (19~49세 남자) 8mg (19~49세 여자)	패류(굴 · 게 등), 육류, 우유, 요구르트	성장지연 · 왜소증, 상처회복 지연, 식욕부진, 미각 · 후각 감퇴, 장성말단 피부염	철 · 구리 흡수 저하, 설사 · 구토, 면역기능 억제, HDL 낮춤
구리	철의 흡수 · 이용을 도움, 결합조직의 건강에 기여, 금속계효소의 성분	흡수 : 주로 소장에서 10~55% 흡수 이동 : 알부민에 의해 저장 : 간 배설 : 담즙을 통해 대변으로, 소량은 소변과 땀의 형태로	850μg(성인남) 650μg(성인여)	육류(간 · 내장), 패류(굴 · 가재), 배아	빈혈증, 뼈의 손실, 성장장애, 심장질환	복통 · 오심 · 구토, 혼수, 간질환, 윌슨병
요오드	갑상선호르몬의 성분 및 합성	흡수 : 갑상선자극호르몬이 갑상선 세포로 흡수되는 정도 조절 이동 : 혈장 단백질과 결합하여 필요한 조직이나 간으로 배설 : 주로 소변으로, 소량은 담즙으로 배설	성인남녀 150μg	해조류(미역 · 김 등), 해산물, 요오드 강화식염	갑상선기능부전증(권태감 · 기초대사율 저하 · 추위에 민감증 등), 갑상선종, 크레틴증(성장지연)	갑상선기능항진증
불소	충치예방 및 억제, 골다공증 방지에 기여	흡수 : 주로 소장에서 80~90% 흡수 배설 : 대부분 소변으로 배설	*충분섭취량 3~3.5μg(성인남) 2.5~3μg(성인여)	해조류, 어류, 자연수	충치유발, 골다공증	불소증, 위장장애, 치아반점
망간	금속계 효소의 구성 요소, 효소를 활성화시킴(당질 · 지질 · 단백질 대사에 관여), 뼈와 연골조직의 형성	흡수 : 5% 이내, 철 · 코발트 등과 경쟁적으로 흡수 이동 : 트랜스망가민, 트랜스페린과 결합하여 이동 배설 : 담즙을 통해 대변으로	*충분섭취량 4.0mg(성인남) 3.5mg(성인여)	견과류, 귀리, 전곡류	체중감소, 동물의 경우 성장장애 · 생식장애 · 지질 및 당질 대사 이상	신경근육계 증세(파킨슨병과 유사, 정신장애)
셀레늄	글루타티온 과산화효소의 성분, 항산화 작용(비타민 E 절약)	흡수 : 주로 소장에서 80% 정도 배설 : 주로 소변으로	성인남녀 60μg	새우, 패류, 어류, 견과류, 전밀	근육약화, 성장장애, 심근장애, 심장기능 저하	구토, 설사, 혼수, 피부손상, 신경계손상
크롬	당내성인자의 성분으로 인슐린 작용 및 당질 대사에 관여	흡수 : 2% 내외 이동 : 트랜스페린이나 알부민과 결합하여 이동 배설 : 주로 소변으로 배설	*충분섭취량 30μg(성인남) 20μg(성인여)	달걀, 간, 전곡, 견과류	장기간 TPN시 당뇨 유발, 성장지연, 콜레스테롤 · 지질대사에 이상	산업체에서 크롬에 과다 노출되면 피부염, 기관지암 등 발생
몰리브덴	효소의 구성성분(잔틴 탈수소효소 · 잔틴 산화효소)	흡수 : 25~80% 흡수, 식이의 함량이 낮을 때 흡수 증가, 철 · 구리와 상호작용(특히 구리와) 배설 : 주로 소변으로	30μg(성인남) 25μg(성인여)	밀배아, 전곡, 견과류, 우유 · 유제품	사람에 잘 알려져 있지 않음, 정맥영양시호흡 · 심장박동 빨라짐, 부종 · 혼수 동반	사람에 잘 알려져 있지 않음, 요산증가, 통풍유발

요약

1. 철은 헤모글로빈과 미오글로빈의 성분으로 산소의 이동과 저장에 필요하며, 골수에서 적혈구를 생성하는 조혈작용에 관여한다. 또한 시토크롬 효소 등 여러 효소의 구성 성분이다.
2. 식이 철의 체내 흡수율은 약 5~10%이며, 철 결핍 시 10~20% 정도 된다. 철 흡수에는 여러 인자가 관여한다. 철은 동물성 식품으로부터 헴철의 형태로 섭취되면 흡수가 높아지며, 비타민 C와 함께 섭취할 때, 체내 철 저장량이 낮거나 적혈구 요구량이 높은 상태 등 체내 요구량이 높을 때 흡수율은 증가한다. 반면 비헴철의 형태로 섭취하거나 식이 내 피틴산, 옥살산이나 폴리페놀 성분이 많으면 철의 흡수는 저해된다. 이 외에도 아연이나 구리 등 무기질과 상호작용하거나 체내 철 저장량이 높은 경우 철 흡수가 저해된다.
3. 철이 풍부한 식품으로는 육류, 어패류, 가금류를 들 수 있다. 곡류 및 콩류, 녹색 채소 등 식물성 식품에도 철이 어느 정도 함유되어 있지만 흡수율이 낮다.
4. 아연은 200가지 이상의 효소에 보조 인자로 작용하며, 성장, 미각의 감지, 면역 작용, 상처의 회복에 관여한다. 또한 핵산의 합성이나 생체막의 기능을 제대로 유지하는데 필요하다.
5. 아연의 주된 급원은 육류, 굴 · 새우 · 게 등의 패류이다. 동물성 급원으로 섭취한 아연은 흡수율이 높은 반면 식이에 함유된 피틴산, 구리나 철 등의 무기질은 아연의 흡수를 저해한다.
6. 구리는 철의 흡수와 이용을 돕고 결합조직의 형성에 기여하며 여러 금속효소의 구성 성분으로 작용한다. 구리의 급원으로는 육류, 해산물, 견과류, 두류를 들 수 있다.
7. 요오드는 체내 대사율을 조절하고 성장 발달을 촉진하는 갑상선호르몬의 성분이다. 식이로 섭취하는 요오드가 부족한 경우 단순 갑상선종, 크레틴증 등에 걸리며, 과잉 시 갑상선기능항진증이나 갑상선중독증이 유발된다. 요오드는 미역 · 김 등의 해산물에 풍부하다.
8. 셀레늄은 글루타티온 산화효소의 보조 인자로 작용하여 과산화물을 제거하는 역할을 한다. 또한 셀레늄은 비타민 E를 절약하는 작용을 한다. 셀레늄이 풍부한 식품은 육류, 어패류 등이며, 식물성 급원은 셀레늄의 함량이 높은 토양에서 재배된 전곡이다.
9. 크롬은 당내성인자의 성분으로 인슐린의 작용을 돕고 간, 육류, 전곡류에 많이 함유되어 있다. 망간과 몰리브덴은 여러 효소의 활성에 관여한다.

참고문헌

1. 계승희 · 백희영(1993) '우리나라 젊은 성인 여성의 철 영양상태와 이에 영향을 미치는 식이요인분석(1): 혈액의 철영양상태 평가지표의 비교 및 분석', 한국영양학회지 26(6): 692~702
2. 남혜선 · 이선영(1992) '충남대 여대생의 철섭취량과 영양상태에 대한 연구', 한국영양학회지 25(5): 404~412
3. 보건복지부 · 질병관리청(2020) 2019 국민건강통계 : 국민건강영양조사 제8기 1차년도(2019)
4. 보건복지부 · 한국영양학회(2020) 2020 한국인 영양소 섭취기준
5. 채범석 · 한정호 · 남명희(1980) '한국인 여성의 월경 중 혈액손실과 체내 철 영양상태에 관한 연구', 한국영양학회지 13(2): 82~91
6. Aggett PJ · Comerford JG(1995) "Zinc and human health", Nutr Rev 53(9): S16~22

7. Anderson RA(1991) "Supplemental chromium effects on glucose, insulin, glucagon, and urinary chromium losses in subjects consuming controlled low-chromium diets", Am J Clin Nutr 54: 909~916
8. Brown ML ed(1990) Present knowledge in nutrition, 6th ed., International Life Sciences Institute, Nutrition Foundation, Washington D.C., MD
9. Ensminger AH · ensminger ME · Konlande JE · Robson JR(1994) Foods and Nutrition Encyclopedia, 2nd ed., vol. 1 & 2, CRC Press
10. Gibson RS(1990) Principles of nutritional assessment, Oxford University Press
11. Institute of Medicine, Food & Nutrition Board(2001). Dietary reference intakes for vitamin A, vitamin K, arsenic, boron, chromium, copper, iodine, iron, manganese, molybdenum, nickel, silicon, vanadium, and zinc. National Academy Press.
12. Kim JY · Kim KR(2000) "Dietary iodine intake and urinary iodine excretion in patients with thyroid disease", Yonsei Med J 41:22~28
13. Kim HS · Miller DD · House W(1994) "Habitual tea consumption protects against the inhibitory effects of tea on iron absorption in rats", FASEB J 8(5): 902
14. Koury M · Ponka P(2004) New insights into eruthropoeisis: The roles of folate, vit B12 and iron. Annual Review of Nutrition 24: 105~131
15. Lee RD · Nieman DC(1996) Nutritional assessment, 2nd ed., Mosby
16. Mehta SW · Pritchard ME · Stegman C(1992) "Contribution of coffee and tea to anemia among NHANES II participants", Nutr Res 12: 209~222
17. Nutrition Research Council(1989) Recommended dietary allowances, 10th ed., National Academy Press
18. Ponka P(2004) Recent advances in cellular iron metabolism. Journal of Trace Element and Experimental Medicine 16: 201~217
19. Prasad AS(1995) "Zinc: An overview", Nutr 11: 93
20. Querido A · DeLange F · Dunn JT · Fieroo-Benitez R · Ibbertson HK · Koutras DA · Perinetti H(1972) "Definitions of endemic goiter and cretinism, classification of goiter size and severity of endemias, and survey techniques", In Report of the Fourth Meeting of the PAHO/WHO Technical Group on Endemic Goiter, Dunn JT · Dedeiros-Neto GA ed., PAHO/WHO, Scientific Publication, no. 292. Washington D.C
21. Reilly C (2004) The nutritional trace metals. Blackwell Publishing Company. Oxford UK
22. Shils ME · Olson JA · Shike M(1994) Modern nutrition in health and disease vol. 1, Lea & Febiger
23. Simko MD · Cowell C · Golbride JA(1995) "Nutrition assessment", A comprehensive guide for planning intervention, 2nd ed., An Aspen Publication
24. Theil E(2004) Iron, ferritin and nutrition. Annual Review of Nutrition 24: 327~343
25. Whiting SJ(1994) "The inhibitory effect of dietary calcium on iron bioavailability: a cause for concern?", Nutr Reviews 53: 77
26. Wardlaw GM · Hampl JS · Disilvestro RA(2003) "The trace minerals", Perspectives in Nutrition, 6th ed., McGraw-Hill., New York
27. Wardlaw GM · Insel PM · Seyler MF(1994) Contemporary nutrition — issues and insights, 2nd ed., Mosby
28. Williams SR(1993) Nutrition and diet therapy, 7th ed., Mosby
29. Whitney EN · Rolfes SR(1996) "The trace mineral" Understanding Nutrition, Hh ed, west, New York

탐구과제

1. 철의 흡수를 증진시키는 인자와 방해하는 인자는 무엇인가?
2. 체내에서 아연과 구리는 각각 어떤 기능이 있는가?
3. 철의 영양상태는 어떤 방법으로 평가하는가?
4. 미량 무기질은 서로 상호작용하며 경쟁적으로 흡수되는 경우가 많다. 이러한 예를 들라.
5. 체내에서 요오드와 불소의 결핍 시 각각 어떤 증상이 나타나는가?
6. 셀레늄은 어떻게 항산화작용에 관여하는가?
7. 한국 성인의 철 및 아연의 권장섭취량은?

관련 웹사이트

http://www.healthalternative.org

http://www.healthy.net

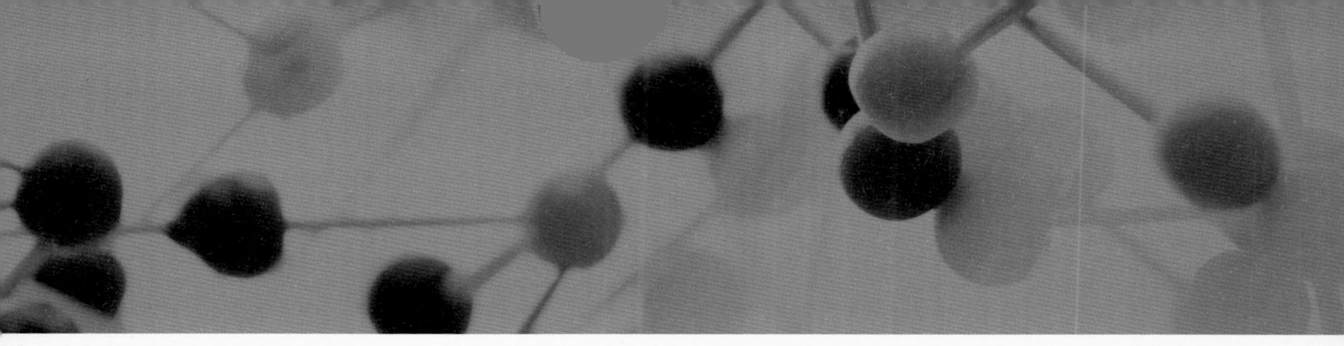

APPENDIX

부 록

부록 1. 식품의 지방산 종류 및 지방 함량

1-1. 지방산 종류와 주요급원

Symbol	계통명(Systematic name)		상용명(Common name)	주요급원
포화지방산 (Saturated fatty acids)	4 : 0	Butanoic	Butyric	버터
	6 : 0	Hexanoic	Caproic	버터
	8 : 0	Octanoic	Caprylic	코코넛 기름
	10 : 0	Decanoic	Capric	코코넛 기름
	12 : 0	Dodecanoic	Lauric	코코넛 기름
	14 : 0	Tetradecanoic	Myristic	버터, 코코넛 기름
	15 : 0	Pentadecanoic	Pentadecylic	
	16 : 0	Hexadecanoic	Palmitic	대부분의 지방
	18 : 0	Octadecanoic	Stearic	대부분의 지방
	20 : 0	Eicosanoic	Arachidic	라드
	22 : 0	Docosanoic	Behenic	땅콩기름
	24 : 0	Tetracosenoic	Lignoceric	
불포화지방산 (Unsaturated fatty acids)	10 : 1n-1	9-Decenoic	Caproleic	버터
	12 : 1n-3	9-dodecenoic	Lauroleic	버터
	14 : 1n-5	9-tetradecanoic	Myristoleic	버터
	16 : 1n-7	9-hexadecenoic	Palmitoleic	어유
	16 : 1n-7	Transhexadecenoic	Palmitelaidic	경화유
	18 : 1n-9	9-Octadecenoic	Oleic	올리브유, 대부분의 지방
	18 : 1n-9	9-Octadecenoic	Elaidic	버터, 쇠기름, 경화유
	18 : 1n-7	11-Octadenoic	Vaccenic	버터, 쇠기름
	18 : 2n-6	9,12-Octadecadienoic	Linoleic	대부분의 지방
	18 : 3n-6	6,9,12-Octadecatrienoic	γ-linolenic	
	18 : 3n-3	9,12,15-octadecatrienoic	α-Linolenic	대두유
	20 : 1n-11	9-Eicosanoic	Gadoleic	어유
	20 : 1n-9	11-Eicosanoic	Gondoic	평지씨유
	20 : 3n-9	5,8,11-Eicosatrienoic	Mead	
	20 : 2n-6	11,14-Eicosadienoic		
	20 : 3n-6	11,14-Eicosadienoic	Dihomogammalinolenic	
	20 : 4n-6	5,8,11,14-Eicosatetraenoic	Arachidonic	라드
	20 : 4n-3	8,11,14,17-Eicosatetraenoic		
	20 : 5n-3	5,8,11,14,17-Eicosapentaenoic	EPA, timnodonic	어유
	22 : 1n-9	13-Docosenoic	Erucic	평지씨유
	22 : 4n-6	7,10,13,16-Docosatetraenoic		
	22 : 5n-6	4,7,10,13,16-Docosapentaenoic		
	22 : 5n-3	7,10,13,16,19-Docosapentaenoic		
	22 : 6n-3	4,7,10,13,16,19-Docosahexaenoic	DHA, cervonic	어유
	24 : 1	15-Tetracoseanoic	Nervonic	

1-2. 식품의 지방, 지방산, 콜레스테롤 함량

식품명	총지방량 (g)	콜레스테롤 (mg/100g)	P/S	지방산(%)			
				포화	올레산	리놀레산	리놀렌산 & EPA, DHA, AA
달걀	11.2	470	0.51	34.1	43.6	13.4	3.8
노른자	31.2	1,300	0.51	37.5	43.6	13.4	3.8
흰자	0	1		32.4	41.7	12.7	8.2
우유	3.5	11	0.05	54	24.9	2.7	0.5
모유	3.5	15	0.48	39	36.4	15	2.6
조제분유	26.8	28	0.45	45	32.4	18.9	1.5
가공치즈	26	80	0.03	65.2	24.8	1.6	0.7
식빵	3.8	0	1.68	24	34.2	31.9	7.9
쌀밥	0.5	0	1.06	34.9	25.2	37.1	1.4
땅콩	49.5	0	1.67	15.5	48.2	31.2	0.2
호두	68.7	0	7.23	10	14.9	61.2	13.4
마요네즈	72.5	200	3.83	11.1	44.9	33.2	9.4
새우	0.5	130	2	22.7	22.6	1	42
오징어	1	300	1.57	34.4	3.5		56.2
굴	1.8	50	1.37	34.5	10.9	2.3	28.4
어묵	7.2	30	0.36	39.9	40.8	12.6	1.5
연어	8.4	65	1.2	22.3	23.4	0.8	21.9
고등어	16.5	55	1.04	27.6	26.5	1.4	24.4
대구	0.4	60	2.6	22.9	12.7	0.5	54.3
안심	16.2	70	0.06	42.1	44.2	2.6	0.1
쇠간	3.7	240	0.69	93.2	19.8	9.9	9.3
돼지(등심)	25.7	55	0.25	42.5	42.5	9.5	0.9
돼지(삼겹살)	38.3	60	0.25	42.4	42.3	9.7	0.8
베이컨	39.1	60	0.24	40.3	44.9	8.4	1.1
소시지	24.8	60	0.35	38.1	43.8	12	1
햄	13.8	40	0.28	41.1	42.9	9.5	1.6
닭가슴살	2.4	70	0.59	32.4	41	14.7	3.5
닭다리(껍질포함)	14.6	95	0.58	31	43.2	15.2	2.3

* 농촌진흥청 농촌생활연구소, 《식품성분표》, 제5차 개정, 1996
P/S: 불포화지방산/ 포화지방산
EPA: Eicosapentaenoic acid
DHA: Docosahexaenoic acid
AA: Arachidonic acid

부록 2. 에너지 요구량 및 소비량

2-1. 1일 에너지 요구량 계산의 예 1

다음 예는 일일 에너지 요구량을 계산하는 방법을 설명한 것인데, 이때 적응대사량은 제외되었다. 대학 3학년에 재학중인 어느 여대생의 일일에너지 요구량을 계산해 보기로 하자. 이 여학생의 체중은 50kg이고 키는 165cm이며 활동량은 중등 정도이다.

기초대사량

50kg × 0.9kcal/kg/hr × 24hr/day = 1,080kcal/day

남성: 1.0kcal/kg/day
여성: 0.9kcal/kg/day

활동대사량

아주 가벼운 활동: BMR의 20~40% 추가
가벼운 활동: BMR의 55~65% 추가
중등 활동: BMR의 70~75% 추가
심한 활동: BMR의 80~100% 추가

위 여학생의 경우 중등 정도의 노동을 하므로,

활동대사량 = 1,080kcal/kg/day × 0.7 = 756kcal/day

식이성 발열 효과

일일 필요 에너지 = 기초대사량+활동대사량+식품 이용을 위한 에너지
식품이용을 위한 에너지 = 일일 필요 에너지의 약 10% 정도

그러므로 실제 식품 이용을 위한 에너지는

(기초대사량+활동대사량)/0.9 × 0.1 =(1,080+756)/0.9 × 0.1 = 204kcal/day

1일 에너지 필요량

1,080kcal/day+756kcal/day+204kcal/day = 2,040 kcal/day

* 실제로 많은 다른 문헌에서 식품 이용을 위한 에너지는 (기초대사량+활동대사량)×0.1로 계산하나 이론적으로는 섭취 열량의 10%가 식품 이용을 위한 에너지이므로 정확히 계산하려면 위의 방법으로 계산하는 것이 바람직하다.

2-2. 1일 에너지 요구량 계산의 예 2

대학 3학년에 재학중인 어느 여대생(키:165cm, 체중:50kg)의 일일 활동 정도는 아래와 같다. 이 여학생의 일일 에너지 요구량은 얼마인가?

기초대사량과 활동대사량을 포함한 에너지 요구량

수면	8hr × 0.9kcal/hr/kg × 50kg* × 0.9** =	324.0kcal
걷기	1hr × 0.9kcal/hr/kg × 50kg × (1+2.1**) =	139.5kcal
식사	1hr × 0.9kcal/hr/kg × 50kg × (1+0.4**) =	63.0kcal
설거지	1hr × 0.9kcal/hr/kg × 50kg × (1+0.7**) =	76.5kcal
공부	8hr × 0.9kcal/hr/kg × 50kg × (1+0.2**) =	432.0kcal
테니스	1hr × 0.9kcal/hr/kg × 50kg × (1+6.0**) =	315.0kcal
TV보기	2hr × 0.9kcal/hr/kg × 50kg × (1+0.2**) =	108.0kcal
신문보기	1hr × 0.9kcal/hr/kg × 50kg × (1+0.2**) =	54.0kcal
버스타기	1hr × 0.9kcal/hr/kg × 50kg × (1+1.0**) =	90.0kcal
		1,602.0kcal

식품 이용을 위한 에너지

1일 필요 에너지 = 기초대사량+활동대사량+식품 이용을 위한 에너지
식품 이용을 위한 에너지 = 1일 필요 에너지의 약 10% 정도

그러므로 실제 식품 이용을 위한 에너지는 (기초대사량+활동대사량)/0.9 × 0.1,
즉, (1,602.0)/0.9 × 0.1 = 178.0kcal/day

1일 에너지 필요량

1,602.0kcal/day+178.0kcal/day = 1,780 kcal/day

* 기초대사량 남성 1.0kcal/kg/day, 여성 0.9kcal/kg/day

** 활동 종류에 따라 소모되는 에너지 양을 기초대사량의 배수로 표시한 것이며, 문헌에 따라 이 수치에 다소 차이가 있다.

2-3. 활동 종류에 따른 에너지 소모량 및 소비량

(20~29세 기준)

일상생활활동과 운동의 종류	에너지 대사율 (RMR)	에너지 소비량(kcal/kg/min)	
		남	여
매우 약한 활동	1.0 미만		
수면	기초대사의 90%		
교양(독서, 쓰기, 보기), 휴식, 담화	0.2	0.023	0.022
담화(서서)	0.3	0.025	0.024
식사	0.4	0.027	0.024
세면, 배변 등	0.5	0.029	0.027
재봉	0.5	0.029	0.027
취미(꽃꽂이, 악기연주 등)	0.5	0.029	0.027
운전	0.5	0.029	0.027
책상사무	0.6	0.030	0.029
약한 활동	1.0~2.5		
차타기(전철, 버스 등 서서)	1.0	0.038	0.035
화장	1.1	0.039	0.037
산보	1.5	0.046	0.043
세탁 전기세탁기	1.2	0.041	0.038
손으로	2.2	0.059	0.055
빨래널기, 걷기	2.2	0.059	0.055
다리미질	1.5	0.046	0.043
취사	1.6	0.048	0.045
청소 전기청소기	1.7	0.050	0.046
방 쓸기	2.2	0.059	0.055
정원가꾸기	2.0	0.055	0.051
보통속도로 걷기(통근)	2.1	0.057	0.053
목욕	2.3	0.061	0.056
육아(업고 걷기)	2.3	0.061	0.056
게이트볼	2.0	0.055	0.051
배구(9인제)	2.1	0.057	0.053
보통의 활동	2.5~6.0		
자전거(보통속도)	2.6	0.066	0.061
계단 내려오기	3.0	0.073	0.068
청소 걸레질	3.5	0.082	0.076
빨리 걷기(통근)	3.5	0.082	0.076
이불 올리고 내리기	3.5	0.082	0.076
널기, 걷기	4.9	0.107	0.099
계단 오르내리기	4.6	0.101	0.094
볼링	2.5(1.5~3.5)	0.064	0.060
소프트볼(평균)	2.5(1.5~3.5)	0.064	0.060
투수	3.0(2.0~4.0)	0.073	0.063
야수	2.0(1.5~3.5)	0.065	0.061

(계속)

일상생활활동과 운동의 종류	에너지 대사율 (RMR)	에너지 소비량(kcal/kg/min)	
		남	여
보통의 활동	2.5~6.0		
야구(평균)	2.7(2.5~4.0)	0.068	0.063
투수	4.0(3.0~5.0)	0.091	0.084
야수	2.5(2.0~3.0)	0.064	0.060
캐치볼(공 던지고 받기)	3.0(2.0~4.0)	0.073	0.068
골프(평지)	3.0(2.0~4.0)	0.073	0.068
댄스 가볍게	3.0(2.5~3.5)	0.073	0.068
활발히	5.0(4.0~6.0)	0.108	0.087
자전거(시속 10km)	3.4	0.080	0.074
라디오, TV 체조	3.5(2.5~5.0)	0.082	0.076
에어로빅 댄스	4.0(3.0~5.0)	0.091	0.084
하이킹 평지	3.0(2.5~4.0)	0.073	0.068
산지	4.5(3.6~6.0)	0.100	0.092
탁구	5.0(4.0~7.0)	0.108	0.100
골프(구릉)	5.0(3.5~6.5)	0.108	0.100
보트, 카누	5.0(2.0~8.0)	0.108	0.100
약한 활동	1.0~2.5		
계단 오르기	6.5	0.135	0.125
테니스	6.0(4.0~7.0)	0.126	0.117
스키 활강	6.0(4.0~8.0)	0.126	0.117
크로스 컨트리	9.0(6.0~13.0)	0.179	0.165
수상스키	6.0(5.0~7.0)	0.126	0.117
배구	6.0(4.0~7.0)	0.126	0.117
배드민턴	6.0(6.0~9.0)	0.126	0.117
조깅(120m/min)	6.0(5.0~7.0)	0.126	0.117
등산(평균)	6.0	0.126	0.117
오르기	8.0(6.0~10.0)	0.161	0.149
내려오기	5.0(5.0~6.0)	0.103	0.100
유도, 검도	6.0(3.0~9.0)	0.126	0.117
축구, 럭비, 농구 등	7.0(5.0~9.0)	0.144	0.133
스케이트(아이스, 로라)	7.0(6.0~8.0)	0.144	0.133
수영 원영	8.0(6.0~10.0)	0.161	0.149
횡영 가볍게 50m	8.0	0.161	0.149
평영	10.0	0.197	0.182
크롤	20.0	0.374	0.345
조깅(160m/min)	8.5(7.0~10.0)	0.170	0.157
근력 트레이닝(평균)	9.6	0.190	0.175
근력운동	7.6	0.154	0.143
덤벨	11.5	0.223	0.206
바벨	8.7	0.174	0.161
달리기(200m/min)	12.0(11.0~13.0)	0.232	0.214

* 자료 : 일본후생성, 《일본인의 영양 소요량》 제4차 개정.

부록 3. 대사경로

3-1. 대사 개요(1)

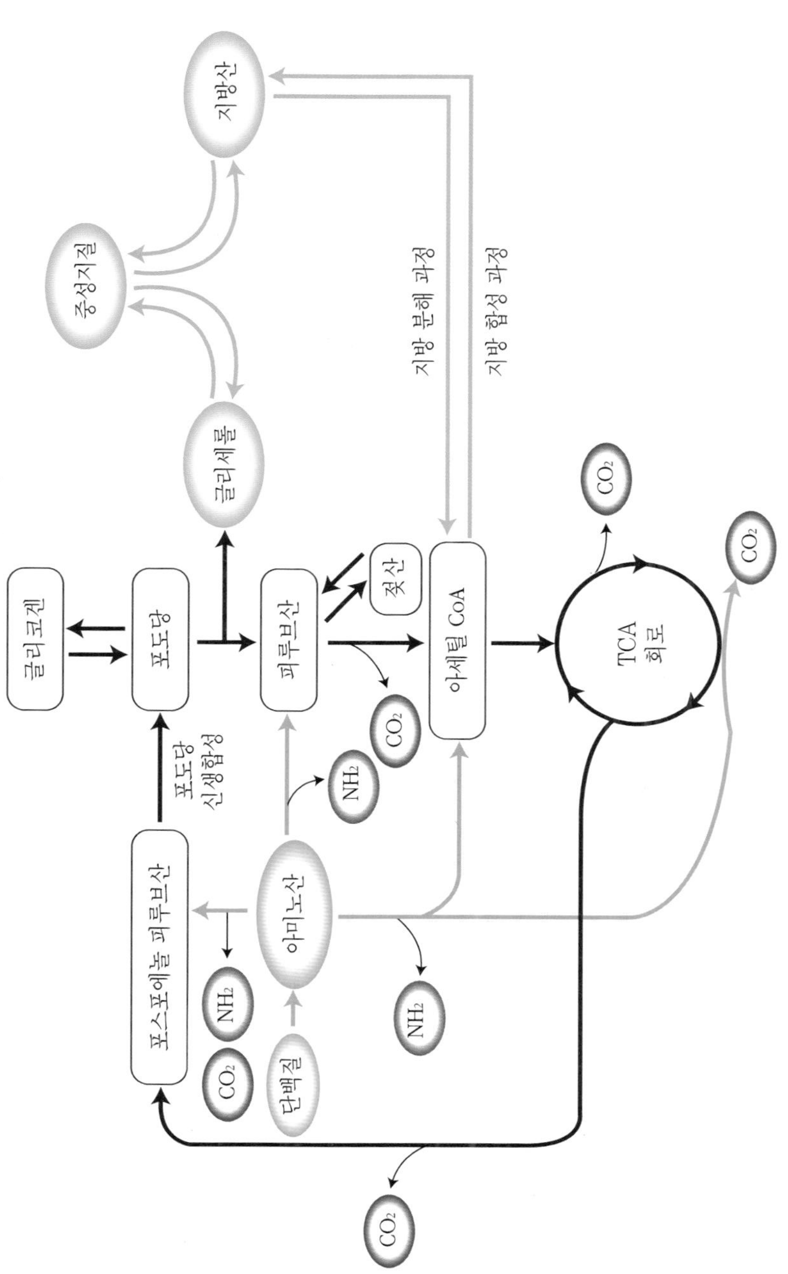

3-1. 대사 개요(2)

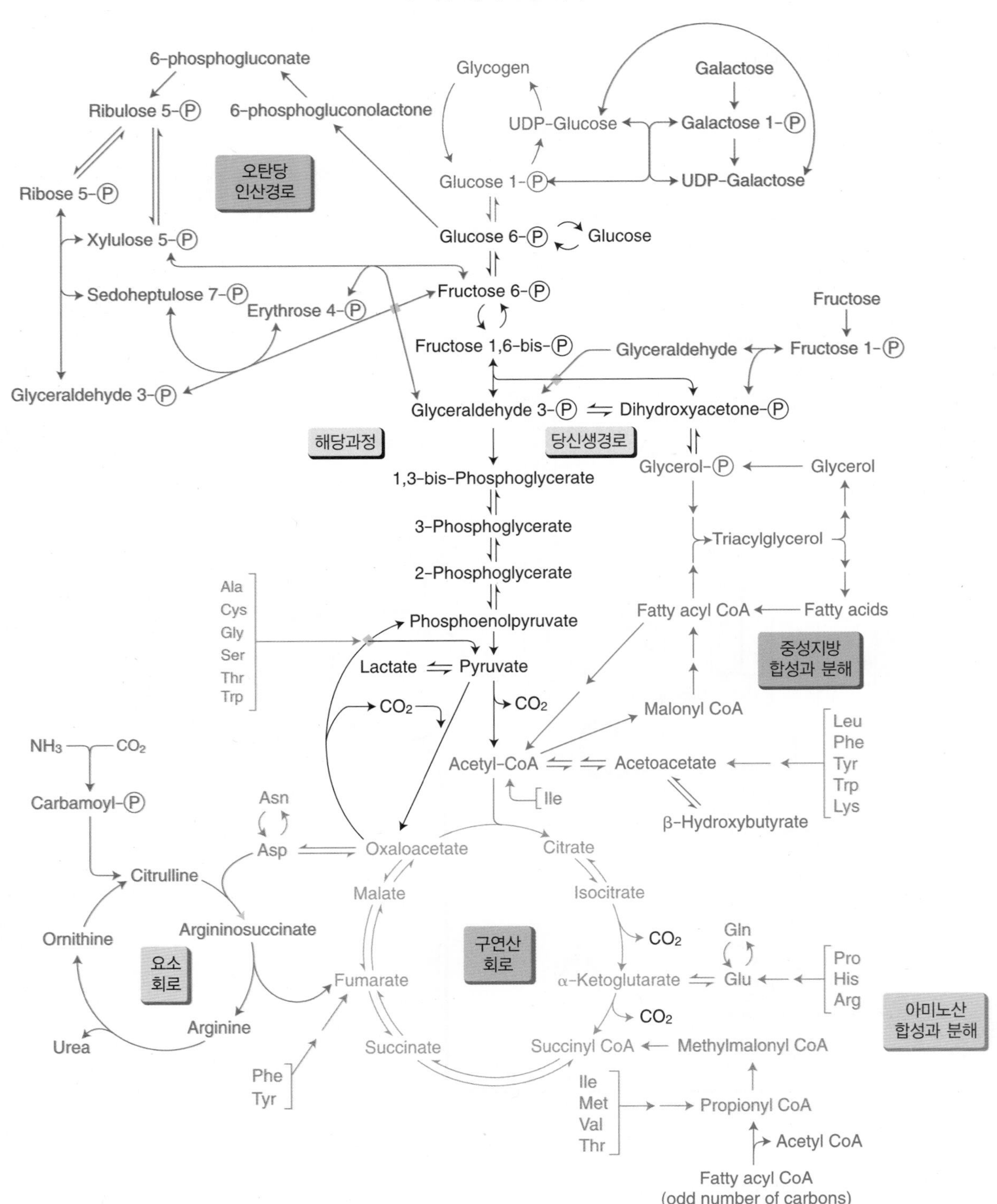
6-phosphogluconate
Ribulose 5-Ⓟ
6-phosphogluconolactone
Ribose 5-Ⓟ
오탄당 인산경로
Xylulose 5-Ⓟ
Sedoheptulose 7-Ⓟ
Erythrose 4-Ⓟ
Glyceraldehyde 3-Ⓟ
Glycogen
Galactose
UDP-Glucose
Galactose 1-Ⓟ
Glucose 1-Ⓟ
UDP-Galactose
Glucose 6-Ⓟ
Glucose
Fructose 6-Ⓟ
Fructose
Fructose 1,6-bis-Ⓟ
Glyceraldehyde
Fructose 1-Ⓟ
Glyceraldehyde 3-Ⓟ
Dihydroxyacetone-Ⓟ
해당과정
당신생경로
1,3-bis-Phosphoglycerate
Glycerol-Ⓟ
Glycerol
3-Phosphoglycerate
Triacylglycerol
2-Phosphoglycerate
Ala
Cys
Gly
Ser
Thr
Trp
Phosphoenolpyruvate
Fatty acyl CoA
Fatty acids
Lactate
Pyruvate
중성지방 합성과 분해
CO2
CO2
Malonyl CoA
NH3
CO2
Acetyl-CoA
Acetoacetate
Leu
Phe
Tyr
Trp
Lys
Carbamoyl-Ⓟ
Ile
Asn
β-Hydroxybutyrate
Asp
Oxaloacetate
Citrate
Citrulline
Malate
Isocitrate
Ornithine
Argininosuccinate
CO2
Gln
구연산 회로
요소 회로
Fumarate
α-Ketoglutarate
Glu
Pro
His
Arg
아미노산 합성과 분해
CO2
Arginine
Urea
Succinate
Succinyl CoA
Methylmalonyl CoA
Phe
Tyr
Ile
Met
Val
Thr
Propionyl CoA
Acetyl CoA
Fatty acyl CoA
(odd number of carbons)

3-2. 탄수화물, 단백질, 지방의 에너지 생성 경로

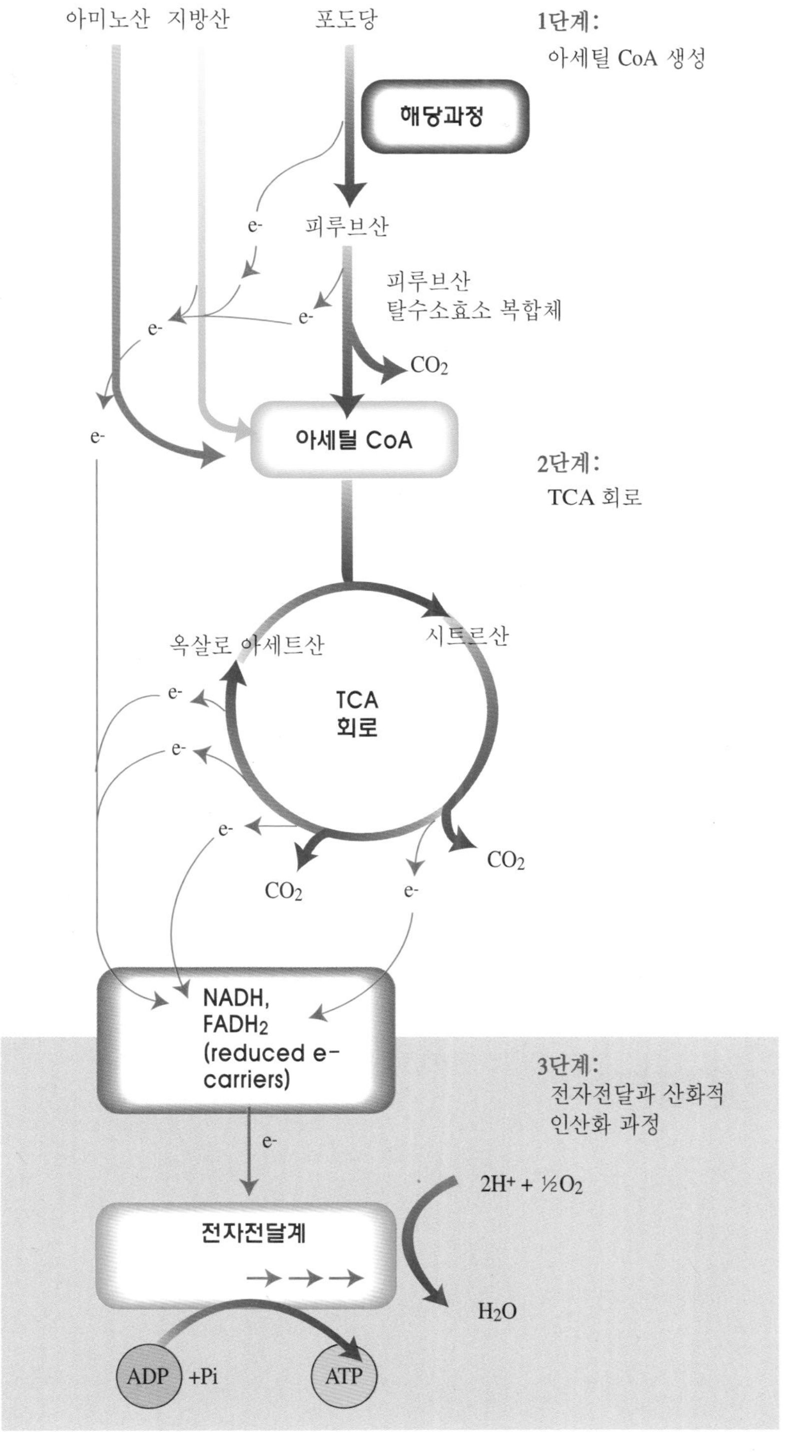

3-3. 해당과정과 포도당 신생합성과정

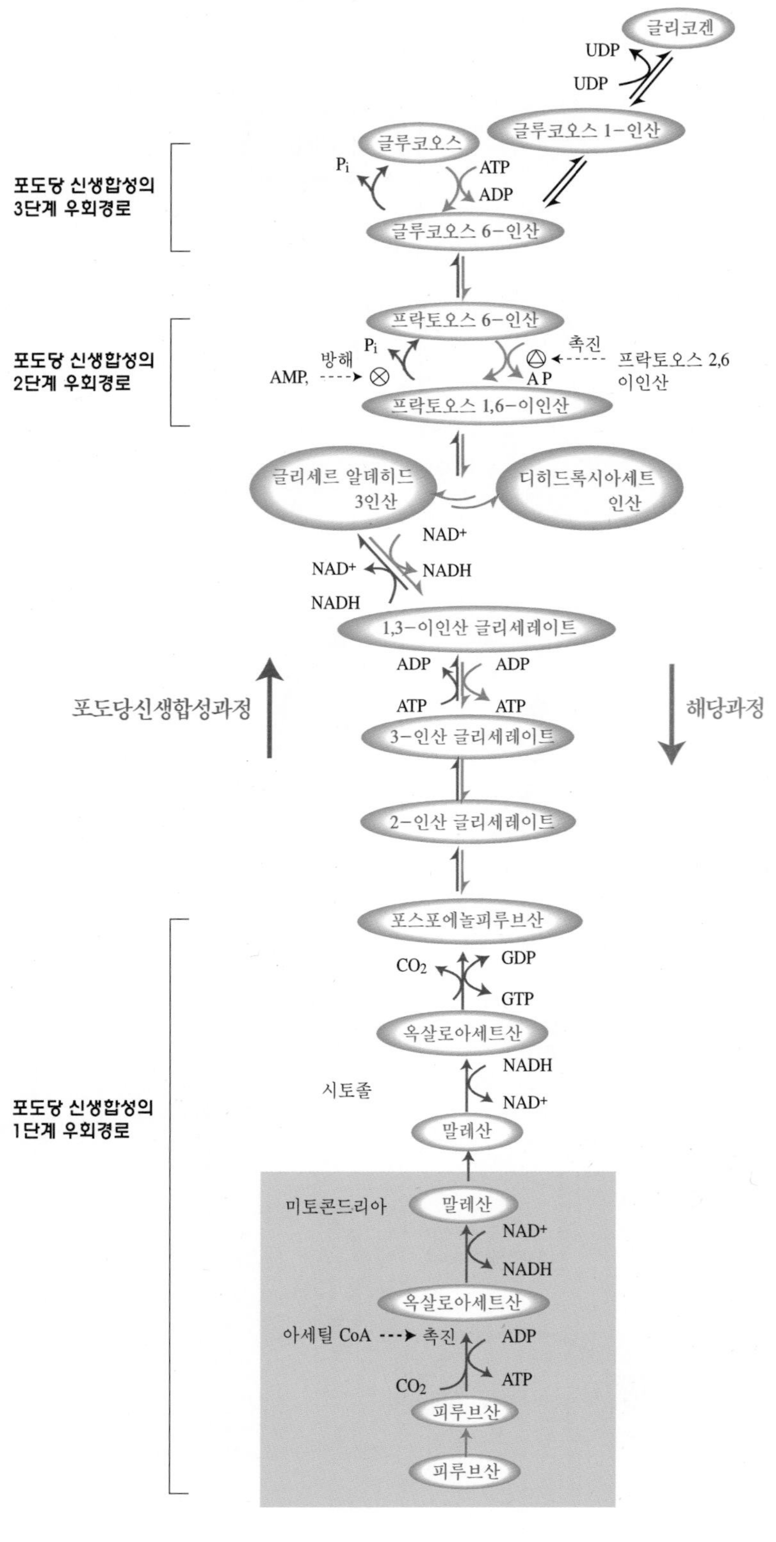

3-4. TCA 회로

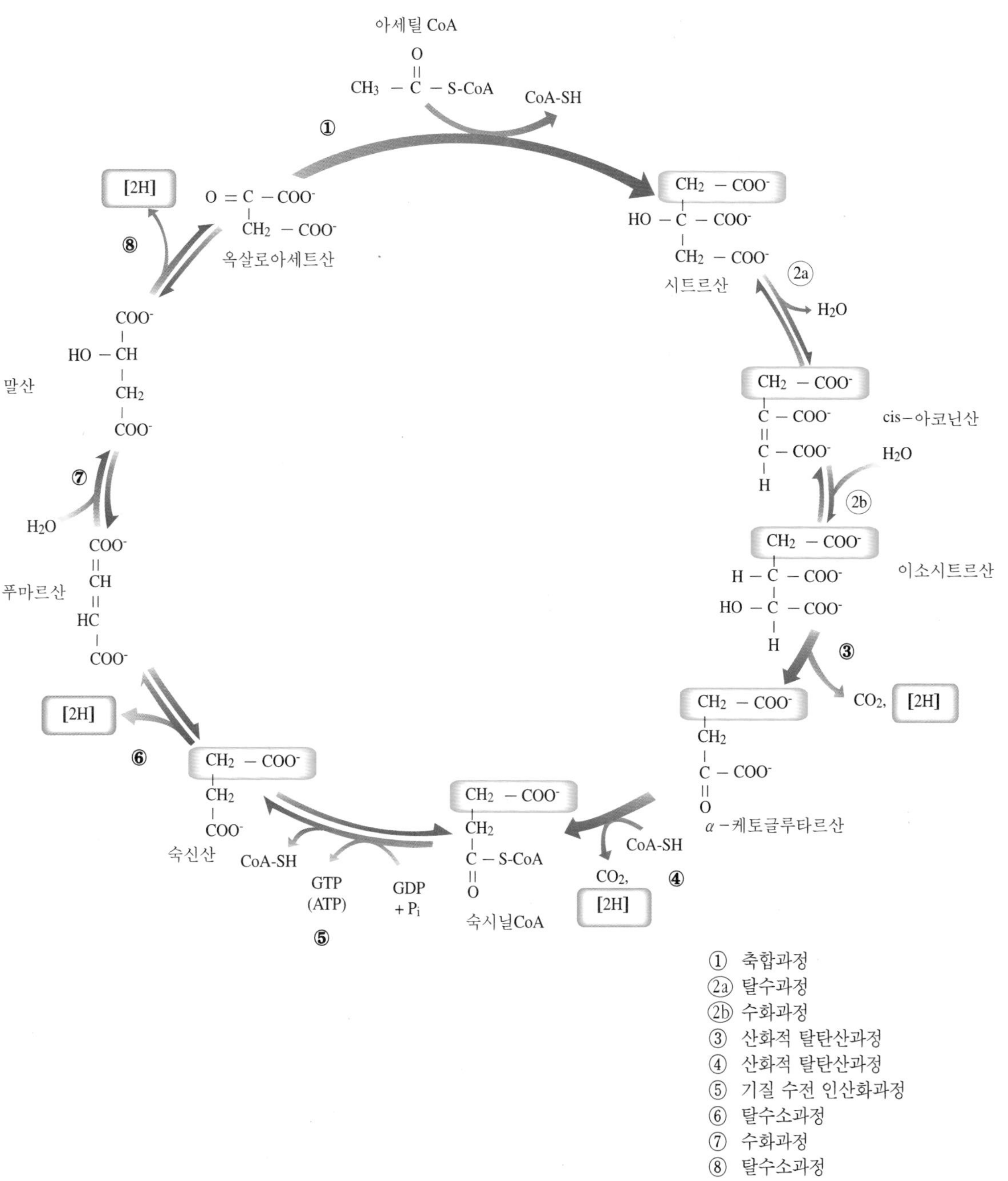

아세틸 CoA
CoA-SH
①
[2H]
옥살로아세트산
⑧
시트르산
2a
H2O
cis-아코닌산
H2O
2b
이소시트르산
③
CO2, [2H]
α-케토글루타르산
CoA-SH
④
CO2, [2H]
숙시닐CoA
GDP + Pi
GTP (ATP)
⑤
CoA-SH
숙신산
⑥
[2H]
푸마르산
H2O
⑦
말산
① 축합과정
2a 탈수과정
2b 수화과정
③ 산화적 탈탄산과정
④ 산화적 탈탄산과정
⑤ 기질 수전 인산화과정
⑥ 탈수소과정
⑦ 수화과정
⑧ 탈수소과정

3-5. 대사와 관련된 각종 비타민과 무기질

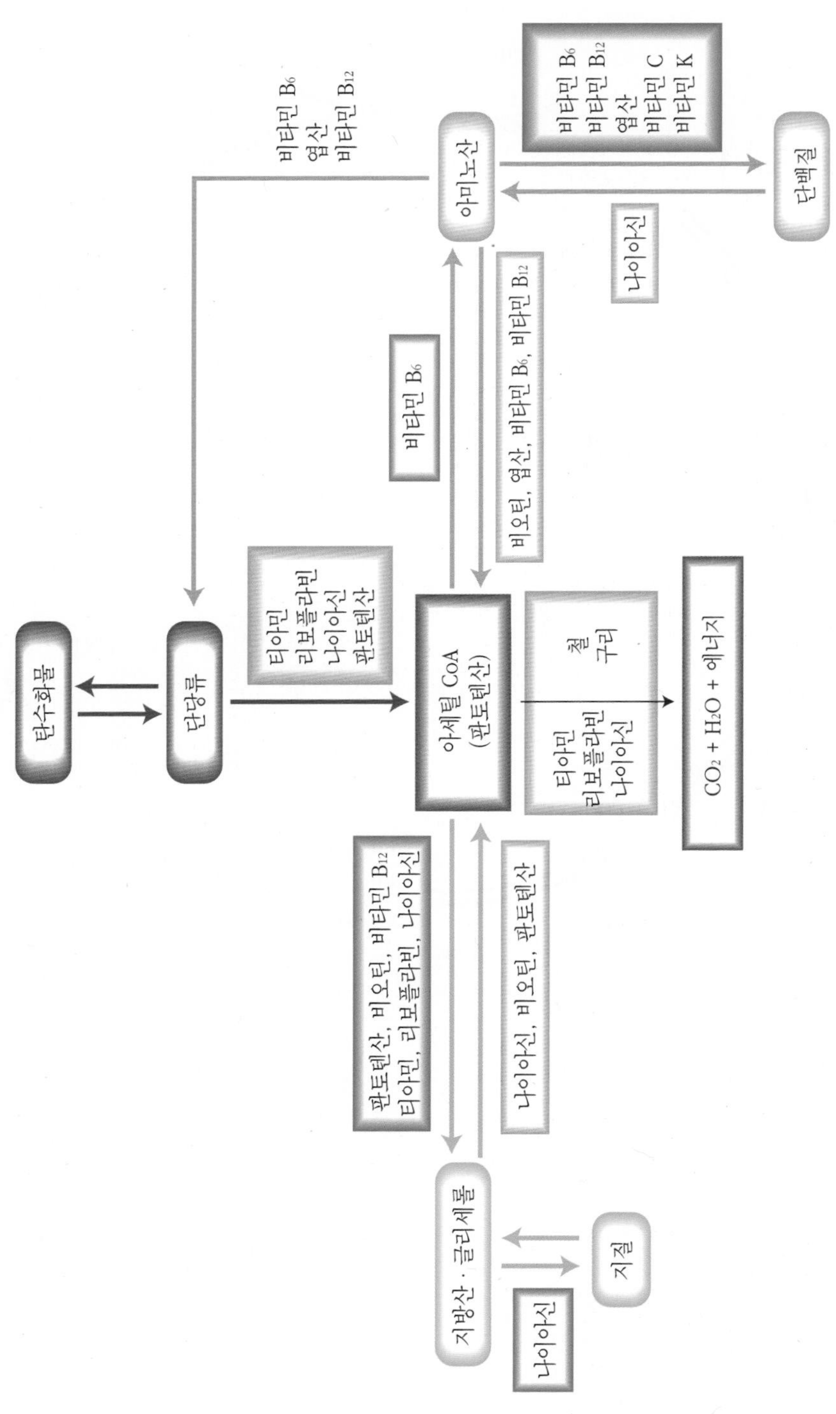

부록 4. 영양상태 평가판정법

4-1. 체격지수 판정

체격 지수	주요 대상자	계산 공식	판정 기준치
카우프(Kaup)	영유아	체중(kg)/[신장(cm)]^2 × 10^4	영아는 20 이상 비만 유아는 18 이상 비만
뢰러(Röhrer)	아동	체중(kg)/[신장(cm)]^3 × 10^7	157 이상은 고도 비만 156~141은 비만 140~110은 정상 109~92는 수척 92 미만은 고도 수척
브로카변형법 (Broca)	성인	키 161cm 이상 : 표준체중(kg) = [신장(cm) - 100]×0.9 키 150~60cm : 표준체중(kg) = [신장(cm) - 150] × 0.5+50 키 150cm 미만 : 표준체중(kg) = 신장(cm) - 100 비만도(%) = $\frac{(\text{현재체중} - \text{표준체중})}{\text{표준체중}} \times 100$	-10% 이하이면 체중 미달 ±10% 이면 정상 체중 +10%~20%미만이면 과체중 +20% 이상이면 비만
체질량지수 (BMI)	성인	BMI = 체중(kg) / [신장(m)]^2	정상 체중 18.5~24.9(18.5~22.9)* 과체중 25.0~29.9(23.0~24.9) 경도 비만 30.0~34.9(25.1~29.9) 중등도 비만 35.0~39.9(30.0~34.9) 고도 비만 40.0(35.0)이상
허리엉덩이둘레비 (waist/hip ratio, WHR)	성인	허리둘레(cm)/엉덩이둘레(cm)	여자는 0.85 이상 비만 남자는 0.95 이상 비만

* (   )은 대한비만학회 기준임.

4-2. 일반 생화학적 검사와 영양상태 판정

검사 항목	정상 범위	참조 사항
총단백질 알부민	6~8g/dL 3.5~5.5g/dL	단백질 섭취 부족에서 총단백질/알부민이 감소 1달 이상의 장기간 영양결핍 시 혈청 알부민 수준이 감소
FBS(fasting blood sugar) PP2hr(식후 2시간 혈당) HBG A_1C OGTT(oral glucose tolerance test)	70～110mg/dL 140mg/dL 6% 이하	공복 시 혈당 140mg/dL 이상 또는 공복 시가 아닐 때 혈당치 200mg/dL 이상이면 당뇨병으로 진단. 적혈구 수명과 관계되어 대개 1~3개월 전 혈당조절 상태를 나타냄
BUN(blood urea nitrogen) Cr(creatinine)	10~20mg/dL 0.5~1.5mg/dL	BUN/Cr 수준은 신장기능을 측정하는 지표이다.
총콜레스테롤(chol)	130~200mg/dL	고콜레스테롤 : 동맥경화 위험도 증가 저콜레스테롤 : 영양실조 위험
중성지방	10~160mg/dL	비만인, 알코올 · 탄수화물 · 지방의 과량섭취로 인해 증가
HDL 콜레스테롤 LDL 콜레스테롤	30~80mg/dL 130mg/dL	chol/HDL콜레스테롤 비율이 4 : 1 또는 5 : 1 미만인 것이 이상적이다.
sGOT sGPT γ-GTP	0~35 IU/L 0~35 IU/L 5~50 IU/L	간 기능 이상에 민감하게 반응하는 효소로 급성간염 초기에는 sGOT 〉 sGPT이며, 회복됨에 따라 sGOT 〈 sGPT로 바뀌며, 알코올성 간질환일 때는 γ-GTP가 상승함
헤모글로빈(Hb) 헤마토크리트(Hct) 평균적혈구용적(MCV) 혈청 철(serum iron) 철결합능(TIBC)	남 14~18g/dL 여 12~16g/dL 남 42~52% 여 37~47% 83~97 fl 80~97μg/dL 250~460μg/dL	빈혈진단의 한 방법으로 쓰임 철결핍성 빈혈 시 TIBC를 제외한 모든 수치가 감소함 엽산이나 비타민 B_{12} 부족일 때는 MCV가 감소함
HBs Ag(B형 간염 항원) HBs Ab(B형 간염 항체)	음성 음성/양성	간염 항원이 양성이면 감염상태이고, 항체가 음성이면 면역주사를 맞음

4-3. 영양상태를 나타내는 신체적 증후

신체부위	영양이 좋은 상태	영양장애 증후	관계 영양소
전반적인 외형	주의력이 좋음. 원기왕성 키, 나이, 체격에 적당한 몸무게	게으르고 무관심함, 건강이 안 좋음, 과체중, 저체중, 식욕부진	에너지, 단백질, 비타민 B군 등
자세	체격이 똑바르고 팔과 다리가 곧게 뻗음	어깨가 처지고 빈약함, 몸이 굽음	칼슘, 단백질, 비타민 D
근육	근육이 잘 발달되고, 빛깔이 건강해 보임, 피부 밑에 어느 정도의 지방이 있음	근육이 연약하고, 무기력해 보임, 근육쇠약, 부종, 관절통	단백질
신경조절	주의력이 좋고 침착하며 반사작용이 정상적임	주의가 산만하고, 손발에 지각이상, 근육이 약함(심한 경우 걷지 못함), 경련, 반사상실	티아민, 칼슘, 비타민 B_{12}
소화기관의 기능	식욕과 소화기능이 좋음, 규칙적인 배설과 만져지는 혹같은 것이 없음	식욕감퇴, 소화불량, 변비나 설사, 간이나 지라의 확장	티아민, 비타민 A, 단백질, 나이아신
순환계기능	정상적인 맥박, 잡음이 없음, 정상혈압	너무 빠른 맥박(100/분 이상), 비대한 심장, 비정상적 맥박, 고혈압	티아민
머리카락	윤기가 흐르고 단단하며 잘 뽑히지 않고 머리밑의 피부가 건강함	윤기가 없고 건조해 보이며, 가늘고, 띄엄띄엄 나 잘 빠지고 변색됨	단백질, 에너지
피부	부드럽고 약간 촉촉하며 피부색이 좋음	각질화, 창백, 피부색이 변색, 염증이 남, 멍이 있음	비타민 A, 리보플라빈, 나이아신, 비타민 B_{12}, 비타민 C, 단백질, 에너지
안면	피부색이 동일하고 부드러우며 건강한 모습, 붓지 않음	빰 위나 눈밑의 피부가 검고, 코와 입 주위에 피부가 벗겨지거나 부스럼 같은 것이 있음	철, 리보플라빈
입술	부드럽고 빛깔이 좋으며, 터지거나 붓거나 하지 않고 촉촉함	건조해 껍질이 벗겨지고 부어 있음, 구각염, 구각반흔, 피가 잘 나고, 염증이 있으며 잇몸이 가라앉음	리보플라빈
구강내	점막은 보기 좋은 붉은색이 도는 분홍색임, 붓거나 피가 나지 않음	붓고 구멍이 있음, 붉은 기가 적고 피가 잘 나며, 염증이 있으며 잇몸이 가라앉음	리보플라빈, 나이아신, 엽산, 비타민B_{12}, 비타민C
혀	붓거나 너무 반반하지 않음, 상처난 부위가 없고 표면이 오돌오돌함	부었고 주황색, 혀의 돌기가 충혈되거나 이상 비대, 돌기의 크기가 작음	리보플라빈, 나이아신, 비타민 B_6
치아	충치가 없고 통증이 없으며 이가 고르고 빛남	충치와 빠진이가 있으며, 표면이 닳았고, 이의 위치가 고르지 않음, 반점이 있음	불소
눈	맑고 반짝임, 눈가에 부은 곳이 없고, 건강한 분홍색임, 피곤한 기가 눈에 없음	눈가에 핏발이 섰으며, 건조하고 염증이 있음, 눈동자가 흐릿하고 연해 보임	비타민 A, 리보플라빈, 비타민 B_6, 철
손톱	윤기 있는 연분홍색	스푼형, 횡행선	철, 단백질

4-4. 식사 균형도

영양소	식품류	식 품	점 수	
			기본점수	식품점수
단백질	고기류, 생선류	닭고기, 돼지고기, 쇠고기, 소시지, 햄 등 훈제품, 민물고기, 굴, 조개, 어묵 등	10	5
	알류	달걀, 오리알, 메추리알 등		5
	콩류 및 콩제품	콩, 두부, 비지, 두류, 된장, 청국장 등		4
칼슘	우유류	우유, 양우유, 분유, 치즈, 요구르트 등	10	5
	작은 생선류	멸치, 뱅어포, 잔새우, 미꾸라지, 양미리, 사골 등		4
비타민 및 무기질	녹황색채소류, 해조류	시금치, 당근, 깻잎, 고추, 상추, 쑥갓 등 미역, 김, 다시마, 파래	10	5
	담색 채소류, 버섯류	무, 배추, 오이, 호박, 파, 양파 등 콩나물, 버섯		2
	과일류	사과, 감, 배, 복숭아, 귤, 포도, 살구, 자두, 토마토, 참외, 수박, 딸기, 대추 등		4
당질	쌀	쌀, 찹쌀 등	10	3
	잡곡류	보리쌀, 밀가루, 옥수수, 국수, 빵, 떡, 라면 등		3
	감자류	감자, 고구마, 당면, 토란, 도토리 등		3
지방	기름류	참기름, 들기름, 콩기름, 옥수수기름, 쇼트닝, 마요네즈, 마가린, 버터 등	10	4
	종실류	참깨, 들깨, 호두, 잣, 땅콩 등		3
합 계			100	

각 식품군별로 1가지 이상 먹었을 경우는 기본적으로 10점을 준다. 여기에 각 식품류별로 먹은 식품에 따라 식품 점수를 더해준 다음 끼니별로 합을 구하여 75점 이상이면 균형있는 식사, 74~50점이면 개선할 필요가 있음, 49 이하는 많이 개선되어야 하는 식사라고 평가할 수 있다.

4-5. 식생활 자가진단표를 이용한 평가(1주일 기준)

문 항	2일 이하	3~5일	6~7일
규칙적인 시간에 3끼 식사를 한다.			
식사량은 언제나 적당히 한다.			
1일 2끼이상 고기, 생선, 달걀, 콩, 두부 중 하나라도 섭취한다.			
녹황색 채소(당근, 시금치 등)를 섭취한다.			
식물성 기름(들기름, 식용유 등)이 첨가된 음식(나물, 볶음, 튀김)을 섭취한다.			
우유나 유제품(요구르트, 요플레)을 먹는다.			
과일이나 과일주스(무가당)를 섭취한다.			
해조류(미역, 김, 다시마 등)를 섭취한다.			
즐거운 마음으로 여유있게 식사를 한다.			
매끼 골고루 식사를 하며 편식하지 않는다.			
아침 식사는 꼭 먹는다.			
문 항	**예**	**가끔**	**아니오**
매일 가공식품(라면, 과자 등)을 먹는다			
거의 매일 외식을 한다.			
매일 동물성 기름이나 콜레스테롤이 많은 음식을 먹는다.			
매일 짠 음식(젓갈, 장아찌 등)이나 화학조미료를 섭취한다.			
매일 단 음식(설탕, 꿀, 엿, 콜라 단빵 등)을 섭취한다.			
매일 과음 및 잦은 음주를 한다.			
규칙적인 운동을 거의 하지 않는다.			
매일 카페인(커피, 차류 등)이 든 음식을 하루 3잔 이상 마신다.			
매일 담배를 많이 피운다.			
	×1 (　)	×3 (　)	×5 (　)
총 점	점/100		

부록 5. 식품교환표

5-1. 식품교환표

식품군		교환 단위의 예	영양소(g) 당질	단백질	지방	열량 (kcal)
곡류군		떡, 감자(중) 1개, 밥 1/3공기, 식빵 1쪽, 옥수수 1/2개, 삶은국수 1/2공기 	23	2		100
어육류군	저지방군	소·돼지·닭고기(순살코기) 완자 2개 40g, 조기 1토막, 새우(중) 3마리, 조갯살 1/3컵 		8	2	50
	중지방군	달걀 1개, 두부 1/5모, 순두부 1/2봉지, 햄 2장(40g), 소·돼지고기 40g 		8	5	75
	고지방군	갈비(삼겹살) 40g, 닭고기(껍질 포함) 40g, 치즈 $1\frac{1}{2}$장, 생선통조림1/3컵 		8	8	100
채소군		당근(대 1/3) 70g, 시금치 70g, 배추 70g, 오이(중 1/3개) 70g, 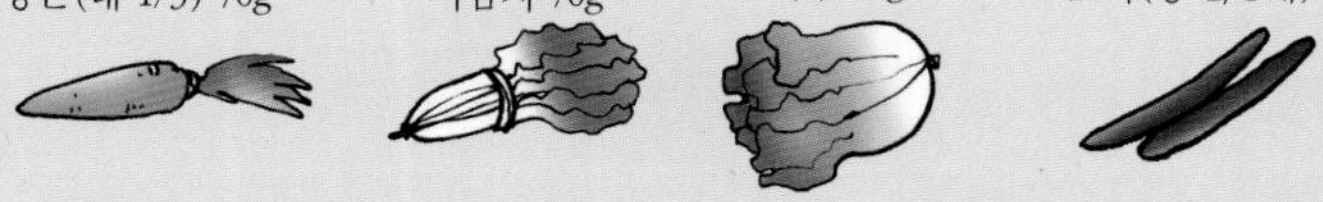 가지 70g, 깻잎 40g, 무 70g, 해조류 7g 	3	2		20
지방군		땅콩 8개, 잣 1큰스푼, 마요네즈 1작은스푼, 식용유, 들기름, 참기름 1작은스푼 			5	45
우유군	일반우유	우유 200 mL, 두유 200 mL, 분유 5큰스푼 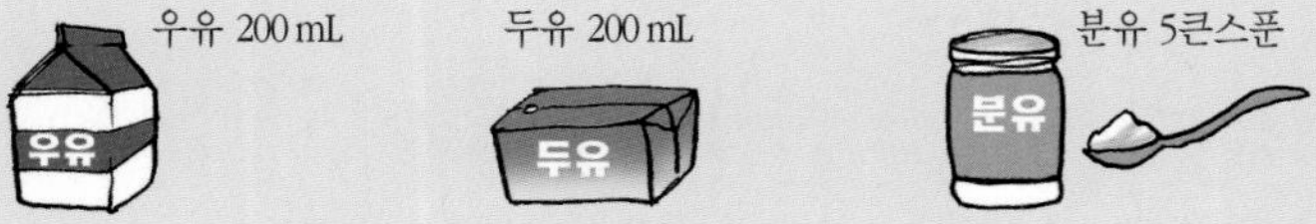	10	6	7	125
	저지방 우유	 저지방우유 200 mL	10	6	2	80
과일군		사과(중) 1/3개, 귤 2개, 과일 주스 1/2컵, 감 1/3개(중), 딸기 7개(중) 	12			50

5-2. 하루에 필요한 연령별 · 성별 식품군별 교환단위 수

연령 성별 \ 식품군		열량(kcal)	곡류군	어육류군		채소군	과일군	우유군	지방군
				저지방	중지방				
1~2(세)		1,000	4	2	1	2	1	2	2
3~5		1,400	6	1	3	4	1	2	3
6~8	남	1,600	8	2	2	4	2	2	3
	여	1,500	7	2	2	4	2	2	3
9~11	남	1,900	9	3	3	5	2	2	4
	여	1,700	8	2	3	4	2	2	3
12~14	남	2,400	12	4	4	7	2	2	5
	여	2,000	10	3	3	5	2	2	4
15~18	남	2,700	14	4	5	8	2	2	5
	여	2,000	10	3	3	5	2	2	4
19~29	남	2,600	14	4	4	7	3	1	6
	여	2,100	10	3	4	7	2	1	4
30~49	남	2,400	12	5	4	7	3	1	5
	여	1,900	9	3	4	7	2	1	4
50~64	남	2,200	11	4	4	7	2	1	5
	여	1,800	9	3	3	7	2	1	4
65~74	남	2,000	10	3	4	7	2	1	4
	여	1,600	8	2	3	7	2	1	3
75 이상	남	2,000	10	3	4	7	2	1	4
	여	1,600	8	2	3	7	2	1	3
임신부	전기	2,100	10	3	4	7	2	1	4
	중기	2,440	11	4	4	7	3	2	4
	후기	2,550	12	3	5	7	3	2	4
수유부		2,420	11	4	4	7	3	2	4

참고사항

이 표는 합병증이 없는 경우에 해당되는 식사계획이며, 합병증이 있을 때에는 식사 구성 및 양의 변화가 필요할 수 있으므로 반드시 영양사와 상담을 받으십시오.

- 어육류군은 고지방식품을 제외하고 저지방 · 중지방 어육류군에 속하는 식품을 선택하는 것을 기준으로 열량을 맞춘 것입니다.
- 고지혈증이 있거나 동맥경화증을 동반하고 있는 경우, 포화지방산을 엄격하게 제한하기 위해 일반 우유보다는 저지방우유를 권장합니다.
- 우유군 1교환을 저지방우유 1교환으로 대체할 경우, 견과류 1교환을 추가할 수 있습니다.
- 1,800kcal 이상의 경우, 우유군을 1교환만 섭취하기 원한다면 우유군 1교환을 중지방 1교환+과일군 1교환으로 대체할 수 있습니다.
- 1,400kcal 이하의 경우, 다양한 식품을 이용하더라도 한국인 영양소 섭취기준에 못 미칠 수 있으므로 종합영양제의 보충이 필요할 수 있습니다.

부록 6. 식품 성분 분석표

	음식명	음식/식품중량	에너지(kcal)	단백질(g)	지질(g)	탄수화물(g)	식이섬유(g)	칼슘(mg)	인(mg)
밥류	쌀밥	90	313.2	5.8	1.0	68.6	0.18	4.5	90.9
	현미밥	90	321.3	6.6	2.1	67.6	0.72	9.9	270.9
	강남콩밥	100	349.8	7.9	1.2	74.8	0.51	19.0	124.7
	보리밥	100	347.2	7.1	1.1	76.2	0.26	10.0	118.8
	오곡밥	107	362.7	9.8	1.6	76.9	1.11	28.0	189.8
	완두콩밥	100	326.1	6.7	1.0	70.6	0.40	10.2	101.5
	잡곡밥	100	347.6	8.5	1.5	73.6	0.66	18.6	164.2
	콩밥	100	354.1	9.5	2.8	71.3	0.69	29.6	155.0
	팥밥	90	309.6	7.3	1.0	66.5	0.56	16.8	123.2
	감자밥	110.5	296.7	6.1	0.9	64.8	0.36	7.2	100.3
	고구마밥	120	329.6	5.8	1.0	73.1	0.52	13.6	102.4
	영양돌솥밥	130	384.5	8.2	1.5	83.8	0.92	14.0	140.4
	콩나물밥	179	400.1	14.2	6.6	70.9	0.81	45.0	195.0
	김치볶음밥	196.4	440.4	12.6	10.6	72.7	1.05	38.3	179.4
	볶음밥	214.3	475.7	13.2	12.4	74.4	0.61	36.6	210.6
	비빔밥	300	535.8	22.3	13.5	80.4	1.41	76.2	307.4
	새우볶음밥	211.9	433.3	13.7	6.8	77.9	0.91	44.5	210.8
	쇠고기볶음밥	205.9	454.2	12.7	10.2	76.5	0.81	22.9	174.5
	열무비빔밥	198	394.3	11.8	4.0	76.9	1.18	68.3	173.5
	오므라이스	266	543.9	19.8	14.9	80.2	0.99	50.8	265.7
	참치볶음밥	227.1	464.1	20.8	8.6	74.2	1.06	35.8	211.1
	콩나물비빔밥	217.5	393.8	14.2	5.1	72.7	0.94	39.4	196.5
	쇠고기덮밥	212	459.4	15.7	7.3	81.2	0.61	24.0	199.2
	오징어덮밥	239	427.5	21.6	2.1	78.5	0.98	36.3	313.6
	잡채밥	194.5	487.9	15.5	11.4	79.3	0.50	34.6	180.4
	잡탕밥	251	547.4	23.0	13.5	81.1	0.55	53.8	267.0
	짜장밥	242	493.9	12.8	10.3	86.3	0.95	38.3	179.3
	참치회덮밥	269	481.4	25.0	5.4	81.6	1.33	57.6	348.0
	카레라이스	289.2	633.5	16.4	15.9	100.7	1.35	50.4	267.9
	김밥	171	484.2	12.2	15.3	73.5	0.43	34.5	178.9
	김초밥	274	491.0	15.2	11.0	81.8	0.97	74.9	287.1
	생선초밥	280	557.0	35.5	10.2	76.7	0.36	128.4	488.7
	유부초밥	174.5	530.9	14.7	19.4	76.1	0.46	153.5	220.2

철(mg)	나트륨(mg)	칼륨(mg)	회분(mg)	비타민 A(R.E)	레티놀(μg)	카로틴(μg)	티아민(mg)	리보플라빈(mg)	나이아신(mg)	비타민 C(mg)
0.45	5	81	0.4	0.0	0.0	0.0	0.117	0.018	1.2	0.0
0.90	3	234	1.2	0.0	0.0	0.0	0.252	0.036	4.5	0.0
1.10	5	143	0.7	0.2	0.0	1.3	0.164	0.038	1.4	0.0
0.78	5	119	0.5	0.0	0.0	0.0	0.144	0.028	1.8	0.0
1.58	676	380	3.2	0.0	0.0	0.0	0.186	0.057	2.2	0.0
0.59	5	113	0.4	5.1	0.0	0.0	0.143	0.062	5.8	0.0
1.32	4	286	0.9	0.0	0.0	0.0	0.165	0.042	1.9	0.0
1.08	5	215	0.9	0.2	0.0	0.0	0.163	0.046	1.5	0.0
0.92	4	224	0.7	0.0	0.0	0.0	0.144	0.030	1.3	0.0
0.60	172	192	1.1	0.0	0.0	0.0	0.114	0.025	1.6	6.3
0.60	10	244	0.7	7.6	0.0	45.2	0.128	0.036	1.3	10.0
1.05	7	380	1.1	3.2	0.0	18.7	0.219	0.124	2.7	6.6
1.67	604	353	2.7	39.9	1.0	233.6	0.298	0.132	3.2	5.6
1.40	539	386	2.1	154.6	1.3	920.6	0.296	0.110	3.4	9.8
1.62	396	298	2.2	305.2	46.3	1552.9	0.364	0.150	2.3	8.1
3.58	479	570	3.2	663.3	76.5	3519.6	0.271	0.299	3.4	15.2
1.79	286	410	2.0	260.9	0.0	1549.4	0.174	0.110	5.1	13.0
1.59	210	386	1.6	264.2	3.6	1547.9	0.189	0.125	5.5	12.8
2.40	779	412	3.2	366.3	2.4	1704.4	0.183	0.143	3.0	21.4
2.59	691	511	3.4	364.1	76.5	1694.2	0.285	0.271	7.7	17.2
5.84	699	504	3.4	151.2	0.0	877.1	0.228	0.195	12.9	7.2
1.55	735	398	2.9	42.0	2.4	237.6	0.206	0.155	3.0	8.9
2.05	375	362	2.2	132.3	6.0	758.0	0.218	0.187	4.7	8.1
1.14	424	519	2.7	150.6	0.0	903.6	0.187	0.106	4.0	23.3
1.92	413	358	2.2	248.6	1.5	1482.0	0.324	0.151	3.3	15.0
3.06	486	408	2.9	203.1	107.5	573.8	0.349	0.262	4.4	14.7
1.49	1804	417	6.5	7.4	1.0	23.2	0.312	0.107	5.3	15.5
2.54	429	731	3.5	386.1	6.3	2278.9	0.272	0.207	9.9	20.7
3.25	2121	652	7.7	390.8	0.8	2339.4	0.583	0.149	4.1	11.4
1.41	374	287	1.9	296.7	23.7	1425.4	0.191	0.154	2.2	6.6
5.28	785	470	3.7	397.5	47.1	1834.3	0.232	0.362	2.7	8.5
4.27	2245	592	9.1	431.4	423.6	5.0	0.494	0.350	10.2	2.5
2.67	521	199	2.7	0.0	0.0	0.0	0.150	0.033	1.5	1.4

빵 · 과자류

음식명	음식/식품중량	에너지(kcal)	단백질(g)	지질(g)	탄수화물(g)	식이섬유(g)	칼슘(mg)	인(mg)
고로케	155	458.8	9.3	28.2	45.4	0.62	38.8	155.0
소보로빵	80	300.8	7.0	10.6	44.9	0.32	28.8	78.4
도넛, 팥	80	319.2	5.3	12.2	35.9	0.64	21.6	68.8
롤빵, 소프트롤	80	223.2	7.0	4.1	39.5	0.08	30.4	64.0
롤빵, 하드롤	80	240.8	6.7	5.8	40.1	0.24	95.2	92.8
머핀	80	240.8	5.4	9.6	33.0	0.08	79.2	121.6
모카빵	80	291.2	7.0	8.9	46.2	0.16	26.4	96.8
바케뜨, 마늘빵	80	400.0	8.6	22.3	43.7	0.24	21.6	80.0
바케뜨	80	234.4	6.8	1.2	46.2	0.32	12.0	60.0
비스켓(KFC)	62	222.0	4.2	11.2	26.0	0.81	63.2	0.0
샌드위치, 계란, 치즈	176	411.8	18.8	23.4	31.0	0.35	271.0	364.3
샌드위치, 치킨	176	499.8	23.4	28.5	37.1	0.35	58.1	225.3
샌드위치, 햄, 치즈	150	360.0	23.4	15.4	22.0	0.15	210.0	156.0
슈크림	80	195.2	4.9	2.7	21.0	0.08	57.6	144.8
식빵	100	277.0	9.3	5.8	46.8	0.20	28.0	83.0
옥수수빵	100	311.0	7.2	10.0	47.8	0.30	73.0	376.0
찐빵, 고기	80	203.2	7.3	4.1	33.6	0.64	20.0	36.0
찐빵, 팥	80	197.6	5.0	1.8	39.7	0.40	11.2	48.0
초코파이	30	133.8	1.3	5.5	19.5	0.44	14.0	5.8
카스텔라	100	323.0	6.7	8.5	54.9	0.20	44.0	116.0
케이크, 롤케이크	85	310.3	6.4	14.0	40.8	0.09	34.0	100.3
케이크, 생크림, 블루베리	85	207.4	2.5	10.3	27.1	0.25	21.3	54.4
케이크, 스폰지케이크	85	243.1	6.2	1.7	46.2	0.51	32.3	84.0
케이크, 파운드케이크	90	363.6	5.0	20.5	41.8	0.27	27.0	126.0
케이크, 후르츠케이크	90	312.3	2.6	8.2	55.4	1.62	29.7	46.8
크루아상, 버터	80	324.0	6.6	16.8	36.3	0.32	29.6	84.0
타코(패스트푸드)	80	175.2	9.7	9.6	11.5	0.96	103.2	95.2
파이, 사과파이(맥도널드)	85	254.1	19.0	14.4	29.4	0.00	14.0	0.0
파이, 피칸파이	113	389.9	9.0	19.4	46.8	2.03	49.7	144.6
팥빵	80	234.4	6.1	4.9	41.3	0.72	24.8	72.0
피자	150	403.5	18.1	17.9	44.7	0.45	141	280.5
피자, 씬크러스피, 슈퍼슈크림(피자헛)	203	462.8	29.0	20.9	44.1	5.07	259.8	337.0
핫도그	98	242.1	10.4	14.5	18.0	0.00	23.5	97.0
햄버거(맥도널드)	100	255.0	12.0	9.3	30.0	0.00	112.0	0.0
햄버거(버거킹)	109	274.7	15.0	12.0	29.0	0.00	37.1	124.3

철(mg)	나트륨(mg)	칼륨(mg)	회분(mg)	비타민 A(R.E)	레티놀(μg)	카로틴(μg)	티아민(mg)	리보플라빈(mg)	나이아신(mg)	비타민 C(mg)
1.71	536	226	2.2	77.5	6.2	426.3	0.093	0.186	1.7	0.0
0.56	185	105	0.8	23.2	16.8	36.0	0.112	0.048	1.0	0.0
0.80	150	54	0.7	20.8	20.8	0.0	0.080	0.560	0.4	0.0
0.88	392	80	1.3	0.0	0.0	0.0	0.048	0.064	0.6	0.0
2.48	417	106	1.6	0.0	0.0	0.0	0.392	0.256	3.2	0.0
1.92	374	96	2.1	6.4	0.0	0.0	0.224	0.240	1.8	0.0
0.72	236	90	1.0	12.0	9.6	12.8	0.120	0.080	0.9	0.0
0.72	498	80	1.5	32.0	12.8	113.6	0.112	0.048	1.0	0.0
0.80	504	96	1.5	0.0	0.0	0.0	0.064	0.032	0.5	0.0
1.00	430	0	1.4	0.6	0.0	0.0	0.229	0.105	1.5	0.0
3.52	970	227	3.5	59.8	0.0	0.0	0.317	0.686	2.5	1.8
4.58	926	341	3.5	7.0	0.0	0.0	0.317	0.229	6.5	8.8
3.90	1082	321	2.4	67.1	0.0	0.0	0.180	0.615	2.4	2.0
0.64	131	65	0.8	81.6	81.6	0.0	0.040	0.112	0.4	0.0
0.90	267	108	1.6	2.0	0.0	14.0	0.070	0.050	1.1	0.0
1.90	778	128	2.7	15.0	0.0	0.0	0.240	0.270	2.1	0.0
0.80	288	248	1.5	2.4	0.0	17.6	0.168	0.120	1.6	6.7
9.68	36	0	0.5	1.0	0.0	0.0	0.012	0.021	0.1	0.0
0.40	113	57	0.6	0.0	0.0	0.0	0.056	0.015	0.4	0.0
1.20	105	90	0.7	60.0	59.0	4.0	0.050	0.080	0.2	0.0
0.85	98	78	0.6	110.5	108.8	9.4	0.068	0.102	0.2	0.0
0.43	80	23	0.3	29.8	28.0	10.2	0.008	0.051	0.1	0.0
1.44	212	76	1.0	39.1	0.0	0.0	0.119	0.170	0.9	0.0
0.54	142	78	0.7	63.0	58.5	28.8	0.108	0.162	0.3	0.0
1.89	243	138	0.9	40.5	0.0	0.0	0.045	0.090	0.7	0.0
1.60	595	94	1.3	0.8	0.0	0.0	0.312	0.192	1.8	0.0
1.12	375	222	1.5	30.4	0.0	0.0	0.072	0.208	1.5	0.8
0.62	400	0	1.0	0.0	0.0	0.0	0.017	0.017	0.2	0.0
1.58	102	137	0.8	63.3	63.3	0.0	0.057	0.045	0.2	0.0
1.04	134	60	0.6	4.8	8.8	11.2	0.072	0.048	0.6	0.0
1.05	597	171	2.8	70.5	57	79.5	0.255	0.150	1.6	3.0
3.94	1336	463	4.3	259.8	0.0	0.0	0.548	0.447	5.0	4.1
2.31	671	143	0.0	0.0	0.0	0.0	0.235	0.274	3.7	0.0
2.25	490	0	0.0	7.5	0.0	0.0	0.270	0.160	3.7	2.0
2.72	509	235	2.0	36.0	0.0	0.0	0.229	0.273	4.3	3.0

	음식명	음식/식품중량	에너지(kcal)	단백질(g)	지질(g)	탄수화물(g)	식이섬유(g)	칼슘(mg)	인(mg)
	강정, 쌀강정	30	114.9	1.0	0.3	27.0	0.06	0.9	12.0
	비스켓	30	99.6	2.2	3.6	14.5	0.03	55.5	141.0
	스낵과자	30	155.4	2.1	7.8	19.1	0.12	0.6	12.6
	쿠키	30	147.6	1.6	6.5	20.6	0.03	7.8	15.0
	크래커	30	150.3	2.1	8.3	17.6	0.06	40.8	71.7
면·만두류	국수장국	156.3	430.8	20.4	7.7	68.7	0.16	107.7	220.8
	라면	169	525.0	16.4	22.0	72.4	0.60	43.7	191.3
	메밀국수	196	392.2	16.3	5.2	66.8	2.82	184.7	322.4
	물냉면	206	404.7	19.8	6.3	68.8	0.70	32.6	226.3
	비빔국수	212.7	489.3	19.4	9.3	81.2	0.91	66.3	202.2
	비빔냉면	268	445.1	17.3	7.9	78.8	1.34	48.7	214.1
	수제비	222	375.1	15.5	5.8	69.9	0.61	81.7	200.5
	스파게티(패스트푸드)	250	260.0	8.8	8.8	37.5	4.25	80.0	135.0
	짜장면	222.5	428.6	12.5	10.1	69.3	0.70	42.2	127.5
	짬뽕	284	417.7	17.6	7.6	67.5	1.31	83.1	226.1
	쫄면	221	457.6	16.3	7.7	86.8	1.00	63.2	273.0
	칼국수	202.1	475.8	18.6	8.4	80.1	0.64	83.4	189.6
	컵라면	72	274.3	6.2	10.2	44.2	0.36	11.5	65.5
	고기만두	261.3	430.1	27.9	17.1	46.2	0.59	142.4	307.3
	군만두	266.3	474.3	27.9	22.1	46.2	0.59	142.4	307.3
	김치만두	271.3	434.7	28.0	17.4	47.0	1.08	159.9	323.5
	떡만두국	200	430.3	17.1	10.8	65.5	0.27	53.2	192.9
죽류	단팥죽	71	228.4	5.9	0.4	50.2	0.96	32.2	122.9
	잣죽	63	269.6	5.4	12.1	36.1	0.26	5.7	140.6
	흰죽	315	226.8	4.4	0.9	47.9	0.00	3.2	47.3
	팥죽	61	198.0	8.3	0.8	39.6	1.26	40.3	157.5
	호박죽	72	230.2	6.6	0.6	52.0	1.52	75.1	99.5
	스프, 쇠고기스프	300	24.0	1.8	0.9	2.4	0.00	6.0	30.0
국·탕류	감자국	88	65.6	3.2	2.2	8.7	0.48	13.5	56.2
	계란국	36.5	54.4	5.0	3.5	0.5	0.03	56.4	82.4
	김치국	73	24.0	3.6	0.7	1.6	0.77	89.0	86.2
	동태무국	120	68.8	12.0	0.7	3.4	0.70	50.2	159.4
	무국	79	67.0	6.2	3.0	4.4	0.54	60.2	74.3
	미역국	40	89.3	5.4	6.4	3.1	0.18	60.1	68.8

철(mg)	나트륨(mg)	칼륨(mg)	회분(mg)	비타민 A(R.E)	레티놀(μg)	카로틴(μg)	티아민(mg)	리보플라빈(mg)	나이아신(mg)	비타민 C(mg)
0.03	29	11	0.1	0.0	0.0	0.0	0.015	0.006	0.2	0.0
0.63	287	56	1.0	0.0	0.0	0.0	0.105	0.108	0.9	0.0
0.09	150	39	0.5	9.0	0.0	54.0	0.012	0.009	0.1	1.2
0.09	111	29	0.4	0.0	0.0	0.0	0.012	0.006	0.1	0.0
0.54	190	13	0.7	0.0	0.0	0.0	0.015	0.075	0.5	0.0
3.49	2360	311	5.6	75.0	31.8	259.3	0.166	0.153	2.5	1.7
1.74	1239	373	8.9	161.1	76.5	506.6	0.694	0.576	1.1	0.5
4.11	2154	389	12.4	87.3	1.2	516.1	0.307	0.192	3.0	8.2
3.53	1754	416	6.2	48.1	40.0	48.0	0.079	0.145	3.2	7.0
4.07	1788	453	4.6	254.6	47.1	1244.9	0.229	0.267	3.6	13.9
3.42	656	556	3.2	91.3	38.3	318.6	0.109	0.154	2.4	17.0
3.68	1219	458	4.8	76.8	32.6	265.6	0.279	0.163	2.3	22.5
2.30	955	408	0.5	259.5	0.0	0.0	0.250	0.175	2.3	13.0
1.27	667	335	2.6	11.3	1.0	62.6	0.253	0.095	2.0	19.0
3.19	2180	628	7.8	271.3	1.0	1622.2	0.180	0.192	2.8	26.7
2.44	419	420	2.8	105.2	38.3	402.3	0.276	0.157	2.5	11.6
3.23	2906	407	7.2	41.7	1.2	243.1	0.182	0.092	2.9	16.0
0.50	724	189	5.2	49.7	0.0	297.4	0.396	0.274	0.6	0.0
3.22	495	372	2.9	17.0	2.5	87.2	0.364	0.151	4.0	7.3
3.22	495	372	2.9	17.0	2.5	87.2	0.394	0.151	4.0	7.3
3.38	1067	473	4.2	39.4	2.5	222.6	0.408	0.161	4.2	10.3
2.60	1029	273	4.1	254.2	41.0	1279.1	0.217	0.310	3.7	6.0
1.40	338	387	2.2	0.8	0.0	5.0	0.124	0.044	0.9	1.7
1.21	339	142	1.5	0.0	0.0	0.0	0.154	0.040	1.2	0.0
0.00	6	41	0.3	0.0	0.0	0.0	0.063	0.000	0.0	0.0
1.71	338	484	2.3	0.0	0.0	0.0	0.159	0.048	1.1	0.0
1.81	342	785	3.4	14.7	0.0	88.8	0.110	0.091	1.9	0.0
0.30	1668	45	4.8	0.0	0.0	0.0	0.000	0.030	0.3	0.0
0.80	351	306	1.7	22.1	15.3	40.6	0.071	0.052	1.0	15.8
0.72	430	94	1.6	50.4	45.9	27.0	0.035	0.083	0.4	0.8
0.75	658	261	2.0	24.0	0.0	145.0	0.052	0.054	1.0	8.6
0.69	656	324	2.7	82.0	6.3	453.7	0.096	0.086	1.2	7.0
1.38	683	379	3.0	12.6	1.2	67.4	0.044	0.066	1.4	8.5
1.06	1483	450	5.5	7.2	1.2	36.0	0.034	0.104	1.6	1.7

구분	음식명	음식/식품중량	에너지(kcal)	단백질(g)	지질(g)	탄수화물(g)	식이섬유(g)	칼슘(mg)	인(mg)
	북어국	68	149.3	22.0	6.1	0.8	0.09	129.8	266.4
	쇠고기국	91.3	78.4	8.5	2.3	6.8	0.82	17.5	92.2
	어묵국	105	85.1	7.4	1.3	11.2	0.40	106.1	107.5
	콩나물국	52	40.2	3.8	2.7	1.1	0.30	72.5	72.3
	근대된장국	98.5	49.3	5.1	1.3	5.5	1.38	115.1	99.5
	시금치된장국	87	59.5	5.5	2.1	6.0	0.93	57.9	79.6
	갈비탕	136	167.3	14.3	8.6	7.0	0.32	29.0	141.8
	닭백숙	173.2	290.2	16.1	6.8	40.6	0.70	33.5	198.9
	삼계탕	126	257.6	15.1	6.8	33.6	0.64	30.3	178.3
	설렁탕	120.5	183.7	14.3	5.9	17.4	0.33	22.1	132.3
	육개장	205	168.9	19.1	7.3	7.0	2.57	50.8	212.6
찌개류	동태매운탕	173	100.5	13.7	1.2	9.1	1.13	69.7	191.8
	참치김치찌개	121.7	67.6	10.5	1.3	4.0	1.06	36.7	102.4
	돈육김치찌개	137	114.0	10.7	6.8	3.5	0.96	73.9	142.0
	부대고기찌개	188	272.3	19.0	13.5	21.1	1.81	88.0	183.2
	된장찌개	150	138.8	12.9	5.0	11.4	1.12	172.1	210.2
	순두부찌개	231.1	204.3	17.3	13.1	4.8	0.82	94.7	251.2
찜류	갈비찜	141	162.9	14.6	7.0	10.0	0.63	26.7	147.8
	닭찜	150.6	187.7	13.7	8.5	14.9	0.87	22.0	153.5
	돼지갈비찜	133.5	186.6	13.0	9.6	11.7	0.55	23.0	159.3
	계란찜	65	91.5	6.5	6.5	1.3	0.10	29.6	88.5
	순대	92	130.3	6.0	6.8	10.9	0.15	19.0	75.9
구이	갈치구이	72	101.5	12.6	5.3	0.1	0.00	12.0	132.3
	고등어구이	72	189.7	13.6	14.6	0.1	0.00	17.6	140.7
	굴비구이	70	124.6	13.0	7.6	0.1	0.00	50.4	114.1
	조기구이	72	96.6	13.4	4.3	0.1	0.00	54.7	137.2
	닭갈비	100.1	165.3	12.1	9.6	6.9	0.50	13.7	123.0
	돼지불고기	111.5	206.3	13.9	12.1	9.7	0.77	17.8	141.2
	불고기	120.5	160.9	13.6	7.4	9.9	0.34	15.6	137.4
	삼겹살구이	61.5	207.4	10.3	18.0	0.2	0.00	5.0	79.2
	쇠등심구이	64.5	124.6	10.8	8.4	0.8	0.02	4.2	100.8
	햄구이	40	52.4	6.6	1.7	2.4	0.00	2.0	132.0
	김구이	3.5	13.9	0.8	1.0	0.8	0.03	6.7	15.2

철(mg)	나트륨(mg)	칼륨(mg)	회분(mg)	비타민 A(R.E)	레티놀(㎍)	카로틴(㎍)	티아민(mg)	리보플라빈(mg)	나이아신(mg)	비타민 C(mg)
1.18	753	396	3.3	21.6	15.3	37.8	0.094	0.092	1.6	1.3
1.47	506	357	2.2	5.1	1.8	18.8	0.076	0.176	3.3	7.3
1.02	722	299	2.7	9.6	0.0	56.9	0.035	0.033	0.9	7.6
0.53	408	168	1.8	5.3	0.0	31.9	0.045	0.051	0.7	4.2
2.22	1437	444	5.4	413.2	0.0	2480.7	0.063	0.133	1.2	13.1
1.84	787	346	3.0	303.5	0.0	1820.0	0.076	0.192	0.6	32.6
2.32	1129	321	4.0	26.2	20.7	32.0	0.072	0.157	3.5	8.4
1.67	1050	410	4.4	228.2	33.0	1170.8	0.141	0.140	5.8	12.6
1.87	710	328	3.2	40.2	33.0	42.9	0.125	0.131	5.2	5.3
2.21	1038	269	3.4	14.4	5.4	53.3	0.085	0.133	3.4	6.4
3.18	395	566	2.8	323.4	34.2	1350.6	0.157	0.308	4.7	20.5
1.19	1083	472	4.3	168.9	6.3	974.5	0.148	0.151	1.7	11.1
1.71	909	309	2.9	36.6	0.0	220.6	0.069	0.085	4.2	14.5
1.51	707	335	2.4	36.8	1.5	212.8	0.224	0.097	2.3	11.0
2.63	1241	525	5.8	224.5	1.5	1333.1	0.426	0.428	4.7	9.4
2.29	973	484	4.1	30.8	0.5	181.5	0.130	0.082	2.5	18.0
3.09	695	399	3.5	141.6	74.0	406.5	0.187	0.301	2.0	6.4
2.07	625	446	2.6	261.0	7.2	1521.9	0.094	0.201	4.0	7.6
1.33	401	477	2.1	287.6	33.0	1527.3	0.130	0.197	6.0	12.5
0.87	1129	350	4.2	45.2	3.6	249.4	0.495	0.135	4.4	10.2
0.99	738	104	2.5	206.1	76.5	777.4	0.057	0.136	0.1	1.1
1.69	700	118	2.4	15.5	9.0	38.9	0.048	0.077	0.9	2.3
0.35	771	190	2.9	16.8	16.8	0.0	0.077	0.070	2.2	0.7
0.84	717	184	2.7	28.0	28.0	0.0	0.840	0.336	5.3	0.7
0.63	522	226	2.3	35.0	35.0	0.0	0.035	0.126	0.8	0.7
0.63	933	181	3.3	10.5	10.5	0.0	0.042	0.161	0.7	0.7
0.98	329	221	1.5	100.2	33.0	403.4	0.080	0.122	4.7	3.3
1.46	163	331	1.3	81.6	3.0	471.4	0.376	0.140	3.9	8.3
1.71	322	271	1.6	12.0	6.6	32.6	0.087	0.154	2.9	4.1
0.42	194	122	1.0	3.6	3.6	0.0	0.408	0.180	2.6	0.6
1.29	203	176	1.1	7.2	7.2	0.1	0.048	0.123	2.9	0.9
0.28	432	98	1.4	0.0	0.0	0.0	0.064	0.080	2.8	17.2
0.35	194	71	0.7	75.0	0.0	450.0	0.024	0.059	0.2	1.9

	음식명	음식/식품중량	에너지(kcal)	단백질(g)	지질(g)	탄수화물(g)	식이섬유(g)	칼슘(mg)	인(mg)
전·부침류	전유어(동태전)	111.1	176.7	15.2	7.8	11.5	0.04	46.5	186.4
	해물파전	146	175.6	15.7	7.9	10.8	0.52	57.3	195.0
	돼지고기완자전	112	208.2	12.6	13.3	10.4	0.28	49.1	136.7
	김치전	129	152.6	6.2	7.0	18.2	1.00	51.8	102.0
	녹두전(빈대떡)	91	194.6	9.6	9.6	17.7	0.56	25.6	161.5
	호박전	94.5	88.3	3.2	3.3	12.9	0.33	49.8	43.1
	계란말이	78	112.1	6.6	8.5	2.0	0.16	33.7	92.7
	계란후라이	53	105.5	6.3	8.5	0.5	0.00	23.5	84.0
	햄부침	81.1	178.0	10.7	9.1	13.8	0.04	14.9	178.4
볶음류	멸치풋고추볶음	43	73.6	8.5	3.8	1.2	0.53	278.1	235.9
	어묵볶음	111	126.2	7.1	4.8	14.1	0.44	56.9	74.6
	오징어볶음	167.2	176.6	15.1	6.6	15.2	1.52	50.5	216.8
	돼지고기볶음	145.1	220.8	15.0	11.3	14.9	0.93	34.9	165.5
	햄김치볶음	99.3	199.4	6.0	17.7	3.3	0.64	25.4	61.9
	감자채볶음	119	83.5	2.4	3.2	12.2	0.97	16.8	56.3
	고사리볶음	72.9	58.9	3.0	3.6	3.9	1.10	20.6	65.9
	느타리버섯볶음	97.5	52.8	2.3	3.2	5.1	0.56	9.4	86.5
	마늘쫑볶음	85.7	68.9	2.3	3.7	8.2	1.27	29.6	56.3
	버섯볶음	128	97.9	7.2	6.3	4.5	0.74	30.0	117.2
	떡볶이	108	225.5	4.2	2.0	47.3	0.52	17.1	67.7
	라볶이	175	405.5	7.6	11.8	70.7	0.86	36.1	104.5
	잡채	109	178.4	4.0	4.1	31.8	0.40	29.9	63.7
조림류	고등어조림	147	215.3	14.8	14.7	4.4	0.49	33.1	170.8
	동태조림	144	82.8	13.0	0.8	4.6	0.98	52.5	178.9
	어묵케찹조림	109	111.9	8.9	1.1	16.4	0.42	103.2	136.9
	계란조림	62	92.0	7.1	5.5	3.0	0.00	27.5	99.5
	돼지고기장조림	98	166.4	13.7	9.7	4.2	0.31	11.0	135.3
	메추리알조림	74	106.1	7.3	6.1	4.5	0.06	44.3	138.1
	소세지조림	67.8	135.1	6.5	9.8	5.0	0.10	14.7	98.2
	쇠고기장조림	90	132.1	13.3	6.4	2.0	1.31	9.1	146.3
	감자조림	126.2	83.6	3.5	0.8	16.6	1.16	26.6	74.9
	콩조림(콩자반)	29.5	107.1	7.4	4.5	9.7	1.25	36.8	114.2
튀김류	갈치튀김	82	162.1	13.0	10.3	3.9	0.01	14.3	143.0
	고등어튀김	103	298.9	15.9	20.9	11.7	0.03	29.6	189.6
	굴비튀김	100	233.8	15.4	14.0	11.7	0.03	62.0	163.0

철(mg)	나트륨(mg)	칼륨(mg)	회분(mg)	비타민 A(R.E)	레티놀(μg)	카로틴(μg)	티아민(mg)	리보플라빈(mg)	나이아신(mg)	비타민 C(mg)
0.64	509	210	2.1	37.5	36.9	3.7	0.125	0.107	1.0	0.0
1.78	565	344	2.6	115.6	23.0	173.3	0.120	0.120	2.0	13.9
1.37	196	219	1.4	65.0	2.0	377.7	0.270	0.080	2.5	2.8
1.33	774	283	2.0	53.2	15.3	228.4	0.105	0.104	1.1	13.3
1.56	158	329	1.4	15.4	1.0	86.4	0.169	0.084	1.8	4.5
1.96	185	170	1.0	135.2	15.3	719.1	0.078	0.090	0.7	30.3
1.04	401	119	1.6	163.0	76.5	519.0	0.062	0.140	0.2	3.1
0.90	63	60	0.4	78.0	76.5	9.0	0.050	0.130	0.1	0.0
0.78	794	141	2.6	31.2	30.6	3.7	0.119	0.138	3.0	17.2
1.30	866	379	4.0	10.4	0.0	62.4	0.045	0.040	2.0	14.5
1.04	1079	248	2.7	256.7	0.0	1539.9	0.047	0.032	0.7	7.2
1.49	523	556	2.9	337.3	0.0	2023.6	0.109	0.146	3.2	23.8
1.72	707	421	3.0	103.1	3.0	600.9	0.401	0.171	4.2	13.4
0.68	975	234	2.6	29.8	0.0	179.6	0.180	0.107	1.6	7.5
0.85	346	424	1.9	256.6	0.0	1539.2	0.090	0.038	1.3	25.8
1.11	302	290	1.5	24.0	0.0	21.7	0.053	0.069	0.2	2.5
0.98	484	254	1.9	127.0	0.0	761.8	0.278	0.232	3.8	3.8
0.80	358	222	1.5	46.3	0.0	277.4	0.149	0.129	0.5	30.9
1.49	537	515	2.7	150.9	2.4	891.0	0.116	0.353	3.8	5.7
0.81	554	151	2.0	137.6	0.0	825.7	0.052	0.055	1.8	2.9
1.10	850	330	5.1	331.4	0.0	1987.8	0.333	0.241	1.9	9.0
1.94	534	227	2.1	218.6	1.8	1300.0	0.086	0.122	1.5	12.5
1.27	410	340	1.8	33.8	28.0	34.1	0.114	0.354	5.6	12.1
0.94	740	403	2.8	112.9	6.3	638.8	0.109	0.106	1.6	11.1
2.41	749	209	3.0	153.6	0.0	921.0	0.056	0.053	1.5	5.1
1.12	649	100	2.0	78.0	76.5	9.0	0.053	0.138	0.2	0.0
1.26	622	261	2.3	8.2	3.0	31.2	0.353	0.110	3.7	9.2
2.68	765	157	2.5	222.0	215.0	41.0	0.069	0.214	0.2	1.4
0.78	1022	155	3.1	6.0	0.0	36.0	0.112	0.062	1.6	4.5
1.45	760	305	2.7	118.2	0.0	0.2	0.098	0.137	3.0	9.6
1.30	1181	480	3.5	197.9	0.0	1187.2	0.095	0.066	1.6	22.7
1.93	474	268	1.8	0.0	0.0	0.0	0.068	0.053	0.5	0.0
0.38	819	197	3.0	16.8	16.8	0.0	0.083	0.071	2.2	0.7
1.10	1210	216	4.2	43.6	43.3	1.8	0.113	0.365	5.4	0.7
0.88	678	257	2.8	50.6	50.3	1.8	0.065	0.155	0.9	0.7

	음식명	음식/식품중량	에너지(kcal)	단백질(g)	지질(g)	탄수화물(g)	식이섬유(g)	칼슘(mg)	인(mg)
	생선까스	85	148.6	10.6	5.7	15.2	0.02	5.4	146.3
	닭다리튀김(패스트푸드)	60	178.8	12.2	10.8	6.4	0.00	14.4	97.2
	닭튀김, 맥치킨(맥도날드)	60	154.8	6.1	9.1	12.6	0.00	45.0	0.0
	돈까스	121.3	333.7	17.3	16.5	29.6	0.15	20.2	161.8
	탕수육	151.4	308.3	14.9	15.9	26.0	0.33	26.3	162.8
	감자튀김, 후렌치후라이	138	447.1	5.5	22.9	53.5	1.10	26.2	128.3
	감자튀김, 후렌치후라이(롯데리아)	138	240.7	4.1	12.9	28.0	0.98	15.8	114.3
	야채튀김	154	199.3	4.5	6.7	31.8	0.94	35.4	107.7
	양파, 어니언링(패스트푸드)	70	231.7	3.2	13.1	26.4	0.00	61.6	72.8
	맛탕	140	191.8	1.2	4.5	39.1	0.56	36.0	36.0
나물·무침류	도라지무침	92.9	87.2	2.3	1.1	18.3	1.64	41.2	51.0
	도토리묵무침	198.9	86.1	2.1	0.7	18.4	0.72	44.2	76.5
	무말랭이무침	49.5	95.8	4.0	1.6	18.4	2.29	97.6	98.2
	무생채	78.9	31.4	1.1	0.7	5.8	0.86	30.2	27.7
	미역초무침	84	33.7	1.8	0.4	6.4	0.49	68.6	38.3
	부추겉절이	83.5	59.3	4.1	2.0	7.4	1.16	46.2	46.9
	상추겉절이	80.5	32.8	1.7	1.7	3.8	0.88	44.3	41.9
	오이생채	80	39.0	0.9	2.5	4.0	0.59	23.5	28.8
	오이피클	54	59.4	0.2	0.2	15.9	0.30	9.1	3.1
	참치샐러드	110	163.1	7.4	12.1	6.3	0.47	19.4	63.8
	고사리나물	81.5	50.3	3.1	2.5	4.0	1.26	21.0	67.5
	숙주나물	76.3	14.7	1.8	0.5	1.6	0.50	14.0	27.7
	시금치나물	86	54.1	3.0	3.5	4.4	0.73	58.7	42.0
	콩나물	77	37.9	4.0	2.2	2.4	0.82	24.9	52.5
	골뱅이무침	121.5	102.5	14.4	1.0	8.8	0.78	52.0	129.3
김치류	깍두기	50	16.5	0.8	0.2	3.3	0.35	18.5	20.0
	나박김치	100	9.0	0.8	0.1	1.7	0.80	36.0	7.0
	동치미	100	11.0	0.7	0.1	2.5	0.50	18.0	17.0
	배추김치	60	10.8	1.2	0.3	1.6	0.78	28.2	34.8
	오이소박이	89	21.3	1.9	0.6	2.9	1.12	34.4	44.2
	총각김치	50	15.5	1.2	0.2	2.8	0.70	27.5	24.0
	파김치	60	31.2	2.0	0.5	6.2	0.90	42.0	33.0
장아찌류	단무지	20	2.4	0.1	0.0	0.6	0.16	4.8	3.6
	마늘장아찌	20	10.6	0.8	0.0	2.1	0.16	6.4	22.0
	오이지	20	1.6	0.2	0.0	0.3	0.16	6.6	3.4
	오이피클	20	20.6	0.1	0.1	5.6	0.12	3.6	1.2

철(mg)	나트륨(mg)	칼륨(mg)	회분(mg)	비타민 A(R.E)	레티놀(μg)	카로틴(μg)	티아민(mg)	리보플라빈(mg)	나이아신(mg)	비타민 C(mg)
0.50	155	88	0.9	7.7	0.0	0.0	0.128	0.200	1.8	0.7
0.72	306	181	1.3	21.6	0.0	0.0	0.054	0.174	2.9	0.0
0.82	247	0	0.0	33.0	0.0	0.0	0.306	0.066	2.8	0.7
1.69	594	278	2.4	27.1	18.3	52.5	0.402	0.136	3.9	3.1
1.89	294	343	1.7	153.4	18.3	810.8	0.378	0.144	3.7	5.8
1.10	298	1010	2.6	0.0	0.0	0.0	0.248	0.041	4.6	13.8
1.38	0	0	1.8	0.0	0.0	0.0	0.193	0.069	2.8	39.5
1.02	354	473	3.4	282.6	16.8	1593.5	0.107	0.080	1.2	25.7
0.71	363	109	0.0	0.8	6.7	0.1	0.077	0.084	0.8	0.8
1.58	97	265	1.5	616.0	0.0	0.0	0.028	0.056	0.5	9.4
1.64	325	382	1.8	114.5	0.0	687.4	0.087	0.128	0.9	9.3
1.40	670	204	2.2	224.9	0.0	1349.5	0.054	0.094	0.5	8.1
2.31	517	637	3.0	180.7	0.1	1077.3	0.094	0.119	1.4	24.5
0.77	77	219	0.7	76.4	0.0	457.1	0.037	0.043	0.6	11.7
1.24	676	759	3.4	213.3	0.0	1279.9	0.050	0.136	1.1	11.7
2.35	351	400	1.5	501.3	1.6	318.3	0.307	0.075	0.4	29.0
0.89	488	264	2.2	201.7	0.0	1209.8	0.056	0.101	0.6	10.4
0.43	353	158	1.0	54.0	0.0	325.4	0.038	0.044	0.3	8.0
0.15	362	18	0.8	4.5	0.0	26.5	0.005	0.005	0.1	0.0
2.75	311	259	1.7	140.1	3.0	822.2	0.058	0.076	3.6	14.3
1.21	925	318	2.9	29.8	0.0	36.0	0.056	0.076	0.2	3.1
0.54	338	128	1.3	40.0	0.0	240.0	0.036	0.050	0.5	8.0
2.21	950	396	2.4	433.3	0.0	2598.5	0.101	0.251	0.5	47.3
0.62	3	222	0.6	69.6	0.0	417.7	0.076	0.098	0.8	6.7
1.16	514	298	2.6	206.4	0.0	1184.8	0.082	0.098	1.5	10.9
0.20	298	200	1.1	19.0	0.0	113.0	0.070	0.025	0.3	9.5
0.10	1256	66	1.5	77.0	0.0	460.0	0.030	0.060	0.5	10.0
0.20	609	120	20.0	15.0	0.0	88.0	0.020	0.020	0.2	9.0
0.48	688	180	1.7	28.8	0.0	174.0	0.036	0.036	0.5	8.4
0.75	477	258	2.0	189.1	1.1	745.9	0.078	0.070	0.6	12.3
0.40	358	137	1.5	63.0	0.0	379.0	0.015	0.035	0.4	12.0
0.54	526	202	2.0	211.2	0.0	1265.4	0.084	0.084	0.5	11.4
0.08	224	29	0.7	0.0	0.0	0.0	0.002	0.002	0.0	1.4
0.16	454	65	1.2	0.0	0.0	0.0	0.018	0.010	0.1	0.0
0.08	289	21	1.0	3.4	0.0	20.8	0.006	0.002	0.0	0.0
0.06	145	6	0.3	1.8	0.0	10.6	0.002	0.002	0.0	0.0

	음식명	음식/식품중량	에너지(kcal)	단백질(g)	지질(g)	탄수화물(g)	식이섬유(g)	칼슘(mg)	인(mg)
우유·유제품류	우유	200	120.0	6.4	6.4	9.4	0.00	210.0	178.0
	쉐이크, 바닐라(롯데리아)	291	279.4	0.0	0.0	69.8	0.00	2.1	1.4
	아이스크림	100	215.0	3.8	13.9	19.9	0.00	122.0	110.0
	아이스크림, 소프트(패스트푸드)	100	198.0	4.7	6.0	31.7	0.10	122.0	140.0
	요구르트, 액상	150	97.5	2.3	0.2	22.4	0.00	58.5	42.0
	요구르트, 호상, 딸기	110	113.3	3.8	2.6	18.5	0.22	182.6	135.3
	치즈, 체다	20	84.6	5.1	6.8	0.3	0.00	148.0	100.0
음료·주류	두유음료	200	118.0	6.0	6.6	8.4	0.00	36.0	80.0
	라이트콜라	100	1.0	0.1	0.0	0.1	0.00	4.0	9.0
	사이다	100	40.0	0.0	0.0	10.1	0.00	2.0	1.0
	콜라, 코카콜라	100	43.4	0.0	0.0	11.2	0.00	0.0	15.1
	토마토주스	100	13.0	0.8	0.1	2.7	0.40	10.0	16.0
	막걸리	150	69.0	2.4	0.0	2.7	0.00	9.0	21.0
	맥주	375	138.8	1.1	0.0	10.5	0.00	7.5	67.5
	소주	45	63.5	0.0	0.0	0.0	0.00	0.0	0.0
	위스키	20	46.2	0.0	0.0	0.0	0.00	0.0	0.0
	포도주, 백포도주	50	37.0	0.1	0.0	1.2	0.00	4.5	3.5
	포도주, 적포도주	50	35.0	0.1	0.0	2.4	0.00	3.5	5.0
	녹차	1	2.8	0.3	0.1	0.4	0.80	0.9	4.9
	캔커피	200	82.0	1.2	0.6	18.0	0.00	32.0	44.0
	커피, 설탕	105	22.3	0.1	0.0	5.4	0.30	2.0	4.1
	커피, 설탕, 프림	115	42.5	0.4	1.9	5.7	0.30	11.6	12.1
	커피, 원두	100	3.0	0.1	0.0	0.4	0.30	2.0	4.0
	커피, 프림	110	23.3	0.4	1.9	0.8	0.30	11.6	12.0
	코코아	100	50.0	1.5	0.5	10.9	0.00	47.0	43.0
	홍차	100	1.0	0.1	0.0	0.1	0.00	2.0	3.0
과일류	감, 연시	100	66.0	0.6	0.1	17.4	0.60	9.0	17.0
	귤	100	38.0	0.8	0.2	9.4	0.30	14.0	11.0
	딸기	200	52.0	1.6	2.0	12.4	2.00	26.0	54.0
	바나나	100	93.0	1.2	0.2	24.1	0.30	7.0	21.0
	배	100	39.0	0.3	0.1	10.3	0.60	2.0	11.0
	복숭아, 백도	100	34.0	0.9	0.2	8.2	0.50	3.0	17.0
	복숭아, 황도	100	26.0	0.9	0.2	5.8	0.50	3.0	21.0
	사과, 아오리	100	44.0	0.5	0.2	11.2	0.060	4.0	10.0

철(mg)	나트륨(mg)	칼륨(mg)	회분(mg)	비타민 A(R.E)	레티놀(μg)	카로틴(μg)	티아민(mg)	리보플라빈(mg)	나이아신(mg)	비타민 C(mg)
178.0	0.20	110	296	1.4	56.0	52.0	24.0	0.080	0.280	0.2
0.09	0	0	0.0	0.0	0.0	0.0	0.000	0.000	0.0	0.0
0.10	67	141	0.8	152.0	149.0	19.0	0.050	0.210	0.1	0.0
0.10	126	205	1.0	41.0	0.0	0.0	0.040	0.190	0.6	2.0
0.15	93	195	0.4	0.0	0.0	0.0	0.015	0.180	0.0	0.0
0.55	3	0	0.7	31.9	0.0	0.0	0.132	0.154	0.4	8.8
0.06	160	17	0.8	69.0	62.0	42.0	0.008	0.090	0.0	0.0
80.0	1.60	256	170	1.0	0.0	0.0	0.0	0.060	0.040	1.2
0.00	6	0	0.0	0.0	0.0	0.0	0.010	0.020	0.0	0.0
0.00	5	0	0.0	0.0	0.0	0.0	0.000	0.000	0.0	0.0
0.00	2	0	0.1	0.0	0.0	0.0	0.000	0.000	0.0	0.0
0.80	63	156	0.8	40.0	0.0	237.0	0.030	0.020	0.7	5.0
0.15	9	23	0.2	0.0	0.0	0.0	0.015	0.045	0.4	1.5
0.00	19	90	0.4	0.0	0.0	0.0	0.038	0.072	1.9	0.0
0.00	0	0	0.0	0.0	0.0	0.0	0.000	0.000	0.0	0.0
0.00	0	0	0.0	0.0	0.0	0.0	0.000	0.000	0.0	0.0
0.25	3	23	0.1	0.0	0.0	0.0	0.000	0.005	0.1	0.0
0.25	3	26	0.1	0.0	0.0	0.0	0.000	0.005	0.1	0.0
0.07	0	15	0.1	35.0	0.0	210.0	0.015	0.017	0.0	1.4
0.40	94	136	0.6	0.0	0.0	0.0	0.020	0.040	1.8	0.0
0.10	1	60	0.1	0.0	0.0	0.0	0.000	0.000	0.3	0.0
0.10	5	72	0.2	17.3	0.0	0.0	0.003	0.015	0.3	0.1
0.10	1	60	0.1	0.0	0.0	0.0	0.000	0.000	0.3	0.0
0.10	5	72	0.2	17.3	0.0	0.0	0.003	0.015	0.3	0.1
0.17	72	99	0.0	0.5	1.9	0.0	0.010	0.080	0.1	0.5
0.00	2	16	0.1	0.0	0.0	0.0	0.000	0.000	0.0	0.0
0.40	1	119	0.4	20.0	0.0	120.0	0.030	0.020	0.2	15.0
0.40	5	168	0.3	5.0	0.0	31.0	0.120	0.020	0.3	54.0
0.80	4	312	0.8	4.0	0.0	24.0	0.040	0.040	0.6	164.0
0.60	2	335	0.8	7.0	0.0	43.0	0.040	0.030	0.5	8.0
0.20	3	171	0.3	0.0	0.0	0.0	0.020	0.010	0.1	4.0
0.50	2	133	0.3	2.0	0.0	10.0	0.020	0.010	0.4	7.0
0.20	2	139	0.4	20.0	0.0	120.0	0.010	0.010	0.6	4.0
0.08	4	99	0.2	0.0	0.0	0.0	0.020	0.010	0.1	5.0

	음식명	음식/식품중량	에너지(kcal)	단백질(g)	지질(g)	탄수화물(g)	식이섬유(g)	칼슘(mg)	인(mg)
생채소·단일식품	사과, 후지	100	57.0	0.3	0.1	15.3	5.00	3.0	8.0
	수박	200	62.0	1.4	0.4	15.0	0.20	8.0	28.0
	오렌지	100	40.0	0.8	0.2	9.9	0.50	39.0	20.0
	참외	100	31.0	1.0	0.1	7.3	0.40	6.0	35.0
	포도	100	60.0	0.4	0.8	14.1	0.40	12.0	20.0
	포도, 거봉	100	56.0	0.5	0.1	14.9	0.20	6.0	17.0
	후르츠칵테일, 통조림	100	79.0	0.4	0.1	18.5	0.50	6.0	11.0
	옥수수, 단옥수수, 찐 것	20	26.2	0.8	0.1	5.6	0.20	4.2	24.6
	팝콘	20	100.6	1.5	6.1	11.2	0.32	2.0	26.6
	감자, 구운 것	130	120.9	2.6	0.2	28.0	0.52	6.7	65.0
	감자샐러드(패스트푸드)	130	148.2	2.0	7.8	17.2	0.52	18.2	72.8
	고구마, 구운 것	140	168.0	2.1	0.3	39.8	1.26	30.8	61.6
떡류	가래떡	100	239.0	4.1	0.8	52.5	0.00	4.0	53.0
	백설기	100	234.0	3.5	0.8	51.8	0.10	6.0	36.0
	인절미, 콩고물	100	217.0	4.9	1.7	44.5	0.30	19.0	50.0
	찹쌀떡	100	236.0	4.8	1.4	49.9	0.50	15.0	46.0
기타	사탕	14	52.4	0.0	0.0	13.0	0.00	2.7	0.3
	씨리얼, 콘푸레이크	90	342.0	6.0	2.9	47.8	0.54	4.5	34.2
	옥수수통조림	20	17.2	0.5	0.2	3.5	0.12	0.6	12.2
	초콜릿	25	137.3	1.1	7.9	15.4	0.00	8.5	35.0
	카라멜	25	102.8	0.4	2.7	20.0	0.00	1.3	17.0
	베이컨	40	123.2	6.8	10.2	0.6	0.00	2.8	77.6

철(mg)	나트륨(mg)	칼륨(mg)	회분(mg)	비타민 A(R.E)	레티놀(μg)	카로틴(μg)	티아민(mg)	리보플라빈(mg)	나이아신(mg)	비타민 C(mg)
0.30	3	95	0.2	3.0	0.0	19.0	0.010	0.010	0.1	4.0
0.40	6	204	0.6	52.0	0.0	312.0	0.100	0.020	0.4	12.0
0.10	5	126	0.4	13.0	0.0	80.0	0.090	0.020	0.4	46.0
0.30	7	211	0.6	0.0	0.0	0.0	0.030	0.010	1.0	22.0
0.20	1	136	0.3	0.0	0.0	0.0	0.400	0.250	0.3	5.0
0.40	5	173	0.3	3.0	0.0	15.0	0.030	0.010	0.2	2.0
0.30	6	88	0.2	2.0	0.0	0.0	0.020	0.020	0.4	2.0
0.42	0	71	0.2	4.8	0.0	28.8	0.016	0.006	0.3	0.0
0.38	157	72	0.6	0.4	0.0	2.8	0.024	0.010	0.3	0.0
0.46	7	495	1.3	0.0	0.0	0.0	0.130	0.026	1.8	16.6
0.91	426	351	0.3	10.4	0.0	0.0	0.091	0.143	0.4	1.3
1.12	21	613	1.4	0.0	0.0	0.0	0.182	0.056	1.3	29.4
0.50	178	26	0.7	0.0	0.0	0.0	0.020	0.010	1.8	0.0
0.50	234	39	0.8	0.0	0.0	0.0	0.010	0.010	0.7	0.0
1.40	347	88	1.2	0.0	0.0	0.0	0.070	0.030	0.7	0.0
0.80	161	61	0.8	0.0	0.0	0.0	0.040	0.010	0.6	0.0
0.03	0	0	0.1	0.0	0.0	0.0	0.000	0.000	0.0	0.0
2.88	628	55	2.0	592.2	590.4	10.8	1.233	0.945	17.5	61.2
0.08	49	34	0.2	1.0	0.0	6.0	0.008	0.008	0.2	0.8
0.88	11	155	0.3	0.0	0.0	0.0	0.007	0.030	0.2	0.0
0.13	25	30	0.2	5.3	5.3	0.0	0.010	0.027	0.0	0.0
0.32	282	91	1.0	3.2	3.2	0.0	0.200	0.040	1.9	1.1

찾아보기

ㄷ

ㄹ

ㅁ

ㅂ

ㅅ

ㅇ

ㅈ

ㅊ

ㅋ

ㅌ

ㅍ

ㅎ

기타

저자 소개

최혜미 미국 플로리다 주립대학교 Ph.D.
서울대학교 식품영양학과 명예교수

김정희 미국 위스콘신대학교 Ph.D.
서울여자대학교 식품응용시스템학부 식품영양학전공 명예교수

김초일 미국 코넬대학교 Ph.D.
서울대학교 식품영양학과 객원교수

장경자 미국 미네소타대학교 Ph.D.
인하대학교 식품영양학과 명예교수

민혜선 미국 캘리포니아대학교(버클리) Ph.D.
한남대학교 생명나노과학대학 식품영양학과 교수

임경숙 서울대학교 이학박사
수원대학교 식품영양학과 교수

변기원 서울대학교 이학박사
부천대학교 식품영양학과 교수

이홍미 미국 노스캐롤라이나 주립대학교 Ph.D.
대진대학교 식품영양학과 교수

김경원 미국 사우스캐롤라이나대학교 Ph.D.
서울여자대학교 식품응용시스템학부 식품영양학전공 교수

김희선 미국 코넬대학교 Ph.D.
순천향대학교 식품영양학과 교수

김현아 서울대학교 이학박사
목포대학교 식품영양학과 교수

권상희 서울대학교 이학박사
질병관리청 손상예방관리과 손상예방관리과장

본문에 쓰인 도판 가운데
그림 1-1, 2-10, 3-1, 3-3, 3-8, 3-9, 3-11, 3-15, 4-1, 4-8, 5-3, 5-5, 5-6, 6-1, 6-6, 6-9, 8-1, 9-1, 9-2, 9-5, 9-6, 표 2-10, 2-11은
정윤이 씨(서울대학교 미술대학 산업디자인 학부 졸)의 작품입니다.

그림 1-2는 저자가 제공한 사진입니다.

5판

21세기 영양학 원리

2000년 3월 4일 초판 발행 | 2006년 8월 28일 개정판 발행
2011년 2월 28일 3판 발행 | 2016년 9월 5일 4판 발행
2021년 8월 31일 5판 발행 | 2023년 2월 28일 5판 2쇄 발행

지은이 최혜미 외 | **펴낸이** 류원식 | **펴낸곳** 교문사

편집팀장 김경수 | **책임진행** 윤소연 | **본문편집** 벽호미디어

주소 (10881)경기도 파주시 문발로 116 | **전화** 031-955-6111 | **FAX** 031-955-0955
홈페이지 www.gyomoon.com | **E-mail** genie@gyomoon.com
등록 1968. 10. 28 제 406-2006-000035호

ISBN 978-89-363-2208-3 (93590) | **값** 24,000원